Die Neuerfindung der Logistik

Peter H. Voß

Hrsg.

Die Neuerfindung der Logistik

Wie sich die Logistikindustrie für das
Zeitalter der Volatilität rüstet

Springer Gabler

Hrsg.
Peter H. Voß
Voß Consulting
Dortmund, Deutschland

ISBN 978-3-658-41083-4   ISBN 978-3-658-41084-1 (eBook)
https://doi.org/10.1007/978-3-658-41084-1

Die Deutsche Nationalbibliothek verzeichnet diese Publikation in der Deutschen Nationalbibliografie; detaillierte bibliografische Daten sind im Internet über http://dnb.d-nb.de abrufbar.

Springer Gabler
© Der/die Herausgeber bzw. der/die Autor(en), exklusiv lizenziert an Springer Fachmedien Wiesbaden GmbH, ein Teil von Springer Nature 2023

Planung/Lektorat: Susanne Krame
Springer Gabler ist ein Imprint der eingetragenen Gesellschaft Springer Fachmedien Wiesbaden GmbH und ist ein Teil von Springer Nature.
Die Anschrift der Gesellschaft ist: Abraham-Lincoln-Str. 46, 65189 Wiesbaden, Germany

Geleitwort

Die Logistik ist die Spinne im Netz der Weltwirtschaft. Als Enabler der Globalisierung hat sie maßgeblich dazu beigetragen, die immensen Wohlstandsgewinne durch grenzüberschreitende ökonomische Aktivität zu heben. Und zwar für alle Beteiligten. In weniger turbulenten Zeiten flog die Logistikwirtschaft meist unter dem Radar der öffentlichen Wahrnehmung, sie war eher die graue Eminenz im Hintergrund, die den Betrieb am Laufen hielt. Wie so oft betrachten Menschen auch komplexe Dinge als selbstverständlich, solange sie reibungslos funktionieren – ähnlich wie man in ein Flugzeug steigt oder ein Smartphone nutzt, ohne lange darüber nachzudenken, welche technischen Meisterwerke einem da gerade den Alltag erleichtern. Erst bei Störfällen wird klar, dass vieles, was so selbstverständlich erscheint, genau das nicht ist. Insofern hat der Lieferkettenstress im Zuge der Covid-19-Pandemie bei allen damit verbundenen Schwierigkeiten zumindest das Bewusstsein dafür geschärft, was auf dem Spiel steht, wenn Sand ins weltwirtschaftliche Getriebe gerät.

Seitdem kann sich die Logistikwirtschaft über mangelnde Aufmerksamkeit nicht beklagen. Konjunkturforscher fahnden fieberhaft nach Anhaltspunkten für Dauer und Ausmaß von gestörten Lieferketten. So beobachtet das Kiel Institut für Weltwirtschaft mit dem Kiel Trade Indicator mittlerweile in Echtzeit die täglichen Bewegungen bzw. den Stillstand sämtlicher Containerschiffe auf allen relevanten Handelsrouten, um der globalen Wirtschaft täglich den Puls zu fühlen. Spektakuläre Staus vor großen Häfen oder Produktionsausfälle infolge von Materialmangel schaffen es bin in die Hauptnachrichten. Noch nie stand die Logistikwirtschaft stärker im Rampenlicht.

Die Problematik gestresster Lieferketten hat längst auch die politische Debatte erreicht, wo sie mitunter bedenkliche protektionistische Reflexe auslöst. Sollten diese bestimmend werden, drohen erhebliche politisch bedingte Folgekosten dadurch, dass man sich der Vorteile der internationalen Arbeitsteilung begibt. Abgesehen von denjenigen, die der Freihandelsidee immer schon feindselig gegenüberstanden und den Lieferkettenstress nur zum Anlass für ihre industriepolitische Agenda missbrauchen, bestimmen vor allem vier Irrtümer die Debatte.

Erstens bedeutet die Unabhängigkeit von einem einzelnen Land immer auch die Unabhängigkeit vom eigenen Land. Unabhängigkeit gewinnt man deshalb durch Diversi-

fizierung und nicht durch das Zurückziehen hinter die eigenen Landesgrenzen. Das gilt
auch für Handelsbeziehungen mit Ländern, deren politische Verfasstheit westliche Werte
fremd sind. Es zeugt zudem von einem naiven Wirtschaftsverständnis, wenn sich die Politik in einen Subventionswettlauf begibt, um bestimmte Produktionsstätten ins eigene Land
zu holen, wie es derzeit im Gerangel um die Ansiedlung von Chipfabriken geschieht. Die
dort gefertigten Chips bekommt nicht derjenige, der die größten Standortsubventionen
ausreicht, sondern derjenige, der am Weltmarkt den höchsten Preis für die Chips bezahlt.

Zweitens bleiben internationale Wirtschaftsbeziehungen trotz der jüngsten Rück-
schläge ein wichtiger Kanal, um Menschen miteinander in Kontakt zu bringen und ihnen
die Vorteile friedlicher Kooperation erfahrbar zu machen. „Wandel durch Handel" war nie
ein Automatismus für die Verbreitung freiheitlicher und demokratischer Ideen, aber ein
wichtiger Treiber, den man nicht leichtsinnig aufgeben sollte. In Zeiten kriegerischer Konflikte können Wirtschaftssanktionen ein scharfes Schwert sein – das setzt aber voraus, dass
vorher eine wirtschaftliche Verflechtung bestand.

Drittens lernen die Unternehmen selbst aus den jüngsten Erfahrungen mit Blick darauf,
Spezialisierungsvorteile und Resilienz in den Lieferketten neu auszutarieren. Die Politik
muss hierfür die unternehmerischen Akteure nicht zum Jagen tragen. Dies auch deshalb
nicht, weil diese typischerweise besonnener mit seltenen Schocks umgehen. Während die
Politik im Krisenmodus dazu neigt, die Wiederholung der jeweiligen Krise zukünftig
unter allen Umständen verhindern zu wollen, wägen gewinnorientierte Unternehmen das
Risiko gegen die Kosten der Resilienz rationaler ab. Im Ergebnis kann es dann besser sein,
eine seltene Krise in Kauf zu nehmen, als in den langen krisenfreien Jahren erhebliche
Kosten der Krisenprävention zu tragen. Für erfolgreiche Unternehmen gibt es kein „koste
es, was es wolle" – und das ist auch gut so.

Schließlich werden die Gefahren unterschätzt, die der Wirtschaftsordnung auch im In-
neren durch protektionistisches Gebaren drohen. Sobald die Politik ihre Zwangs-
instrumente ins Schaufenster stellt, um ausländische Wettbewerber vom heimischen Markt
fernzuhalten oder heimischen Unternehmen Rückkehrprämien zu gewähren, wird dem
Lobbyismus Tür und Tor geöffnet. Unternehmer sind immer nur auf ihrer Beschaffungsseite Freunde des Wettbewerbs, auf ihren Absatzmärkten können sie hingegen gut auf
Wettbewerber verzichten. Was immer ihnen die lästige Konkurrenz auf Distanz hält, wird
daher gerne angenommen. Im Ergebnis nimmt dann aber der Interventionsgrad immer
weiter zu, und die Wettbewerbsordnung wird zunehmend durchlöchert. Damit entscheidet
immer weniger der marktwirtschaftliche Leistungswettbewerb das ökonomische Geschehen, sondern die Frage, wer seine Partikularinteressen am besten organisieren und
politisch durchsetzen kann. Gefragt sind dann keine Unternehmer mehr, sondern nur noch
politische Netzwerker.

Es gilt daher, in Reaktion auf den Covid-19-Schock nicht das außenwirtschaftliche
Kind mit dem krisenbedingten Bade auszuschütten. Die davon ausgehenden Risiken sind
auch für die Logistikwirtschaft beträchtlich. Keine Sorge muss sie jedoch vor einem

marktwirtschaftlich geprägten Rejustieren von Wertschöpfungsketten haben. Diese sind global seit jeher in Bewegung und deshalb war die Logistik als ihre Begleiterin auch seit jeher eine Industrie im Wandel. Sie wird es auch in Zukunft bleiben und so weiter erfolgreich am Netz der Weltwirtschaft spinnen – wenn man sie lässt.

Vizepräsident des IfW Kiel und Direktor des Forschungszentrums
Konjunktur und Wachstum   Prof. Dr. Stefan Kooths,
Berlin, Deutschland

Einleitung: Die neue Welt der Just-in-Case-Economy

„Es gibt Jahrzehnte, in denen nichts passiert", hat der Revolutionsfachmann Wladimir Iljitisch Lenin einmal geschrieben, „und Wochen, in denen Jahrzehnte passieren". Wir leben in solchen Wochen. Wir leben an der Schwelle zu einer neuen Weltgeschäftsordnung, in der der Gründungsgedanke der „Vereinten Nationen" – die Gleichrangigkeit von Völkerrecht und Menschenrechten – von Ländern wie China und Russland dementiert wird.

Das ist der Kern der von Bundeskanzler Olaf Scholz ausgerufenen „Zeitenwende": Die Nachkriegsordnung zerfällt. Die zentralen Institutionen des „Washington Consensus" (UN, IWF, Weltbank, Welthandelsorganisation) verlieren an Bedeutung. Und vor allem autokratisch regierte Staaten missachten inzwischen selbstbewusst-routiniert internationale Rechtsnormen. Sie verwahren sich gegen alle Einmischung und die Geltung universalistischer Werte, begehren gemeinsam gegen den Westen und seine koloniale Vergangenheit, gegen seine Dominanz und „Doppelmoral" auf, brechen Angriffskriege gegen Nachbarstaaten vom Zaun, machen sich schwerer Kriegsverbrechen schuldig, vernichten ethnische Minderheiten und drohen kleineren Nachbarn mit Krieg und Atomtod.

Für die Weltwirtschaft, speziell den Handel bedeutet das: Der Globus will uns weniger denn je als liberale, entpolitisierte Sphäre der Kaufleute erscheinen, in der Barrieren zurückgebaut, Grenzen eingerissen, Zäune eingeebnet werden. Wir erleben das Ende der „flachen Welt" (Thomas Friedman) und ihrer Prozessoptimierungen und Effizienzsteigerungen, das Ende der Verflüssigung der Warenströme, der permanenten Beschleunigung, Standardisierung und Verbilligung globaler Verkehre. An die Stelle von globaler Arbeitsteilung und Spezialisierung, Freihandel und offenen Grenzen tritt eine Fragmentierung der Weltwirtschaft – geprägt von drei zentralen Konflikten.

Erstens von einem zunehmend hostilen, protektionistischen Ringen um die politische und ökonomische, sprich: technologische und ressourcenbasierte Weltmarktführerschaft (USA versus China). Zweitens von der Konfrontation zweier politischer Clubs: Der eine hält an der grenzüberschreitenden Gültigkeit allgemeiner Menschenrechte und an der Verbindlichkeit völkerrechtlicher Normen fest („der Westen"); der andere verbittet sich jede Kritik an alternativen politischen „Kulturen", autoritären Regierungsformen und übergriffigen Nationalinteressen und sucht seine Ansprüche auch mit polizeistaatlichen und militärischen Mitteln durchzusetzen (Russland/Ukraine; China/Hongkong; China/Taiwan). Und schließlich drittens der Konflikt zwischen „Multilateralisten", die globale Gemeinschaftsaufgaben (Klimawandel, Dekarbonisierung, Migrationssteuerung etc.) adressieren und eine „Good Governance" der Menschheit protegieren (Europa) – sowie selbstbewussten Ländern, die die neue Weltunordnung begrüßen, um ihre je eigenen, „neutralen" Interessen im Schatten der Großmachtkonflikte maximal opportunistisch zu verfolgen: Indien, Türkei, Saudi-Arabien.

Es ist eine Zäsur. Die kurze Epoche offener Handelswege, preiswerter Brennstoffe und fluider Warenströme ist vorbei, die Ära der Hyperglobalisierung zu Ende. Zwischen 1970 und 2008 schickten sich zunächst in Asien, dann in Osteuropa viele Länder an, die Wohlstandsleiter zu erklimmen. Es entstanden neue Märkte und preiswerte Produktionsstandorte. Die globalen Lieferketten dehnten sich aus, die Frachtpreise verbilligten sich. Der Standardcontainer avancierte zum Sinnbild der vernetzten Weltwirtschaft – und die Häfen in Hamburg und Shanghai, Rotterdam und Singapur schlugen nicht nur immer mehr „Twenty Foot-Units" um, sondern auch die alte, aufklärerische Idee des „*doux commerce*", eines friedenschaffenden, Völker verbindenden Handels. Die Unternehmen waren in der Lage, kostengünstig und just in time zu produzieren, zum Wohle der Verbraucher – und ihre Lagerkosten niedrig zu halten, zum Lobe der Effizienz.

Heute sind statt Effizienz und Kostenoptimierung Resilienz und strategisches Kalkül gefragt. Dem Höhenflug des Prozessmanagements folgt eine Ära der planvollen Diversifizierung. Dem *Just-in-time*-Dogma das *Just-in-case*-Credo: Jedes Unternehmen wird sich künftig immer wieder diese eine, entscheidende Frage stellen müssen: Was wäre, wenn …?

Geostrategische Konflikte unterbrechen die Lieferketten; nationale Egoismen stören die Handelsströme; politische Blockbildungen beeinflussen unternehmerische Standortentscheidungen – das alles ist speziell für die Exportnation Deutschland langfristig besorgniserregender als jede punktuelle Rezession. Einerseits. Denn insbesondere Deutschland hat bisher gut davon gelebt, dass der Welthandel expandiert.

Andererseits spricht nichts dagegen, dass das Land auch in einem komplexen System regional ausdifferenzierter Regionalmärkte reüssiert, in dem sich ausgesuchte Handelspartner verstärkt in Form von Clubs organisieren – Clubs, in denen die Verflechtung der Mitglieder (Stichwort „Friendshoring") sich durchaus intensivieren könnte.

Das Problem ist nur: Legt man westliche Wertmaßstäbe zugrunde, sind echte Freunde weltweit rar. Erhebungen der NGO Freedom House zufolge sind nur 83 von 195 Staaten „frei", lebt nur jeder fünfte Mensch weltweit in einem „freien" Land. Und die Zahl der Länder, die Freiheitsrechte abbauen, steigt seit 16 Jahren kontinuierlich. An diversifizierten Lieferketten und der Streuung von Risiken führt daher zwar künftig kein Weg vorbei. Doch eine konsequente Moralisierung des Handels käme einer ökonomischen Selbstverzwergung gleich.

Was also tun? Seit Russland die Ukraine vernichten will und Europa den Gashahn abdreht, eskaliert auch die Kritik an den deutschen Wirtschaftsbeziehungen zu China. „Nie mehr abhängig!" von einem Land, das unsere Werte nicht teilt, heißt es, und: Wir müssen jetzt die „Lehren" aus dem „Beispiel Russland" ziehen. Aber welche wären das? Könnten und wollten wir uns im Falle einer Eroberung Taiwans durch China ein straffes

Sanktionsregime, gar einen Abbruch der diplomatischen und wirtschaftlichen Beziehungen zu Peking leisten?

Eine Antwort auf diese Fragen führt nicht nur mitten hinein in moralische Zweideutigkeiten. Sondern auch ins Zentrum strategischer Grundsatzentscheidungen, die Produzenten, Händler und Logistiker in den nächsten zwei, drei Jahren treffen müssen im Zeitalter *Just-in-case*-Economy. Dabei werden Politiker wie Unternehmer und Manager immer auch begründen müssen, dass sie sich im Zweifel darum, dass man sich eher aus besseren als schlechteren Gründen die Hände schmutzig macht.

Fakt ist: Der Generalsekretär der Kommunistischen Partei Chinas (KPCh) Xi Jinping, der das Land seit 2013 führt, hat das vom autoritativen Reformer Deng Xiaoping in den Achtzigerjahren etablierte Konzept der kollektiven Führung und permanenten Gremien-Beratschlagung sukzessive außer Kraft gesetzt und sich zu einem autoritären Alleinherrscher aufgeschwungen. Seine Machtfülle ist nurmehr mit der von Mao vergleichbar. Und weil Xi meint, China habe „nach 100 Jahren der nationalen Demütigung" endlich die Geschichte und die „Gerechtigkeit auf seiner Seite", ruft er jetzt die KPCh zu den Waffen, um auf dem „Schlachtfeld" den Kampf gegen den Westen um „die Menschenherzen und Massen" für sich zu entscheiden.

Wird Xi diesen Kampf auf die Spitze treiben? Was für eine Frage. China sucht keinen Premiumplatz in der neuen Weltordnung. China beansprucht ihn, findet ihn – und wird ihn sich nehmen. Entsprechend groß sind die Risiken. Xi versteht sich (wie Russlands Despot Wladimir Putin) nicht nur als Staatschef, sondern auch als Volkserzieher und Geschichtsdeuter, Staatsphilosoph und Nationenbaumeister. Er erhebt seine extensive Schriften und Sentenzen in den Rang verpflichtender Schullektüren und Volksbibeln. Und spinnt sich ein in selbstlegitimatorische Weltbilder, die dem politischen Zentralgedanken des aufgeklärten Abendlands (Die Würde des Menschen stattet ihn mit „naturrechtlich" angeborenen Freiheitsrechtes *gegen* den Staat aus) Hohn sprechen.

Xi schmiedet die historische Herabsetzung, koloniale Entwürdigung und kriegerische Vernichtung Chinas im 19. und 20. Jahrhundert in nationalstolze Hegemonialansprüche der Gegenwart um. Er weist alle Kritik an „Chinas Weg" als (abermals) ungebetene Einmischung in innere Angelegenheiten, alle Verletzungen der Menschenrechte als illegitime Übergriffigkeit geschichtlich kompromittierter Westmächte zurück. Und er inszeniert sich als intellektuelle Zentralfigur einer alternativen, globalen Ordnung souveräner Länder(chefs), als Leitstern einer „Schicksalsgemeinschaft der Menschheit".

Die Risiken dieser Umsturzversuches in Zeitlupe betreffen natürlich auch China selbst, das mit „stabilen Verhältnissen" sein bisheriges Wirtschafts-, Wachstums- und Wohlstandsmodell aufs Spiel setzt. Sie betreffen die KPCh, die sich ihrer Macht nur sicher sein kann, solange die Mehrheit der Bevölkerung annimmt, von ihr gut, also reichtumsmehrend regiert zu werden. Sie betreffen aber auch Taiwan, dessen gewaltsame Vereinnahmung China inzwischen regelmäßig, fast schon routiniert ankündigt. Und die Anrainer der Südchinesischen und Japanischen Meere, die das zunehmende Dominanzstreben, die Expansionslust und den Aufrüstungswillen des großen Nachbarn fürchten.

Und sie betreffen natürlich auch alle ausländische Unternehmen im Land. Konzerne und Mittelständler müssen in den nächsten Jahren mit einer forcierten Politisierung ihres China-Engagements und „übergeordneten nationalen Interessen", mit spitzentechnologischen Sanktionsregimen (vor allem der USA) und im Falle eines Krieges Chinas gegen Taiwan mit dem Zusammenbruch ihres Geschäfts, mit Konfiskationen und Verstaatlichungen rechnen.

Sage später niemand, er habe es nicht kommen sehen können. Der „chinesische Schwan" ist schneeweiß. Die Rehabilitation Chinas ist nicht nur das polithistorische Zentralprojekt der KPCh, sondern auch nationalphilosophische Staatsdoktrin: China versteht sich *vor allem* als ethnisch geeinte Zentripetalkraft – als „Reich der Mitte", das in den nächsten zwei Jahrzehnten, traditionell ausgestattet mit dem „Mandat des Himmels", seinen ihm gebührenden Platz in der Weltgeschichte einnimmt. Als regionale Führungsmacht, die ihre asiatischen Nachbarn mit Entwicklungs- und Prosperitätsversprechen in seinen Bann zu ziehen versteht. Als „natürlichen Hegemon", der kraft Autorität und Macht, Strenge und Güte letztlich alle Welt von den Segnungen tributpflichtiger Beziehungen wird überzeugen können.

Die „Wiedervereinigung Chinas" ist insofern kein Horrorszenario für die gesamte Wirtschaftswelt. Sondern eine vorerst unrealisierte Gewissheit, mit der unbedingt zu rechnen ist – speziell im rohstoffarmen, exportorientierten Deutschland, das seit Jahrzehnten besonders stark auf Chinas Rohstoffe (Seltene Erden), Vorprodukte, Massengüter, auch auf den Fleiß seiner Arbeitskräfte und die wachsende Kaufkraft seiner Konsumenten baut.

Dass beispielsweise BASF-Chef Martin Brudermüller und VW-Boss Oliver Blume mit dem wichtigsten Rational chinesischer Politik ausdrücklich nicht kalkulieren, dass sie die betriebswirtschaftlichen Risiken in China immer noch für „managebar" halten (Brudermüller) und meinen, mit Chemikalien und Autos westliche „Werte in die Welt …, auch nach China, auch in die Uigurenregion" tragen zu können (Blume), zeugt nicht mehr von grotesker Irrationalität, sondern hat längst die Grenze zur Wirklichkeitsverweigerung überschritten. Nicht nur Aufsichtsräte und Aktionäre sollten daraus ihre Schlüsse ziehen. Sondern auch Regierungspolitiker.

Zu offensichtlich ist, was sich vor aller Augen in China abspielt: Staatsdiener und Firmenfürsten, Netzanbieter und Lehrer, Medienschaffende und Künstler, Dissidenten und Ausländer – sie alle haben sich inzwischen lückenlos und systematisiert den Kadern der KPCh gegenüber zu verantworten, sind dem Willen des Generalsekretärs unterworfen, der Willkür des Diktators ausgeliefert, konkret: seinem scharfen Han-Chauvinsmus und seiner wirtschaftspolitischen „China-first"-Doktrin, seinen marktpolitischen Interventionen und seinem technologiepolitischen Kontrollwahn.

Und natürlich seiner außenpolitischen Aggressivität. Xi hat China Hongkong einverleibt. Xi drangsaliert Taiwan. Xi sanktioniert unliebsame Handelspartner wie Litauen und Australien. Und Xi provoziert permanent die USA, die er mit parallel wachsender Selbstsicherheit und Feindeslust verachtet, ob mit dem Bau neuer Militärbasen (Dschibuti) oder im Wege von Statements, in denen er Russland unverbrüchliche Treue schwört und der NATO die Schuld an Moskaus Vernichtungsfeldzug gegen die Ukraine zuweist.

Business as usual? Bundeskanzler Olaf Scholz sagt: „Wir müssen uns nicht von einzelnen Ländern abkoppeln, müssen … auch Geschäfte mit China weiter machen." Außenministerin Annalena Baerbock sagt dagegen, man müsse aus den Fehlern der Russland-Politik lernen: Deutschland dürfe sich „von keinem Land mehr existenziell abhängig machen, das unsere Werte nicht teilt".

Und – wer hat recht? Sagen wir es so: Kurzfristig Scholz. Langfristig beide.

Zunächst einmal: China ist nicht Russland. Im Gegenteil. Die Unterschiede zwischen beiden Ländern sind unendlich viel größer als die Gemeinsamkeiten – und es wäre politisch falsch, ökonomisch riskant und moralisch selbstgefällig, aus dem Scheitern deutscher Russland-Politik „Lehren" für die deutsche China-Politik ziehen zu wollen.

Russland ist eine Abbruchdiktatur, China eine Aufbruchstyrannei. Beide Regime eint der Wille zur Unterdrückung aller Kritik, zur Ausschaltung der Meinungsfreiheit, zur Kontrolle ihrer Bevölkerungen und zur gewaltsamen Durchsetzung ihres Machtanspruchs. Und doch ist nichts irreführender als die gedankliche Parallelführung von Russland und China unter dem Eindruck ihrer im Vorfeld der Olympischen Spiele im Februar 2022 vereinbarten „unverbrüchlichen Freundschaft".

Viele junge Russen kehren ihrer Heimat unter dem Eindruck ihrer Einberufungsbefehle und der verschärften Tyrannei Putins auf Nimmerwiedersehen den Rücken. Aus China hingegen strömten zuletzt (vor Corona) 800.000 Studenten pro Jahr ins Ausland, sechs Millionen seit 1978 allein in die USA – und die meisten kehrten nur zu gerne wieder nach China zurück. Auch die 134 Mio. chinesischen Touristen, die etwa Europa, Australien, die USA oder Kanada bereisen, denken nicht im Traum daran, ihrer Diktatur zu entkommen.

Warum ist das so? Nun, weil die meisten Chinesen nie besser regiert wurden als in den vergangenen 40 Jahren. Ihre persönliche Freiheit war nie größer als heute. Ihr Lebensstandard hat sich so schnell und stark verbessert wie nie zuvor in der 2200-jährigen Geschichte des Landes. Man könnte auch sagen: Die kommunistischen Kader haben das mit Abstand erfolgreichste Modernisierungsprojekt der jüngeren Menschheitsgeschichte initiiert.

Und sie haben das vor allem geschafft, weil sie *nicht* den gängigen Rezepten des „Washington Consensus" gefolgt sind, weil sie, anders als etwa Russland, sich nicht schnell, sondern behutsam geöffnet, ihre Märkte und Industrien geschützt, Kapitaltransfers kontrolliert und ausländische Firmen konsequent in Kooperationen gezwungen haben. Die gefesselte Entfesselung des Marktkräfte. Planwirtschaftskapitalismus at its best. Das verdient bis heute Respekt und tiefe Anerkennung.

Und man muss diese Dissonanzen schon aushalten, wenn man den kritischen Blick auf China richtet: Während Putin die letzten Tropfen Gas und Öl aus der russischen Erde presst, um mit den Erträgen seiner fossilen Feudalwirtschaft Cyberkrieger und Schlagstockpolizisten, Desinformationsprofis und Generäle hochzurüsten, haben Chinas Kader mit Sonderwirtschaftszonen, orchestrierten Technologieimporten und groß angelegten Infrastrukturmaßnahmen eine halbe Milliarde Menschen der Armut entrissen.

Während Russland sich der Welt nurmehr als gestrige und destruktive Kraft aufdrängt mit dem Export von fossilen Brennstoffen und Falschnachrichten, mit den Fertigkeiten seiner Hackersoldaten und Militärmaschinerie, punktet China mit künstlicher Intelligenz und avancierter E-Mobilität – als technologischer Superstaat von heute und morgen.

Eine wirtschaftliche Sofortentkopplung von Russland ist daher wenig komplex, einfach kalkulierbar (und faktisch schon abgeschlossen) – von China dagegen undenkbar. Zur Erinnerung: Das Volumen des Handels zwischen Deutschland und China war Angaben des Statistischen Bundesamtes zufolge 2021 mit 246,1 Mrd. € rund doppelt so groß wie das Volumen zwischen Deutschland und den fünf größten nachfolgenden Handelspartnern in Asien (Japan, Südkorea, Indien, Taiwan und Malaysia).

Regierungspolitiker in Berlin sollten deshalb gar nicht erst den Eindruck erwecken, sie könnten, wollten oder würden im Fall eines Krieges Chinas gegen Taiwan gegen Peking ähnlich weitreichende Sanktionen wie gegen Moskau verhängen. Zumal China den meisten G7-Staaten mit seinem „*decoupling*" weit voraus ist. Pekings Wirtschaftspolitik der „zwei Kreisläufe" verfolgt bereits seit einigen Jahren im Kern das Ziel, die Abhängigkeit der chinesischen Volkswirtschaft von ausländischem Know-How und Importen über alle Branchen hinweg zu reduzieren – und die Abhängigkeiten ausländischer Volkswirtschaften von Rohstoffen und chinesischen Exporten zu vergrößern.

Hinzu kommt: China hat im Gegensatz zur Sowjetunion, zu Russland und den USA seit 1945 *keine* Interventionskriege geführt, sich seit dem Ende des Kalten Krieges sogar weniger denn je eigemischt in die Belange anderer Staaten. Dem völkerrechtswidrigen Krieg der USA gegen den Irak dagegen, an dessen Anfang eine Lüge des Weißen Hauses stand (Saddam hat Atomwaffen), sind 100.000 bis 500.000 Menschen zum Opfer gefallen. Trotzdem halten wir Deutsche daran fest, unsere Freundschaft zu den USA (aus guten Gründen) als unverbrüchlich zu preisen – und die Kritik an China zu eskalieren.

Es stimmt: China hat sich Hongkong völkerrechtswidrig einverleibt und greift rücksichtslos auf Ressourcen zu, sichert sich seine Einflusssphäre im Südchinesischen Meer militärisch und expandiert mit kreditkolonialen Mitteln nach Afrika und Europa; es stiehlt gewohnheitsmäßig Technologie, Daten und Know-how, macht sich im eigenen Land kultureller Genozide schuldig, tritt die Menschenrechte routiniert mit Füßen und degradiert seine lückenlos überwachten Bürger zu algorithmisch bewirtschafteten Gehorsamszwergen – eine moderne Tyrannei.

Aber im Unterschied zu Russland stellt China für Europa vorerst keine militärische Bedrohung dar. Im Unterschied zu Russland hat China noch kein europäisches Land angegriffen, weder Wolfsburg noch Ludwigshafen mit dem Atomtod gedroht. Kurz: Im Unterschied zu Russland hat China Europa (noch) nicht zu einem Feind erklärt, den es militärisch bedroht, ökonomisch in die Knie zwingen und politisch zu destabilisieren versucht.

Stattdessen verhält sich China wie viele andere Staaten auch in diesem Konflikt, voran die Türkei, Saudi-Arabien und die Emirate, aber auch wie Indien, Südafrika oder Senegal: maximal opportunistisch – schaukelpolitische Anwälte des eigenen Vorteils.

Noch einmal also: Was tun? Die Welt wird mit einem machtanspruchsvollen China leben müssen. Dieses China wird vorläufig von einem Alleinherrscher und kommunistischen Kadern regiert, die die Menschenrechte dem Völkerrecht unterordnen und die

„Wiedervereinigung" Chinas erzwingen werden. Darauf muss der Westen, muss Deutschland reagieren.

Nicht mit rigorosem „Friendshoring", sondern mit dem ebenso vorsichten wie entschlossenen Rückbau des Geschäfts in China und der Diversifizierung seiner Lieferketten, mit der Minimierung seiner volkswirtschaftlichen Elementarrisiken und der Maximierung seiner ökonomischen Resilienz, mit dem Schutz kritischer Infrastrukturen und der Identifikation systemischer Schwachstellen – *und* mit dem Angebot politischer Partnerschaft und wirtschaftlicher Verflechtung zugleich.

Übrigens auch mit anderen Nationen, die unsere Wertvorstellungen nicht teilen. Nicht zuletzt, um gemeinsam globale, unteilbare Probleme zu lösen (Klimawandel). Mit einem jederzeit differenzierten Blick auf Staaten, die uns feind sein möchten oder nicht. Und mit einem jederzeit ehrlichen Blick auf die Erfolge und Nicht-Erfolge (einiger) autoritärer Entwicklungsdiktaturen, in denen Zuwächse elementarer Freiheitsrechte und Lebenschancen (für eine Mehrheit der Menschen) zu verzeichnen sind – so wie bisher in China.

Dabei geht es zugleich darum, die Weltgemeinschaft davon zu überzeugen, dass Chinas „Politik der Nichteinmischung" ganz und gar nicht der Entwicklung „der Menschheit" dienlich ist, sondern in den meisten Fällen das selbsbereichernde *„nation building"* von Theokraten und Kleptokraten camoufliert und protegiert, von Diktatoren und Scheichs, Mullahs und Generälen, die auch im global vernetzten 21. Jahrhundert noch universalistische Werte zurückweisen, um Frauen unterdrücken, Journalisten einsperren, Minderheiten umerziehen und politische Gegner ermorden zu können.

Der Westen wird eingedenk seiner kolonialen Vergangenheit und interventionistischen Misserfolge (Irak, Afghanistan) seine weltpolitischen Eingriffe zugunsten der Menschenrechte dabei streng begrenzen, ökonomischen Interessen konsequent entziehen und besser denn je begründen müssen – sonst wird es nichts.

Und die Unternehmen? Nun, Global Player wie BASF und VW dürfen mit ihren betriebswirtschaftlichen Entscheidungen kein volkswirtschaftliches Klumpenrisiko für Deutschland mehr darstellen – und müssen wie jeder Mittelständler wieder lernen, sich auf eigene Rechnung in der weiten Welt zu bewegen. Mit allen Risiken und Nebenwirkungen. Auch in China.

Chefreporter der WirtschaftsWoche, Journalist und Publizist   Dieter Schnaas
Berlin, Deutschland

Inhaltsverzeichnis

Teil III Der Technikfaktor: Digitalisierung als Initialzündung einer Revolution in der Logistik

Teil I

Der Coronafaktor: Ein Virus als Initiator eines tiefgreifenden Umbruchs

COVID und die Folgen – Die Verwundbarkeit der Supply Chain

Giovanni Prestifilippo

Zusammenfassung

Pandemiebedingte Einschränkungen, Blockade des Suez-Kanals, Abfertigungsstaus in den internationalen Seehäfen und Verknappung von Containerkapazitäten sowie der russische Angriff auf die Ukraine haben die Verwundbarkeit funktionierender Lieferketten nachdrücklich aufgezeigt. Vor diesem Hintergrund sind nachhaltige Optimierungen bei der Gestaltung der Supply Chain und im Rahmen eines aktiven Risikomanagements alternative Transportketten gefordert. Die kontinuierliche Planung im Rahmen eines übergreifenden, proaktiven Risikomanagements erhöht die Reaktionsfähigkeit der Supply Chain im Krisenfall und liefert damit einen direkten Beitrag zur Unternehmensflexibilität. Dabei bieten Software-Systeme für intelligentes Supply Chain Network Design ein breites Instrumentarium zur präventiven Gestaltung von Sicherungsmaßnahmen für die Lieferketten. Bereits im Vorfeld lassen sich mit ihnen für eine Vielzahl potenzieller Risiken funktionierende Alternativen zu den etablierten Distributions- und Versorgungsketten planen und vorhalten, um Reaktionszeiten und Einbußen zu minimieren.

1.1 Einleitung

Industrie und Wirtschaft ächzten. Die Pandemie, die Ereignisse im Suez-Kanal Anfang 2022 und im Frühjahr 2022 der russische Angriff auf die Ukraine haben vormals bewährte Lieferketten gesprengt. Die Folge sind Materialengpässe in zahlreichen Branchen. Das

G. Prestifilippo (✉)
Dortmund, Deutschland
E-Mail: prestifilippo@psi.de

© Der/die Autor(en), exklusiv lizenziert an Springer Fachmedien Wiesbaden GmbH, ein Teil von Springer Nature 2023
P. H. Voß (Hrsg.), *Die Neuerfindung der Logistik*,
https://doi.org/10.1007/978-3-658-41084-1_1

Handwerk, so Handwerkspräsident Hans Peter Wollseifer, verzeichnete im Juni 2022 eine „noch nie da gewesene" Materialknappheit und Probleme bei der Materialbeschaffung – bei gleichzeitiger Preisexplosion. Bestands- und Versorgungsengpässe bei Materialien und Rohstoffen sorgen für Produktions-, Arbeits- und Transportausfälle sowie rasant steigende Energiekosten. Projektrealisierungen verzögern sich und in allen Bereichen schnellen die Preise in die Höhe. Berechnungen des Hamburger Forschungsinstitutes HWWI zufolge haben sich die Rohstoffpreise zwischen Juli 2021 und Juli 2022 nahezu verdreifacht. Derart steigende oder schwankende Rohstoff- und Energiepreise, so ein bereits Ende 2020 veröffentlichtes Untersuchungsergebnis der Commerzbank AG (Risikomanagement des Mittelstands – wie sich Unternehmen im Corona-Jahr 2020 absichern, Frankfurt/M. November 2020), stellen für fast 60 % der befragten Unternehmen die größten Herausforderungen bei der Absicherung ihrer Versorgung dar.

Diese aktuellen Beispiele verdeutlichen eindrucksvoll die Verwundbarkeit von Lieferketten für Volkswirtschaften und offenbaren in besonderer Weise die systemrelevante Bedeutung und Leistungsfähigkeit der Logistik. Logistik mit einem effizienten Supply Chain Management (SCM) liefert einen essenziellen Beitrag für eine leistungsfähige Wirtschaft und die Versorgung der Privathaushalte. Daher fällt der Sicherung der Versorgungsketten eine besondere Priorität zu. Denn massive Störungen der Lieferkette, so die Ende 2020 erschienene McKinsey-Studie „Risiko, Resilienz und Rebalancing in globalen Wertschöpfungsketten", treten durchschnittlich alle 3,7 Jahre auf und bringen Lieferketten mindestens einen Monat lang aus dem Tritt. Entsprechend groß ist der Handlungsdruck, denn die nächsten, durch Klimawandel, geopolitische Verwerfungen oder Cyber-Attacken bedingten Krisen zeichnen sich bereits ab – und erfordern ein effizientes, aktives Supply Chain Risk Management (SCRM).

1.2   Risikomanagement – Soll und Haben aus Sicht von Analysten und Wissenschaft

1.2.1   Erläuterung Risikomanagement

Risikomanagement (RM) für die Supply Chain durch intelligentes Supply Chain Network Design (SCND) ist einer der wichtigsten Faktoren, um die wirtschaftliche Stabilität von Unternehmen sicherzustellen. Risiken aus den Prozessen jedes einzelnen Unternehmens im Wertschöpfungsnetzwerk bewirken Folgeschäden bei allen beteiligten Partnern. Diese Verwundbarkeit der Supply Chain macht die Risiken in Netzwerken zu den folgenreichsten. Risiken in Supply Chains können einerseits auf der Lieferantenseite entstehen und sich dann durch die Lieferkette weiterentwickeln. Andererseits können auch Risiken bei Endkunden zu Problemen in der vorgelagerten Lieferkette führen. Dementsprechend muss ein SCRM möglichst die gesamte Supply Chain betrachten, um Risiken proaktiv identifizieren und abmildern zu können.

Für alle Partner gilt dabei: Die internen und externen Risiken zu identifizieren, sie einzuordnen und entsprechende Präventionen aufzulegen, um sie zu beherrschen. Dazu gilt es, die grundlegenden Daten und Funktionen des Supply Chain Managements (SCM) und des Risikomanagements zu erfassen, zu dokumentieren und in einem umfassenden Supply Chain Risk Management (SCRM) zu bündeln. Auf dieser Basis lassen sich Alternativen generieren und auflegen.

Nach den Erfahrungen, die bereits infolge der Corona-Pandemie zu analysieren waren, sind sich Marktbeobachter einig: Risikomanagement und Lieferketten in Post-Corona-Zeiten werden anders aussehen als bisher. Parallel dazu ist infolge der Pandemie eine verstärkte Digitalisierung in der Logistik zu erkennen. IT-Systeme, die den Nutzern maximale Flexibilität beim Supply Chain Network Design bieten, werden künftig zu den Standardinstrumenten für effizientes Risikomanagement zählen. Für resiliente Lieferketten seien Ausbau und Nutzung digitaler Technologien die zentralen Faktoren, so Lisa Renaud, Chefredakteurin besagter McKinsey-Studie. Danach stelle moderne Technologie die herkömmlichen Annahmen in Frage, dass Resilienz nur auf Kosten der Effizienz erworben werden kann. Die neuesten Fortschritte böten hingegen neue Lösungen für die Ausführung von Szenarien, die Überwachung vieler Ebenen von Lieferantennetzwerken, die Beschleunigung der Reaktionszeiten und sogar die Veränderung der Wirtschaftlichkeit der Produktion.

1.2.2 Ist-Situation Risikomanagement

Den Ergebnissen der Ende 2020 vom Bundesverband Materialwirtschaft, Einkauf und Logistik e.V. (BME) und der Hochschule Fulda veröffentlichten Studie „Supply Chain Risk Management" (SCRM) zufolge, hat jedoch nur rund jedes fünfte Unternehmen eine Organisationseinheit für Supply Chain Risk Management etabliert. Bei drei von vier Unternehmen (77,3 %) ohne konkrete Funktion für das SCRM ist das Supply Chain Management (SCM) inklusive Logistik, Einkauf etc. am Management von Supply-Chain-Risiken beteiligt. Wenn eine eigenständige SCRM-Funktion im Unternehmen etabliert ist, dann ist sie bei zwei Dritteln (66,7 %) der Unternehmen ebenfalls im SCM als federführende Organisationseinheit für den Betrieb angebunden.

Beim Supply Chain Risk Management besteht in vielen Unternehmen erheblicher Nachholbedarf. Der BME-Studie zufolge spürten bereits nach wenigen Pandemie-Monaten (Mai/Juni 2020) fast 40 % der befragten Unternehmen mittlere Auswirkungen (Supply Chains funktionieren nur noch teilweise – 24,6 %) sowie hohe (SC funktionierten nur noch in wenigen Bereichen, 11 %) und sehr hohe Auswirkungen (SC funktionieren gar nicht mehr, 4,2 %). Häufig fehlen entscheidende Datengrundlagen für aktives Risikomanagement in der Supply Chain. „Die meisten Unternehmen befinden sich noch in einem frühen Stadium ihrer Bemühungen, die gesamte Wertschöpfungskette mit einem nahtlosen Datenfluss zu verbinden", urteilt McKinsey-Chefredakteurin Lisa Renaud.

Lieferantencontrolling, Portfolio-Analysen, Kapazitätsübersichten und das richtige Management von Sicherheitsbeständen und Lieferketten sind zeitaufwändig und erfordern die Transparenz belastbarer Daten aus IT-gestützten, digitalisierten Geschäftsprozessen. „Mit Risiken beschäftigt man sich eher nebenbei – oder anscheinend gar nicht", urteilen die Autoren der BME-Studie mit Blick auf die mangelnde Datentransparenz.

Ein effektives und effizientes Supply Chain Risk Management, so die BME-Studie, könne einen substanziellen Beitrag leisten, um die notwendige Transparenz über die Risikolage entlang der globalen Lieferketten zu schaffen. Vielen Unternehmen sei jedoch klar geworden, dass die Transparenz in ihren Supply Chains zu gering ist. Als Gründe dafür haben die Autoren der im Herbst 2020 von der WU Wien durchgeführten Studie „Risikomanagement und Digitalisierung in Zeiten von Covid-19" neben dem unzureichenden Zugang zu entscheidungsrelevanten Daten eine unzureichende Verflechtung zwischen Risikomanagement und strategischer Planung sowie eine unzureichende Wahrnehmung des Nutzens von Risk Management ermittelt.

1.3   Risikomanagement in der Praxis

Mit geeigneten Strategien und dem Aufbau mehrerer Optionen auch für eine bewährte Supply Chain können Unternehmen sich auf Eventualitäten besser vorbereiten. Dazu ist es notwendig, traditionelle Prioritäten neu zu ordnen und bislang geltende Effizienzansprüche zu senken, um verschiedene Möglichkeiten auszubauen. Bei der Auslegung von Wertschöpfungsnetzwerken müssen künftig neben Preis- und Qualitätskriterien zwingend auch Kriterien wie Stabilität und Krisenvorsorge eine Rolle spielen. Dabei zahlen sich in unsicheren Zeiten insbesondere Anpassungsfähigkeit und Flexibilität aus. Beschaffungs-, Produktions- und Distributionsabläufe wurden in Unternehmen bislang vornehmlich nach Einkaufseinsparungen sowie nach Effizienz und Kosteneinsparungen gestaltet und gesteuert. Das führte in vielen Fällen auch zu überschlanken Supply Chains. Die weltweite Beschaffung von Gütern nach dem Prinzip des Single-Sourcing hat viele Produkte und Dienstleistungen günstiger gemacht – allerdings ist damit oft auch die Robustheit und Widerstandsfähigkeit der Versorgungsketten gefährdeter.

So beklagte die Betreiberin einer Ölmühle in Deutschland in einer im Frühsommer 2022 von einem Fernsehsender ausgestrahlten Reportage die Folgen des russischen Angriffskrieges für ihre Produktion. Ihr Betrieb ist auf die Herstellung von Leinöl spezialisiert. Wenn dort nicht eine Mindestmenge verarbeitet werde, müssten die Produktionsanlagen heruntergefahren werden. Ein Wiederanlaufen sei ein langwieriger Prozess. Sie beziehe ihre Rohstoffe fast ausschließlich aus Kasachstan, einem der führenden Leinsamenexporteure. Die vorherigen Lieferketten führten über Russland, die Ukraine und Polen nach Deutschland. Diese sind gegenwärtig nicht passierbar – und die Ölmühlenbetreiberin will nun zunächst abwarten, wann sie wieder beliefert wird. Notfalls mit den skizzierten Folgen.

Mit einem aktiven Risikomanagement wäre für sie zumindest die temporäre Stilllegung der Produktion vermeidbar. Gewiss wird die Ölmühlenbetreiberin eingespielte Geschäftsbeziehungen nach Kasachstan pflegen. Mit diesen Partnern hätte im Vorfeld sicher auch ein alternativer Exportweg etwa über den kasachischen Hafen Morskoy Port in Aktau am Kaspischen Meer abgestimmt werden können. Die weitere Transportstrecke über Aserbaidschan, die Türkei, den Balkan und Österreich für den Nachschub in Deutschland hätte simuliert, überprüft und – bei Bedarf mit exakt geplanten multimodalen Transportketten – aufgelegt sowie für einen Abruf implementiert werden können. Als zusätzliche Versorgungssicherung hätten Lieferketten auf Basis neuer Kontakte und vertraglicher Vereinbarungen mit alternativen Leinsamen-Lieferanten etwa in Kanada oder den USA vorbereitet, getestet und aufgelegt werden können.

1.4 Grundlagen aktiven Risikomanagements

Es zeigt sich, dass ausschließlich kostenoptimal ausgelegte Supply Chains im Krisenfall besonders anfällig sind. Starre Prozesse und fehlende Transparenz führen zu einer unzureichenden Agilität. Sie nehmen den Entscheidern entlang der Lieferkette die Möglichkeit, flexibel auf dynamische Szenarien zu reagieren. Die starke Fokussierung auf Kosteneinsparungen und Umsatzziele sowie historisch gewachsene Supply-Chain-Strukturen resultieren in einer Intransparenz. Daher müssen sich künftig Einkauf, Logistik und Finanzabteilung zusammentun, um gemeinsam über Entscheidungen für ein dauerhaftes strategisches Supply Chain Risikomanagement zu verfügen. Hierzu zählt der Aufbau von widerstandsfähigen Supply Chains sowie eine vorausschauende Supply-Chain-Planung und -Optimierung. Grundvoraussetzung für ein erfolgreiches und ganzheitliches Risikomanagement in Supply Chains ist ein kontinuierliches Management der Wertschöpfungsketten. Die Vielzahl an Unsicherheiten macht die Gestaltung des einen, konkreten Alternativplans für Produktion, Transport- und Lieferketten allerdings unmöglich.

1.4.1 Endogene und exogene Risiken

Welchen Herausforderungen muss sich ein effizientes Risikomanagement stellen, welche potenziellen Einflussfaktoren und Risiken bestehen für das jeweilige logistische Netz – und wie lassen außergewöhnliche Anforderungen und schwierige Situationen sich möglichst ohne negative Folgen bewältigen? Dazu muss zunächst unterschieden werden zwischen weitgehend kalkulierbaren Alltagsrisiken wie etwa dem Ausfall von Lager- und Produktionsmaschinen sowie endogenen Risiken, die aus Bedingungen der Supply Chain selbst entstehen, auf der einen Seite und andererseits Ausnahmerisiken sowie exogenen Risiken, die von außerhalb auf die Supply Chain einwirken und eine eher geringe Eintrittswahrscheinlichkeit aufweisen. Zu solchen exogenen und den Ausnahmerisiken zählen geopolitische Konflikte wie der russische Angriffskrieg auf die Ukraine seit Februar 2022, Natur- und Umwelteinflüsse sowie regionale Rechts- und Marktrisiken, die die Produktion und die Transportketten beeinträchtigen, ebenso, wie die Pandemiebedingungen, die die Wirtschaft seit Anfang 2020 nachhaltig prägen. Was man nicht kennt, kann man nicht planen.

In eine Grauzone dieser Unterscheidung fallen Vorgänge wie der Brexit und die Havarie des Containerschiffs „Ever Given", die im März 2021 zur tagelangen Sperrung des Suez-Kanals führte. Letzteres trat zwar plötzlich auf, aber für ein solches Risiko als konkrete Unterbrechung der Lieferkette konnten im Vorfeld Vorkehrungen getroffen werden, um die Resilienz der Supply Chain zu sichern und negative Folgen abzuwenden beziehungsweise sie weitgehend abzumildern. Allein vor dem Hintergrund der politischen Situation in Nahost müssen solche Behinderungen kalkuliert werden. Gleiches gilt trotz aller Ungewissheiten über den konkreten Zeitpunkt und die Verzögerungen und Unwägbarkeiten beim Austritt Großbritanniens aus der Europäischen Union. Alternative Transportketten für unterschiedliche Szenarien konnten im Vornherein gestaltet und aufgelegt werden (Abb. 1.1).

Abb. 1.1 Suez-Kanal. (Quelle: AdobeStock)

1.4.2   Redundanzen, Zuordnungen und Instrumente

Tatsächlich empfehlen Wissenschaftler wie Lieferkettenforscher Professor Dr. Fabian Sting, Professor für Betriebswirtschaftslehre an der Universität Köln, im Rahmen eines effizienten Risikomanagements Redundanzen zu schaffen, also mehrere mögliche Lieferketten und unter Umständen sogar Produktionskapazitäten am Heimatstandort (vgl. u. a.: Stresstest für die Lieferketten, in: Uni Köln Multimediastories, Die Corona-Krise im Fokus der Wissenschaft, ohne Jahresangabe). Solche parallelen Lösungen gelte es dann schrittweise zu prüfen und an die sich stets verändernden Umstände anzupassen. Prof. Dr. Sting unterscheidet überdies zwischen bekannten und unbekannten Unsicherheiten, die zu Gefahren für die etablierte Supply Chain werden können. Bekannt sind danach beispielsweise Qualitätsprobleme neuer Lieferanten oder Versorgungsengpässe aufgrund von Produktionsstörungen durch Maschinenausfall bei einem Lieferanten. Unbekannt sind hingegen jene Unsicherheiten, die kaum bis gar nicht vorherzusehen sind. Dazu zählen Ereignisse wie die oben genannten Pandemien, Explosionen, Wirtschafts- und Finanzkrisen, Naturkatastrophen, Handelskonflikte oder politische Ereignisse. Sie alle können schwerwiegende Veränderungen in der Supply Chain auslösen.

Zum Aufbau redundanter Lieferketten im Rahmen eines effizienten, intelligenten Risikomanagements bieten Softwaresysteme für das Supply Chain Network Design ein weitreichendes Instrumentarium. Sowohl im Vorfeld als auch in der konkreten Situation lassen sich damit kurzfristig praxistaugliche Modelle für die Supply Chain generieren, analysieren und auflegen. Und wenn Risikomanagement bei der überwiegenden Mehrheit der Unternehmen federführend im Supply Chain Management erfolgt, warum sollen dann nicht auch dessen Instrumente für das Supply Chain Network Design für ein aktives Risikomanagement genutzt werden?! Probate Instrumente sind dafür vorhanden. Ein Beispiel: das Planungs- und Managementsystem für strategisches Supply Chain Network Design PSIglobal (Abb. 1.2).

Mit Einbindung der Software in das Risikomanagement für die Supply Chain etwa hätten die Nutzer des Softwaresystems für den Fall einer Sperrung des Suez-Kanals eine Alternative nicht nur im Rechner und quasi auf Knopfdruck verfügbar gehabt. Das System hätte ihnen auch aufzeigen können, mit welchen Zeiträumen für welche Szenarien zu rechnen wäre; ob es unter Zeit- und Kostenaspekten, die mit der Standardsoftware nach gewählten Kriterien gegeneinander abzuwägen und ins Verhältnis zu setzen sind, sinnvoller gewesen wäre, die Verzögerungen einer sechstägige Alternativroute um das Kap der guten Hoffnung zu wählen oder die Sperrung und den über Wochen andauernden Abfertigungsrückstau in Kauf zu nehmen. Ebenso hätte die eingangs genannte Ölmühlenbesitzerin probate Alternativen analysieren, simulieren und auflegen können – und verfügbar gehabt.

Ähnliches gilt für eher absehbare, berechenbare endogene Risiken: der Lkw steht im Stau, die Eisenbahner streiken, die Abfertigung im Hafen stockt, einem maßgeblichen Lieferanten ist die Produktion eingebrochen. Als beteiligte Unternehmen in der Supply

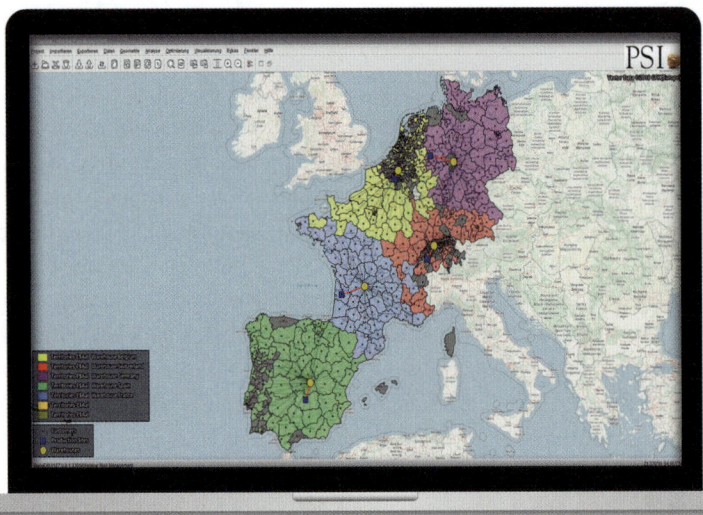

Abb. 1.2 Beispiel für ein Supply Chain Network Design PSIglobal. (Quelle: PSI Logistics)

Chain sind sowohl die direkten Lieferanten und Kunden wie auch die indirekten Zulieferer und Abnehmer zu betrachten. Mit der ganzheitlichen Betrachtung der Supply Chain lassen sich auch Risken identifizieren, die dem eigenen Logistiknetzwerk vorgelagert sind. Dies gilt, vereinfacht gesagt, etwa, wenn im Automotivebereich ein Fahrzeughersteller bei seinem Risikomanagement der Supply Chain nicht nur die eigene Transportkette mit seinen Lieferanten für die zu verbauenden Motoren oder Reifen fokussiert, sondern auch die potenziellen Störfaktoren für deren Bezugsketten etwa für Gusseisen und Leichtmetall beziehungsweise Kautschuk und Stahlcords berücksichtigt.

Etwas anders verhält es sich bei den aufgeführten exogenen Risiken. Deren Ursachen für Supply-Chain-Störungen liegen außerhalb offensichtlicher Planungsszenarien und des eigenen Verantwortungsbereichs. Sie sind nur eingeschränkt präventiv zu verhindern oder reduzierbar. Katastrophen oder Pandemien sind nicht vorhersehbar und planbar – und mithin mit herkömmlichen Ansätzen zur Risikominderung nur bedingt kalkulierbar. Bei der Versorgung mit Kobalt etwa müsse man auch mit temporären politischen Spannungen rechnen, veranschaulicht Professor Dr. Sting, (a. a. O.). Das seien bekannte Unsicherheiten. Das Corona-Virus aber verhalte sich anders. Eintrittswahrscheinlichkeit und Ausmaß seien nicht absehbar gewesen und entsprechende Prognosen könne man deshalb kaum seriös treffen. „Man kann nicht für einen Fall planen, den man nicht kennt", so der Professor. Ebenso verhält es sich mit vielen kriegerischen Ereignissen. Einige, etwa in Nahost, müssen bei einem aktiven Risikomanagement einkalkuliert werden; einen Angriffskrieg im Osten Europas hat man hingegen kaum vermuten können. Spätestens allerdings nach 2014, der russischen Besetzung der Krim, wäre gleichwohl für besagte Ölmühlenbesitzerin die Einrichtung alternativer Lieferketten angezeigt gewesen.

Auch für exogene Risiken müssen Sicherungen eingebaut werden. Für das präventive Vorgehen können etwa Wenn-Dann-Szenarien aufgelegt und ihre Auswirkungen auf die unterschiedlichen Ebenen der Supply Chain simuliert werden. Wenn es gelingt, etwa Teile, Komponenten und Lieferantenstandorte zu identifizieren, die ein großes Risiko mit hohen finanziellen Auswirkungen darstellen, dann hilft dies einem Unternehmen entscheidend, seine Wertschöpfungsketten zu schützen. Gerade wenn und weil seriöse Prognosen im Risikomanagement kaum möglich sind, öffnet die Szenariotechnologie im PSIglobal mit Redundanzen möglicher Lieferketten dann einen Optionsraum und schafft probate Wahlmöglichkeiten. Im Ergebnis bietet sie maximale Flexibilität für optimale Abdeckung der Lieferketten bei volatilen Auftragslagen ebenso wie für Resilienz-Konzepte bei potenziellen Risiken für die Supply Chain.

1.5 Aktives Risikomanagement – Präventionsleistungen moderner Softwaresysteme am Beispiel PSIglobal

1.5.1 Grundlagen

Für die gesamte Supply Chain gilt es vornehmlich, die relevanten Einflussfaktoren zu ermitteln und alle Pläne und Maßnahmen für ein resilientes logisches Netz in einem kontinuierlichen Prozess zu hinterfragen und zu optimieren. Die jeweiligen Einflussfaktoren für Versorgungs- oder Nachfragerisiken identifiziert jedes Unternehmen für seine Prozessketten – und kommuniziert sie mit seinen Partnerunternehmen. Für die Beziehung der Unternehmen untereinander und einem sich daraus ergebenden effizienten Risikomanagement gilt daher weitreichende Transparenz von Daten und Prozessen angesichts komplexer Verknüpfungen von Ursache und Wirkung als das wichtigste Erfordernis: Transparenz durch Kollaboration. Insbesondere für die verantwortlichen Entscheider schafft Transparenz eine solide und belastbare gemeinsame Datenbasis und unterstützt sowohl proaktive als auch reaktive (Gegen-) Maßnahmen.

Doch welches Vorgehen stützt ein effizientes Risikomanagement? Anhaltspunkte bietet eine im Juni 2021 veröffentlichte Studie von SAS (From Crisis to Opportunity: Redefining Risk Management, Heidelberg, Juni 2021). Der Anbieter von Lösungen für Analytics und Künstliche Intelligenz (KI) hat das Risikomanagement im Bankensektor untersucht – mit Ergebnissen, die durchaus auch auf die Logistik zutreffen. Danach hat nur jedes sechste der 300 befragten Finanzunternehmen das Risikomanagement weitestgehend beziehungsweise vollständig automatisiert. „Dieser Mangel an Automatisierung schränkt die Finanzinstitute bei der Vorhersage von Trends oder bei der Verbesserung ihrer Entscheidungsfindung in sämtlichen Geschäftsbereichen ein", urteilen die Autoren. Die identifizierten „Risk Management Leaders" zeichneten sich dadurch aus, dass sie häufiger Risikomodelle automatisiert erstellen und fortschrittlicheres Risikomanagement nutzen, beispielsweise in Form von Szenarioanalysen. Zudem belege die Studie, dass diese Vorreiter bereits langfristige Vorteile aus ihren Investitionen in die Risikotechnologie ziehen. Sie seien unter anderem in der Lage, Vorhersagen weiter im Voraus zu treffen und Stresstests schneller durchzuführen. Verglichen mit anderen Befragten meldeten sie überdies eine bessere Performance in mehreren operativen Kernbereichen.

1.5.2   Software-Anforderungen, -tools und -funktionalitäten

Übertragen auf das Risikomanagement in der Logistik und die präventive Generierung von Gegenmaßnahmen für potenzielle Risiken, ergibt sich daraus folgendes Bild:

Die Grundlagen bilden eine weitgehende Automatisierung und Digitalisierung der Prozesse, um die erforderlichen Daten zu erfassen und nutzbar zu machen. Um potenzielle Risiken frühzeitig zu identifizieren, werden die im Unternehmen verfügbaren relevanten Daten sowie die belastbare Datenbasis aus einem transparenten Datenaustausch der Partner in der Supply Chain in einem IT-System erfasst. Die Software harmonisiert die unterschiedlichen Datenformate und bereitet sie für ganzheitliche Analysen und zur Erstellung von Risikomodellen auf. Mit den Funktionalitäten der Software wird der Ist-Zustand dann zunächst einer automatisierten Analyse unterzogen. Prämissen und Restriktionen werden eingebunden. Anschließend werden Szenarien erstellt und in Simulationen überprüft, Einfluss- und Zielfaktoren verglichen und optimiert.

Dieses Vorgehen führt ebenso zu einer optimalen Supply Chain für die aktuellen Belange wie – im Rahmen eines aktiven Risikomanagements – auch zu Alternativen für Notfall-Situationen, die sich unter unterschiedlichsten Kriterien betrachten lassen. Die unter den jeweiligen Prämissen und Anforderungen optimalen Lösungen werden in operative Prozesse umgesetzt und die Ergebnisse erfasst, mit den Planungen verglichen und weiter optimiert. Dies erfolgt sowohl für die etablierte Supply Chain als auch für etwaige Lösungen der Risikoprävention stets dann, wenn aktuelle Kennzahlen und neue Erkenntnisse verfügbar sind. Denn Risikomanagement ist kein einmaliges Projekt. Geschäftskritische Risiken und deren Auswirkungen auf die Lieferkette müssen in einem aktiven Risikomanagement ebenso wie in der alltäglichen Praxis kontinuierlich überwacht und hinterfragt werden. In einem aktiven Risikomanagement erfolgt dies in einem phasenbasierten Kreislaufmodell. Regelmäßig werden dabei alle Risiken und ihre Abhängigkeiten identifiziert und nebst ihren Auswirkungen erneut bewertet. Alle Präventivmaßnahmen, ihre Umsetzungsoptionen und Wirksamkeit werden kontinuierlich überprüft und die jeweils aktuelle Risikosituation erörtert. Nach Abschluss eines solchen Zyklus' beginnt dieser Iterationsprozess von vorn. Dies gilt innerbetrieblich wie auch im Zusammenspiel mit den Partnern in der Supply Chain.

Das beschriebene Vorgehen zur Entwicklung präventiver Maßnahmen und alternativer Lieferketten entspricht exakt dem funktionalen Leistungsumfang und der Zielführung von PSIglobal. Damit hat PSI Logistics frühzeitig ein Standardsystem für das strategische Supply Chain Network Design entwickelt. Mit seiner Architektur und den Funktionsumfängen gilt es einerseits als probates Beispiel dafür, wie moderne Software-Systeme sich State-of-the-Art um neue Technologien und anwendungsgerechte Funktionen erweitern lassen – und damit die für die digitale Transformation geforderte Vernetzung, Flexibilität und Transparenz fördern. Andererseits belegt es die zukunftsfähige Konzeption und Integrationsfähigkeit moderner IT-Systeme. Für ihre entsprechenden Entwicklungsleistungen ist PSI Logistics in den vergangenen Jahren mehrfach von Experten unterschiedlicher Gremien als Innovationsführer der Branche ausgezeichnet worden.

Neben dem Monitoring der jeweiligen Supply Chain verfügt das Softwaresystem mit integrierter Simulations- und Szenariotechnologie über ein umfangreiches Instrumentarium für Logistics Analysis, Network Planning und Supply Chain Optimization auf Basis aktueller Verkehrs- und IST-Daten. Zusammen mit dem integrierten Sendungsmanipulator können Anwender beispielsweise die Sensitivität und Kapazitäten eines Netzes in Abhängigkeit zum Auftrags- und Aufkommensvolumen überprüfen, die Generierung neuer Sendungen simulieren und Mengengerüste variieren. Als erstes IT-System im Markt ermöglicht die Standardsoftware dabei eine ganzheitliche Betrachtung und kombinatorische Analyse von Transport und Lagerkosten oder von Produktions- und Logistikprozessen. Spezielle Optimierungsalgorithmen erschließen dabei Kostensenkungspotenziale von bis zu 20 %.

1.5.3 Softwareanwendung und Nutzwert

Für die Gestaltungs- und Optimierungsfunktionen im Supply Chain Network Design führt die Standardsoftware gezielt operative Daten für Managementanalysen zusammen und weist wichtige Kennzahlen zur Aufdeckung von Verbesserungspotenzialen aus. Das System ist darauf ausgelegt, Daten aus vielfältigsten Quellen zu harmonisieren und mit intelligenten Instrumenten zu filtern, um Informationen bedarfsgerecht und in ganzheitlichen Zusammenhängen bereitzustellen und zu analysieren. Das bietet die Auswertung eines ganzheitlichen Datenbestandes und ermöglicht – mit der integrierten Simulations- und Szenariotechnologie – belastbare Prognosen. Als zentrale Datendrehscheibe übernimmt PSIglobal im Rahmen von Big-Data-Konzepten damit die Funktion eines Datenkonverters und Meta-Systems über den Subsystemen und der ERP-Ebene (Abb. 1.3).

Die Beherrschung der Datenmassen durch Harmonisierung und Integration, ihre bedarfsgerechte Bereitstellung in Echtzeit nebst umfassender Transparenz, ihre zielgerichtete Analyse und Interpretation sowie die daraus ableitbaren, belastbaren Prognosen prä-

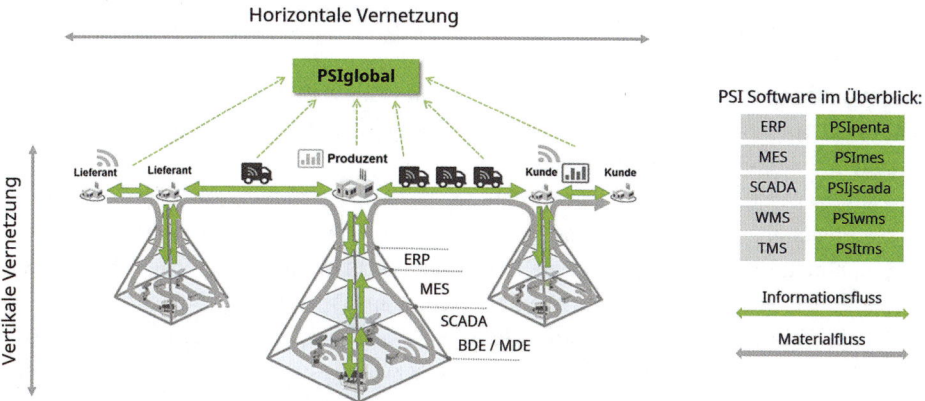

Abb. 1.3 Vernetzte Systeme in Produktion und Logistik. (Quelle: PSI Logistics)

destinieren das IT-System im Dialog mit den angebundenen IT-Systemen überdies als wichtiges Instrument für effizientes Risikomanagement in der Supply Chain. In fünf operativen Schritten generiert die Software unter verschieden wählbaren Prämissen die optimalen Lösungen sowohl für eine optimierte Supply Chain wie auch – als Planungsgrundlage für Maßnahmen eines aktiven Risikomanagements in der Supply Chain – für plausible Szenarien und den Konsequenzen unterschiedlicher Bedarfslagen.

In der ersten Phase werden die relevanten Logistikdaten aus ERP, WMS und TMS in das IT-System importiert. Diese Aufnahme der Ist-Situation bringt Transparenz in die aktuellen Logistikabläufe und ermöglicht die Überprüfung bestehender Tarife und Konditionen. Die Sendungs-, Artikelstamm-, Auftrags- und Kundendaten sowie die jeweiligen Tarife lassen sich um spezifische Geografiedaten von Verkehrsnetzen bis hin zu Demografiedaten ergänzt. Das gibt nicht zuletzt Aufschluss über potenzielle Risiken in spezifischen Absatzmärkten. mit der Geocodierung lassen sich zudem auf dieser Basis bereits Entfernungsmatrizen erstellen, die das Prozessmanagement digital abdecken und unterstützen sowie Prognoseanforderungen definieren.

In der zweiten Projektphase des Supply Chain Network Designs im Rahmen eines aktiven Risikomanagements erfolgt mit der Software die Schwachstellenanalyse. Dabei werden Lagerbestände, Warenströme, Aufkommen und Sendungsstruktur, Gebietsplanung, Entfernungsklassen und Tarife etwa unter Berücksichtigung von Servicegrad und Kostensätzen betrachtet. Im nächsten Schritt werden für die identifizierten Schwachstellen Optimierungsoptionen modelliert. Die Zielsetzungen der Optimierungsmodelle sind dabei frei definierbar und lassen sich unter verschiedensten Prioritäten sowie in unterschiedlichsten Abhängigkeiten zueinander ermitteln – etwa Optimierung der Gesamtkosten oder der (Sicherheits-)Bestände unter Abwägung von Transport versus Produktion, Transport- versus Lagerkosten oder Transport- versus Servicezeit. Mit entsprechenden Prämissen lassen sich sowohl die aktuellen Lieferketten überprüfen und aktualisieren, als auch Auswirkungen berechnen für den Fall, dass potenzielle Risiken eintreten, und Alternativen für eine angemessene Teile- und Rohstoffversorgung einrichten.

Dies erfolgt im Wesentlichen in der vierten Projektphase, die durch den Einsatz der durchgängigen Szenario- und Simulationstechnologie der Software gekennzeichnet ist. Die Ermittlung eines realisierbaren Umsetzungsmodells erfolgt dabei in mehreren Einzelschritten. Als Vergleichsbasis dient der zuvor ermittelte IST-Zustand inklusive Ausweisung der herkömmlichen Kennzahlen.

Dem Ist-Zustand wird der gewünschte Ideal-Zustand, neudeutsch „Greenfield Planning", gegenübergestellt. Die hinterfragten Zielfaktoren der Optimierung sind – etwa mit maximaler Kosteneinsparung oder variabler Anzahl und Lage etwaiger Standorte – frei wählbar. Mit der Szenariotechnologie erfolgt anschließend eine entsprechende Zuordnungsoptimierung. Dabei werden beispielsweise Anzahl und Lage der Standorte festgelegt und die Kunden oder Lieferanten beziehungsweise das Aufkommen unter

Abb. 1.4 Rudolph-Planungen mit PSIglobal. (Quelle: PSI Logistics)

Berücksichtigung der Lagerkapazitäten auf die gegebenen Standorte verteilt. Diese Zuordnung wird dann mit Blick auf den Idealzustand und die zielsetzende Fragestellung je nach Sensitivität und Kapazitäten des Netzes flexibel variiert bis ein Optimum erreicht ist. Mit dem integrierten Sendungsmanipulator im PSIglobal können Anwender die Zuordnungen beispielsweise in Abhängigkeit zum Auftrags- und Aufkommensvolumen überprüfen, die Generierung neuer Sendungen simulieren und Mengengerüste variieren (Abb. 1.4).

Das Resultat wird einer Sensitivitätsanalyse unterzogen. Sie bietet unter anderem eine Standortoptimierung unter Berücksichtigung von Prognosemengen, die dem System zugespielt werden. Die unter der Prämisse eines Idealzustandes ermittelten Ergebnisse werden abschließend entweder als Optimierungsoptionen für den Ist-Zustand oder als präventive Alternative für Risikofälle aufgelegt. Alle Prozesse der Berechnungen und Simulation erfolgen dabei automatisiert. In der letzten Projektphase werden die identifizierten Optimierungsoptionen schließlich in Realisierungsprojekte überführt – und beispielsweise in die operativen Systeme eingebracht. Basierend auf historischen Daten über Logistikrisiken lassen sich mit dem gleichen Verfahren beispielsweise auch spezifische Abhängigkeiten und ihre Auswirkungen simulieren und analysieren, um mit einem aktiven Risikomanagement Maßnahmen zur Risikosteuerung und für eine resiliente Supply Chain zu entwickeln und zu implementieren.

1.6   Fazit

„Bevor wir vielleicht irgendwann in 2023 eine Besserung erwarten können, wird die Situation bei den Lieferketten und Rohstoffen in den nächsten Monaten deutlich schlimmer werden", prognostizierte der BVL-Vorstandsvorsitzende Prof. Dr.-Ing. Thomas Wimmer auf der BVL-Vorstandssitzung im Mai 2022 und unterstrich die Bedeutung eines aktiven Risikomanagements: „Wenn Unternehmen frühzeitig ihr Risikomanagement angepasst und zusätzliche oder alternative Lieferanten erschlossen haben, wenn die Beziehungen zu Reedereien und Speditionen langfristig gepflegt wurden und so noch Kapazitäten verfügbar waren, sind sie weniger stark betroffen." Unabhängigkeit werde wichtiger, auch Flexibilität und Zuverlässigkeit, ergänzte BVL-Marktexperte Kille: „Wenn Unternehmen unabhängiger und autarker agieren sollen, sind Investitionen und Partnerschaften mit anderen in der Nähe notwendig, auch in bisher vernachlässigten Regionen." Für den Aufbau entsprechender Lieferketten und die Gestaltung alternativer Lösungen im Rahmen eines aktiven Risikomanagements bieten moderne Softwaresysteme für das Supply Chain Network Design die probaten Instrumente.

Mit intelligenten Algorithmen, Funktionalitäten und umfassender Szenario- und Simulationstechnologie generieren sie auf Basis belastbaren Datenmaterials die Grundlagen für Entscheidungsfindungen in einem aktiven Risikomanagement. Zur Abdeckung der alltäglichen Risiken lassen sich mit ihnen die in den internen Logistikprozessen und in den Lieferketten generierten, relevanten Daten sekundenschnell analysieren und in kürzester Zeit Handlungsempfehlungen für wirtschaftlich sinnvolle Szenarien ausweisen. Auf dieser Basis können für ein aktives Risikomanagement sowohl im Vorfeld als auch in einer konkreten Situation kurzfristig praxistaugliche Modelle mit alternativen Versorgungsketten für die Supply Chain generiert, analysiert und aufgelegt werden. Die Kalkulation neuer Supply Chain Netzwerke im Kontext der eingetretenen Ereignisse lässt sich innerhalb kurzer Zeit durchführen. Für das präventive Vorgehen können dann etwa Wenn-Dann-Szenarien erstellt und ihre Auswirkungen auf die unterschiedlichen Ebenen der Supply Chain simuliert werden. In kürzester Zeit ist auf diese Weise ein komplettes Netzwerk neu berechnet. Die Ergebnisse lassen sich über entsprechende Schnittstellen umgehend in die operativen Systeme übertragen.

Damit unterstützen moderne Softwaresysteme für das Supply Chain Network Design ein übergreifendes, proaktives Risikomanagement für die Resilienz von Wertschöpfungsnetzwerken. Die kontinuierliche Planung und Überprüfung erhöht die Reaktionsfähigkeit der Supply Chain im Krisenfall und liefert damit einen direkten Beitrag zur Unternehmensflexibilität. Es gilt, die tiefgreifenden Transformationsprozesse etwa der Digitalisierung und der Energiewende aktiv zu gestalten und die Resilienz der Supply Chain dabei von Anfang an mitzudenken. Softwaresysteme für das Supply Chain Network Design bieten dafür ein geeignetes Funktionsspektrum.

Dr. Giovanni Prestifilippo ist seit 2013 Geschäftsführer der PSI Logistics, bei der er zuvor seit 2008 Bereichsleiter und Prokurist am Standort Dortmund war. Der promovierte Informatiker hat speziell die Entwicklung und Vermarktung des Produktes PSIglobal von Beginn an geleitet und geprägt. Zuvor arbeitete er seit 1993 am Fraunhofer-Institut für Materialfluss und Logistik in verschiedenen Funktionen und promovierte an der Fakultät Maschinenbau der Universität Dortmund über effiziente Algorithmen in der Logistik. Bis 2009 wirkte er parallel als Gesellschafter und Senior Partner in der VCE Verkehrslogistik GmbH. Vor dem Hintergrund dieser langjährigen Erfahrungen in der Analyse, Planung und Optimierung von komplexen Logistiknetzwerken nimmt er seit 2001 ebenfalls Dozenten- und Referenten-Tätigkeiten im Logistikumfeld wahr. Dr. Giovanni Prestifilippo ist mit verschiedenen Forschungseinrichtungen wie der RWTH, TU Berlin, TU Dortmund, verschiedenen Fraunhofer-Instituten wie IML, IIS, IPK, FIT, IFAM sowie dem BVL, VDI, VDMA und der GOR verbunden.

Wirksame Strategien gegen schwarze Schwäne

2

Philipp Beisswenger und Robert Recknagel

Zusammenfassung

Unser Wohlstand hängt entscheidend von sicheren und stabilen Liefernetzwerken ab. Die stürmischen Jahre unbegrenzter Globalisierung haben Unternehmen und Staaten eine trügerische Zuversicht bezüglich der Sicherheit ihrer Versorgungsinfrastrukturen vermittelt. Erschüttert wurde dieses Vertrauen durch die Corona-Pandemie und den Schock eines neuen Eroberungskrieges in Europa. Die Sicherung der Versorgung durch den Aufbau von resilienten und hoch agilen Zuliefernetzwerken ist damit zu einer über unseren künftigen Wohlstand entscheidenden gemeinsamen Aufgabe von Produktion und Logistik geworden. Dazu erweist es sich als notwendig, von der bisherigen Konzentration auf langfristige strategische Planung abzuweichen und die Planungsinstrumente stärker auf den taktisch-operativen Sektor zu verlagern. Moderne Transportmanagementsysteme, die für Transparenz in der Supply Chain sorgen, sollten durch Echtzeitüberwachung der Prozessausführung sowie moderne Supply-Chain-Control-Tower-Funktionalitäten ergänzt werden. Darüber hinaus bedarf es leistungsfähiger Software mit der Fähigkeit, die gesammelten Informationen in Echtzeit zu analysieren sowie deren Bedeutung schnellstmöglich zu beurteilen und gegebenenfalls den Handlungsbedarf abzuschätzen. Mit der Implementierung durchgängiger Planungstrichter über die gesamte Lieferkette hinweg, lässt sich ein wirksames Instrument zur dynamischen Netzwerk- und Routenplanung aufbauen, das sowohl die Effizienz der Transportprozesse als auch die Resilienz der gesamten Lieferkette entscheidend verbessert.

P. Beisswenger (✉) · R. Recknagel
Stuttgart, Deutschland
E-Mail: philipp.beisswenger@flexis.de; robert.recknagel@flexis.de

© Der/die Autor(en), exklusiv lizenziert an Springer Fachmedien Wiesbaden GmbH, ein Teil von Springer Nature 2023
P. H. Voß (Hrsg.), *Die Neuerfindung der Logistik*,
https://doi.org/10.1007/978-3-658-41084-1_2

2.1   Einleitung

An „Ausnahmeereignissen" hat es in den letzten Jahrzehnten wahrlich nicht gefehlt: die Anschläge des 11. September 2001, Finanz- und Wirtschaftskrise 2008, Corona-Pandemie 2020, Krieg gegen die Ukraine 2022 – der schwarze Schwan ist von einer Ausnahmeerscheinung mehr oder weniger zu einer ständigen Begleitmusik des wirtschaftlichen Geschehens geworden. Nichts deutet darauf hin, dass dies in den kommenden Jahrzehnten anders werden wird. Gesellschaft, Politik und Wirtschaft müssen also mit einer Art Dauerausnahmezustand leben.

Die Tragweite solch gravierender Ereignisse hat sich durch die Globalisierung dramatisch ausgeweitet: Während sich in den Jahrzehnten davor die Folgen regionaler Erschütterungen im Wirtschaftsgefüge durch Kriege, Naturkatastrophen oder Krisen in den meisten Fällen lokal begrenzen ließen, haben sie heute infolge der globalen Verflechtungen von Produktions- und Liefernetzwerken weltweite Auswirkungen. Die Corona-Pandemie und die wirtschaftlichen Folgen des Ukrainekriegs haben abrupt eine Situation sichtbar gemacht, die während der goldenen Jahre der Expansion des globalisierten Handelssystems gerne übersehen oder aus dem Bewusstsein gedrängt wurde: die Empfindlichkeit und damit Verwundbarkeit unserer ungeheuer komplex gewordenen Wertschöpfungsketten.

Nicht zufällig ist daher ein Begriff zum Modewort geworden, den vor 20 Jahren noch kaum jemand gekannt, geschweige denn im Alltag verwendet hatte: Resilienz. Darunter ist zunächst ganz offensichtlich zu verstehen, die Supply Chain widerstandsfähiger gegen Erschütterungen nach Art eines schwarzen Schwans zu machen, denn der nächste steht wahrscheinlich schon vor der Tür. Doch in einem umfassenderen Sinn geht es bei Resilienz um eine allgemeine Steigerung der Intelligenz und Anpassungsfähigkeit der Lieferketten an volatile Umstände. Diese sind Teil des ganz alltäglichen Logistikgeschäfts, das sich agil an Veränderungen im Verbraucherverhalten, neue Regulierungen, Produktionsumstellungen oder technische Neuerungen anpassen muss. Vor diesem Hintergrund sind die schwarzen Schwäne nur Flashereignisse, die die problematischen Aspekte der Dynamik in den Liefernetzwerken ins Rampenlicht rücken.

2.2   Herausforderungen durch Pandemie und Krieg

Zu Beginn der Corona-Pandemie kam es zu drastischen Auswirkungen auf die weltweiten Warenströme, beispielsweise konnten wegen heruntergefahrener Produktionsanlagen in China Waren und Zulieferteile nur noch ungenügend beschafft werden. Während der weltweiten Lockdowns waren sämtliche Knoten der Transportlogistik- und der Produktionsnetzwerke von gravierenden Einschränkungen betroffen, Grenzkontrollen in Europa führten zu massiven Verzögerungen im Lieferbereich. Gleichzeitig veränderte sich das Verbraucherverhalten fundamental: mehr Home Office bei geschlossenen Läden führte zu erhöhtem Lieferbedarf, Nachfrageverschiebungen bei den Verbrauchern und sprunghaft steigendem Online-Handel.

Konkret ablesen lässt sich diese Phase an der „Toilettenpapierkrise", die eine Organisations- und keine Produktionskrise war. Durch die getroffenen Corona-Maßnahmen hielten sich unverhältnismäßig viele Menschen zuhause auf, was den Bedarf an Toilettenpapier in den Haushalten ansteigen ließ. Zugleich erhöhte sich aber der Warenbedarf für den täglichen Gebrauch generell so stark, dass die Lieferkapazitäten der Transportfahrzeuge nicht mehr ausreichten, um alle Güter in ausreichender Menge termingerecht in die Supermärkte zu bringen. Bei der Priorisierung der Beladungsgüter gerieten Waren mit hohem Volumen und geringer Marge ins Abseits – dazu gehörte das Toilettenpapier, das dadurch kurzfristig im Handel in zu geringer Menge verfügbar war. Dieses Beispiel zeigt die Störungsanfälligkeit unserer Lieferketten deutlich auf: Ein flexibleres System hätte etwa durch Nutzung weiterer Lkw mehrere verschiedene Supermärkte mit den entsprechenden kritischen Warengruppen versorgen können. Auf Produktionsseite wiederum ergaben sich Engpässe daraus, dass Werke, die Toilettenpapier in Großmengen für Unternehmen und Organisationen herstellten, sich nicht so umrüsten ließen, dass sie den höheren Bedarf an haushaltsüblichen Packungen und Qualitäten herstellen konnten.

Aber auch in den Produktionssektoren der Wirtschaft, insbesondere in der Autoindustrie, wurde die mangelnde Resilienz offengelegt. Die massiven Abhängigkeiten in verteilten Wertschöpfungsnetzen – etwa von den Versorgungsketten chinesischer Produzenten – brachten die Just-in-time (JIT) getaktete Belieferung mit wichtigen Komponenten gehörig durcheinander. Jetzt rächte sich die in den letzten Jahrzehnten verfolgte Strategie, die Wertschöpfung über den Globus zu verteilen, beispielsweise dadurch, dass nicht mehr wie früher Teile in Deutschland und Europa zusammengefügt, sondern ganze Module – meist in Asien produziert – verbaut werden.

Im Vertrauen auf die Stabilität der Supply Chain wurden auch Handelsrouten auf Effizienz optimiert, vor allem durch Komprimierung auf hoch frequentierte Land- und Seewege. Den Nachteil dieser Strategie demonstrierte die Havarie des Containerschiffes „Ever Given" im Suezkanal. Dadurch war eine der wichtigsten Seeverkehrsadern, über die 13 % des Welthandels transportiert werden, tagelang blockiert. Waren im Wert von zweistelligen Milliardenbeträgen konnten nicht ausgeliefert werden.

Der russische Überfall auf die Ukraine hat sich als weiterer schwarzer Schwan entpuppt. Die langfristigen Folgen dieser Tragödie sind noch nicht klar erkennbar. Kurz- und mittelfristig steigen die Logistikkosten durch die Vermeidung oder Sperrung von Lufträumen und die empfindliche Störung der unter hohen Aufwendungen entwickelten Bahnverbindung von China nach Europa. Der Wegfall von Rohstofflieferungen aus den Kriegsländern treibt Inflation und Transportkosten dauerhaft in die Höhe.

Pandemie und Krieg haben das Vertrauen in die Stabilität der Lieferketten nachhaltig erschüttert. Die wesentlichen aufgedeckten Schwachstellen bzw. Herausforderungen sind:

- Unvorhersehbare Lieferengpässe und unregelmäßige Belieferung bei Rohstoffen und Produkten, oft mit der Folge von Materialknappheit auf der einen und Überbeständen auf der anderen Seite
- Nicht vorhandene Kapazitätsausweitungspotenziale für Güter mit plötzlichen Nachfragespitzen durch Sondereffekte sowie nachhaltiger Konsumerhöhung

- Hoch volatile Nachfragemengen für bestimmte Produkte
- Starke kurz- und mittelfristige Preisschwankungen
- Anstieg der Komplexität in den Liefernetzwerken.

All dies macht deutlich, dass bestimmte implizite Annahmen über die Sicherheit unserer Versorgung mit Gütern, Waren und Rohstoffen naiv, wenn nicht blauäugig waren. Insbesondere stellte sich heraus, dass die jahrelangen Investitionen in Effizienz und Transparenz der Supply Chain eine trügerische Gewissheit erzeugten, die durch die schwarzen Schwäne fundamental in Frage gestellt wurde: dass hoch integrierte globale Liefernetzwerke stabil genug sind, um mit hoher Volatilität fertig werden zu können. Plötzlich wurde klar, dass selbst vorbildlich digitalisierte Prozesse zur Steigerung von Effizienz und Prognostik den Störungen durch schnellwirkende drastische äußere Einflüsse nicht gewachsen waren. Für die weitere Digitalisierung bedeutet dies, dass die implementierten Lösungen nicht mehr auf der Voraussetzung garantiert stabiler Supply Chains aufgebaut werden können.

Das Problem vieler Unternehmen ist aber, dass sie in den letzten Jahren ihre Digitalisierungspläne und IT-Infrastrukturen gerade unter der Voraussetzung eines stabilen Umfelds entworfen und implementiert haben. Zwangsläufig enthalten diese somit heute Hindernisse, die einer sicheren Strategie in Richtung Logistik 4.0 im Wege stehen. Um diese zu beseitigen, gilt es, zunächst einmal aufzuspüren, um welche Hürden es sich dabei handelt, wo sie lokalisiert sind und wie sie sich schließlich eliminieren lassen. Es scheint dringend geboten, Hardware, Software und vor allem die einschlägige Prozesslandschaft dahingehend zu analysieren, inwieweit sie die Schaffung eines stabilen Informations- und Kommunikationsökosystems behindern.

2.3   Stolpersteine auf dem Weg zur resilienten Logistik

Zu den Resilienzhindernissen, die sich häufig bei den Unternehmen finden, zählen an vorderster Stelle:

Datensilos
Gemeint sind hier Standalone-Softwarelösungen, herkömmliche EDI-Plattformen sowie proprietäre Datenstandards. In der Regel sind solche Infrastrukturen nicht für Echtzeit-Datenaustausch und -analyse geeignet.

Unflexible IT-Strukturen
Die vorhandenen Softwarelösungen sind zu unbeweglich und eng konzipiert und konfiguriert, als dass sie volatile Szenarien mit umfassenden Herausforderungen bewältigen könnten.

Abhängigkeit von manuellen Eingriffen
Noch immer sind sehr häufig „Man-in-the-Loop"-Eingriffe nötig, um Ausnahmeereignisse zu erkennen, zu kommunizieren und zu beantworten.

Batchmodus für wichtige Prozesse
Sequenziell organisierte digitale Abläufe organisieren das Abarbeiten kritischer Aufgaben.

Um solche traditionellen technologischen Konstruktionen in eine stabile und resiliente Supply-Chain-Lösung zu verwandeln, ist eine grundlegende Neuausrichtung der Digitalisierungsstrategie unerlässlich. Sie sollte sich auf Technologien zum Aufbau von smarten Digitalplattformen stützen, die Cloud-basierte Lösungen, mobile Apps, Elemente des IoT (Internet of Things) und andere Komponenten einschließen. Nur so lassen sich automatisierte Antworten auf Ereignisse in Echtzeit realisieren.

2.4   Resilienz durch Reaktionsschnelligkeit

Das entscheidende Element bei der Stabilisierung der Lieferketten ist ein konzeptionelles. In den letzten Jahren galten die Bemühungen um eine erfolgreich digitalisierte Logistikinfrastruktur vor allem der strategischen Entscheidungsfindung und der operativen Optimierung von Effizienz und Zuverlässigkeit (etwa durch optimiertes Trouble Shooting). Letztendlich ging es dabei darum, in den Alltagsprozessen noch das letzte Effizienzquentchen herauszuholen und mittel- bis langfristige Planungsstabilität zu erreichen. Die schwarzen Schwäne haben uns jedoch unmissverständlich klar gemacht, dass diese kleinen Effizienzgewinne durch einen massiven äußeren Einfluss mühelos und von einem Tag auf den anderen durch Engpässe und Verschiebungen aller Art völlig irrelevant werden können, sodass am Ende auch die sorgfältigste, aber starre strategische Planung nur noch Makulatur ist. Was fehlt, sind Lösungen, die je nach Geschäftsbedingungen in der Lage sind, das aktuelle Business unmittelbar zu analysieren, zu verstehen und daraus schnell Entscheidungen abzuleiten, um auf kurzfristige Ereignisse möglichst in Echtzeit reagieren zu können.

Solch hohe Reaktionsgeschwindigkeiten sind nur zu erreichen, wenn einerseits die Lieferkette maximal transparent ist, darüber hinaus aber auch Datenerhebungs- und Datenanalysesysteme innerhalb von Sekunden Entscheidungshilfen generieren und teilweise sogar automatisiert Maßnahmen einleiten können. Dazu bedarf es nicht nur stets aktueller Informationen z. B. über alternative Transportmittel und -routen, sondern auch mächtiger Instrumente zu deren Beurteilung. Größte Bedeutung kommt hierbei leistungsfähigen Softwarelösungen zu, die sämtliche Implikationen alternativer Entscheidungen in Echtzeit ermitteln und darstellen, beispielsweise welche Laufzeitvor- und -nachteile bestehen, wie die Kostenbilanz aussieht und welche Konsequenzen die jeweiligen Entscheidungen in der Folgezeit verursachen.

Um ein zukunftssicheres Resilienzkonzept zu realisieren, ist es ratsam, den Schwerpunkt der Planungsprozesse weniger auf den langfristig-strategischen Bereich zu konzentrieren (so wichtig dieser nach wie vor ist), sondern stärker auf den taktisch-operativen Sektor zu verlegen. Die Echtzeitüberwachung der Prozessausführung sowie moderne Supply-Chain-Control-Tower-Funktionalitäten bilden das Grundgerüst für eine solche reaktionsschnelle Systemlandschaft. Die von vielen Unternehmen in den letzten Jahren implementierten Transportmanagementsysteme bilden eine gute Grundlage für derartige Resilienz-Technologien. Sie bieten Visibility und Prozesstransparenz, doch dies allein schafft noch nicht die erforderliche Agilität. Auf Rot, Gelb oder Grün stehende Prozessampeln interpretieren sich nicht von selbst. Vielmehr gehört hierzu zusätzlich die Fähigkeit, die zugrunde liegenden Informationen in Echtzeit zu analysieren sowie in kürzester Zeit deren Bedeutung zu erfassen und den Handlungsbedarf abzuschätzen. Derzeitige Plattformen sind dazu kaum in der Lage, denn der jeweils aktuelle relevante Supply-Chain-Zusammenhang ist nicht ausreichend erkennbar und integrierbar. Zur Behandlung jedes Ereignisses ist es beispielsweise von großer Bedeutung, in welchem Lieferkettenkontext es zu betrachten ist. Steht eine Ampel im Transportmanagementsystem auf Rot, macht es einen Unterschied, ob ein Just-in-Time-Kunde auf eine sofortige Lieferung angewiesen ist oder ob z. B. der Liefertag nicht entscheidend ist, da die Bestände ausreichen oder die Waren aktuell nicht gebraucht werden. Ob und wenn ja welche Maßnahmen zu treffen sind, kann mit Hilfe von agiler Software entschieden werden.

Flexis folgt diesem Ansatz durch die Betrachtung integrierter Sichten auf die Supply Chains eines Unternehmens. Dabei wird ein integrierter Planungstrichter von der strategischen über die taktische und operative Sicht bis zu echtzeitbasierten Szenariobetrachtungen aufgesetzt. In diesem Zusammenhang kommt es darauf an, Planzustände gegen operative Rückmeldungen fortlaufend zu validieren und bei Abweichungen sinnvolle Handlungsempfehlungen zu geben.

Zur Unterstützung der Planer bzw. Transportsteuerer ist es zusätzlich wichtig, in einem Control-Tower-System diese Handlungsalternativen priorisiert aufzubereiten, um damit eine schnelle und durchgängige Bearbeitung der Abweichungen zu ermöglichen.

Diese Kombination gewährt einen ganzheitlichen Blick auf Produktion, Lager und Transportprozesse unter Verwendung von Echtzeitinformationen, die der Entscheidungsebene eine kontrollierende statt einer reagierenden Rolle verschafft. Drohende Engpässe und andere kurzfristige Veränderungen werden damit sehr früh erkannt und können rechtzeitig beantwortet werden.

Dieses System berechnet beispielsweise anhand einer Fülle von Echtzeitdaten die Implikationen möglicher alternativer Transportvarianten und speist das Ergebnis in die Control-Tower-Applikation ein. Der Kunde fügt seine individuellen Supply-Chain-Daten (Vorgaben des Endkunden etc.) hinzu und erhält anschließend aus dem System entsprechende Entscheidungsgrundlagen präsentiert: Ohne sofortige Reaktion in diesem oder jenem Bereich wird ein für einen Kunden entscheidender Termin überschritten, mit möglicherweise gravierenden Folgen. Oder aber: Das ermittelte Problem ist im Rahmen der Vorgaben des Kunden nicht schwerwiegend, es genügt ein Anruf mit der Information, dass sich die Auslieferung um eine Stunde verzögert.

Mit derartigen Lösungen lassen sich eine kurzfristigere Planung realisieren, deren Ausführung durchgehend in Echtzeit überwachen und eine reaktionsschnelle Eventsteuerung etablieren. Treten unvorhergesehene Ereignisse auf, ist das jeweilige Prozessumfeld wesentlich besser zu beherrschen als mit den bisherigen Visibility-Methoden – und dies führt zu einem spürbaren Resilienzgewinn.

2.5 Dynamische Routenplanung als Joker

Besonders fruchtbar wirkt sich eine solche Strategie bei der logistischen Netzwerkplanung aus, aber auch bei der Routenplanung, die einen großen Einfluss auf die Supply-Chain-Performance insgesamt hat. Bei allen Transportaufgaben geht es darum, ein benötigtes Gut zum richtigen Zeitpunkt an den richtigen Ort zu bringen. Die effizienteste Planung für die aktuell gegebene Situation zu finden und die Möglichkeit von kaskadierenden Unterbrechungen im Lieferprozess zu minimieren, ist eine geschäftskritische Aufgabe und das entscheidende Instrument zur Förderung der Transportresilienz. Die Möglichkeit, Datenupdates und -analysen und künstliche Intelligenz in die Prozesssteuerung zu integrieren und damit eine dynamische, sich flexibel und weitgehend automatisiert an veränderliche Umstände anpassende Routenplanung zu implementieren, stellt einen Quantensprung bei der Schaffung einer resilienten Lieferkette dar. Jeder Prozessschritt lässt sich je nach Situation neu konfigurieren. So überwacht eine dynamische Routenplanung die Lieferung und leitet korrigierende Maßnahmen ein, sobald sich Veränderungen ergeben, die das Ziel, den Kunden optimal zu beliefern, gefährden. Ob Verkehrssituation, Wetterereignis oder kurzfristige Änderungen im Belieferungsplan des Kunden – das System leitet schnell und automatisch korrigierende Maßnahmen ein, verständigt die beteiligten Stakeholder und schlägt alternative Routen oder Transportmittel vor.

Im Logistikalltag ermöglicht diese Technologie eine Optimierung der Lieferprozesse, senkt Kosten durch eine adäquate Auslastung der Flotten und sorgt für eine hohe Kundenzufriedenheit, wobei zudem der Planungsaufwand drastisch reduziert wird. Nicht zuletzt entsteht so die stabile, resiliente Logistikinfrastruktur, die nötig ist, um die schwarzen Schwäne, die uns mit Sicherheit noch bevorstehen, ohne die großen Schäden für Unternehmen und Volkswirtschaft zu überstehen, die wir derzeit zu bewältigen haben.

2.6 Fazit

Schwarze Schwäne wie die Corona-Pandemie oder der Krieg um die Ukraine haben gravierende Schwachstellen hinsichtlich der Stabilität der Lieferketten offengelegt. Eine Ursache für Bruchstellen im Lieferprozess ist die bisher übliche Konzentration auf langfristige strategische Planung. Die Antwort darauf ist ein verstärktes Augenmerk auf die Implementierung durchgängiger Planungstrichter innerhalb aller Teilsegmente der Supply Chain.

Entscheidend für die erfolgreiche Implementierung resilienter Lieferketten ist die vertiefte Digitalisierung mit der Nutzung moderner Logistik 4.0-Technologie. Dabei geht es an erster Stelle um die Integration von Echtzeitdaten und deren Analyse in den Planungsprozess. Damit lässt sich u. a. eine dynamische Netzwerk- und Routenplanung realisieren, die die Effizienz der Transportabläufe spürbar erhöht und darüber hinaus erstmals den Aufbau einer stabilen Resilienzarchitektur erlaubt, welche eine erfolgreiche Bewältigung kommender schwarzer Schwäne verspricht.

Philipp Beisswenger, Gründer und Visionär, leitet seit 25 Jahren die flexis AG, die er 1997 als Spin-Off aus dem Fraunhofer IPA Institut ausgegründet hat. Auf der Basis seiner Expertise im Bereich IT-Technologie und seinem Verständnis für die Produktions- und Logistikprozesse in der Automobilindustrie, hat er die langfristige Produktentwicklung bei der flexis AG maßgeblich vorangetrieben. Er verantwortet als strategischer Kopf von flexis die Erweiterung des Portfolios und den Auf- und Ausbau der hauseigenen Plattform für cloudbasierte Services.

Robert Recknagel ist Vice President Manufacturing & Logistics bei der flexis AG, einem globalen Anbieter für Supply Chain Management Software. Er studierte Service Administration Management an der Universität Trier und arbeitete als Solution Consultant in Europa und Südostasien. Anschließend implementierte er bei der Rhenus Logistics komplexe internationale Logistikkonzepte im Automotive-, Manufacturing- und Handelsbereich und legte den Grundstein für das 4 PL-Geschäft des Logistikdienstleisters. Robert Recknagel erhielt diverse Auszeichnungen, wie den elogistics award 2015 des AKJ sowie einen Industry 4.0 Award des Landes Baden-Württemberg. Er berät und begleitet bei der flexis AG Unternehmen aus der Logistik- und Manufacturing-Branche bei der Auswahl und Einführung von IT-Lösungen – von der strategischen über die taktische bis hin zur operativen Planung.

Innovationskonzepte für die Logistikindustrie

3

Matthias Hohmann

Zusammenfassung

Die Erfahrungen mit der Corona-Pandemie haben die Logistikindustrie entscheidend verändert. Neben den aktuellen Herausforderungen durch Nachhaltigkeits- und Klimavorgaben sowie den Fachkräftemangel steht damit die Schaffung einer krisensicheren Lieferkette als weitere Zukunftsaufgabe auf der Agenda des drittgrößten Industriezweigs Deutschlands. Die Konzepte und Technologien, die für einen hoch effizienten Nachtexpress-Service eingeführt sind, erweisen sich in diesem Zusammenhang als Vorbild für die Bewältigung dieser Anforderung. Insbesondere die Minimierung manueller Prozesse, die verbesserte Reaktionsfähigkeit und -geschwindigkeit sowie eine signifikante Reduzierung der Kontaktpunkte bei der Zustellung tragen die Merkmale einer Prozessphilosophie, wie sie sich aus den Erfahrungen mit den Pandemie-Maßnahmen ergibt. Digitale Verfahren wie schlüssellose Zustellung und Technologie zur Sicherstellung maximaler Transparenz und Sicherheit gehören zu dieser modernen Ausgestaltung der Zustellungsabläufe. Die für die Expressinfrastruktur im B2B-Business entwickelten Konzepte werden sich künftig auch im B2C-Dienst einsetzen lassen.

M. Hohmann (✉)
Unna, Deutschland
E-Mail: info@night-star-express.de

© Der/die Autor(en), exklusiv lizenziert an Springer Fachmedien Wiesbaden GmbH, ein Teil von Springer Nature 2023
P. H. Voß (Hrsg.), *Die Neuerfindung der Logistik*,
https://doi.org/10.1007/978-3-658-41084-1_3

3.1   Agile, skalierbare Lieferketten als Antwort auf die Erfahrungen mit der Corona-Pandemie

Die pandemiebedingten Störungen der Produktions- und Lieferketten (geradezu prototypisch hierfür hat sich in der Bevölkerung der Engpass bei der Belieferung des Handels mit Toilettenpapier ins Gedächtnis eingegraben) haben weit über die Corona-Thematik hinaus die Verwundbarkeit der logistischen Infrastruktur in den Industriestaaten ins Bewusstsein gerückt. Die verschiedenen Maßnahmen zur Eindämmung der Pandemie – allen voran die „Lockdowns" und Ausgangssperren, die in vielen Ländern über Wochen und Monate hinweg verordnet wurden – führten zu spürbaren Folgen für die Produktionsabläufe der Industrie, die Versorgung des Handels mit Gütern und Waren sowie zu Störungen bei der Belieferung von Unternehmen und Privathaushalten mit kritischen Waren wie Ersatzteilen oder Wartungsmaterial. In Deutschland wurde zeitweise etwa die Zahl der erlaubten sozialen Kontakte zwischen verschiedenen Haushalten eingeschränkt und nächtliche Ausgangssperren verhängt. Der Bewegungsradius war für den Großteil der Bevölkerung auf 15 km im Umkreis um den eigenen Wohnort beschränkt. Weite Bereiche des Einzelhandels mussten geschlossen bleiben, ebenso wie Schulen und Freizeiteinrichtungen.

Für die Logistik ergaben sich aus dieser Situation zahlreiche Herausforderungen, wie sie in diesem Ausmaß und dieser Dringlichkeit seit dem Wiederaufbau Deutschlands nach dem Zweiten Weltkrieg nicht mehr erlebt wurden. Besonders bei zeitkritischen Belieferungen zeigte sich die Krisenanfälligkeit der Logistikketten, auf deren reibungsloses Funktionieren sich Wirtschaft und Bevölkerung seit Jahrzehnten verlassen und an dessen Qualität sie sich gewöhnt hatten. Die Just-in-time-Produktion in den modernen Fertigungsbetrieben etwa des Automobil- oder Maschinenbaus wurde teilweise empfindlich getroffen.

Die Unternehmen der Logistikindustrie sehen sich nach den gemachten Erfahrungen der Zukunftsaufgabe gegenüber, ihre Dienstleistungen krisensicher aufzustellen. Nachdem Fachleute davon ausgehen, dass die Corona-Pandemie nicht die letzte ihrer Art sein wird, sollte dabei nicht nur von Betriebsstörungen durch wirtschaftliche und politische Entwicklungen im In- und Ausland ausgegangen werden. Vielmehr ist der Faktor Kontaktreduzierung als neuer Gesichtspunkt für zuverlässige Logistikservices aufgetreten. Daraus ergeben sich Forderungen wie schlüssellose Zugangsoptionen zu Gebäuden und Lagern oder kontaktlose Übergabeprozeduren.

Die Bewältigung dieser Aufgaben ist ohne eine digitale Technologiebasis nicht möglich. Als fundamentale Grundvoraussetzung dafür, auch künftig am Markt zu bestehen, muss daher für die Logistikunternehmen der Aufbau einer digitalen Infrastruktur für Kommunikation, Sendungsverfolgung, Prozessflexibilisierung und kontaktarmen Lieferknotenpunkten selbstverständlich sein. Künftig werden dabei in wachsendem Ausmaß künstliche Intelligenz und selbstlernende Algorithmen in die Lösungen integriert, um durch die Analyse von Echtzeitdaten schnelle Bedarfsänderungen zu beurteilen, daraus kurzfristige Entscheidungen zu ermöglichen und Handlungsoptionen aufzuzeigen. Dadurch wird die

Prozessplanung auch unter erschwerten Bedingungen verbessert und Lieferprozesse lassen sich situationsgerecht steuern.

Die Digitalisierung der Supply Chain ermöglicht damit die einzig mögliche Antwort auf die Unsicherheiten, die durch Vorfälle wie Pandemien, Kriegsfolgen, Naturkatastrophen oder Wirtschaftskrisen entstehen: eine drastische Verbesserung der jeweils aktuellen Lageerkennung bzw. -beurteilung und eine damit verbundene Erhöhung der Reaktionsgeschwindigkeit. Die Vorteile digitaler Lösungen verändern die Fähigkeiten auf Versenderseite ebenso wie für die logistischen Dienstleistungsunternehmen. Versender können ihre Bestandsplanung viel enger am veränderlichen Bedarf ausrichten, Logistikunternehmen ihre Disposition zielgerichtet anpassen, wobei die Echtzeitkommunikation zwischen beiden Partnern eine kurzfristige Abstimmung von Lieferzeitfenstern und Zustelloptionen gestattet. Abgesehen von einer generellen Effizienzsteigerung verbessert sich dadurch die Resilienz der Lieferketten gegenüber schwerwiegenden Störungen ganz erheblich. Voraussetzung dafür, dass eine flächendeckende optimierte Versorgung von Unternehmen und Verbrauchern sichergestellt werden kann, ist allerdings eine weitergehende Vernetzung innerhalb der Wertschöpfungsnetzwerke durch Einbeziehung des Produktionssektors der Wirtschaft. Nur so sind kurzfristige Nachfrageschwankungen aus beliebigen Gründen ohne katastrophale Folgen zu meistern.

Ein wichtiges Element für die durch digitale Hilfsmittel zu gewinnende Agilität im Lieferprozess sind Technologien, die helfen, die Anzahl anfallender Kontakt- und Übergabepunkte sowie deren Dauer zu reduzieren und – im Fall einer von Viren verursachten Pandemie entscheidend – manuelle Prozesse weitestgehend zu vermeiden. Quittungslose Zustellung und automatisierte Ablage- und Abholungsprozesse stehen hierbei im Mittelpunkt der Lieferstrategien.

3.2 Nachtexpress-Dienste als Vorreiter einer resilienten Lieferstrategie

Aufgrund seiner sehr speziellen Anforderungen ist der Nischenmarkt der Nachtexpress-Services ein Pionierfeld für die Umsetzung der angesprochenen resilienten Lieferinfrastrukturen. Schon lange müssen in diesem Markt tätige Dienstleister eine Reihe von Anforderungen erfüllen, die sich in Zeiten einer Pandemie als generell entscheidend für die Belieferung von Unternehmen und Verbrauchern herausgestellt haben: Da kritische Güter wie Ersatzteile oder Wartungszubehör in der Nacht geliefert und am Morgen den Empfängern zur Verfügung stehen müssen, ist es unerlässlich, Prozesse zu entwickeln und umzusetzen, die Kontakte unnötig machen, Waren zuverlässig zustellen und flexibel auf Bedarfsschwankungen antworten können.

Nachtexpress-Dienste sind von jeher anspruchsvolle Serviceleistungen, mit hohen Anforderungen an Zuverlässigkeit, Liefertreue und -qualität sowie einer vertrauensvollen Kundenbeziehung. Zeitkritische Waren und Produkte wie Ersatzteile, Muster oder Dokumente müssen nach sehr individuellen Vorgaben in äußerst anspruchsvollen Zeitfenstern und Übergabeoptionen zuverlässig zugestellt werden. In vielen Fällen ist es nicht übertrieben, von einem für jede Sendung einzigartigen Lieferprozess zu sprechen, der zwischen Dienstleister, Versender und Empfänger individuell abgestimmt ist. Am Beispiel von Night Star Express lässt sich gut aufzeigen, inwiefern dieser Branche ein Vorbildcharakter für eine krisenfestere Logistikindustrie zukommt.

Night Star Express ist ein erfahrenes Dienstleistungsunternehmen, spezialisiert auf die Abwicklung von besonders hochwertigen und innovativen Nachtexpress-Services.

Grundsätzlich folgt die Auftragsabwicklung von Night Star Express dem folgenden Prinzip: Bei einem entsprechenden Lieferauftrag werden die zu transportierenden Sendungen bis zum späten Nachmittag beim Kunden abgeholt und innerhalb Deutschlands sowie in einigen angrenzenden europäischen Ländern in der darauf folgenden Nacht bis morgens 8:00 Uhr, optional bis 7:00 Uhr, quittungslos von Dienstag bis Samstag angeliefert. Ein spezieller Wochenendservice sorgt für eine verlässliche Belieferung auch an Sonntagen.

Die Zustellung der Waren beim Empfänger erfolgt in vorab vereinbarten so genannten Depots. Die Fahrerinnen und Fahrer von Night Star Express liefern die Sendungen an diesen festgelegten Orten ab, für die sie zuvor einen Schlüssel oder Zugangscode erhalten haben. Dabei kann es sich je nach individuellen Bedürfnissen und Vereinbarungen um den Kofferraum eines Fahrzeugs, eine verschließbare Box, eine Garage oder eine Lagerhalle handeln. Bei der quittungslosen Zustellung wird ein elektronischer Ablieferungsnachweis erstellt, der über eine Trackingseite online abrufbar ist. Die Details der Anlieferung und Zustellung lassen sich jeweils sehr flexibel individuell gestalten.

Night Star Express bietet für die unterschiedlichsten Branchen spezielle Lösungen für den Versand zeitkritischer Waren in der Nacht an. Zu den Schwerpunkten des Know-how-Spektrums gehört der Bereich des Ersatzteilversandes bzw. der Ersatzteillogistik. Der größte Teil der Kunden gehört den Branchen Automobilindustrie, Baumaschinen, Landtechnik sowie unterschiedlichsten Technikerorganisationen an. Hinzu kommen eine Vielzahl von Kunden aus anderen Segmenten von Industrie und Wirtschaft, die eine schnelle und zuverlässige Lieferung von sensibler Fracht (Kühlgut, Pferdesamen etc.) fordern.

Im Zusammenhang mit den vielen Einschränkungen, die durch Ausnahmebedingungen wie beispielsweise Pandemie-Maßnahmen ausgelöst werden, ist eine Dienstleistung wichtig, die es bei Night Star Express bereits seit langem gibt: die Belieferung in der Nacht von Mitarbeiterinnen und Mitarbeitern des Service- und Wartungsbereichs. Was in normalen Zeiten für einen termingerechten Kundenservice sorgt, indem dringend benötigte Teile und Materialien bis zum Arbeitsbeginn am nächsten Tag ohne Umwege für die Techniker durch Lager- und Großhandelbesuche zugestellt werden, dient unter verschärften Bedingungen wie zu Corona-Zeiten zur generellen Aufrechterhaltung eines geordneten Service. So bringen die Night-Star-Express-Fahrer und -fahrerinnen kritische Teile und technisches Zubehör etwa für Baumaschinen, Bankautomaten, Kassensysteme, Kälte- und Tankstellentechnik usw. an Depotplätze oder hinterlegen sie direkt an bzw. in den Service- und

Technikerfahrzeugen. Die entsprechende Prozesskette reduziert die Zahl der Kontakt-punkte und vermeidet manuelle Übergabeprozesse, ganz im Sinne der Hygienevorgaben der Pandemie-Politik. Indirekt trägt der Service dazu bei, die Aufrechterhaltung von nach-geordneten kontaktvermeidenden Technologien – etwa die Versorgung von Geldautoma-ten- und Systemen für den bargeldlosen Bezahlverkehr im Handel – zu garantieren.

Dass bei dieser Art Expressdienstleistung auf allen Seiten ein hohes Maß an Vertrauen gegeben sein muss, versteht sich von selbst. Grundsätzlich kann sich ein Dienstleistungs-unternehmen dieses Vertrauen nur durch eigene Leistung erwerben. Höchste Zuverlässig-keit und die Bereitschaft, für die individuellen Wünsche und Bedürfnisse des Kunden of-fen zu sein, um der jeweiligen Situation angemessene Lösungen zu finden, sind hierbei unverzichtbare Voraussetzung für eine erfolgreiche und nachhaltige Zusammenarbeit. Dass das beschriebene Geschäftsmodell auch unter erschwerten Bedingungen wie während der Pandemie zur Zufriedenheit des Kunden funktioniert, schafft zusätzliches Zutrauen in die Versorgungssicherheit in Notsituationen.

3.3   Digitale Werkzeuge im Dienst eines krisenresistenten Expressdienstes

Dass die Prozesskette von der Abholung bis zur Zustellung flexibel gehalten und auch in angespannten Situationen aufrechterhalten werden kann, ist ausschließlich der durchgän-gig realisierten Digitalisierung aller Abläufe zu verdanken. Ein wichtiges vertrauensbil-dendes Element dabei ist die Schaffung maximaler Transparenz über den gesamten Trans-portweg hinweg. Bei Night Star Express erlaubt es ein durchgängiges Tracking & Tracing, den Transportweg jedes Packstücks genau nachzuvollziehen. Die Scannung an jeder Posi-tion der Route und der elektronische Abliefernachweis ermöglichen eine lückenlose Sen-dungsverfolgung. Sämtliche Sendungsdaten stehen nach der Ablieferung online zum Ab-ruf bereit.

Als kostenlosen Zusatzservice, der den Kunden nicht nur Sendungsdaten zugänglich macht, sondern aktiv Informationen übermittelt, gibt es auf Wunsch ein Status-Update, das der Kunde per E-Mail zugestellt bekommt. Insbesondere bei plötzlich auftretenden Zustellschwierigkeiten wird der Empfänger auf diese Weise umgehend informiert und kann unverzüglich reagieren.

Gerade in den Zeiten der Corona-Schutzmaßnahmen hat sich ein weiterer digitaler Ser-vice als wegweisend erwiesen: schlüssellose Zustelltechnologie. Night Star Express bietet diese Funktionalität durch Integration der flinkey Box, die eine digitale Option zur Öff-nung des Fahrzeugs zur Verfügung stellt. Die zu beliefernden Fahrzeuge lassen sich dabei per Smartphone App öffnen und schließen: Die Zusteller orten das jeweilige Fahrzeug mit der flinkey App und können es digital öffnen, beladen und anschließend wieder verschlie-ßen. Die Öffnung erfolgt komplett ohne physischen Schlüssel über die im Fahrzeug plat-zierte flinkey Box. Durch eine Bluetooth-Verbindung funktioniert dieser Service auch in Tiefgaragen.

Die implementierten IT-Lösungen und an digitaler Prozesslogik orientierte Dienstleistungsabläufe unterstützen Kunden aller Branchen dabei, eine resiliente und unter Hygienegesichtspunkten angemessene logistische Versorgung mit kritischen Gütern sicherzustellen. Bei künftigen, ähnlich gelagerten Herausforderungen lassen sich die genannten Lösungen von den B2B-Anwendungen, für die sie entwickelt wurden, auch auf die B2C-Logistik übertragen. Nichts spricht dagegen, Lieferprozesse weiter zu digitalisieren, neue Zustellprozeduren auch für „Normalverbraucher" zu implementieren und die Belieferungslogistik allgemein unter dem Gesichtspunkt Krisensicherheit weiterzuentwickeln. Die Corona-Pandemie hat gezeigt, dass diesem Qualitätskriterium von jetzt ab eine ebenso große Bedeutung beizumessen ist wie den Themen Nachhaltigkeit und Klimaschutz.

3.4   Fazit

Die Corona-Pandemie hat die Tatsache offengelegt, dass die Lieferketten durch derartige Großereignisse außerordentlich verwundbar sind. Anti-Pandemie-Maßnahmen wie Lockdowns und Kontaktbeschränkungen erschwerten traditionelle Zustellmodelle und führten teilweise zu Engpässen bei der Versorgung von Unternehmen und Verbrauchern.

Um auf ähnliche Herausforderungen in Zukunft besser reagieren zu können, muss die Logistik flexiblere Konzepte implementieren, die die Zustellung reaktionsschneller machen und die Zahl der Kontaktpunkte innerhalb der Lieferkette auf ein Minimum reduzieren. Ohne eine tiefgreifende Prozessdigitalisierung ist dies nicht umzusetzen. Die digitalen Zustelltechnologien und die intelligente Auslieferungsorganisation moderner Nachtexpressdienste können hierzu ein Vorbild sein. Schon heute erfüllen sie viele Merkmale resilienter Logistikverfahren, die in einer Pandemie von großem Nutzen sind – insbesondere, was Anpassungsfähigkeit und Kontaktreduzierung angeht. Was dabei im B2B-Geschäft bereits weitgehend etabliert ist, lässt sich in den kommenden Jahren auch auf den B2C-Sektor erweitern.

 **Matthias Hohmann** ist Diplom-Kaufmann und Nachtexpress-Spezialist. Er begann seine berufliche Karriere 1991 in der Logistikbranche bei der Cordes & Simon GmbH & Co. KG, Hagen. Er war viele Jahre Geschäftsführer bei der Night Star Express GmbH Logistik in Unna. Matthias Hohmann engagiert sich in verschiedenen Verbänden, u.a. der Bundesvereinigung Logistik e.V. und dem Club of Logistics e.V.

Projektanläufe in der Logistik zu Zeiten von Corona – die unterschätzte Herausforderung

4

Torsten Rudolph und Dennis Abel

Zusammenfassung

Für Logistikdienstleister ist es das gängige Geschäftsmodell, durch den Gewinn von logistischen Ausschreibungen zu expandieren (Gudehus 2010). Dabei unterscheidet man in den aus dem Ausschreibungsgewinn resultierenden Projekten in der Regel zwischen zwei Arten. Auf der einen Seite können Neugeschäfte, bei denen eine erstmalige Umsetzung der logistischen Dienstleistung Gegenstand ist, in die Umsetzung gebracht werden und auf der anderen Seite können Projekte, bei denen im Rahmen eines sogenannten Betriebsübergangs Prozesse und meist auch Personal und ggf. Betriebsmittel von einem Dritten (meist ein Vordienstleister) übernommen werden, Betrachtungsgegenstand sein (Müller-Daupert 2009). Im Rahmen des Beitrags wird für diese Projekte aufgezeigt, welchen Einfluss die Corona-Pandemie während der Projektarbeit hatte. Ferner wird herausgearbeitet, inwiefern die durch diese Extremsituation resultierenden Herausforderungen in der Praxis zu meistern waren, um einen erfolgreichen Projektabschluss zu generieren.

4.1 Projektmanagement in der Logistik

Um die Thematik des Projektmanagements im Rahmen dieses Beitrages zu konkretisieren, lohnt es sich in einem ersten Schritt, einen Blick in die gängige Literatur zu diesem Thema zu werfen, um hierauf aufbauend den Betrachtungsgegenstand für die folgenden

T. Rudolph (✉) · D. Abel
Gudensberg, Deutschland
E-Mail: torsten.rudolph@rudolph-log.com; dennis.abel@rudolph-log.com

© Der/die Autor(en), exklusiv lizenziert an Springer Fachmedien Wiesbaden
GmbH, ein Teil von Springer Nature 2023
P. H. Voß (Hrsg.), *Die Neuerfindung der Logistik*,
https://doi.org/10.1007/978-3-658-41084-1_4

Ausführungen besser einordnen zu können. Projektmanagement ist ein in vielen Unternehmens- und Forschungsbereichen weit verbreiteter Begriff und ein Großteil der heutigen Aufgaben in der Arbeitswelt wird als Projekt bezeichnet. Für das Verständnis von Projekten und die Arbeitsweise im Rahmen dieser existiert übergeordnet ebenso eine Vielzahl an Literatur, die sich mit Organisation, Methoden, Strukturen usw. befasst (siehe u. a. hierzu auch Kuster et al. 2019). Längst haben sich Institutionen wie die IPMA (international) oder GPM (als deutsche Ländervertretung der IPMA) etabliert und geben Standards im Bereich des Projektmanagements vor.

Projektmanagement im Bereich der Logistik – als spezifisches Anwendungsfeld – ist jedoch gegenüber anderen Branchen, wie z. B. der IT oder auch dem Bauwesen, weniger stark ausgeprägt vorzufinden und das sowohl in der gängigen Literatur als auch in der tatsächlichen unternehmerischen Praxis. Hier kann – wie von Hartel 2015 bereits geschrieben – auch heute immer noch von einer gewissen Lücke gesprochen werden. Das Schließen dieser Lücke erfolgt eher langsam und so zeigen sich vereinzelt Ansätze, die den Blickwinkel auf die Projektlandschaft innerhalb der Logistik erweitern und mit Beispielen konkret darstellen (siehe hierzu insb. auch Hartel 2019). Ferner existieren einzelne Veröffentlichungen, die sich insbesondere mit dem Projektmanagement selbst und der Herangehensweise in Projekten befassen (siehe hierzu z. B. Abel et al. 2021) und weniger stark auf die Inhalte eines Projektes ausgerichtet sind. Diese Entwicklungen bilden jedoch mit Blick auf die Aktivitäten und Ausführungen im Bereich des Projektmanagements allgemein eher die Ausnahme denn die Regel ab.

Weiterhin zeigt sich die Sicht auf Projekte im Bereich der Logistik oftmals aus dem Blickwinkel produzierender Unternehmen, die Ihre Logistikprojekte (z. B. die Einführung einer neuen Technik) managen. Auch für die Fremdvergabe und die hieraus resultierenden Projekte zur Aufnahme der logistischen Tätigkeiten – z. B. durch einen externen Dienstleister – werden „Hilfestellungen" in Form von Literatur nur in wenigeren Fällen (siehe hierzu z. B. Müller-Daupert 2009 oder auch Schuchmann 2018) detailliert ausgeführt. Der bereits genannten Lücke hinsichtlich der Beschäftigung mit dem.

Dem Thema der Projektarbeit in diesem Bereich steht die tatsächliche (wirtschaftliche) Bedeutung dieser Branche widersprüchlich gegenüber. So zeigt z. B. die Bundesvereinigung Logistik e. V. auf ihrer Homepage, dass im Jahr 2021 ca. 293 Mrd. Euro branchenübergreifend im Logistikbereich erwirtschaftet werden konnten. Im Bereich der logistischen Dienstleistungen agieren mehr als 70.000 – insbesondere mittelständisch geprägte – Unternehmen, die Bestandteil dieser Umsätze sind (BVL 2022).

Die Darstellung in Abb. 4.1 zeigt, dass die Logistik in nahezu allen Unternehmen aller Branchen eine Unternehmensaufgabe darstellt. Projekte im Bereich der Logistik können demnach trotz der zu differenzierenden unternehmerischen Schwerpunkte vor jeweils unterschiedlichem Hintergrund stattfinden und somit inhaltlich ebenso die Einführung einer neuen Technik, wie z. B. autonome Routenzüge zur Montageversorgung, beinhalten, wie aus organisatorischer bzw. IT-technischer Sicht die Implementierung eines neuen Lagerverwaltungssystems. Aber auch der komplette Neuanlauf eines logistischen Standorts oder eben die Übernahme logistischer Leistungen im Rahmen eines Betriebsübergangs

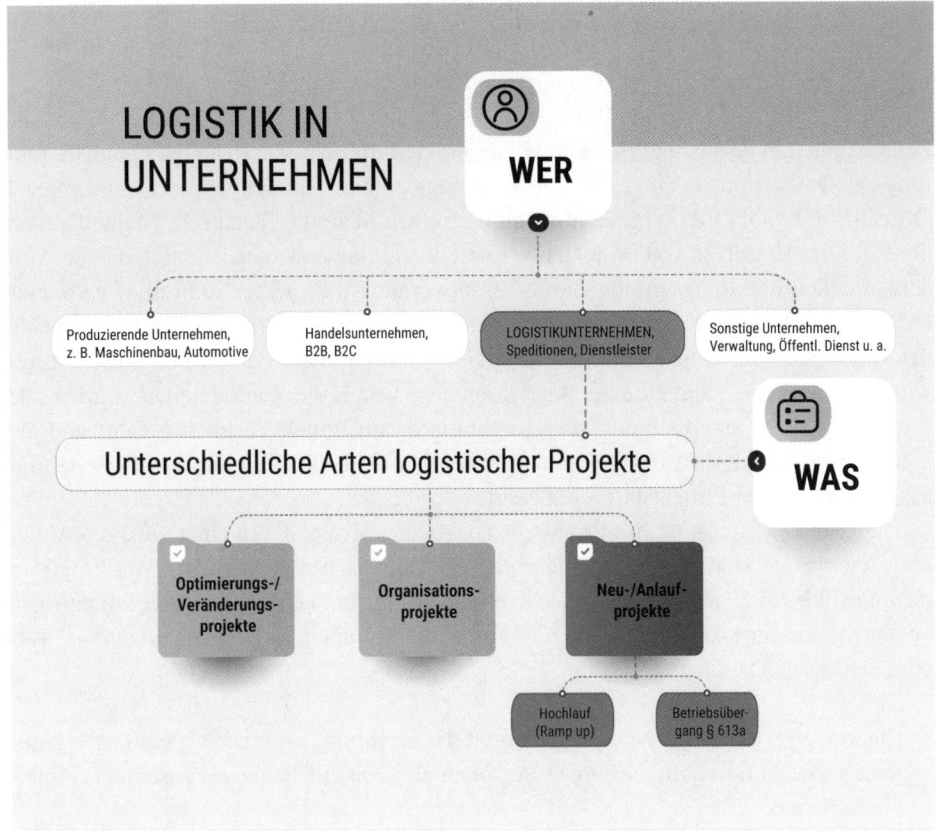

Abb. 4.1   Projekteinordnung im Logistikkontext

fallen in eine Projektkategorie, deren Bewältigung im Rahmen eines organisierten Projektmanagementsystems zu empfehlen ist. Insbesondere die aus dem Prozess der Fremdvergabe an (Logistik-)Dienstleister resultierenden Projekte zur Übernahme der logistischen Leistung sind dabei Gegenstand der Betrachtung in diesem Beitrag (vgl. hierzu auch Kennzeichnung in Abb. 4.1).

4.2   Projektmanagement bei der Rudolph Logistik Gruppe

Die Rudolph Logistik Gruppe ist ein internationaler Logistikdienstleister mit mehr als 40 Standorten und über 5000 Mitarbeitern weltweit. Als Spezialist für alle logistischen Aufgaben werden in vier Geschäftsfeldern (Automotive, Systemverkehre, Industrie und Handel) unterschiedlichste logistische Leistungen vom Lkw-Transport über Warenkorb- und Setbildung sowie JIT- und JIS-Belieferung bis hin zur kompletten Werkslogistik umgesetzt. Immer mehr zeigt sich bei der Entwicklung des Aufgabenspektrums wie komplex und anspruchsvoll die Steuerung und Aufrechterhaltung der jeweiligen Versorgungsketten in den unterschiedlichen Geschäftsfeldern ist (Rudolph und Abel 2014) und das nicht erst aufgrund der extremen Ereignisse in der näheren Vergangenheit.

Seit dem Jahr 2015 werden Projekte in der Rudolph Logistik Gruppe daher durch eine Zentraleinheit in Form einer Stabsstelle mit direktem Berichtswesen an die Geschäftsführung des Unternehmens umgesetzt. In Anlehnung an ein zentrales „Project Management Office (PMO)" gibt die Zentraleinheit auf der einen Seite die Standards, Methoden und Tools für das Umsetzen von Projekten vor und übernimmt andererseits durch die hier verantwortlichen Abteilungsmitglieder die Verantwortung in Projekten in Form der Projektleitung und/oder des Projektcontrollings. Der Schwerpunkt der Projektarbeit liegt dabei in der Umsetzung der o. g. (Vgl. Abb. 4.1) Neu-/Anlaufprojekte durch den Geschäftsgewinn – i. d. R. im Rahmen einer Ausschreibung. Durch die Zentraleinheit werden alle Projektmitglieder innerhalb der Matrixorganisation im Projekt fachlich geführt und die unterschiedlichsten Aufgaben – vom möglichen Immobilienbau bis hin zum Personaltraining vor operativen Projektstart – gesteuert.

Die Projektorganisation mit Projektmanagementexperten, die in einer autarken Abteilung zentralisiert sind, bietet gegenüber der eher klassischen Abwicklung von Projekten im Logistikbereich, bei der die Projektverantwortung in der Regel bei der zukünftigen operativen Führungskraft liegt, einige Vorteile, die der unten stehenden Aufzählung entnommen werden können:

- Einbringen von Projekt-Know-How durch die Erfahrung aus einer Vielzahl an Vorprojekten sowohl durch die einzelnen Personen als auch auf Basis des gesamten „Abteilungswissens".
- Strategische Ressourcenplanung und gezielte Projektbesetzung über alle Projekte hinweg möglich, ohne Personen aus operativen Einheiten „auslösen" zu müssen.
- Bündelung von Berichtswegen und Vermeidung von Zielkonflikten durch die direkte Kommunikation zur Geschäftsführung.
- Nachhaltiger Lessons-Learned-Prozess aufgrund des kontinuierlichen Austauschs innerhalb aller Mitglieder der Zentralabteilung.
- Die „richtige" Anwendung und kontinuierliche Weiterentwicklung der Methoden, Standards und Tools für die Projektumsetzung durch das dauerhafte Arbeiten mit selbigen.

4.3   Der Einfluss von Corona auf Neu-/Anlaufprojekte

Der Erfolg von Projekten – so auch bei Neu-/Anlaufprojekten in der Logistik – ist insbesondere auch von der zugrunde liegenden Kommunikationsstruktur und dem hiermit verbundenen Informationsfluss im Projekt verbunden. Seitens der Rudolph Logistik Gruppe hat sich dieser Aspekt insbesondere in der Auswertung abgeschlossener Projekte im Rahmen definierter Lessons-Learned-Fragen immer wieder gezeigt. Das Aufkommen von Corona und die damit verbundenen Einschränkungen in Zusammenhang mit den physischen Kontaktmöglichkeiten mit Kollegen im Projekt war ein erster entscheidender Faktor mit Auswirkung auf das tägliche Arbeiten. Diesen Einfluss haben sicherlich alle Branchen und Wirtschaftsbereiche gespürt. Die technische Umstellung auf digitale Kommunikationsformen erfolgte bei der Rudolph Logistik Gruppe durchaus zeitnah, da Voraussetzungen sowohl hardware- als auch softwareseitig hierfür bereits vorhanden waren und auch teilweise schon genutzt wurden. Die tatsächliche erfolgreiche Umstellung der klassischen Kommunikation, die in der Regel über vor Ort-Termine und Präsenzveranstaltungen in Form von Regelmeetings für das Projektteam und den Projektlenkungsausschuss stattfand, hingegen zeigte sich als erste große Herausforderung in der täglichen Abwicklung der Projekte.

Auch die Auswirkung der im Verlauf der Pandemie nahezu stetig ansteigenden Anzahl an infizierten Personen – insbesondere durch das Auftreten der Omikron-Variante Ende 2021 – zeigte sich in laufenden Projekten als große Unbekannte und als ernstzunehmender Faktor bzgl. der Projektplanung und -umsetzung. Zahlreiche personelle Ausfälle durch positive Corona-Fälle zeigten sich immer wieder als nicht planbare Ereignisse, deren Auftreten weit über den üblichen krankheitsbedingten Abwesenheiten, die im planbaren Bereich liegen, vorkam. Ein Umdenken in der Projektarbeit war auch hier zwingend notwendig, um diese Herausforderung im Projekt bewältigen zu können.

Aber nicht nur organisatorische Themen stellten durch das Auftreten der Corona-Pandemie eine große Herausforderung in der täglichen Projektarbeit dar. Auch inhaltlich gab es Herausforderungen, die im Rahmen von Anlaufprojekten zusätzlich zu beachten waren und einen erheblichen Einfluss auf die Abläufe im Projekt hatten. So war z. B. die Pflicht der Kontrolle des Impfstatus sowie ein ggf. notwendiges tägliches Testen auf das Coronavirus eine Herausforderung, der sich alle Unternehmen stellen mussten. Insbesondere im Rahmen von Projekten mit einem Betriebsübergang brachten diese neuen Aufgaben jedoch eine enorme Komplexität mit sich, da nicht im laufenden Betrieb sukzessive der Impfstatus in funktionierenden Strukturen mit entsprechendem Vorlauf geprüft werden konnte, sondern zu einem Stichtag des Betriebsübergangs alle Mitarbeiter initial erfasst werden mussten und auch die tägliche Testroutine für das Projekt neu aufgesetzt werden musste.

Auch das teilweise aktive Übernachtungsverbot für ungeimpfte Personen zeigt sich für Neu-/Anlaufprojekte als eine weitere neue Dimension für die Organisation des Projektes. Die operative vor-Ort-Unterstützung in solchen Projekten ist ein wichtiger Erfolgsfaktor – die Organisation dieser Unterstützung, die in der Regel deutschlandweit aus weiteren Unternehmensstandorten kommt, musste somit den Herausforderungen, die ein Übernachtungsverbot für ungeimpfte mit sich bringt, angepasst werden.

Die genannten Punkte zeigen sicherlich nur einen Ausschnitt der Herausforderungen der Corona-Pandemie bei Projektanläufen in der Logistik. Es wird jedoch schnell deutlich, dass das Spektrum der Auswirkungen extrem diversifiziert ausfällt und sowohl organisatorische und strukturelle Herausforderungen als auch inhaltliche Zusatzaufgaben und -arbeitspakete zu bewältigen sind.

4.4   Ansätze zur Bewältigung der neuen Herausforderungen – Beispiele aus der Praxis

Allgemein lässt sich aus der Erfahrung der vergangenen Projekte im Rahmen der Corona-Pandemie festhalten, dass es nicht *den einen* Lösungsansatz für die Bewältigung der vielfältigen Herausforderungen gibt. Die Praxiserfahrung bei der Rudolph Logistik Gruppe hat hier gezeigt, dass es primär wichtig ist, dass Projekte auch in einem definierten Rahmen mit definierten Prozessen und definierten Verantwortlichkeiten gesteuert werden. Diese Basis vereinfacht die Lösungsfindung immens, da wesentliche Abläufe und Strukturen im Projekt bereits vorgegeben und auch im Unternehmen weitestgehend bekannt sind.

Konkret hat sich bei der Herausforderung der nahezu kompletten Digitalisierung der Kommunikation gezeigt, dass ein reines Vorhandensein der notwendigen Technik nicht ausreichend ist, um in der Kommunikation komplett umzusteigen. Wichtiger war es vielmehr, dass die rein digitale Kommunikation konkrete Regeln braucht, sodass eine zielgerichtete Abstimmung im Projekt unter gleichem zeitlichem Aufwand stattfinden kann. Diese Regeln – so selbstverständlich sie auch klingen mögen (z. B. „die Kamera ist anzuschalten" oder „Wortmeldungen bitte mit digitalem Handzeichen") -waren der Schlüssel für die erfolgreiche Projektkommunikation. Eine entsprechende Lernkurve zur Einhaltung bzw. Akzeptanz und Umsetzung der Regeln zeigte sich jedoch in jedem Projekt, da das „kommunikative Onlineverhalten" von Projektmitgliedern spezifisch kennengelernt werden musste und sich durchaus vom Kommunikationsverhalten in Präsenzterminen unterscheiden kann.

Eine wichtige Säule zur Bewältigung der Herausforderungen zeigte sich immer wieder in der Standardisierung der projektspezifischen Prozesse. So konnte der Ausfall von Personal weitestgehend nur kompensiert werden, da das Umsetzungswissen für das Projektteam dokumentiert vorhanden und nicht personenabhängig im Projekt verteilt war. Hier lässt sich festhalten, dass einer der entscheidenden Ansätze im Rahmen des Projektmanagementsystems zur Bewältigung der Herausforderungen liegt. Desto stabiler und etablierter das gesamte System im Unternehmen ist, desto eher können Extremsituationen bewältigt werden. Im Falle der Ausfälle wurden beispielsweise Beschaffungsaufgaben vom entsprechenden Teilprojekt in die Projektleitung bzw. in das Teilprojekt der operativen Umsetzung überspielt und konnten so ohne Reibungsverluste umgesetzt werden. Neben der sauberen Dokumentation der Aufgaben im Vorfeld und der Echtzeitnachverfolgung während des Projekts zeigte sich die Nutzung einer unternehmensinternen Wissensdatenbank für Anlaufprojekte als besonders hilfreich für die Ausfallkompensation von (Schlüssel-)Personal in den Projekten.

Übergeordnet stellt sich die Frage, was bereits im Vorfeld in einer Projektplanung zu beachten ist bzw. hätte beachtet werden können. Im Rahmen von Lessons Learned abgeschlossener Projekte wurde dies auch bei der Rudolph Logistik Gruppe eruiert. In diesem Zusammenhang wurde jedoch schnell klar, dass das Voraussehen einer Pandemie und der unterschiedlichen Auswirkungen dieser Pandemie auf die einzelnen Projekte als unwahrscheinlich bzw. unmöglich einzustufen ist. Die Rolle eines stabilen und etablierten Projektmanagementsystems zeigt sich als Stabilitätsfaktor im Umgang mit den unter-

schiedlichen Herausforderungen. Ein im Rahmen dieses Projektmanagementsystems eta-
blierts Risikomanagement ist ein weiterer Faktor, der hierbei unterstützt. So ist zwar die
Wahrscheinlichkeit, ein Risiko auf Basis einer Pandemie pro aktiv zu identifizieren sehr
gering, die systematische Bewertung und die Definition zum Umgang mit möglichen Risiken, z. B. im Rahmen von Maßnahmenworkshops, bietet aber Strukturen, um im Rahmen einer zielorientierten Lösungsfindung schnellstmöglich reagieren zu können.

4.5   Fazit

Die Arbeit in Projekten ist mittlerweile in nahezu allen Branchen und Wirtschaftsberei-
chen üblich. Auch innerhalb der Logistik werden diverse Projekte mit unterschiedlichen
Schwerpunkten abgewickelt. Der Organisationsgrad und die Struktur für bzw. in diesen
Projekten ist jedoch – insbesondere im Vergleich zu anderen Branchen – weniger Gegenstand in der Forschung und auch in der tatsächlichen praktischen Umsetzung der Logistik.
Gerade im Rahmen von Neu-/Anlaufprojekten im Zuge des Gewinns von Neugeschäften
bei Logistikdienstleisten zeigt sich jedoch ein erhöhter Komplexitätsgrad, da neben der
klassischen logistischen Implementierung auch zusätzlich z. B. Immobilien-, Automati-
sierungs- oder auch IT- und Personal-Themen Projektgegenstand sein können.

Die Corona-Pandemie und ihre Folgen hatte auf diese Projekte unmittelbaren und mit-
telbaren Einfluss und hat für die Projektabwicklung eine Vielfalt an zusätzlichen Herausforderungen mit sich gebracht. Neben organisatorischen Themen, wie z. B. der Umstellung der Projektkommunikation, kamen auch völlig neue Aufgaben – insbesondere auch
im Beschaffungssektor – auf die Projektmitarbeiter zu. Die Retroperspektive im Rahmen
der Lessons Learned für diverse Projekte während der Corona-Pandemie bei der Rudolph
Logistik Gruppe hat gezeigt, dass ein etabliertes und funktionierendes Projektmanagementsystem im Unternehmen Stabilität in Projekte – trotz unvorhersebarer Herausforderungen – bringt.

Für die Zukunft gilt es daher noch mehr, die Perspektive bereits in den frühen Pla-
nungsphasen der Projekte möglichst zu erweitern. Ereignisse, wie eine globale Pandemie,
lassen sich auch dadurch sicherlich nicht voraussehen, jedoch kann ein erweiterter Blickwinkel zusammen mit einem etablierten Projektmanagementsystem, das geeignete Methoden und Prozesse (wie z. B. ein gelebtes und pro aktives Risikomanagement) bereitstellt, mögliche negative Auswirkungen solcher Ereignisse entscheidend für den
Projekterfolg eindämmen.

Literatur

Abel, D., Hendrik M., Rudolph, T.: Innovationsprojekte in der Logistik - Eine Handlungsempfehlung für die Implementierung von Innovationen vor dem Hintergrund der spezifischen Anforderungen eines Logistikdienstleisters. In: Industrie 4.0 Management, Ausgabe 03.2021, Gito Verlag, Berlin 2021.

BVL, Bundesvereinigung Logistik e. V.: Logistikumsatz und Beschäftigung, Internetquelle: www.bvl.de/service/zahlen-daten-fakten/umsatz-und-beschaeftigung, Zugriff am 24.07.2022.

Gudehus, T.: Logistik, Grundlagen - Strategien - Anwendungen, 4., aktualisierte Auflage. Berlin 2010.

Hartel, D. H.: Projektmanagement in der Logistik und Supply Chain Management, In: Hartel, D. H. (Hrsg.): Projektmanagement in der Logistik und Supply Chain Management, 2. Auflage. Wiesbaden 2019.

Hartel, D. H.: Projektmanagement in der Logistik, In: Hartel, D. H. (Hrsg.): Projektmanagement in der Logistik, 1. Auflage. Wiesbaden 2015.

Kuster, J.; Bachmann, C.; Huber, E.; Hubmann, M.; Lippmann, R.; Schneider, E.; Schneider, P.; Witschi, U.; Wüst, R.: Handbuch Projektmanagement. Agil - Klassisch - Hybrid, 4. Auflage. Berlin 2019.

Müller-Daupert, B.: Potenzialanalyse Logistik-Outsourcing. In: Müller-Daupert, B. (Hrsg.): Logistik-Outsourcing - Ausschreibung, Vertrag, Controlling, 2. Auflage. Ulm 2009.

Rudolph, T.; Abel, D.: Die Gestaltung effizienter Logistikprozesse. In: Kille, C. (Hrsg.): Navigation durch die komplexe Welt der Logistik - Texte aus Wissenschaft und Praxis zum Schaffenswerk von Wolf-Rüdiger Bretzke, Wiesbaden 2014.

Schuchmann, C.: Inbetriebnahme von Logistikzentren - Praxiserprobte Methoden, Hilfsmittel und Checklisten. 1. Auflage. Wiesbaden 2018.

Dr. Torsten Rudolph ist geschäftsführender Gesellschafter der Rudolph Logistik Gruppe. Nach beruflichen Stationen bei verschiedenen Unternehmensberatungen trat er 2007 in das jetzt in 4. Generation inhabergeführte Familienunternehmen ein. Er promovierte 2009 mit „Strategien von Logistikdienstleistern im Kontraktlogistikmarkt" an der Friedrich-Alexander-Universität, Erlangen-Nürnberg.

Dr. Dennis Abel ist seit 2013 bei der Rudolph Logistik Gruppe und leitet nach seiner Promotion an der Universität Kassel die Abteilungen „zentrales Projekt- und Anlaufmanagement" sowie „Logistikplanung und Tendermanagement". Er ist verantwortlich für die zentrale Steuerung der Projekte innerhalb der gesamten Unternehmensgruppe.

Resilienz jetzt – Wie Krisen unseren Blick auf Wertschöpfungsnetzwerke verändern

5

Volker Stich, Tobias Schröer, Maria Linnartz und Jokim Janßen

Zusammenfassung

Vor dem Hintergrund zunehmend komplexer und vernetzter Wertschöpfungsnetzwerke und in Zeiten sich ständig verändernder Rahmenbedingungen steigt für Unternehmen die Bedeutung einer resilienten Gestaltung ihrer Wertschöpfungsnetzwerke. Durch die hohe Vernetzung in einem Wertschöpfungsnetzwerk entsteht eine starke Abhängigkeit zwischen den einzelnen Akteuren. Störungen haben somit häufig nicht nur Auswirkungen auf einzelne Unternehmen, sondern betreffen verschiedene Akteure der Wertschöpfungsnetzwerke. Tritt nun eine Störung auf, kann sich diese im gesamten Netzwerk ausbreiten. Erst der konkrete Eintritt solcher Störungen im großen Umfang – wie zuletzt im Zuge der Corona-Pandemie oder der Blockierung des Suez-Kanals – führt Unternehmen regelmäßig dazu, sich mit ihren Wertschöpfungsnetzwerken auseinander zu setzen. Eine Möglichkeit zur Sicherung der Leistungsfähigkeit in einem volatilen Umfeld stellt der Aufbau von Resilienz dar. Insgesamt ist es hierbei das Ziel, Wertschöpfungsnetzwerke so zu gestalten, dass sie im Falle einer Störung möglichst wenig beeinträchtigt sind und schnell in den ursprünglichen oder einen besseren Zustand zurückkehren können.

V. Stich (✉) · T. Schröer · M. Linnartz · J. Janßen
Aachen, Deutschland
E-Mail: Volker.Stich@fir.rwth-aachen.de; Tobias.Schroeer@fir.rwth-aachen.de;
Maria.Linnartz@fir.rwth-aachen.de; Jokim.Janssen@fir.rwth-aachen.de

5.1   Einleitung

Zunehmend häufiger auftretende Störereignisse, wie die Chipkrise, die Flutkatastrophe in NRW oder der Ukraine-Krieg, stellen für Unternehmen und ihre Wertschöpfungsnetzwerke große Herausforderungen dar (Lund et al., S. 1–2). Allein 68 % der Unternehmen aus einer Umfrage des BME gaben an, dass der Ukraine-Krieg bereits starke Auswirkungen auf ihre Lieferkette (z. B. steigende Einkaufskosten) hat (BME 2022, S. 11). Dabei sind die Auswirkungen aufgrund der hohen Vernetzung der Unternehmen nicht nur auf einzelne Unternehmen beschränkt, sondern betreffen verschiedene Akteure. Entwicklungen wie die Fokussierung auf die eigenen Kernkompetenzen und die Auslagerung von Wertschöpfungsaktivitäten sowie die Globalisierung führen zu einem immer höher werdende Vernetzungsgrad zwischen Unternehmen. Daraus ergibt sich eine zunehmende Komplexität in Wertschöpfungsnetzwerken und eine steigende Abhängigkeit der Akteure untereinander, sodass sich eine Störung rapide im gesamten Wertschöpfungsnetzwerk ausbreiten kann. (Kamalahmadi und Parast 2016, S. 116–133).

Eine Möglichkeit besser mit Störungen umgehen zu können, stellt der Aufbau von Resilienz dar. Resilienz bezeichnet die „Fähigkeit, sich auf unvorhersehbare Ereignisse vorzubereiten, auf Störungen zu reagieren, und durch die kontinuierliche Ausführung der Geschäftsprozesse auf das angestrebte Leistungsniveau zurückzukehren, mit dem Ziel, die Leistungsfähigkeit und Wettbewerbsfähigkeit einer Supply Chain zu steigern" (Biedermann 2018, S. 49). Resilienz beeinflusst somit unterschiedliche Phasen im Verlauf einer Störung und umfasst den Aufbau von Robustheit und Agilität (s. Abb. 5.1).

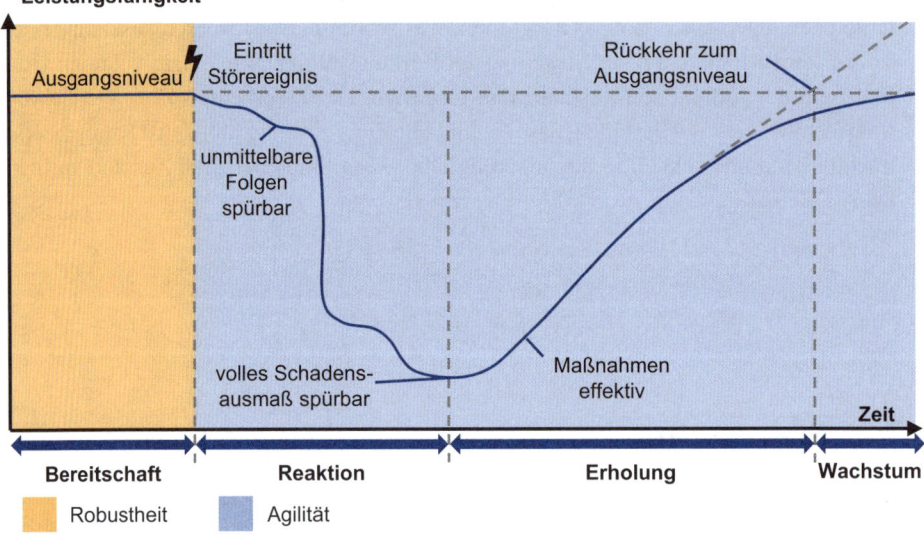

Abb. 5.1 Leistungsfähigkeit bei Störungen. (Quelle: eigene Darstellung, in Anlehnung an Biedermann 2019, S. 55)

Robustheit bezeichnet die Widerstandsfähigkeit einer Supply Chain gegenüber potenziellen Störereignissen, um negative Auswirkungen infolge von Störungen zu vermeiden (Biedermann und Kotzab 2019, S. 249). Der Aufbau von Robustheit umfasst sowohl die Verbesserung der Antizipation als auch die Vorbereitung. Während eine Verbesserung der Antizipation dazu führt, dass potenzielle Veränderungen in der Zukunft besser prognostiziert werden können, werden im Rahmen der Vorbereitung Resistenzen gegenüber diesen Prognosen aufgebaut. Agilität beschreibt die Reaktionsfähigkeit einer Supply Chain, damit Prozesse rasch neugestaltet und Maßnahmen zur Reduktion negativer Auswirkungen bei unvorhersehbaren Störereignissen schnell eingeleitet und umgesetzt werden können. Dabei beinhaltet der Aufbau von Agilität sowohl die Verbesserung der Transparenz als auch der Schnelligkeit. Dadurch können gegenwärtige Veränderungen besser wahrgenommen und auf Veränderungen schneller reagiert werden. (Wieland und Wallenburg 2013, S. 303–304).

Ziel dieses Beitrags ist es, Unternehmen bei dem Aufbau von Resilienz in ihren Wertschöpfungsnetzwerken zu unterstützen. Dazu wird im Folgenden zunächst der Status quo in Unternehmen bzgl. Resilienz aufgezeigt und Herausforderungen beim Aufbau von Resilienz erläutert. Darauf aufbauend werden Thesen für den Aufbau resilienter Wertschöpfungsnetzwerke vorgestellt.

5.2 Status quo und Herausforderungen bei der Steigerung der Resilienz

Verschiedene Studien veranschaulichen, dass Unternehmen sich zunehmend mit dem Thema Resilienz beschäftigen und den Bedarf zur Steigerung der Resilienz erkennen. In einer Umfrage von McKinsey gaben 93 % der befragten Führungskräfte an, dass sie künftige Maßnahmen zur Steigerung der Resilienz planen (Lund et al. 2020, S. 80). In einer Umfrage von PwC berichteten 95 % der befragten Führungskräfte, dass sie ihre Krisenmanagementfähigkeit verbessern werden müssen. Zusätzlich gaben 70 % der Organisationen in der Umfrage an, dass sie beabsichtigen, ihre Investitionen in den Aufbau von Resilienz zu verstärken. (PwC 2021, S. 2–4) Eine Studie des FIR im Auftrag des Forschungsbeirats der Plattform Industrie 4.0 verdeutlicht, dass rund die Hälfte der befragten Unternehmen Verbesserungsbedarf in den erforderlichen Fähigkeiten zur Stärkung der Robustheit und Agilität sehen (Stich et al. 2021, S. 16–17).

Bezogen auf konkrete Maßnahmen zur Steigerung der Resilienz setzen Unternehmen laut der Studie aktuell bereits einige Maßnahmen um. Der Fokus der Unternehmen liegt derzeit auf den Maßnahmen aus dem Bereich Netzwerkgestaltung. Darunter fallen Maßnahmen wie die kontinuierliche Lieferantenbewertung, die Entwicklung eines Multiple-Sourcing-Konzepts oder die kollaborative Zusammenarbeit mit Lieferanten oder Kunden. Maßnahmen aus dem Bereich Datenintegration, wie der standardisierte Datenaustausch mit Wertschöpfungspartnern, die Berücksichtigung externer Datenquellen oder ein Echtzeit-Monitoring von Logistikprozessen werden aktuell weniger häufig von Unternehmen umgesetzt. Die am wenigsten häufig umgesetzten Maßnahmen stammen aus dem Bereich Industrie 4.0-Technologien. Dazu zählt der Einsatz von softwaregestützten Risikomanagementsystemen, Big-Data-Analytics-Ansätzen oder der Einsatz von KI (Stich et al. 2021, S. 18–29).

Resilienz wird häufig nicht systematisch gesteigert, obwohl Unternehmen der Bedarf zum Aufbau von Resilienz bewusst ist und verschiedene Unternehmen sogar explizit planen, diese zu steigern. Eine Herausforderung beim Resilienzaufbau ist, dass Resilienz ein theoretisches Konzept darstellt (Ali et al. 2017, S. 29). Während das Thema in der Forschung bereits seit mehreren Jahren untersucht wird, wurde das Konzept in der Praxis bisher seltener umgesetzt (Lund et al. 2020, S. 73). Die Vielzahl von Definitionen und bestehenden Rahmenwerken veranschaulichen, dass derzeit kein gemeinsames Verständnis über Resilienz und ihre Komponenten besteht (Duchek 2020, S. 216). Solch ein Verständnis stellt jedoch die Grundlage zur erfolgreichen Gestaltung der Resilienz dar.

Eine weitere Herausforderung beim Aufbau von Resilienz ist zudem, dass Unklarheit darüber herrscht, wie Resilienz in Wertschöpfungsnetzwerken praktisch umgesetzt werden kann. Während verschiedene, generische Erfolgsfaktoren der Resilienz (z. B. Redundanz, Kollaboration, Transparenz, Flexibilität) diskutiert werden, mangelt es häufig an der Übersetzung dieser Faktoren in konkrete Maßnahmen. Darüber hinaus erschwert die Vielzahl der Möglichkeiten zum Aufbau der Resilienz die Auswahl und Kombination der am besten geeigneten Möglichkeiten (Tukamuhabwa et al. 2015, S. 5616–5617). Insbesondere vor dem Hintergrund der Kosten, die beim Aufbau von Resilienz entstehen, ist eine Bewertung und gezielte Auswahl in Abhängigkeit der individuellen Rahmenbedingungen erforderlich.

5.3   Thesen zur Gestaltung resilienter Wertschöpfungsnetzwerke

Im Folgenden werden Thesen zur Gestaltung resilienter Wertschöpfungsnetzwerke vorgestellt. Während konkrete Handlungsmaßnahmen unternehmensindividuell ausgewählt werden müssen, beziehen sich die nachfolgend vorgestellten Thesen auf strategische Empfehlungen. Diese beeinflussen die grundsätzliche Aufstellung eines Unternehmens und des Wertschöpfungsnetzwerks und bilden den Rahmen für die Auswahl und Umsetzung konkreter Maßnahmen. Ziel ist es, Unternehmen einen Einblick in übergeordnete Aspekte zu geben, die bei der Gestaltung der Resilienz berücksichtigt werden sollten. Die Thesen sind in Abb. 5.2 dargestellt.

5.3.1   Die Gestaltung resilienter Wertschöpfungsnetzwerke erfordert ein Umdenken bezogen auf die Zielgrößen

Eine wesentliche Voraussetzung für die erfolgreiche Gestaltung resilienter Wertschöpfungsnetzwerke stellt ein Umdenken bezogen auf die Zielgrößen dar. Während in der Ver-

Die Gestaltung resilienter Wertschöpfungs-netzwerke erfordert ein **Umdenken** bezogen auf die **Zielgrößen**.

Die **Zusammenarbeit im Netzwerk** ist ein zentraler Erfolgsfaktor zur Gestaltung resilienter Wertschöpfungs-netzwerke.

Die Gestaltung resilienter Wertschöpfungs-netzwerke erfordert ein **datenbasiertes Vorgehen**.

Abb. 5.2 Thesen zur Gestaltung resilienter Wertschöpfungsnetzwerke. (Quelle: eigene Darstellung)

gangenheit der Fokus häufig auf monetären Zielgrößen und der Steigerung des Service-grads lag, wird die Betrachtung von Resilienz als zentrale Zielgröße zunehmend wichtiger. Dabei werden die Ausrichtungen Effizienz und Resilienz häufig als schlecht miteinander vereinbar betrachtet und der Zielkonflikt zwischen den beiden Zielen Resilienz und Effizienz thematisiert. Bei der Steigerung der Effizienz wird versucht, eine möglichst hohe Produktivität und Ressourcenauslastung und gleichzeitig möglichst geringe Kosten zu erzielen. Beispielsweise werden möglichst schlanke Prozesse etabliert und geringe Bestände vorgehalten. Beim Aufbau von Resilienz werden hingegen scheinbar bewusst Ineffizienzen in Prozesse eingebaut. Dabei sind beispielsweise Redundanzen in Form ungenutzter Kapazitäten oder Sicherheitsbeständen ein wichtiges Mittel zur Steigerung der Resilienz. So wird der Anschein erweckt, dass sich Unternehmen zwischen Resilienz und Effizienz entscheiden müssen. Kosten entstehen jedoch nicht nur beim Aufbau der Resilienz (z. B. Kosten für Bestände und Kapazitätsreserven), sondern auch im Fall einer Störung (z. B. Vertragsstrafen und Umsatzeinbußen).

Die erfolgreiche Gestaltung resilienter Wertschöpfungsnetzwerke erfordert ein Umdenken und eine neue Priorisierung der Zielgrößen. Resilienz und Effizienz sollten nicht als Gegensätze betrachtet werden, sondern der Fokus auf der Schaffung von Synergien liegen. Dabei sind beispielsweise Redundanzen nicht als passive Mittel zu behandeln, die nur im Falle einer Störung eingesetzt werden. Es gilt, redundante Funktionen aktiv und flexibel zu nutzen. Beispielsweise können Back-up- Lieferanten enger in das Tagesgeschäft eingebunden werden (Ivanov 2021, S. 50). Als zentrale Ziele sehen Ivanov et al. in diesem Zusammenhang den Fokus auf strukturelle Vereinfachung, Flexibilität in Prozessen und bei der Nutzung von Ressourcen und effiziente Gestaltung von Redundanzen. So können schlanke und resiliente Elemente effizient miteinander kombiniert werden (Ivanov 2021, S. 48–50).

5.3.2 Die Zusammenarbeit im Netzwerk ist ein zentraler Erfolgsfaktor zur Gestaltung resilienter Wertschöpfungsnetzwerke

Die hohe Vernetzung und Komplexität innerhalb von Wertschöpfungsnetzwerken stellt eine wesentliche Herausforderung bei der Gestaltung resilienter Wertschöpfungsnetzwerke da. Wie gut das eigene Unternehmen mit Störungen umgehen kann und welche

Auswirkungen auftreten, hängt nicht nur von der Resilienz des eigenen Unternehmens ab. Beeinflusst wird dies zusätzlich davon, wie gut andere Akteure des Wertschöpfungsnetzwerks auf Störungen vorbereitet sind. Darüber hinaus ist auch die Wirksamkeit von eingesetzten Maßnahmen abhängig vom Wertschöpfungsnetzwerk. Daher sollten Wechselwirkungen und Abhängigkeiten bei der Gestaltung der Resilienz berücksichtigt werden. Um dies umzusetzen, stellt die Zusammenarbeit im Netzwerk einen entscheidenden Erfolgsfaktor dar. Kollaboration wird regelmäßig im Zusammenhang mit Resilienz genannt (Biedermann 2018, S. 137). Um als Wertschöpfungsnetzwerk Krisen erfolgreich meistern zu können, gilt es eine gemeinsame Strategie zur Schaffung von Resilienz zu entwickeln.

Eine Grundlage dafür stellt die Schaffung von Transparenz im Netzwerk dar. Diese sollte dabei über die direkten Beziehungen hinausgehen und beispielsweise auch die Lieferanten der Lieferanten berücksichtigen. Nur wenn die Zusammenhänge im Netzwerk bekannt sind, können Maßnahmen aufeinander abgestimmt werden.

Neben der Schaffung von Transparenz stellt der Austausch von Daten einen relevanten Aspekt bei der Zusammenarbeit im Netzwerk dar. Durch den Datenaustausch können betroffenen Akteuren Informationen zu kritischen Ereignissen im Netzwerk schnell zur Verfügung gestellt werden. Somit können Maßnahmen schneller initiiert werden. Darüber hinaus ermöglicht der Austausch von Daten auch die Abstimmung in der Planung. So können beispielsweise Kapazitäten abgestimmt werden. Zur Umsetzung des Datenaustausch sind technische Möglichkeiten erforderlich, die einen sicheren Austausch von sensiblen Daten unter Sicherstellung der Datensouveränität ermöglichen. Ein Beispiel hierfür stellen International Data Spaces dar, die eine dezentrale Datenspeicherung einsetzen und die Definition und technische Umsetzung von Nutzungsrestriktionen vorsehen (vgl. Otto et al. 2022).

5.3.3   Die Gestaltung resilienter Wertschöpfungsnetzwerke erfordert ein datenbasiertes Vorgehen

Resilienz in Wertschöpfungsnetzwerken wird von einer Vielzahl von Faktoren beeinflusst. Die erfolgreiche Gestaltung der Resilienz erfordert das messbar machen dieser Faktoren und der zwischen ihnen bestehenden Wechselwirkungen. Der Einfluss einzelner Faktoren lässt sich ohne technische Unterstützung nur schwer abschätzen. Um möglichst objektiv und aufwandsarm Analysen durchführen und Entscheidungen treffen zu können, ist daher ein datenbasiertes Vorgehen erforderlich. Zu berücksichtigende Datenquellen reichen von unternehmenseigenen IT-Systemen über IT-Systeme der Wertschöpfungspartner bis zu externen Quellen wie soziale Medien sowie von strukturierten und in Tabellenform vorliegenden Daten bis hin zu unstrukturierten Daten wie Texte und Bilder. Es gilt, die unterschiedlichen Daten so nutzbar zu machen, dass Zusammenhänge analysiert werden können.

Wie solch ein datenbasierter Ansatz zur Steigerung der Resilienz für einen Anwendungsfall konkret aussehen kann, untersucht das FIR im Rahmen des Forschungsprojekts „Internet of Production". Das Projekt verfolgt die Vision einer datenbasierten Gestaltung der Beschaffungsstrategie, um in einem volatilen Umfeld erfolgreich zu sein. Dabei ist es zunächst erforderlich, Transparenz über die aktuelle Beschaffungssituation zu schaffen und besonders kritische Beschaffungsprodukte zu identifizieren. Dies erfolgt durch die Analyse verschiedener Produktcharakteristika, die mithilfe von Daten aus einem ERP-System ermittelt und Risikofaktoren gegenübergestellt werden. Die Ergebnisse werden den Nutzern visuell aufbereitet zur Verfügung gestellt. So sind Abhängigkeiten zwischen verschiedenen Produkten und beispielsweise Lieferanten schnell erkennbar. Darüber hinaus werden unternehmensexterne Datenquellen in die Bewertung kritischer Beschaffungsartikel einbezogen.

5.4 Fazit

Vergangene Störungen veranschaulichen den Bedarf zum Aufbau von Resilienz. Die Steigerung der Resilienz wird zunehmend zum wesentlichen Erfolgsfaktor für Unternehmen und ihre Wertschöpfungsnetzwerke. Obwohl Unternehmen den Resilienzbedarf erkennen, wird Resilienz häufig noch nicht systematisch aufgebaut. Eine Voraussetzung für den Aufbau von Resilienz stellt die Schaffung eines Verständnisses der konstituierenden Merkmale und Elemente von Resilienz dar. Auf dieser Grundlage können dann einzelne Maßnahmen abgeleitet und bewertet werden. Neben dem aktuellen Stand von Unternehmen und Herausforderungen beim Aufbau von Resilienz zeigt der Artikel strategische Empfehlungen auf, die die Gestaltung der Resilienz in Wertschöpfungsnetzwerken übergeordnet beeinflussen. Ein Umdenken bezogen auf die verfolgten Zielgrößen ermöglicht die Nutzung von Synergien und somit eine effiziente und resiliente Gestaltung. Insbesondere in Wertschöpfungsnetzwerken stellen die Zusammenarbeit und die Entwicklung einer gemeinsamen Strategie zur Schaffung von Resilienz wesentliche Erfolgsfaktoren dar. Schließlich ermöglichen datenbasierte Ansätze die Berücksichtigung unterschiedlicher Einflussfaktoren und Wechselwirkungen.

Acknowledgement Gefördert durch die Deutsche Forschungsgemeinschaft (DFG) im Rahmen der Exzellenzstrategie des Bundes und der Länder – EXC-2023 Internet of Production – 390621612

Literatur

Ali, A., Mahfouz, A., Arisha, A.: Analysing supply chain resilience: integrating the constructs in a concept mapping framework via a systematic literature review. SCM 22 (1), S. 16–39. (2017) https://doi.org/10.1108/SCM-06-2016-0197.
Biedermann, L.: Supply Chain Resilienz. Springer Fachmedien, Wiesbaden (2018)
Biedermann, L., Kotzab, H.: Erfolgsfaktoren zur zukünftigen Gestaltung resilienter Supply Chains – Konzeption eines Bezugsrahmens. In: Bode, C., Bogaschewsky, R., Eßig, M., Lasch, R., Stölzle, W. (Hrsg.) Supply Management Research, S. 235–254, Springer Gabler, Wiesbaden (2019) Online verfügbar unter https://link.springer.com/chapter/10.1007/978-3-658-23818-6_11.

BME: BME-Umfrage Ukraine Krieg. Der Einkauf im „JETZT" – Krisenmanager|Versorgungsge-stalter|Zukunftsmacher. https://a.storyblok.com/f/104752/x/b75c891705/ergebnisprasentation_bme-umfrage-ukraine-krieg_02-05-2022_final.pdf (2022). Zugegriffen: 15. August 2022

Duchek, S.: Organizational resilience: a capability-based conceptualization. Bus. Res. 13 (1), S. 215–246 (2020) https://doi.org/10.1007/s40685-019-0085-7.

Ivanov, D.: Introduction to Supply Chain Resilience. Springer International Publishing, Cham (2021)

Kamalahmadi, M., Parast, M. M.: A review of the literature on the principles of enterprise and sup-ply chain resilience: Major findings and directions for future research. Int. J. of Prod. Econ. 171, S. 116–133 (2016) https://doi.org/10.1016/j.ijpe.2015.10.023.

Lund, S., Manyika, J., Woetzel, J., Barriball, E., Krishnan, M., Alicke, K., Brishan, M., George, K., Smit, S., Swan, D., Hutzler, K.: Risk, resilience, and rebalancing in global value chains. www.mckinsey.de/~/media/McKinsey/Business%20Functions/Operations/Our%20Insights/Risk%20resilience%20and%20rebalancing%20in%20global%20value%20chains/Risk-resilience-and-rebalancing-in-global-value-chains-full-report-vH.pdf?shouldIndex=false (2020). Zugegriffen: 15. August 2022

Otto, B., ten Hompel, M., Wrobel, S.: Designing Data Spaces. Springer International Publishing, Cham (2022)

PwC: Global Crisis Survey 2021. Building resilience for the future. https://www.pwc.com/gx/en/cri-sis/pwc-global-crisis-survey-2021.pdf (2021). Zugegriffen: 15. August 2022

Stich, V., Schröer, T., Linnartz, M., Marek, S., Herkenrath, C., Hocken, C., Kaufmann, J.: Wert-schöpfungsnetzwerke in Zeiten von Infektionskrisen. Expertise des Forschungsbeirats der Platt-form Industrie 4.0. https://www.acatech.de/publikation/wertschoepfungsnetzwerke-in-zeiten-von-infektionskrisen-expertise/download-pdf?lang=de (2021). Zugegriffen: 15. August 2022

Tukamuhabwa, B. R., Stevenson, M., Busby, J., Zorzini, M.: Supply chain resilience: definition, re-view and theoretical foundations for further study. Int. J. Prod. Res. 53 (18), S. 5592–5623 (2015) https://doi.org/10.1080/00207543.2015.1037934.

Wieland, A., Wallenburg, C. M.: The influence of relational competencies on supply chain resili-ence: a relational view. Int. J. Phys. Distrib. Logist. Manag. 43 (4), S. 300–320 (2013) https://doi.org/10.1108/IJPDLM-08-2012-0243.

Prof. Dr.-Ing. Volker Stich studierte Hüttenwesen an der RWTH Aachen. Seit 1997 ist er Geschäftsführer des Forschungsinstituts für Rationalisierung (FIR) an der RWTH Aachen. Als gemeinnützige, branchenübergreifende Forschungs- und Ausbildungseinrichtung vereint das Forschungsinstitut unter der Leitung von Volker Stich vielfältige Projekte auf dem Gebiet der Betriebsorganisation und Un-ternehmens-IT. Das Ziel ist es hierbei, die organisationalen Grundla-gen für das digital vernetzte industrielle Unternehmen der Zukunft zu schaffen. Weiterhin leitet er das Cluster Smart Logistik auf dem RWTH Aachen Campus und ist im Vorstand verschiedener Ver-bände, darunter auch der Club of Logistics e. V., tätig.

Tobias Schröer, M. Sc. studierte Wirtschaftsingenieurwesen an der Technischen Universität Clausthal. Seit 2016 ist er als Projektmanager am Forschungsinstitut für Rationalisierung (FIR) an der RWTH Aachen im Bereich Produktionsmanagement tätig. In seiner aktuellen Position als Leiter des Bereiches Produktionsmanagement (seit 2020) begleitet er Unternehmen verschiedener Branchen bei der Gestaltung und Umsetzung effizienter Produktions- und Logistiksysteme. Neben den Aktivitäten im industriellen Beratungsgeschäft liegen die forschungsseitigen Schwerpunkte auf der Untersuchung des Einflusses der Digitalisierung auf die Geschäftsprozesse und Logistik produzierender Unternehmen.

Maria Linnartz, M. Sc., studierte Wirtschaftsingenieurwesen an der RWTH Aachen. Seit 2019 ist sie als Projektmanagerin am Forschungsinstitut für Rationalisierung (FIR) an der RWTH Aachen im Bereich Produktionsmanagement tätig. Als Mitglied der Fachgruppe Supply Chain Management beschäftigt sich Maria Linnartz mit Themen rund um die Gestaltung und Optimierung von unternehmensübergreifenden Wertschöpfungsnetzwerken. Dazu gehören unter anderem Themen wie der unternehmensübergreifende Datenaustausch oder die Gestaltung resilienter Supply Chains.

Jokim Janßen, M. Sc., studierte Wirtschaftsingenieurwesen an der RWTH Aachen. Seit 2019 ist er als Projektmanager am Forschungsinstitut für Rationalisierung (FIR) an der RWTH Aachen im Bereich Produktionsmanagement tätig. Als Leiter der Fachgruppe Supply Chain Management beschäftigt sich Jokim Janßen mit Themen rund um die Gestaltung und Optimierung von Wertschöpfungsnetzwerken. Neben der entsprechenden Prozessgestaltung gehören hierzu auch der unternehmensübergreifende Datenaustausch und Gestaltung der IT-Systemlandschaft an den unternehmensübergreifenden Schnittstellen.

Die Corona-Pandemie – „Stresstest" für resiliente Lieferketten

6

Frank Sonntag

Zusammenfassung

Die Folgen der Corona-Pandemie haben zu der Forderung geführt, Lieferketten gegenüber Risiken aller Art zu stärken. „Resilienz" ist in diesem Zusammenhang zu einem neuen Schlagwort des Risikomanagements in der Logistik geworden. Um resiliente Supply Chains zu schaffen, muss zunächst geklärt werden, was unter diesem Begriff zu verstehen ist, insbesondere wie im Umfeld der Resilienzstrategien die Faktoren Flexibilität, Agilität und Robustheit zu bewerten sind. Agilität und Robustheit erweisen sich dabei als fundamentaler Gestaltungsansatz für resiliente Lieferketten. Robustheit bereitet die Lieferkette – etwa durch die Schaffung von Redundanz – proaktiv auf Störungen vor, Agilität – deren Basis eine maximale Prozesstransparenz ist – steht für schnellstmögliche effektive Reaktion auf Störfälle. Bei der Verfolgung von Resilienzstrategien entsteht ein Spannungsfeld zwischen den Zielen Effizienz und Reaktionsschnelligkeit, in dem Unternehmen entscheiden müssen, wo die Prioritäten liegen. Eine Bewertung der möglichen Arten und Ursachen von Störfällen gehört dabei zu den entscheidenden Aufgaben bei der Gestaltung resilienter Lieferketten.

F. Sonntag (✉)
Hamburg, Deutschland
E-Mail: f.sonntag@sonntag-associates.com

© Der/die Autor(en), exklusiv lizenziert an Springer Fachmedien Wiesbaden GmbH, ein Teil von Springer Nature 2023
P. H. Voß (Hrsg.), *Die Neuerfindung der Logistik*,
https://doi.org/10.1007/978-3-658-41084-1_6

6.1   Einleitung

„In den heutigen unsicheren und turbulenten Märkten wird die Verletzbarkeit von Supply Chains zum bedeutsamen Thema für viele Unternehmen. Weil Lieferketten aufgrund von „global sourcing" immer komplexer werden und der Trend zum „lean down" anhält, steigen die Lieferketten-Risiken. Die Herausforderung für Unternehmen heute ist es, die Risiken durch die Schaffung resilienterer Lieferketten zu managen und zu reduzieren."[1]

Dieses Statement beschreibt treffend sowohl die gegenwärtige Situation als auch die aktuelle Diskussion zu möglichen Maßnahmen von Unternehmen im Umgang mit Problemen in der Supply Chain. Allerdings stammt das Zitat bereits aus dem Jahr 2004. Die Erkenntnis, dass man mit resilienten Lieferketten Risiken reduzieren kann, ist also nicht so neu, wie es heute manchmal scheint.

Die Welt verändert sich permanent, und nicht selten erfahren wir solche Veränderungen als Krisen, von denen es in der Historie keinen Mangel gab.[2] Wir werden dadurch auch immer wieder daran erinnert, dass wir in einer sich wandelnden und unberechenbaren Welt leben.[3] Man spricht auch von der VUCA-Welt: *V*olatilität, *U*nsicherheit, Komplexität (*C*omplexity) und Mehrdeutigkeit (*A*mbiguität).[4] Und auch das Phänomen des „schwarzen Schwans" beschreibt die Situation treffend: ein höchst unwahrscheinliches Ereignis mit erheblichen Auswirkungen.[5] Der schwarze Schwan verkörpert das Restrisiko und das „Undenkbare, das wir dennoch denken müssen".[6] Ein schwarzer Schwan beendet die bisherige Normalität.

Egal ob „Krise", „schwarzer Schwan" oder „VUCA-Welt" – letztlich geht es um Risiken, mit denen die Unternehmen rechnen und umgehen müssen. Das ist zunächst nichts Neues. Und doch handelt es sich bei der heutigen Situation offenbar um eine neue Qualität von Risiken. So können die Auswirkungen dieser Risiken auf die Unternehmen enorm sein. Ein ausgesprochen prominentes Beispiel ist das nur zehnminütige Feuer bei Philips Semiconductors in Albuquerque (New Mexico, USA) im Jahr 2000. Kunden dieses Werks von Philips waren u. a. die beiden Mobilfunkhersteller Ericsson und Nokia. Während Ericsson im Rahmen eines kostenoptimierten Produktionssystems Mikrochips ausschließlich aus diesem Werk bezog und weder ein Back-up noch Alternativlieferanten zur Verfügung hatte, war man bei Nokia vorbereitet.[7] Nokia hatte nicht nur alternative Lieferanten, sondern reagierte auch schnell und flexibel. So konnten durch kurzfristige Kapazitätserhöhungen in anderen Philips-Werken und Mengenerhöhungen bei anderen Lieferanten die

---

[1] Christopher/Peck (2004), Seite 1.

[2] Vgl. Augustine (1995).

[3] Vgl. Christopher/Peck (2004), Seite 1.

[4] Vgl. Kleemann/Frühbeis (2021), Seite 1.

[5] Vgl. Kleemann/Frühbeis (2021), Seite 15.

[6] Steingart (2011).

[7] Vgl. Hartmann et al. (2014), Seite 97.

Auswirkungen des Störfalls geringgehalten werden.[8] Für Ericsson hingegen bedeutete der Störfall letztlich das „Aus".

Neben den Auswirkungen der Risiken spielt auch die Häufigkeit und Parallelität der Störfälle eine Rolle. So stehen der Klimawandel, der Brexit, Corona und der Ukraine-Krieg nahezu gleichzeitig auf der Risiko-Agenda der Unternehmen.[9] Hinzu kommt, dass die Wirtschaft weltweit so verzahnt ist wie nie zuvor. Die Supply Chain ist dadurch länger, komplexer und damit auch intransparenter geworden.

Die Antwort auf die erhöhten Risiken mit ihren manchmal enormen Gefahren für die Unternehmen scheint in resilienten Lieferketten zu liegen. Der Begriff Resilienz wurde ursprünglich in der psychologischen Forschung verwendet. Die Betriebswirtschaft befasst sich seit Mitte der 2000er-Jahre mit dem Thema.[10] Es liegen daher inzwischen Erkenntnisse vor, wie die Lieferketten resilient gestaltet werden können. Anhand der Corona-Pandemie soll hier untersucht werden, welche Maßnahmen bei der Bewältigung von derlei Krisen helfen können. Dabei stehen zwei Ausrichtungen von Lieferketten im Fokus: reaktionsfähige und effiziente Lieferketten.

6.2   Supply Chain Resilienz

6.2.1   Abgrenzung

Der Begriff der Resilienz wird in unterschiedlichen Anwendungsgebieten verwendet.[11] Entsprechend gibt es diverse Definitionen, die den verschiedenen Perspektiven gerecht werden. So finden sich im Duden als Bedeutung des Begriffs die „psychische Widerstandskraft" und die „Fähigkeit, schwierige Lebenssituationen ohne anhaltende Beeinträchtigung zu überstehen".[12] Auch wenn diese Definition nicht primär auf die wirtschaftliche Perspektive des Begriffs abzielt, gibt sie bereits entscheidende Hinweise auf die wesentlichen Eckpfeiler des Faktors Resilienz in ökonomischen Zusammenhängen. Diese Bedeutung ist allerdings nicht frei von unterschiedlichen Interpretationen. Das liegt auch daran, dass der Begriff Resilienz erst vor noch nicht allzu langer Zeit Einzug in die wirtschaftliche Diskussion gefunden hat. Zumindest die wesentlichen Arbeiten, die sich konkret mit Resilienz in Lieferketten beschäftigen, kommen aus den frühen 2000er-Jahren.[13]

---

[8] Vgl. Biedermann (2018), Seite 1 f.; Chopra/Sodhi (2004).

[9] Henry Kissinger wird hierzu wie folgt zitiert: „Next week there can't be any crisis. My schedule is already full."; Augustine (1995).

[10] Vgl. Kleemann/Frühbeis (2021), Seite 3.

[11] Vgl. Biedermann (2018), Seite 46.

[12] Duden.

[13] Siehe hierzu die Übersicht über die am häufigsten zitierten Publikationen zur Supply Chain Resilienz bei Biedermann (2018), Seite 102 f.

Das Thema Resilienz wird heute durchgehend mit Supply Chains verknüpft; die Perspektive ist damit unternehmensübergreifend. Es besteht auch Einigkeit darüber, dass es um „Störungen" dieser Supply Chains geht. Auch wenn solche Störungen aus Sicht des Managements von Unternehmen und Partnern in der Wertschöpfungskette am besten gar nicht erst auftreten sollten, ist unbestreitbar, dass es zumindest Störungen gibt, die sich nicht vermeiden lassen. Bei der Resilienz geht es um diese Kategorie von Störungen – genauer gesagt um solche nicht vermeidbaren Störungen, die zudem nicht vorhersehbar sind. Diese Störungen entziehen sich der Kontrolle des Managements. Das ist dann relevant, wenn sich diese Störungen auf die Leistung der Supply Chain auswirken. Fällt die Leistung der Supply Chain ab, kann das die Wettbewerbsfähigkeit dieser Supply Chain und damit der beteiligten Unternehmen senken. Im schlimmsten Fall ist ein Unternehmen der Supply Chain über einen längeren Zeitraum nicht mehr lieferfähig. Ein eindrucksvolles Beispiel für nicht vermeidbare und nicht vorhersehbare Störungen der Supply Chain und möglicher negativer Auswirkungen ist der bereits erwähnte Brand bei Philips Semiconductors in Albuquerque (New Mexico, USA) im Jahr 2000. Der schwedische Mobilfunkhersteller Ericsson hatte in Folge dieses Brandes über einen längeren Zeitraum Lieferprobleme – das Mobilfunkgeschäft wurde schließlich in ein Joint Venture eingebracht.[14]

Wenn es nun einmal unvorhersehbare und unvermeidliche Störungen mit potenziell erheblichen negativen Auswirkungen auf die Leistungsfähigkeit der Supply Chain gibt, ist es für die beteiligten Unternehmen ein Gebot der Vernunft, die Lieferkette auf solche Störungen vorzubereiten. Der Begriff „Resilienz einer Supply Chain" bedeutet die Fähigkeit, auf leistungsmindernde Störungen so reagieren zu können, dass die ursprüngliche Leistungsfähigkeit wiederhergestellt ist, oder im besten Fall sogar gegenüber dem Ausgangszustand noch gesteigert wird.

Ein wesentlicher Faktor ist dabei der Zeitraum, der verminderten Lieferkettenleistung. Auch Ericsson hätte die Leistungsfähigkeit der Supply Chain wiederhergestellt – das hätte aufgrund der erheblichen Auswirkungen der Störung aber zu lange gedauert. Der während des Störfalls eingetretene Schaden war so groß, dass schnell wirkende Maßnahmen erforderlich waren.

Supply Chain Resilienz ist Teil des Supply-Chain-Risikomanagements. Dieses wiederum bildet den Schnittbereich zwischen Supply Chain Management und Risikomanagement.[15]

Eine schnelle Reaktion auf leistungsmindernde Störungen kann grundsätzlich unterschiedlich ausfallen. So kann die ursprüngliche Situation wiederhergestellt oder eine neue stabile Situation erarbeitet und realisiert werden. Das lässt sich wiederum am Beispiel des Brandes bei Royal Philips Semiconductors im Jahr 2000 verdeutlichen. Während Ericsson auf Lieferungen aus diesem Werk angewiesen war, konnte der ebenfalls von dem Brand betroffene Konkurrent Nokia auch deswegen schneller die Lieferfähigkeit seiner Supply Chain wiederherstellen, weil er auch andere Lieferanten für die entsprechenden Teile

---

[14]Vgl. Hartmann et al. (2014), Seite 97 f.

[15]Vgl. Biedermann, Seite 10.

hatte. Die Lieferfähigkeit der Supply Chain konnte durch Ausweichen auf andere Werke von Philips sowie durch Erhöhung der Abnahmemengen alternativer Lieferanten schnell gesichert werden. Gegenüber der Situation vor der Störung sah die Supply Chain nunmehr ganz anders aus. Die Antwort der Unternehmen auf eine Lieferkettenstörung wird oft mit Begriffen wie „flexibel" und „agil" beschrieben. So kann man von einer „flexiblen" Reaktion von Nokia sprechen. Offenbar war die „Reaktionsfähigkeit" von Nokia besser als die von Ericsson; und Reaktionsfähigkeit ist eng verwandt mit „Agilität". Zudem spielt eine gewisse „Robustheit" offenbar eine Rolle, denn im Fall von Nokia hat sich die Supply Chain offenbar als robust gegenüber der Störung erwiesen. Die Beschäftigung mit resilienten Supply Chains erfordert daher auch eine Abgrenzung zu den genannten Begriffen.

Der Duden führt als Synonyme zu „Agilität" die Begriffe „Gewandtheit", „Vitalität" und „Wendigkeit" an.[16] Mit Bezug zu Supply Chains wird der Begriff häufig verwendet, wenn es um reaktionsfähige Supply Chains geht. Damit ist gemeint, in kurzer Zeit auf sich ändernde Marktvolumina und Produktvarianten reagieren zu können. Agilität bedeutet in diesem Zusammenhang, unter den gegebenen Umständen Angebot und Nachfrage aufeinander abzustimmen.[17] Agilität in der Supply Chain führt zu reaktionsfähigen Lieferketten.[18] Und unter Reaktionsfähigkeit versteht man die „zum Kunden gerichtete Fähigkeit einer Supply Chain, unmittelbar auf Bedarfsänderungen reagieren zu können (…)".[19] Agilität hingegen meint die Fähigkeit, „schnell auf unvorhersehbare Störereignisse reagieren zu können (…)".[20] Es geht also um Beweglichkeit und Wendigkeit. Agilität kann verstanden werden als ein strategischer Grundsatz, der „das Ziel einer schnellen Ressourcenallokation und prozessualen Anpassung (…) verfolgt."[21] Agilität hilft nicht nur im Umgang mit volatiler Marktnachfrage, sondern auch bei Versorgungsunsicherheiten.[22] Die Reaktionsfähigkeit ist ein am Markt sichtbares Merkmal der Supply Chain, während Agilität die Struktur und Funktionsweise der Supply Chain beschreibt und als Ergebnis (auch) zur Reaktionsfähigkeit der Supply Chain beiträgt.

Auch die Abgrenzung zu „Robustheit" hilft bei der Definition von „Resilienz". Bei Robustheit geht es darum, Störereignisse auszuhalten.[23] Sie beinhaltet also nicht eine Reaktion auf das Störereignis, sondern ist ein Gestaltungsprinzip einer Supply Chain, das dazu führt, dass „Veränderungen ohne Anpassung der ursprünglichen Konfiguration ausgehalten werden können."[24] Ein Mittel, um eine robuste Supply Chain zu gestalten, ist Redundanz. Dabei geht es um „das Vorhandensein von eigentlich überflüssigen, (…) nicht

---

[16] Duden.

[17] Vgl. Christopher (2016), Seite 111.

[18] Vgl. Christopher (2016), Seite 130 ff.

[19] Biedermann (2018), Seite 135.

[20] Biedermann (2018), Seite 127.

[21] Biedermann (2018), Seite 129.

[22] Biedermann (2018), Seite 127.

[23] Biedermann (2018), Seite 129; Semmann (2022).

[24] Biedermann (2018), Seite 129.

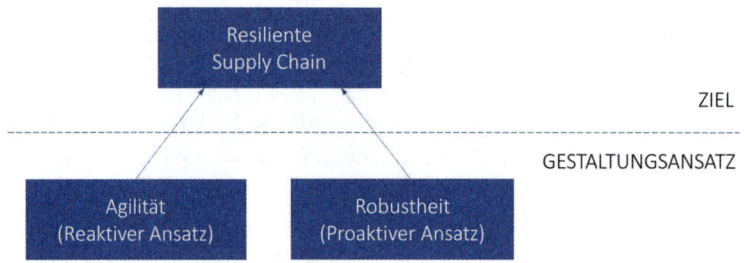

Abb. 6.1 Die Gestaltung einer resilienten Lieferkette. (Quelle: in Anlehnung an Biedermann (2018), Seite 150)

notwendigen Elementen".[25] Sicherheitsbestände, Multiple Sourcing oder Kapazitätsreserven sind typische Beispiele für Redundanz in Supply Chains.[26] Das Level an Redundanz bestimmt maßgeblich die Robustheit einer Supply Chain.[27]

Schließlich scheint auch eine Abgrenzung zum Begriff „Flexibilität" für die Definition von „Resilienz" hilfreich zu sein. Flexibilität kann als Fähigkeit verstanden werden, „im Störfall verschiedene Maßnahmen ergreifen zu können, die eine *Reaktion* und *Anpassung* an die Störeinflüsse in der Supply Chain ermöglichen."[28] Wesentliches Unterscheidungsmerkmal zur Robustheit ist dabei der Aspekt der Anpassungsfähigkeit. Es geht darum, sich anzupassen und nicht – wie bei der Robustheit – das Störereignis auszuhalten. Flexibilität hat dabei nicht nur prozessuale, sondern auch strategische Aspekte und kann als Bestandteil von Agilität verstanden werden.[29] (Abb. 6.1)

6.2.2 Gestaltungsansätze und Erfolgsfaktoren für resiliente Lieferketten

In der Fachliteratur finden sich Hinweise auf Maßnahmen, die zu einer resilienten Supply Chain führen. Wie hängen diese Maßnahmen mit den Gestaltungsansätzen (siehe oben) und der Zielsetzung der Resilienz zusammen?

Was zunächst den Gestaltungsansatz der **Robustheit** betrifft, so geht es im Rahmen des Supply-Chain-Designs darum, Handlungsoptionen offen zu halten.[30] Die logistischen Netzwerke sind „nicht mehr als zeitpunktbezogene, statische Optima zu konzipieren",[31] sondern müssen neben den üblichen Effizienzkriterien u. a. auch über die Eigenschaft der

---

[25] Duden.

[26] Biedermann (2018), Seite 130.

[27] Biedermann (2018), Seite 131; Wieland (2013); Albert und Barabási (2002).

[28] Biedermann (2018), Seite 131.

[29] Biedermann (2018), Seite 133.

[30] Vgl. Christopher und Peck (2004), Seite 8; Bretzke (2020), Seite 165 ff.

[31] Bretzke (2020), Seite 165.

„Robustheit" verfügen.[32] Robustheit kann insbesondere durch Redundanz erreicht werden – gemeint ist eine gewisse Bewegungsfreiheit in kritischen Punkten, die limitierende Faktoren im Durchfluss durch das Netzwerk darstellen.[33] Typische Formen von Redundanz sind Sicherheitsbestände, Multiple Sourcing und ungenutzte Kapazitätsreserven.[34] In Bezug auf das Supply-Chain-Design bedeutet Robustheit aber z. B. auch „doppelte" Kapazitäten, also z. B. eher regionale statt zentrale Distributionsstrukturen.

Die Grundvoraussetzung, um Robustheit im Supply-Chain-Design zu berücksichtigen, ist das umfassende Verständnis für die Prozesse der gesamten Lieferkette. Es geht zunächst darum, kritische Wege und (potenzielle) Engpässe zu identifizieren, um diese mit Maßnahmen zur Erhöhung der Robustheit abzusichern.[35] Zu solchen kritischen Punkten des Netzwerkes gehören z. B. Häfen, die große Containerschiffe abfertigen können oder zentrale Distributionscenter, exklusive Bezugsquellen ohne Alternative, Komponenten mit langen Lieferzeiten oder Verbindungen mit wenig Transparenz.[36] Das Verständnis der Lieferkette umfasst auch das Bewusstsein dafür, wie strategische Entscheidungen (z. B. die Verlagerung von Produktionsstätten) auf das Risikoprofil der Supply Chain wirken.[37]

Wichtig zu verstehen ist dabei: Maßnahmen, die zu Redundanz und damit zur Robustheit der Lieferkette führen, erhöhen den Aufwand für das Unternehmen und machen die Lieferkette damit weniger effizient. Bei einer steigenden Anzahl von Störungen muss daher die Wechselbeziehung von Redundanz und Effizienz neu bewertet werden.[38] Den zum Zeitpunkt der Entscheidung über Maßnahmen zur Redundanz der Lieferkette greifbaren und quantifizierbaren Kosten stehen Eventualkosten für den Fall von Störereignissen gegenüber, die bestenfalls abgeschätzt werden können. Konkrete Informationen über den Nutzen von Redundanzmaßnahmen lassen sich zwangsläufig erst im Falle einer Störung gewinnen.[39]

Während es bei der Robustheit insbesondere darum geht, die Lieferkette proaktiv auf das Aushalten eventueller Störungen vorzubereiten, ist das Merkmal der **Agilität** stets eine Reaktion. Nicht das (grundsätzliche) Verständnis der Lieferkette steht im Vordergrund, sondern die permanente Transparenz über deren aktuellen Zustand, auch wenn das grundsätzliche Verständnis klarerweise eine notwendige Voraussetzung ist, um in Störfällen überhaupt reagieren zu können.[40] Es geht hier um die Fähigkeit, auf eine konkrete Situation zu *reagieren* – und zwar möglichst schnell. Die Zeit, in der das möglich ist, spielt eine

---

[32] Vgl. Bretzke (2020), Seite 165; *Bretzke* setzt Robustheit mit Resilienz gleich, was hier aber insofern unschädlich ist, weil es am Ende ja um Resilienz geht.

[33] Vgl. Biedermann (2018), Seite 130; Christopher (…), Seite 232.

[34] Vgl. Biedermann (2018), Seite 130.

[35] Vgl. Christopher/Peck (2004), Seite 6.

[36] Vgl. Christopher/Peck (2004), Seite 6.

[37] Vgl. Christopher (2011), Seite 206 f.

[38] Vgl. Christopher/Peck (2004), Seite 6.

[39] Vgl. Biedermann (2018), Seite 130; Bretzke (2020), Seite 167.

[40] Vgl. Hohl, et al. (2021), Seite 13.

entscheidende Rolle. Jeder kann sich an alles anpassen, wenn nur genügend Zeit zur Verfügung steht.[41]

Agilität hat daher zunächst etwas mit einer umfassenden und permanenten Transparenz
zu tun. Es gilt z. B. Bestände entlang der gesamten Kette zu kennen, Informationen über
Nachfrage- und Angebotsbedingungen zur Verfügung zu haben, Produktions- und Be-
schaffungspläne zu kennen und auch unternehmensintern Transparenz herzustellen.[42]

Die Voraussetzung für die Schaffung von Transparenz in der Logistikkette ist selbstverständlich der Zugang zu Informationen – zumindest im Fall von Störungen muss dieser
Zugang so schnell wie möglich erfolgen und sich über die gesamte Lieferkette erstrecken.
Gesammelte Daten und Informationen müssen dazu entlang der Lieferkette auch weitergegeben werden, sodass alle Akteure der Supply Chain Zugriff darauf haben.[43] Die Zusammenarbeit entlang der Lieferkette wird damit zu einem entscheidenden Faktor. Sie
versetzt die Verantwortlichen in die Lage, Informationen in „Supply Chain Intelligence"
zu verwandeln.[44] Sowohl die Transparenz über den Zustand der Supply Chain als auch die
Risikoprofile der Partner entlang der Lieferkette werden dabei gemeinsam bewertet, und
die Beteiligten sind zur Reduzierung und zum Management dieser Risiken verpflichtet.[45]
Die Herausforderung besteht darin, Rahmenbedingungen für diese Art gemeinsamer Aktivität zu schaffen.[46]

Die Zusammenarbeit der Lieferkettenpartner sorgt für ein transparentes Bild über den
Zustand der Lieferkette, das allen Beteiligten vorliegt. Zeigt dieses Bild eine Stör-Situation
an, gilt es schnell zu handeln. Erfolgsfaktoren für dazu getroffene Maßnahmen sind die
bereits beschriebene Informationstransparenz, das Vorhandensein von Notfallkonzepten,
stromlinienförmige Prozesse, reduzierte Inbound-Lieferzeiten sowie ein hoher Grad an
Flexibilität (flexible Transportsysteme, flexible Produktionsanlagen und -einrichtungen,
flexible Ressourcen, flexible Arbeitszeitmodelle).[47] Auch hierbei spielt das Supply-Chain-
Design eine Rolle. Robustheit im Supply-Chain-Design kann das Handlungsspektrum der
Agilität erweitern und mehr Optionen für das reaktive Handeln schaffen. *Bretzke* spricht
in diesem Zusammenhang von der Wandlungsfähigkeit – diese ist gefragt, wenn *strukturelle* Anpassungen des logistischen Netzwerks erforderlich sind.[48] „*Wandlungsfähige* Unternehmen zeichnen sich dadurch aus, dass sie auch Änderungen ihres Strukturkerns mit

---

[41] Vgl. Bretzke (2020), Seite 166.

[42] Vgl. Christopher/Peck (2004), Seite 6; *Biedermann* spricht von Echtzeit-Monitoring, vgl. Biedermann (2018), Seite 130 ff.

[43] Vgl. Biedermann (2018), Seite 130 ff.

[44] Vgl. Christopher (2016), Seite ??; 2011: Seite 206 f.

[45] Vgl. Christopher (2016), Seite ??; 2011: Seite 206 f.

[46] Vgl. Christopher/Peck (2004), Seite 6.

[47] Vgl. Biedermann, Seite 130 ff.; Christopher/Peck (2004), Seite 6 ff.; Christopher (2011),
Seite 206 f.

[48] Vgl. Bretzke (2020), Seite 167.

vertretbaren Kosten in einer vertretbaren Zeit vornehmen können."[49] „Der Grad des Vorbereitet-Seins auf unerwartete Entwicklungen ist deshalb umso höher, je weniger sich ein Unternehmen vorab festlegt, indem es zu spezifische Investitionen tätigt."[50]

6.3   Supply-Chain-Strategien und Resilienz

6.3.1   Attribute von Lieferketten

Ziele der Logistik werden häufig als aus dem Unternehmensziel abgeleitet beschrieben. Es gibt daher nicht „das" Ziel der Logistik in einem Unternehmen. Die Ziele der Logistik hängen somit davon ab, was das Unternehmen für sich als Ziel definiert hat. Dabei lassen sich zwei Extreme unterscheiden: Logistikketten sind entweder eher effizient oder eher reaktionsfähig.[51]

Reaktionsfähigkeit meint die „zum Kunden gerichtete Fähigkeit einer Supply Chain, unmittelbar auf Bedarfsänderungen reagieren zu können (…)".[52] Es handelt sich also um ein Merkmal, das zunächst auf den Markt ausgerichtet ist. Die Verflechtungen zwischen den einzelnen Eigenschaften einer Lieferkette sind allerdings tiefgreifend (siehe Abschn. 2.1). Stellt man ein Attribut heraus, so handelt es sich „lediglich" um dasjenige Merkmal, das eine prägende Kerneigenschaft der Lieferkette hervorhebt. Das schließt nicht aus, dass die Lieferkette nicht auch andere Eigenschaften hat.

Die Antwort auf die Frage, in welchen Situationen es sinnvoll ist, eine Lieferkette eher effizient oder eher reaktionsfähig auszurichten, hängt maßgeblich von den Belieferungsmöglichkeiten und der Nachfrage ab. Ist die Nachfrage vorhersehbar und auch die Belieferung berechenbar, so kann die gesamte Lieferkette auf Effizienz ausgerichtet werden. Je höher der Grad der Unsicherheit auf der Nachfrage- und/oder der Beschaffungsseite ist, desto reaktionsfähiger muss die Lieferkette gestaltet werden.

Die Fähigkeit, auf eine volatile Nachfrage reagieren zu können, erfordert einen hohen Anteil an kundenauftragsgetriebenen Prozessen – und damit einen Punkt für wirksame Weichenstellungen, der vergleichsweise weit vom Kunden entfernt liegt. Die Teile der Lieferkette, die nicht unmittelbar mit dem Endkunden interagieren, reagieren nur indirekt auf die Volatilität der Nachfrage. Es macht hier keinen Unterschied, ob die Volatilität aus dem Markt oder aus anderen „Störfaktoren" kommt. Somit ist es sinnvoll, den Begriff der Reaktionsfähigkeit auf die Beschaffungsseite zu erweitern.

Unbestreitbar ist: Reaktionsfähigkeit kostet Geld. Bietet die Lieferkette einen geringen Grad an Reaktionsfähigkeit, so ist sie besonders effizient. Umgekehrt bedeutet ein hoher

---

[49] Bretzke (2020), Seite 167.
[50] Bretzke (2020), Seite 167.
[51] Vgl. Chopra/Meindl (2013), Seite 38.
[52] Biedermann (2018), Seite 135.

Grad an Reaktionsfähigkeit wenig Effizienz, also höhere Kosten.[53] Zwischen den beiden Extremen gibt es ein breites Feld an Optionen. Es ist die strategische Aufgabe des Supply Chain Management, das Niveau an Reaktionsfähigkeit festzulegen, das eine marktad-äquate Lieferkette benötigt.

6.3.2 Störfaktoren

Die Corona-Pandemie kann als „schwarzer Schwan" angesehen werden – ein unvorher-sehbares und unvermeidbares Störereignis mit ganz erheblichen Auswirkungen.

Zunächst breitete sich das Corona-Virus weltweit stark aus, mit hohen Infektionszahlen und zumindest teilweise schweren Krankheitsverläufen. Zur Bekämpfung der Ausbreitung der Erkrankung ergriffen viele Staaten eine ganze Reihe von Maßnahmen. So verhängte u. a. China einen „Lockdown". Einreise-Stopps, Quarantäne-Vorgaben oder die Notwen-digkeit der Betreuung eigener Kinder führten in einigen Unternehmen zu akutem Perso-nalmangel. Die durch die Pandemie hervorgerufenen Beschränkungen des internationalen Personenverkehrs machten auch vor den berufsbedingten Grenzüberschreitungen nicht Halt. In der Folge fehlten (zusätzlich) Arbeitskräfte.

Eine unmittelbare Auswirkung der staatlichen Maßnahmen war, dass durch das feh-lende Personal Güter und Dienstleistungen gar nicht mehr oder nur in geringerem Ausmaß produziert werden konnten. In der Folge fehlten Teile, und durch die globale Vernetzung der Wertschöpfung kam es zu einem Domino-Effekt.[54] Bekanntlich reicht ein fehlendes Kettenglied in einer (Liefer-)kette aus, um die Funktionsfähigkeit der gesamten Kette zu beeinträchtigen.

Eine weitere unmittelbare Folge der Corona-Pandemie bzw. der staatlichen Maßnah-men waren Ungleichgewichte in der Nachfrage nach verschiedenen Produkten. So stieg z. B. die Nachfrage nach Medizin- und Hygieneprodukten schlagartig an. Und auch „Hamsterkäufe" bei Produkten, die (insbesondere im Falle von Ausgangssperren) aus Sicht der Verbraucher als nicht ersetzbar eingestuft wurden (z. B. Mehl, Hefe, Toilettenpa-pier), führten zu erheblichen Nachfragefriktionen.

6.3.3 Reaktionsfähige Supply Chains und Resilienz

Die Supply Chain des Bekleidungsanbieters ZARA gilt als gelungenes und erfolgreiches Beispiel für eine agile (reaktionsfähige) Lieferkette. Die „time to market" ist sehr kurz: neue Produkte können innerhalb von vier bis sechs Wochen kreiert, produziert und in die Shops gebracht werden. Die meisten Modelle sind nur für ein paar Wochen verfügbar.[55]

---

[53] Vgl. Chopra/Meindl (2013), Seite 37 ff.
[54] Kleemann/Frühbeis (2021), Seite 15.
[55] Vgl. Matherly/Richards (2013), Seite 86.

Neue Produkte kommen durchschnittlich alle zwei Wochen in die Geschäfte.[56] Beim Kunden schafft dies ein Gefühl von Knappheit. Die kurzen Rhythmen reduzieren auch Bestände und sorgen insbesondere für verhältnismäßig geringe überflüssige Bestände durch unattraktive Produkte. Die hohe Frequenz, mit der die Filialen Nachschub bestellen (alle zwei Wochen) sorgt für kurze und damit verhältnismäßig genaue Nachfrageprognosen. Überbestände sind gering. Mehr als die Hälfte der Produkte (insbesondere solche mit volatiler Nachfrage) werden lokal produziert: hauptsächlich in Spanien, Portugal, Marokko und zu einem kleineren Teil in der Türkei.[57] Die eigene Produktion bedingt auch, dass die Lieferanten „nur" Stoffe liefern. ZARA beschränkt sich dabei auf einige wenige, gegebenenfalls wechselnde Stoffe, die hauptsächlich aus Italien, Spanien, Portugal und Griechenland bezogen werden („Proximity Sourcing").[58] In Kombination mit einer Distributionsstruktur, die in Spanien zentralisiert ist, ergibt das kurze und damit schnelle Wege. Mehr als 60 % aller Produkte können so innerhalb von ein paar Wochen geliefert werden.[59] Das zentrale Logistikelement („the Cube") ist ein hochautomatisiertes Lager, in dem neben der eingehenden Ware auch alle Fertigprodukte abgefertigt werden.

In der Produktion wird mit kurzen Planungshorizonten gearbeitet. Im Vergleich zu Wettbewerbern wird nur wenig Ware auf Lager produziert. Hauptsächlich reagiert das Unternehmen unmittelbar auf die Bestellungen aus den Geschäften. Dabei wird ein hoher Grad an Reservekapazität vorgehalten, weshalb Bestellungen der Geschäfte kurzfristig geliefert werden können.

ZARA musste die Lieferkette aufgrund der Corona-Pandemie nicht anpassen, da sie von vornherein auf die Volatilität der Nachfrage eingestellt ist – egal, ob die Volatilität auf das Wetter, das Wirtschaftsumfeld oder die Pandemie zurückzuführen ist.[60]

Dass ZARA aufgrund der Corona-Pandemie seine Supply Chain nicht anpassen musste, legt den Schluss nahe, dass die Lieferkette nicht nur reaktionsfähig, sondern auch resilient ist. Bei genauer Betrachtung ergibt sich ein differenzierteres Bild. Die Lieferkette ist darauf ausgerichtet, auf „Störfälle" im Markt, also auf volatile Nachfrage, schnell zu reagieren. Die Volatilität, die sich in den logistischen Prozessen ergeben kann, wird vornehmlich dadurch reduziert, dass die Transportwege kurz sind und über die eigene Produktion die Flexibilität gestärkt wird. Das hat ZARA einige Störungen erspart. Für die eigene Produktion und die Beschaffung von europäischen Lieferanten war es z. B. unerheblich, dass es in China Lockdowns gab und Produkte gar nicht produziert oder in einem chinesischen Hafen nicht verladen werden konnten. Die in europäischen Staaten ergriffenen Maßnahmen scheinen zumindest mildere Auswirkungen gehabt zu haben.

Zur systematischen Ermittlung des Grades an Resilienz einer Lieferkette ist eine Bewertung in Hinblick auf ihre Robustheit und Agilität erforderlich. Bezüglich der Robust-

---

[56] Vgl. Matherly/Richards (2013), Seite 86 f.

[57] Vgl. Orihuela (2021).

[58] Vgl. Orihuela (2021).

[59] Vgl. Orihuela (2021).

[60] Vgl. Orihuela (2021).

heit müssen dafür kritische Wege und potenzielle Engpässe in der Lieferkette identifiziert werden. Auf der Beschaffungsseite sind aus externer Sicht zunächst durch die Verteilung auf mehrere Lieferanten und die kurzen Transportwege keine Engstellen erkennbar. Auch gibt es mehrere Produktionsstätten, die auf mehrere Länder verteilt sind. Kritisch könnte die zentrale Lagerstruktur sein. Alle eingehenden und ausgehenden Warenströme werden über den „Cube" abgewickelt, der sich unter Umständen zu einem Engpass entwickeln könnte. Unter dem Gesichtspunkt der Robustheit wäre die Schaffung von Redundanz hier also sinnvoll.

Reaktionsfähige Lieferketten sind meist so konzipiert, dass sie adäquat auf die Volatilität der Nachfrage antworten können. Das bedeutet aber nicht notwendigerweise, dass die Lieferkette zugleich auch auf Störungen in Produktion und Beschaffung vorbereitet ist. Reaktionsfähige Lieferketten verursachen einen höheren Logistikaufwand – der entweder durch höhere Preise oder Einsparungen in anderen Bereichen getragen werden muss. Im Fall von Zara sind dies weniger Abschläge in den Verkaufspreisen durch kurze Produktlebenszyklen und reduzierte Bestände, insbesondere geringere Bestände von Waren, deren Wert sich im Laufe der Zeit stark verringert. Eine Erhöhung der Resilienz gegenüber Störfaktoren entlang der gesamten Lieferkette kann zu höheren Kosten führen, denen zunächst keine Kostensenkungen an anderer Stelle gegenüberstehen bzw. die nur in einem tatsächlich eintretenden Störfall aufgefangen werden.

6.3.4 Effiziente Supply Chains und Resilienz

Effiziente Lieferketten zeichnen sich durch eine hohe Wirtschaftlichkeit aus. Sie dienen dazu, den Aufwand in der Lieferkette zu minimieren. Das ist insbesondere dann möglich, wenn die Nachfrage stabil und vorhersehbar ist, denn dann herrscht ein hoher Grad an Verlässlichkeit, und sowohl die Struktur als auch die Prozesse der Lieferkette können auf die stabile Marktsituation hin ausgerichtet werden.

In der Logistik lässt sich Effizienz z. B. durch Automatisierung erreichen. Automatisierung führt dann zu höherer Effizienz, wenn es eine genügend große Anzahl sich wiederholender Prozesse oder Prozessschritte gibt, sodass sich die Investition in die entsprechende Automatisierungstechnologie amortisieren kann. Es bedarf dazu einer gewissen Stabilität, sodass sich die betreffenden Prozesse gleichbleibend genügend häufig wiederholen. Technische Logistiksysteme sind meist sehr effizient, bedeuten aber auch immer eine Spezialisierung und vergleichsweise hohe Fixkosten. So können Logistikimmobilien inklusive der technischen Systeme schnell zu groß oder zu klein sein. Solche Systeme sind auf konkret definierte Gegebenheiten ausgelegt. Mengenschwankungen (nach oben oder nach unten) oder strukturelle Verschiebungen können schnell dazu führen, dass zumindest nachgebessert werden muss. Schlimmer noch: Solche Logistikimmobilien können quasi von jetzt auf gleich schlicht am falschen Standort stehen. Das alles wäre weiter nicht besonders schlimm, wenn die Amortisationszeiträume solcher Immobilien und technischen Systeme im Bereich von einigen Tagen oder wenigstens nur von wenigen Jahren lägen. Unangenehmerweise ist das aber in den meisten Fällen nicht der Fall. Bei rasch aufeinander folgenden Veränderungen stellt sich auch sehr schnell die Frage, ob sich die bisher getätigten Investitionen überhaupt schon amortisiert haben. „High-Tech-Läger sind sozusagen die Inkarnation statischer Effizienzmaxima, sie lassen sich, wenn überhaupt, nur unter Inkaufnahme hoher Kosten umrüsten."[61]

Die Ausrichtung der Strategie auf statische Situationen und das damit zu erzielende Effizienzniveau kommen ins Wanken, wenn Störfaktoren auftreten. Ändern sich aufgrund schwankender Nachfrage Mengen oder Strukturen der Waren, kann aus einer fein eingestellten, effizienten Logistikabwicklung eine stockende Maschine werden. In Bezug auf Resilienz wird daher ein „weg" von reinem Kostendenken hin zu Flexibilität gefordert.[62] Nicht mehr die effizienteste Lösung einer gegebenen stabilen Situation, sondern die – kostenintensivere – Vorbereitung auf alle erdenklichen Störfaktoren spielt bei Resilienz eine Rolle; das ist nur sinnvoll in einer Welt, in der Störfaktoren häufig auftreten und die effizienteste Lösung keine Zeit für Amortisation lässt, da schon die nächste Krise eintritt – und sich konkret auf die ‚eigene' Supply Chain auswirkt. Ein höherer Grad an Reaktionsfähigkeit wird zwangsläufig zu höheren Kosten und damit zu weniger Effizienz führen.

Was passiert, wenn eine effiziente Lieferkette auf eine plötzlich volatile Nachfrage trifft, kann man am Beispiel der Corona-Pandemie und der abrupt gestiegenen Nachfrage z. B. nach Toilettenpapier gut beobachten. Die Nachfrage nach Toilettenpapier, die in „normalen" Zeiten als stabil und gut vorhersehbar gelten dürfte, schnellte innerhalb kurzer Zeit nach oben. Die Lieferkette war darauf nicht vorbereitet und brauchte einige Zeit, um diese Mengen zu liefern. Die Folge waren leere Regale in den Supermärkten über einen längeren Zeitraum hinweg.

Aber auch Störfälle, die auf die internen Prozesse wirken, können effiziente Lieferketten besonders treffen. Auf der Suche nach Effizienz wird man insbesondere in anderen Teilen der Welt fündig. Effiziente Lieferketten sind daher häufig länger als reaktionsfreudige Ketten und damit auch störanfälliger. Im konkreten Fall der Corona-Pandemie hat der Lockdown in China vermutlich jede effiziente Lieferkette getroffen. Und auch Ausfälle von Mitarbeitern (etwa durch die Corona-Pandemie) können effiziente Lieferketten hart treffen. Denn selbst wenn die Nachfrage stabil bleibt, können fehlende Mitarbeiter zu Produktionsstopps oder zumindest zu reduziertem Output führen.

6.4 Fazit

Es kommt also darauf an, auf welche Störfälle die Lieferkette vorbereitet ist. Reaktionsfähige Lieferketten sind zunächst auf Störfälle im Markt ausgelegt. Störfälle in den internen Prozessen der Lieferkette sind potenziell vielfältiger.

---

[61] Bretzke (2020), Seite 166 f.
[62] Vgl. Christopher/Peck (2004), Seite 10.

Dieses breiter gefächerte Störungspotenzial stellt eine erhebliche Herausforderung dar. Es können nicht alle Störfälle durch Robustheit und/oder Agilität abgefedert werden. Jedes Risiko zu vermeiden, ist daher keine Option.[63] Als vielversprechende Erfolgsstrategie bietet es sich an, die Organisation durch intelligente Gestaltung der Prozesse auf Störereignisse einzustellen – Störungen als neuen Normalzustand zu betrachten. Den Beitrag des Supply-Chain-Designs zu Robustheit und Agilität zu optimieren, ist gerade für kleine und mittelständische Unternehmen eine schwierige Aufgabe.

IT-Lösungen, die Zulieferertransparenz schaffen oder Simulationen erstellen, werden in diesem Aufgabenfeld ebenfalls immer wichtiger.[64]

Resiliente Supply Chains sind zwar nicht zu jedem Zeitpunkt effizient – auf lange Sicht aber effektiv, je nachdem, welcher Störfall tatsächlich eintritt. Im Zusammenhang mit dem Faktor Effektivität stellt sich unmittelbar die Frage nach dem Ziel der Supply Chain – beim SCM geht es also nicht nur um Effizienz!

Unabhängig von den Folgen der Corona-Pandemie bekommt die Resilienz von Lieferketten möglicherweise nunmehr eine höhere Priorisierung in der Wirtschaft. Das würde vermutlich eine Erhöhung der Logistikkosten nach sich ziehen, die gegebenenfalls an die Verbraucher weitergegeben werden wird. Welche Veränderungen aber tatsächlich eintreten werden, lässt sich kaum vorhersagen. Es ist die Aufgabe des Wettbewerbs, diese zu „entdecken".

Literatur

Albert, R. and Barabási, A.-L. (2002) Statistical Mechanics of Complex Networks. Reviews of Modern Physics, 74, 47–97. http://dx.doi.org/10.1103/RevModPhys. 74.47

Augustine, Norman R.: Managing the Crisis You Tried to Prevent, in: Harvard Business Review, November/Dezember 1995; https://hbr.org/1995/11/managing-the-crisis-you-tried-to-prevent

Biedermann, Lukas: Supply Chain Resilienz, Wiesbaden (SpringerGabler) 2018

Bretzke, Wolf-Rüdiger: Logistische Netzwerke, 4. Auflage, Berlin (Springer Vieweg) 2020

Chopra, Sunil/Meindl, Peter: Supply Chain Management, 5. Auflage, Essex (Pearson) 2013

Chopra, Sunil/Sodhi, Manmohan S.: Managing Risk To Avoid Supply-Chain Breakdown, in: MIT Sloan Management Review, Vol. 46.2004, Seite 53–62

Christopher, Martin: Logistics and Supply Chain Management, 5. Auflage, Harlow (Pearson Education) 2016

Christopher, M. (2011) Logistics and Supply Chain Management. 4th Edition, Prentice Hall, London.

Christopher, Martin/Peck, Helen: Building the Resilient Supply Chain, in: The International Journal of Logistics Management, Volume 15, Number 2 (2004)

Hartmann, Evi/Hohenstein, Nils-Ole/Feisel, Edda: Der Innovationswürfel: Strategien zum erfolgreichen Umgang mit Supply Chain Störungen, in: Schultz, Carsten/Hölzle, Katharina: Motoren der Innovation, Wiesbaden (Springer Fachmedien) 2014, Seite 97–114

Hohl, Holger et al.: White Paper „RESYST" – Resiliente Wertschöpfung in der produzierenden Industrie – innovativ, erfolgreich, krisenfest. Hrsg. Fraunhofer-Gesellschaft e.V., München 2021

---

[63] Vgl. Semmann (2022).

[64] Vgl. Jahn (2021).

Jahn, Heiko: Mit Daten gegen das Chaos – Resilienz in der Supply Chain, in: DVZ vom 13.12.2021

Kleemann, Florian C./Frühbeis, Ronja: Resiliente Lieferketten in der VUCA-Welt, Wiesbaden (SpringerGabler) 2021

Matherly, Laura/Richards, Claire: ZARA: chic and fast fashion, in: Journal of strategic management education, Vol. 9.2013, Seite 81–98

Orihuela, Rodrigo: Zara Owner's Lesson for Others Is Keep Supplies Close to Home, Bloomberg.com, 16.03.2021; https://www.bloomberg.com/news/newsletters/2021-03-16/supply-chain-latest-zara-owner-succeeds-with-regional-networks

Semmann, Claudius: Letzter Ausweg Resilienz, in: DVZ vom 04.01.2022

Steingart, Gabor: Die Ankunft des Schwarzen Schwans, in: Handelsblatt vom 18.03.2011

Wieland, Andreas: Inhaberkontrollverfahren, Frankfurt (Peter Lang GmbH, Internationaler Verlag Der Wissenschaften) 2013

Frank Sonntag ist Geschäftsführer und Gründer der Sonntag Associates GmbH. Er studierte Wirtschaftswissenschaften an der Universität Gießen. Der Diplom-Kaufmann übernahm nach ersten Führungsfunktionen als Prokurist und Geschäftsführer die Geschäftsführung eines Start-ups im Bereich der 2C-Logistik, das er als CEO gemeinsam mit seinem Team zum Marktführer in Deutschland entwickelte. Nach acht Jahren erfolgreicher Unternehmensentwicklung suchte er für sich persönlich eine neue Herausforderung und gründete im Jahr 2006 das Beratungsunternehmen Sonntag Associates GmbH. Er verfügt über mehr als 25 Jahre Managementerfahrung auf Geschäftsführungsebene im Mittelstand, im Konzernumfeld und als Inhaber. Frank Sonntag war darüber hinaus als Beirat und Aufsichtsrat aktiv, engagierte sich in verschiedenen Funktionen bei Verbänden und unterstützt unternehmerische Projekte außerhalb der Logistik.

Gute Entscheidungen in unsicheren Zeiten – Daten mit Simulation nutzbar machen

7

Svenja Engler und Nils Oldenburg

Zusammenfassung

Wirtschaft und Gesellschaft sind mit einer Welt fehlender Vorhersagbarkeit und damit zunehmender Unsicherheit konfrontiert. Entscheidungsträger müssen häufiger auf neue und unbekannte Situationen reagieren. Um dem entgegenzusteuern, sind vorhandene Daten bestmöglich nutzbar zu machen und mit modernen Vorhersageinstrumenten situationsbezogen zu interpretieren. Am Beispiel der IT-Logistik wird ein Weg aufgezeigt, beginnend von der organisatorischen Zusammenarbeit der involvierten Geschäftsbereiche mit der IT, über die Verbesserung der Datenqualität und Datenaufbereitung bis hin zur Nutzung der Daten für Vorhersagen auf der Basis von ereignisdiskreter Simulation.

7.1 Einleitung

Obwohl der Begriff der VUCA-Welt bereits in den 90er-Jahren durch das United States Army War College geprägt wurde und die Zeit nach dem Ende des Kalten Krieges beschreibt,[1] taucht der Begriff in jüngster Zeit mehr und mehr in der öffentlichen Diskussion

---

[1] Wikipedia „Volatility, uncertainty, complexity and ambiguity".

S. Engler (✉)
Lahnstein, Deutschland
E-Mail: s.engler@zschimmer-schwarz.com

N. Oldenburg
Eltville, Deutschland
E-Mail: nils.oldenburg@artistratis.com

© Der/die Autor(en), exklusiv lizenziert an Springer Fachmedien Wiesbaden GmbH, ein Teil von Springer Nature 2023
P. H. Voß (Hrsg.), *Die Neuerfindung der Logistik*,
https://doi.org/10.1007/978-3-658-41084-1_7

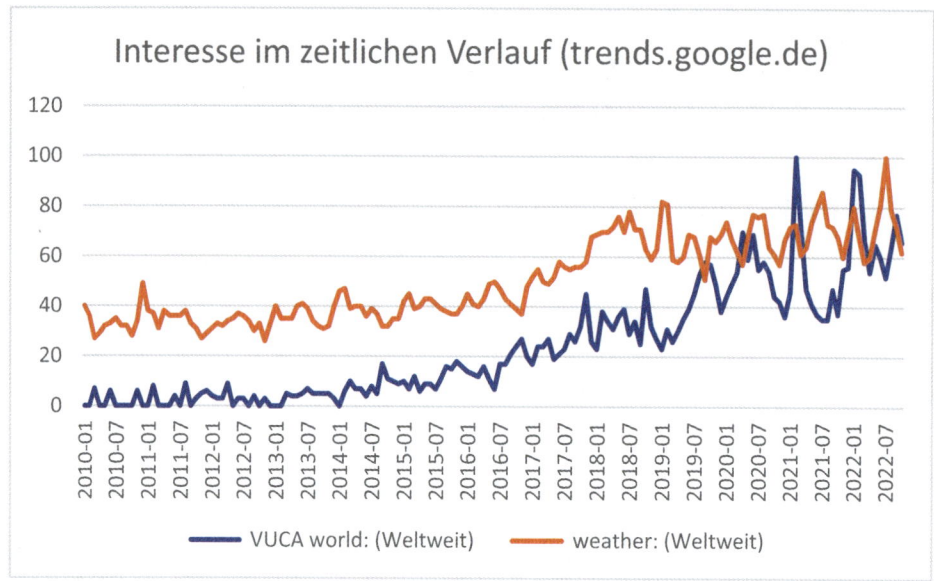

Abb. 7.1 Auswertung des Verlaufs von Suchanfragen bei Google zu den Begriffen „VUCA world" im Vergleich zum Begriff „weather" seit 2010. (Quelle: trends.google.de)

auf. VUCA beschreibt die aktuelle Situation in der Welt mit den Begriffen „volatility", „uncertainty", „complexity" und „ambiguity" (Abb. 7.1):

- „Volatility" beschreibt die Dynamik und Geschwindigkeit der Veränderung.
- „Uncertainty" beschreibt die Schwierigkeit der Vorhersagbarkeit und das Element der Überraschung.
- „Complexity" beschreibt die Vielfalt der wirkenden Kräfte, die nicht sichtbaren Logiken und die resultierende Verwirrung in Organisationen.
- „Ambiguity" beschreibt die unklare Realität und das damit verbundene Potenzial von Fehleinschätzungen auch hinsichtlich mehrdeutiger Bedingungen und der Verwechslung von Ursache und Effekt.

Unternehmensführung ist in diesem Umfeld eine besondere Herausforderung. Bill George[2] beschreibt 4 Kernelemente der Führung in einer VUCA-Welt:

- „Vision" beschreibt die Notwendigkeit der Definition einer Unternehmensvision, die in einer VUCA-Realität als Orientierung Bestand hat und an der sich eine Organisation ausrichtet.

---

[2] Bill George, „VUCA 2.0: A Strategy For Steady Leadership In An Unsteady World", Forbes 2017.

- „Understanding" beschreibt die Aufforderung an das Management, sich aus verschiedensten Quellen ein Bild über das Unternehmen und das Geschäftsumfeld zu machen. Blinde Flecken und Bias müssen vermieden werden.
- „Courage" beschreibt den notwendigen Mut, Entscheidungen unter Unsicherheit, im Risiko und trotz Kritik zu fällen,
- „Adaptability" beschreibt die Fähigkeit, mit flexiblen Taktiken schnell auf äußere Einflüsse zu reagieren, ohne die Vision des Unternehmens aus den Augen zu verlieren. Die Bereitstellung verschiedener Pläne und starke Bilanzen sind Kernelemente der Anpassbarkeit.

Dieser Beitrag fokussiert auf die Elemente „Understanding" und „Adaptability." Er diskutiert die Notwendigkeit, Unternehmensdaten qualitativ zu verbessern und verfügbar zu machen und mit klassischen und modernen Methoden der Analyse ein tieferes und beständig aktuelles Verständnis („Understanding") des Unternehmens und Geschäftsumfeldes zu haben. Über Simulation von Szenarien, ausgehend von qualitativ hochwertigen Unternehmensdaten kann man sich bestmöglich unter Unsicherheit vorbereiten und im Eintrittsfall entscheiden und anpassen („Adaptability").

7.2   Anforderungen an die IT im VUCA-Umfeld

Führungskräfte, die in einer VUCA Welt Entscheidungen unter Unsicherheit treffen müssen, werden von der IT des Unternehmens verlangen, Daten zeitnah, aktuell und gut aufbereitet zur Verfügung zu stellen, um zumindest partiell die Risiken der Entscheidung zu reduzieren. Informierte Entscheider werden zusätzlich verlangen, Möglichkeiten zur Vorhersage („Prädiktion") auf Basis der vorhandenen Daten und unter Berücksichtigung von Annahmen über die Zukunft zu schaffen, um Szenarien evaluieren zu können.

Was passiert in dieser Konstellation? Die verschiedenen Fachbereiche rücken näher an die IT, weil hier die Informationen zu finden sind. Reports aus der Vergangenheit müssen angepasst werden. Die aktuellen Problematiken und Fragestellungen der Entscheider im Unternehmen müssen an die IT neu herangetragen werden und weitaus häufiger als in der Vergangenheit aktualisiert werden. Reports müssen im Einzelnen auf ihre Definition des zugehörigen Datenextraktes kontrolliert und die jeweiligen Datenpools auf ihre Aktualität und somit auf ihre Aussagekraft geprüft werden. Der Bedarf an möglichen neuen Interpretationen der vorhandenen Daten, um Hilfsmittel für Entscheidungsgrundlagen zu finden, steigt in Anzahl und Frequenz und verlagert sich zunehmend von historischer Datenaufbereitung und -visualisierung zur Vorhersage durch geeignete Modelle (Simulation).

War der Auftrag der IT lange Zeit die Bereitstellung stabiler und integrierter Datenverarbeitungssysteme zur Unterstützung der Unternehmensprozesse, so muss der Auftrag jetzt schnellstmöglich um die Wertschöpfung aus Daten, inklusive Vorhersage als integraler Bestandteil der Entscheidungsfindung in der VUCA-Welt erweitert werden.

Hieraus ergeben sich verschiedene Anforderungen an die IT:

- Bereitstellung von IT-Businesspartnern für die Geschäftsbereiche
- Erhöhung der Datenqualität und Bereitstellung für die Analyse
- Bereitstellung und regelmäßige Anpassung von Dashboards
- Aufbau und innovative Weiterentwicklung von Vorhersageinstrumenten

7.2.1 Bereitstellung von Businesspartnern für die Geschäftsbereiche

Der Kontakt zwischen IT und Geschäftsbereich ist heute in den Unternehmen unterschiedlich ausgeprägt. Von dem Kontakt „on demand" bis hin zur regelmäßigen Teilnahme an Management-Sitzungen als Businesspartner werden verschiedene Modelle genutzt. Um aus Daten und den damit verbundenen Analysen und Vorhersagen die bestmögliche Wertschöpfung zu erhalten, ist das Businesspartner-Modell einzuführen bzw. auszubauen. Davon ausgehend, dass der Businesspartner bereits die Expertise als Daten- und Systemexperte für die vorhandene IT-Landschaft mitbringt, ist eine Aus- und Fortbildung im Bereich der sich dynamisch verändernden Welt der Datenaufbereitung und -analyse zu etablieren. Es ist ebenso von Bedeutung, dass der Businesspartner, das Interesse und die Fähigkeit besitzt, sich in die Grundzüge des betreuten Geschäfts einzuarbeiten. Mit diesen Qualifikationen und Kenntnissen ausgestattet, kann er die Schnittstelle zwischen Geschäft und IT etablieren und die Wertschöpfung aus Daten und Analysen vorantreiben.

7.2.2 Erhöhung der Datenqualität und Bereitstellung für die Analyse

„Ein Schlüssel stellt die Fähigkeit dar, die Beschaffung [der Daten] zu digitalisieren und die Daten aus allen Bereichen der Lieferkette effektiv zu analysieren."[3] Mit der Erkenntnis, dass die Datenanalyse einen wichtigen Beitrag zur Unternehmensführung in einer VUCA-Welt leisten kann, impliziert sie, dass die Datenqualität einen immer höheren Stellenwert bekommt.

Die Notwendigkeit zur Verbesserung der Datenqualität ergab sich bisher im Wesentlichen aus externen Triggern, wie zum Beispiel veränderte gesetzliche Rahmenbedingungen und Anforderungen auf Kundenseite: „Neue und verschärfte regulatorische Anforderungen erfordern eine enorme Datenvielfalt mit erhöhter Datenqualität und -transparenz. Hinzu kommen Anforderungen von allen Akteuren der Lieferkette – von Händlern bis hin zu Endkund:innen. Forderungen nach Termintreue und einer generellen Vermeidung von Lieferengpässen werden dabei immer lauter."[4]

---

[3] So machen Datenanalysen die Lieferkette stabiler, Daniel Belka und Gereon Küpper, IOT. 29.04.2022, https://www.industry-of-things.de/so-machen-datenanalysen-die-lieferkette-stabiler-a-e078a45a56c54d1d1a53dd4ed847767c/.

[4] Quo Vadis Digital Logistics? BITKOM 2022 (https://www.bitkom.org/sites/main/files/2022-10/Bitkom_E-Logistics_Whitepaper_final.pdf), 10.10.2022.

Wenn nun die vorhandenen Systeme und Tools nicht nur prozessual, sondern auch bei der Entscheidungsfindung unterstützen sollen, muss die Datenbasis verstärkt im Fokus stehen. Noch häufiger also als in der Vergangenheit ist die Datenqualität im Sinne einer ständigen Überprüfung und Anpassung in den Systemen gefragt. War bisher der Hauptnutzen der Datenstrategie die gemeinsame, unternehmensweite Nutzung von Stamm- und Bewegungsdaten, so ist jetzt die Qualität verstärkt in den Vordergrund gerückt.

Ein Schlüssel stellt die Fähigkeit dar, die Beschaffung zu digitalisieren und sie danach zu automatisieren, um die Daten aus allen Bereichen der Lieferkette effektiv zu analysieren.

Umso mehr gilt es, die operativen Daten – speziell die Bewegungsdaten – lückenlos möglichen prädiktiven Analysen, wie z. B. Simulationen zur Verfügung zu stellen. Hier kann durch Verbindung bisher unabhängiger Datensätze und Vernetzung der Daten untereinander erheblicher Fortschritt erzielt werden:

Verbindung unabhängiger Datensätze: Zu häufig laufen einzelne Systeme und Tools noch isoliert, da sie nur dem ursprünglichen Zweck dienen. So sind klassische Slot-Buchungen oder Fleet-Management-Systeme häufig IT-architektonisch abgegrenzt. Das immer noch weit verbreitete Silo-Denken der Datenhaltung in den einzelnen Bereichen muss in rasanter Geschwindigkeit abgebaut werden, um jede Information zugänglich zu machen.

Vernetzung der Daten untereinander: Ist der erste Schritt der Verbindung von Datensätzen über geeignete Schnittstellen oder Integration in ein System gelungen, müssen einzelne Daten sinnvoll miteinander in Beziehung gesetzt werden. So sind beispielsweise alle reklamationsrelevanten Daten lückenlos vom Rohstoff bis zur Anlieferung beim Kunden in Verbindung zu setzen oder für eine produktbezogene CO_2-Bilanz die entsprechenden Daten zu extrahieren, aufzubereiten und summiert dem Kunden zur Verfügung zu stellen.

Es muss an dieser Stelle unterstrichen werden, dass die Erhöhung der Datenqualität und Bereitstellung für Analysen nicht nur eine notwendige Bedingung ist, sondern auch den größeren Teil der Ressourcen benötigt, bevor Dashboards und prädikative Analysen erstellt werden können und ihren Nutzen entfalten.

7.2.3   Bereitstellung und regelmäßige Anpassung von Dashboards

Das nächste Niveau der angestrebten datengetriebenen Entscheidungen ist die Visualisierung vorhandener Echtzeitdaten und Metriken in Form von schnell zu erfassenden Dashboards. Am Beispiel von Logistik-Dashboards zeigt sich erneut, dass nur durch ständige Beobachtung der Einflussfaktoren und entsprechender Anpassung der Nutzen erhalten bleibt.

Kein Dashboard wird kontinuierlich verlässliches Hilfsmittel zur Entscheidungsfindung bleiben, wenn nicht neue Einflussfaktoren, wie z. B. Energieverbrauch oder Routenzeiten beeinflussende Faktoren mit aufgenommen werden.

7.2.4 Aufbau und innovative Weiterentwicklung von Vorhersageinstrumenten

Während die grundlegenden Methoden der Künstlichen Intelligenz (KI) bereits vor Dekaden entwickelt worden sind, haben erst die sich beständig verdoppelnde Rechenleistung, die Bereitstellung von sehr großen Speichern samt entsprechenden Strukturierungs- und Zugriffsmöglichkeiten sowie neue Datenquellen Wissenschaft und Wirtschaft in den letzten Jahren in die Lage versetzt, aus einer großen Anzahl von Daten, Modelle abzuleiten, die in einem geeigneten Rahmen Vorhersagekraft besitzen.[5]

Neben Vorhersageinstrumenten, die über große Datensätze trainierbar sind, wie Klassifizierungsmodelle (z. B. Nearest-Neighbour) bis hin zu Deep-Learning-Algorithmen (z. B. Neural Networks), lassen sich Daten hoher Qualität auch nutzen, um dynamische Simulationsmodelle in ihrer Aussagekraft hinsichtlich möglicher zukünftiger Szenarien deutlich zu erhöhen. Damit eröffnen sich neue Möglichkeiten, z. B. im Risikomanagement und der Prüfung der Resilienz von Systemen.

Dynamische Simulationsmodelle können über Differenzialgleichungen beschrieben werden. Dies führt jedoch bei großen Problemen mit vielen Variablen zu sehr aufwändigen und komplexen Gleichungssystemen. Deshalb werden für große dynamische Simulationen, die auch noch Unsicherheiten, z. B. über Wahrscheinlichkeiten berücksichtigen müssen, Modelle aus der Klasse der diskreten Ereignissimulation verwendet. Laut Papp et. al. [5] zeichnen sich diese Modelle dadurch aus, dass sich der Systemzustand nur zu bestimmten Zeitpunkten ändert, wenn Ereignisse eintreten. Die Zeit bewegt sich von einem dieser Ereignisse zum nächsten, die Zeit dazwischen ist nicht relevant. Moderne objektorientierte Ansätze kennen aktive Objekte (Entitäten), die passive Objekte (Stationen) entlang eines Pfades passieren. Diese Ansätze sind heute in einer Vielzahl allgemeiner und spezialisierter leistungsfähiger Softwaresysteme umgesetzt.

Anhand eines einfachen Beispiels soll die Entscheidungsunterstützung unter Unsicherheit erläutert werden. Es soll bestimmt werden, ob ein Lkw mit tiefgekühlten Impfstoffen auf der Straße vom Hersteller zum Verteilungszentrum den Transport sicher unter Einhaltung der Kühlkette durchführen kann. Eine einfache Abschätzung unter Annahme von Erfahrungswerten (Transportation Management) führt ggf. zu einer zu optimistischen Einschätzung mit der Gefahr, dass die Kühlkette nicht eingehalten werden kann. Andererseits kann eine zu konservative Einschätzung zu zusätzlichen unnötigen Zwischenstopps oder dem Ausschluss möglicher günstiger Routen führen. Eine Alternative zu einer erfahrungsbasierten Abschätzung bietet die Integration aktueller Daten in ein Simulationsmodell (Auswahl):

- Dem Lkw wird auf Basis der gefahrenen Kilometer seit der letzten Inspektion und des Alters des Fahrzeugs eine Ausfallwahrscheinlichkeit hinterlegt.

---

[5] Papp et.al. (2022) Handbuch Data Science und KI.

- Der Straße werden, abhängig von dem Monat und der Tageszeit, verschiedene Durchschnittsgeschwindigkeitsverteilungen zugewiesen.
- Dem Versand wird eine statistische Verteilung für die Dauer der Beladung zugewiesen.

Durch mehrfache Simulation lässt sich so eine statistische Verteilung der Transportdauer ermitteln. Mit der Variation des eingesetzten Lkws und des Abfahrtzeitpunkts lassen sich verschiedene Szenarien simulieren, die dem verantwortlichen Leiter eine belastbare datenbasierte Aussage ermöglichen, ob die Kühlkette eingehalten werden kann und, wenn ja, mit welchem Lkw und zu welchem Zeitpunkt dies am besten zu gewährleisten ist (höchste Resilienz).

Selbstverständlich lässt sich diese Vorgehensweise auf komplexere und größere Fragestellungen in der Transportlogistik, aber auch in andere Bereiche wie die Produktion übertragen.

Es sei noch darauf hingewiesen, dass sich diese Modelle mit Optimierungsalgorithmen aus der Klasse der evolutionären Strategien kombinieren lassen, um weitere Entscheidungsunterstützung durch Reihenfolge- oder Auswahloptimierung zu ermöglichen.

7.3   Fazit

Nur ein übergreifendes Zusammenführen und die Vernetzung vieler Daten ermöglichen den vollen Nutzen von Vorhersageinstrumenten in Zeiten von Unsicherheit.

Ob nun das Zustandsmonitoring von Gütern, die Synchronisation von Hubs und Depots mit der Koordination der Transportmittel oder die Optimierung des Flottenmanagements die IT in der VUCA-Welt verstärkt nutzbar zu machen:

- bedingt die Erhöhung der inhaltlichen Datenqualität sowie die kontinuierliche Integration der IT in die Geschäftsbereiche,
- erfordert die regelmäßige Überprüfung der Kennzahlen und Reports auf ihre Datenbasis und Abfragemechanismen sowie die Auswahl der Kennzahlen an sich und
- verlangt die Nutzung der aktuellen Daten in Vorhersageinstrumenten zur Erweiterung der Aussagekraft unter Unsicherheit.

Dies ermöglicht Entscheidungsträgern die Anpassungsfähigkeit des Unternehmens in Zeiten von Unsicherheit und volatilen Märkten zu verbessern und durch aufgezeigte Reaktionsmöglichkeiten schnell und informiert zu agieren.

Literatur

George, Bill: VUCA 2.0: A Strategy For Steady Leadership In An Unsteady World, Forbes 2017
Papp, Stefan et.al.: Handbuch Data Science und KI: Mit Machine Learning und Datenanalyse Wert aus Daten generieren. Carl Hanser Verlag, München **2022**

Svenja Engler ist Global Director of Information Technology bei der Zschimmer und Schwarz Chemie GmbH. Ihr beruflicher Werdegang begann mit dem Diplom in Volkswirtschaftslehre, das sie an der Ruprecht-Karls-Universität in Heidelberg erwarb, und führte über das Prozessmanagement in die IT. In diesem Umfeld verantwortete Svenja Engler in Führungspositionen der Nahrungsmittelindustrie unternehmensweite SAP-Implementierungen sowie die globale Harmonisierung der Supply Chain IT-Landscapes. Auf der Basis dieser langjährigen strategischen Erfahrung in der Industrie baute sie mit der Leitung des auf Supply Chains spezialisierten Beratungshauses LogiPlus ihre Erfahrungen mit der Bildung von Schnittstellen zwischen den realen Prozessen und der IT weiter aus.

Dr. Nils Oldenburg ist Simulationsexperte und Geschäftsführer bei artistratis, einem Partner für die e2e Optimierung der Supply Chain von innovativen Unternehmen und Pionieren in ihrem Feld. Er hat Verfahrenstechnik an der TU Hamburg-Harburg studiert und dort auf dem Gebiet der kapazitätsorientierten Optimierung von Mehrproduktanlagen promoviert. Dr. Nils Oldenburg hat mehr als 20 Jahre bei führenden Chemie- und Pharma-Unternehmen im In- und Ausland gearbeitet. Als Führungskraft im Bereich der Entwicklung und Produktion konnte er verschiedene innovative Methoden erfolgreich in die Produktion einführen und durch strukturierte Programme nachhaltig Kosten senken. Für die Problemlösung und Entscheidungsvorbereitung hat er Datenanalyse und Simulation regelmäßig eingesetzt. Heute erarbeitet er mit dem artistratis Team in enger Zusammenarbeit mit den Kunden Lösungen für dringende taktische und strategische Fragen unter Einsatz der heutigen Möglichkeiten der Mathematik und Informatik.

Teil II

Der Klimafaktor: Erderwärmung als Treiber des ökologischen Umbaus der Wirtschaft

Der Green Deal – Auswirkungen auf Verbraucherverhalten, Wirtschaft und Verkehr

8

Nicolas Albrecht und Frederik von Paepcke

Zusammenfassung

Im Kampf gegen Klimawandel und Artensterben wurden Jahrzehnte verschlafen. Wir sind die letzte Generation, die einen ökologischen Kollaps noch verhindern kann. Die Zeichen stehen gut, dass die Reduktion von Treibhausgasemissionen Fahrt aufnimmt. Die EU hat mit ihrem Green Deal die wohl ambitionierteste Transformation in ihrer Geschichte angestoßen. Mit welchen Mitteln will sie die Emissionen binnen der nächsten acht Jahre um mindestens 55 % gegenüber dem Wert von 1990 reduzieren? Und was ergibt sich daraus für Gütertransporte auf Straße, Schiene und Wasserwegen?

8.1 Einleitung

Bereits vor vier Jahrzehnten, im Jahr 1982, sagten Forscher im Auftrag des US-Energiekonzerns Exxon Mobil die Auswirkungen der Verbrennung fossiler Brennstoffe auf das Klima unserer Erde voraus. Ihre Prognose (0,9 °C Erwärmung bis 2019 bei einer CO_2-Konzentration von 420 ppm in der Erdatmosphäre) liegt verblüffend nahe an der Realität: 2019 lag die CO_2-Konzentration bei 415 ppm und zwei Jahre früher als damals vorhergesagt, nämlich 2017, betrug die durchschnittliche globale Erwärmung 0,9 °C. Im Jahr 2022 sind es bereits 1,2 °C (Goldberg 2015).

Die bedrohlichen Folgen des Klimawandels sind seit langem bekannt. Eine nicht abschließende Auswahl:

N. Albrecht (✉) · F. von Paepcke
Leipzig, Deutschland
E-Mail: nalbrecht@cargobeamer.com; fvpaepcke@cargobeamer.com

© Der/die Autor(en), exklusiv lizenziert an Springer Fachmedien Wiesbaden GmbH, ein Teil von Springer Nature 2023
P. H. Voß (Hrsg.), *Die Neuerfindung der Logistik*,
https://doi.org/10.1007/978-3-658-41084-1_8

- **Artensterben**: In den Medien weniger präsent als die globale Erwärmung, aber genauso bedrohlich, hängt das Artensterben nicht nur mit unserer Landnutzung, sondern zunehmend auch mit der globalen Erwärmung zusammen, weil sich die Arten nicht schnell genug an das sich verändernde Klima anpassen können. Heute sterben die Arten mit einem Faktor von 100 bis 1000 schneller aus als in der langen Geschichte des Lebens üblich (Pimm et al. 2014). Wir sind auf dem besten Weg zum größten Massenaussterben seit dem Aussterben der Dinosaurier.
- **Verlust von Wirtschaftskraft**: Im Auftrag der britischen Regierung hat der Wirtschaftswissenschaftler Professor Nicolas Stern die globalen Kosten des Klimawandels mit den Ausgaben verglichen, die nötig sind, um ihn zu verhindern. Der so genannte Stern Review aus dem Jahr 2006 beziffert die Kosten der Prävention auf etwa jährlich ein Prozent des globalen BIP. Die Kosten der Untätigkeit liegen dagegen bei 5 bis 20 % des jährlichen Verlustes der globalen Wirtschaftsleistung (Stern Review 2007). Zahlreiche weitere Studien bestätigen, dass Investitionen in den Klimaschutz umso günstiger sind, je schneller sie getätigt werden (etwa der IPCC-Report 2022).
- **Migration und politische Instabilität**: Mit erstmals über 100 Mio. Flüchtlingen weltweit erleben wir derzeit die in absoluten Zahlen stärkste Migrationsbewegung aller Zeiten (UNHCR 2022). Bis Mitte des Jahrhunderts, so schätzt das *Institute for Peace and Economics*, wird die Zahl der Flüchtlinge, die infolge des Klimawandels oder vor Konflikten fliehen, auf bis zu 1,2 Mrd. ansteigen (Institute for Economics & Peace 2020). Sogenannte „Klimaflüchtlinge" haben nach dem Genfer „Abkommen über die Rechtsstellung von Flüchtlingen" keinerlei Rechte.
- **Extreme Wetterereignisse**: In Kalifornien, Sibirien, Australien, Spanien, im deutschen Ahrtal: Überall scheint das Wetter verrückt zu spielen. Der proportionale Zusammenhang zwischen Temperaturanstieg und Unwettern ist gut erforscht. Einer aktuellen Studie zufolge wird ein Kind, das 2020 geboren wird, um den Faktor zwei bis sieben mehr extreme Wetterereignisse erleben als die Generation der 1960 Geborenen (Thiery et al. 2021).
- **Anstieg des Meeresspiegels**: Die Schätzungen, wie weit der Meeresspiegel bis zum Jahr 2100 aufgrund von Eisschmelze und thermischer Ausdehnung ansteigen wird, schwanken zwischen 0,3 bis 2 m gegenüber dem vorindustriellen Niveau (Sweet und Park 2014). Eines ist sicher: Nach der nächsten Jahrhundertwende wird das Wasser weiter ansteigen, wahrscheinlich selbst in den optimistischen Szenarien um mehrere Meter. Heute bewohnen etwa 230 Mio. Menschen Gebiete, die weniger als einen Meter über dem Meeresspiegel liegen und 630 Mio. Menschen leben in Gebieten, die bis 2100 jährlichen Überschwemmungen ausgesetzt sind (Kulp und Strauss 2019). Millionen Hektar landwirtschaftlicher Nutzfläche gehen außerdem verloren.
- **Kipp-Punkte**: Das Klima der Erde hat eine ganze Reihe von sich selbst verstärkenden Effekten, wenn es sich verändert und die Temperaturen steigen. Je weniger schneebedeckte Flächen zum Beispiel das Sonnenlicht reflektieren, desto mehr Energie wird von der Erde absorbiert („Albedo-Effekt"). Veränderte Salzgehalte in den Weltmeeren führen dazu, dass der Golfstrom zum Stillstand kommt. Die Permafrostböden in Sibirien

beginnen bereits aufzutauen. Die gespeicherte Menge an Methan entspricht mehr als dem 200-fachen der derzeitigen weltweiten jährlichen Treibhausgasemissionen (UN 2011). Mit jedem Zehntel °C wird die Gefahr größer, eine Spirale der Erderwärmung in Gang zu setzen.

Ein ganzes Jahrzehnt nach der eingangs erwähnten Exxon-Studie, im Jahr 1992, beschlossen mehrere Länder in Rio de Janeiro, ihre Kräfte im Kampf gegen die globale Erwärmung zu bündeln. Das fünf Jahre später verabschiedete Kyoto-Protokoll trat 2005 in Kraft und verpflichtete die teilnehmenden Industrieländer, ihre Treibhausgasemissionen zwischen 2008 und 2012 um durchschnittlich etwa fünf Prozent gegenüber dem Stand von 1990 zu senken. Weitere 23 Jahre nach der Rio-Konferenz verpflichteten sich fast alle Länder 2015 in Paris zum ersten verbindlichen Klimavertrag. Die darin zugesagten Veränderungen reichen jedoch bisher nicht aus, um das 1,5 °C-Ziel zu erreichen; ein Temperaturanstieg von knapp 3 °C bis 2100 ist derzeit wahrscheinlicher (Climatetracker 2022).

Seit der Studie von Exxon Mobil sind 40 Jahre vergangen. Die globalen jährlichen CO_2-Emissionen haben sich in dieser Zeit, wie damals vorhergesagt, ungefähr verdoppelt (Abb. 8.1).

Die EU hat noch 28 Jahre Zeit, ihr selbst gestecktes Ziel der Klimaneutralität zu erreichen. Mit jedem weiteren Jahr, das ohne drastische globale Emissionsreduktionen vergeht, wird das verbleibende CO_2-Budget zur Abwendung der schlimmsten der oben genannten Folgen kleiner. Wir erleben bereits die ersten spürbaren Auswirkungen der globalen Erwärmung rund um den Globus, und diese Auswirkungen werden sich in den kommenden Jahren und Jahrzehnten deutlich verstärken.

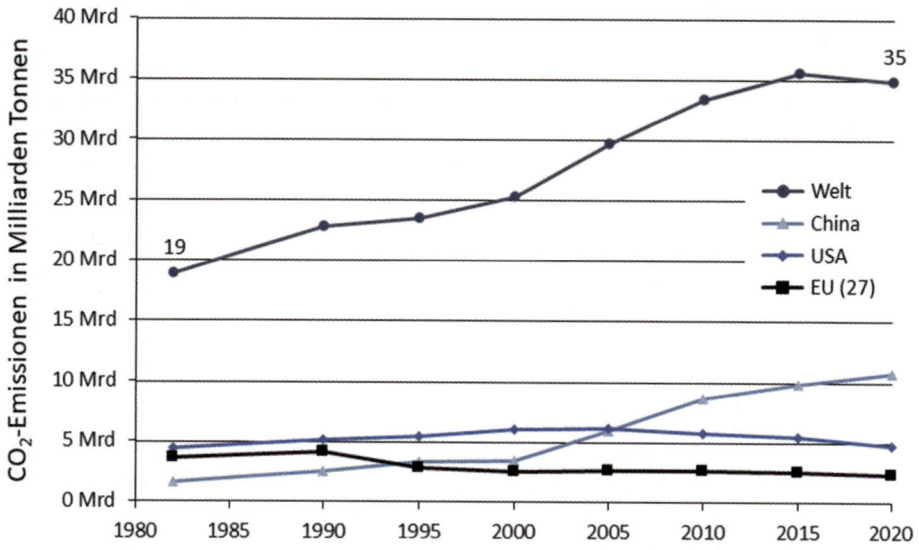

Abb. 8.1 Jährliche globale CO_2-Emissionen. (OurWorldinData 2022)

Klar ist also: Der Klimawandel ist weit mehr als nur ein aktueller Megatrend. Er ist die entscheidende Herausforderung für unsere Generation.

8.2   Die EU und der Klimawandel: Der Wind hat sich gedreht

Die letzten vier Jahrzehnte waren eine verlorene Zeit, was die Reduzierung der Treibhausgasemissionen angeht. Noch 2019 lag der Anteil der Primärenergieerzeugung aus fossilen Brennstoffen weltweit bei ernüchternden 84 %, in Deutschland waren es 2020 etwa 75 % (OurWorldinData 2022). Doch in den letzten Jahren haben sich Veränderungen ergeben, die auf eine scharfe Trendwende hindeuten:

- **Fridays for Future**: Die 16-jährige Greta Thunberg setzte sich an die Spitze der größten Jugendbewegung aller Zeiten, indem sie mit einem Schulstreik die Einhaltung des Pariser Abkommens von ihrer Regierung forderte. Die Medienpräsenz des Themas Klimawandel hat daraufhin enorm zugenommen. Das hat sich auch auf die öffentliche Wahrnehmung ausgewirkt: Noch vor wenigen Jahren fürchteten die Deutschen nichts mehr als die Bedrohung durch den Terror. 2021 rangierte der Klimawandel auf Platz eins dieser Liste.
- **Historische Rechtsprechung**: Das Urteil des Bundesverfassungsgerichts vom 29. April 2021 hat Verfassungsgeschichte geschrieben: Erstmals wurde aus dem Recht auf Generationengerechtigkeit (in Verbindung mit den Verpflichtungen aus dem Pariser Abkommen) eine Verpflichtung für eine deutsche Regierung abgeleitet, umfangreiche Klimaschutzmaßnahmen zu ergreifen (Az. 1 BvR 2656/18 u. a.).
- **Davos 2020**: Seit der weltweit größte Finanzinvestor Blackstone auf dem Weltwirtschaftsgipfel verkündet hat, dass nachhaltige Geldanlagen von nun an Priorität haben werden, ist das Thema endgültig auf der großen Bühne der internationalen Investoren angekommen. Schon in den Jahren zuvor ist das Volumen nachhaltiger Investmentfonds deutlich gewachsen (Abb. 8.2): So hat sich das Fondsvolumen in Deutschland zwischen 2017 und 2019 von 30 Mrd. € auf 63 Mrd. € mehr als verdoppelt. 2010 waren es noch 6,2 Mrd. €. (Forum Nachhaltige Geldanlagen 2022).
- **Trendwende in den USA**: Joe Biden, dessen Vorgänger zur Speerspitze der Klimaleugner gehörte, hat der größten Volkswirtschaft der Welt das ambitionierteste grüne Konjunkturprogramm ihrer Geschichte verordnet und will das genaue Gegenteil von Trump tun: sich an die Spitze der Kämpfer gegen den Klimawandel stellen. Erfolgsaussichten: ungewiss.
- **Unerwartete Unterstützung**: Selbst Vertreter der deutschen Automobilindustrie, die sich noch vor Kurzem gegen, aus ihrer Sicht zu strenge, CO_2-Grenzwerte gewehrt hat, wünschen sich mehr Anstrengungen in Sachen Klimaschutz (da Elektroautos dadurch im Vergleich profitabler werden). Herbert Diess forderte als VW-Chef etwa einen CO_2-Preis von 65 € pro Tonne für das Jahr 2024 (Twitter 2021), bislang liegt dieser nur etwa bei der Hälfte.

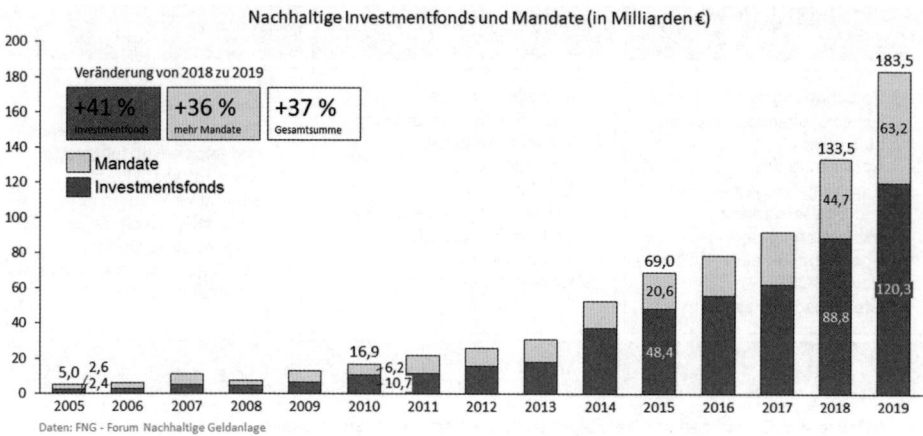

Abb. 8.2 Nachhaltige Investmentfonds in Deutschland. (Balázs et al. 2022)

Zum ersten Mal in der Geschichte ist der dringende klimapolitische Handlungsbedarf in Politik, Wirtschaft und Gesellschaft unumstritten. Wir haben bei der globalen Erwärmung endlich einen „gesellschaftlichen Tipping Point" überschritten – nicht nur in Deutschland.

So hat sich auch die EU, der größte Binnenmarkt der Welt, mit dem Green Deal die ehrgeizigsten Nachhaltigkeitsziele ihrer Geschichte gesetzt: Sie will im Jahr 2050 klimaneutral sein, fünf Jahre später als Deutschland, dessen Pro-Kopf-Emissionen heute noch über dem EU-Durchschnitt liegen. Bis zum Jahr 2030 sollen die Emissionen um mindestens 55 % gegenüber dem Stand von 1990 sinken (Abb. 8.3). Der für dieses Ziel gewählte Policy-Mix weist laut Einschätzung der EU „ein ausgewogenes Verhältnis zwischen Bepreisung, Zielvorgaben, Normen und Unterstützungsmaßnahmen auf"; zahlreiche Maßnahmen beziehen sich auf die Logistikbranche (Europäische Kommission 2021):

Ein weiter Baustein ist die sogenannte *EU-Taxonomie* – ein Klassifizierungssystem, das eine Liste ökologisch nachhaltiger Wirtschaftstätigkeiten erstellt. Sie soll die EU bei der Ausweitung nachhaltiger Investitionen und der Umsetzung des europäischen *Green Deals* unterstützen. Die *EU-Taxonomie* liefert Unternehmen, Investoren und politischen Entscheidungsträgern Definitionen dafür, welche Wirtschaftstätigkeiten als ökologisch nachhaltig angesehen werden. So soll sie Sicherheit für Investoren schaffen, private Anleger vor Greenwashing schützen, Unternehmen dabei helfen, klimafreundlicher zu werden, die Marktfragmentierung abschwächen und dazu beitragen, Investitionen dorthin zu lenken, wo sie am dringendsten benötigt werden (Europäische Kommission 2020).

Auch die Anforderung an Berichtspflichten über nicht-finanzielle Leistungsindikatoren werden stetig erweitert. Große, börsennotierte Unternehmen sind schon seit 2017 im Rahmen der *Non-Financial Reporting Directive* dazu verpflichtet, über *Corporate Social Responsobility*, kurz CSR- relevante Themen zu berichten. Durch die *Corporate Sustainability Reporting Directive* wird diese Richtlinie noch einmal erweitert, sowohl die inhaltliche Reichweite betreffend als auch den Adressatenkreis, der nun deutlich vergrößert

Bepreisung	Zielvorgaben	Vorschriften
- Verschärfung des Emissionshandels, auch im Luftverkehr - Ausweitung des Emissionshandels auf See- und Straßenverkehr - Aktualisierung der Energiebesteuerungsrichtlinie - Neues CO2-Grenzausgleichssystem	- Aktualisierung der Lastenverteilungsordnung - Aktualisierung der Verordnung über Landnutzung, Landnutzungsänderungen und Forstwirtschaft - Aktualisierung der Erneuerbare-Energie-Richtlinie	- Strengere CO2-Emissionsnormen für PKW und leichte Nutzfahrzeuge - Neue Infrastruktur für alternative Kraftstoffe - ReFuelEU: Nachhaltige Flugzeugtreibstoffe - FuelEU: umweltfreundlichere Schiffskraftstoffe

Unterstützungsmaßnahmen
- Nutzung von Einnahmen und der Regulierung zur Förderung von Innovation und Solidarität und zur Abfederung der Auswirkungen auf vulnerable Bevölkerungsgruppen, insbesondere durch den neuen Klima-Sozialfonds und den erweiterten Modernisierungs- und Innovationsfonds.

Abb. 8.3 Das „Fit für 55"-Paket auf einen Blick. (Europäische Union 2021)

wurde. Berichtspflichtig sind nun Unternehmen, die zwei der folgenden drei Kriterien erfüllen (Werte in Klammern gelten ab 2026):

- mehr als 250 (10) Beschäftigte im Jahresdurchschnitt
- Bilanzsumme > 20 Mio. € (>350.000 €)
- Nettoumsatzerlöse > 40 Mio. € (>700.000 €).

Neu ist außerdem, dass künftig auch dieser Teil des Berichts extern geprüft werden muss.

8.3 Bedeutung für die Logistik – bedrohte Geschäftsmodelle und neue Chancen

Der Verkehrssektor ist das Sorgenkind der Klimaschutzbemühungen. Während EU-weit alle anderen Sektoren im Jahr 2018 ihre klimaschädlichen Emissionen um mindestens 20 % gegenüber dem Stichjahr 1990 reduziert haben, legte er im Vergleichszeitraum um satte 30 % zu. Sein Anteil an den Gesamtemissionen beträgt etwa 25 %. Die Einsparungsziele der EU kommen dem Verkehrssektor entgegen: Bis 2030 sollen die Emissionen unterproportional um nur 20 % gegenüber 2008 gesunken sein. Selbst diese wenig ambitionierten Ziele verfehlte der Transportsektor in den letzten Jahren deutlich (Abb. 8.4).

Die wesentlichste Ursache für diese Entwicklung ist ein steter Anstieg des dieselbetriebenen Straßengüterverkehrs. Betrug die Transportleistung innerhalb der EU27 und Großbritannien auf der Straße im Jahr 1990 laut Eurostat noch 1,56 Billionen Tonnenkilometer, hat sich diese bis 2019 auf 1,9 Mio. gesteigert. Trotz europaweitem Fahrermangel, steigenden Stauzahlen, Lohn und Energiekosten, trotz der längst unbestrittenen Umweltvorteile

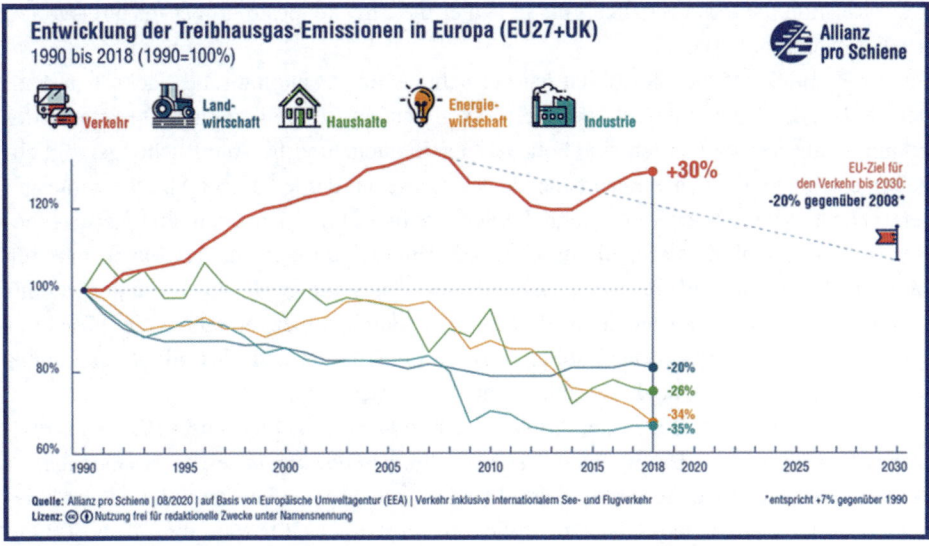

Abb. 8.4 Entwicklung der Treibhausgas-Emissionen in Europa (EU27+UK). (Allianz pro Schiene 2020)

von Schiene und Schifffahrt, hat der Straßenverkehr seinen relativen Anteil im genannten Zeitraum sogar von 71 % auf 79 % steigern können. (SCI Verkehr 2021).

Der Wettbewerbsvorteil des Straßenverkehrs fußte bislang auf drei Säulen: Er war schneller, flexibler und – oft am wichtigsten – günstiger. Doch auf mindestens zwei der Ebenen befindet sich der klassische Lkw-Spediteur im Rückzugsgefecht.

Ob der Lkw schneller als die Bahn ist, hängt schon seit der Einführung der verpflichtenden Pausenzeiten im Jahr 2006 vor allem von der Frage ab, ob es auf der spezifischen Strecke eine sinnvolle Verbindung im kombinierten Verkehr Straße-Schiene gibt. Die Anzahl der Terminals ist dabei ein entscheidendes Nadelöhr für die Realisierung der Verkehrsverlagerungsziele. Zum einen, weil es noch viel zu wenig Kapazität gibt, um so viele Waren zwischen Straße und Schiene umzuschlagen, wie politisch ausgerufen. Zum anderen, weil die Netzdichte der Terminals noch nicht ausreicht, um für möglichst jeden Langstreckentransport eine Schienenverbindung anbieten zu können, die in puncto Preis und Geschwindigkeit konkurrenzfähig ist. Wo solche Verbindungen länger existieren, sind sie indes meist gut nachgefragt und ökonomisch tragfähig.

Im Preiskampf wirken eine ganze Reihe an Maßnahmen zunehmend zugunsten der Schiene: Mindestlohn, Cabotageregeln, Senkung der Trassenpreise, Straßenmaut, Befreiung von oder Senkung der deutschen Kfz-Steuer bei Nutzung von kombiniertem Verkehr – zahlreiche Maßnahmen sorgen dafür, dass die Schiene auf Langstrecke die Straße preislich unterbieten kann. Insbesondere gilt dies bei einer Vollkostenkalkulation, die Wertverlust und Verschleiß berücksichtigt – und noch mehr gilt es für Spediteure, die sich auf den Vor- und Nachlauf vom kombinierten Verkehr spezialisieren und dadurch weniger Zugmaschinen kaufen und Fahrer anstellen müssen. Auch hier kommt es aber auf die konkrete Relation an. Grundsätzlich gilt: Je länger die Strecke, desto größer der Preisvorteil des kombinierten Verkehrs.

Mit Hinblick auf die Flexibilität hat die Schiene das technologische Nachsehen, weil der Güterverkehr per Bahn an feste Zeitslots gebunden ist. Dem können Operateure des kombinierten Verkehrs durch eine hohe Abfahrtfrequenz und flexible Buchungsmöglichkeiten entgegenwirken, die entsprechende Nachfrage auf der jeweiligen Strecke vorausgesetzt. Die Flexibilität der Straße kann die Schiene indes nicht erreichen. Für Just-in-time-Belieferungen stellt dies schnell ein K.-o.-Kriterium für die Schiene dar. Für den großen Markt nicht ganz so zeitkritischer Transportleistungen ist dieser Umstand weniger wesentlich. Die zahlreichen Baustellen, die derzeit und in den kommenden Jahren die Infrastruktur in großem Umfang erneuern sollen, werden die Qualität und Flexibilität des kombinierten Verkehrs jedoch noch für einige Jahre beeinträchtigen.

Die EU hatte bereits 2011 in ihrem Weißbuch *Fahrplan zu einem einheitlichen europäischen Verkehrsraum – Hin zu einem wettbewerbsorientierten und ressourcenschonenden Verkehrssystem* das Ziel ausgerufen, den Trend umzukehren und insbesondere dem Schienengüterverkehr zu neuem Glanz zu verhelfen: 30 % aller Gütertransporte über 300 km sollen bis 2030 auf der Schiene stattfinden. Im Rahmen des Green Deals lauten einige der veröffentlichten Zielmarken (Europäische Kommission 2019):

- 90 % CO_2-Reduktion des Transportsektors bis 2050
- Marktreife großer emissionsfreier Flugzeuge bis 2035
- Zunahme des Transports auf Binnenwasserstraßen und im Kurzstreckenseeverkehr um 25 % bis 2030
- Verdopplung des Schienengüterverkehrs bis 2050
- Internalisierung aller externen Transportkosten nach dem Verursacherprinzip bis spätestens 2050.

Der letzte Punkt hat es besonders in sich. Externe Kosten sind solche, die nicht vom Verursacher getragen werden, sondern in der Regel von der Allgemeinheit. Im Verkehr sind das Kosten, die durch Unfälle, Luftverschmutzung, Treibhausgase, Lärm, Stau und den Verlust von Lebensraum entstehen. Laut *EU Handbook on the External Costs of Transport* (2019) beträgt die Differenz zwischen Schiene und Straße 3,1 Cent pro Tonnenkilometer (siehe Abb. 8.5). Bei einem Transport von 25 t summiert sich der Vorteil der Schiene also auf knapp 80 Cent pro zurückgelegten Kilometer. Zum Vergleich: Die Einführung der umstrittenen CO_2-Abgabe in Höhe von 25 € pro Tonne erhöhte die Kosten für einen Kilometer mit dem LKW lediglich um zwei bis drei Cent. Für einen Rundlauf zwischen Barcelona bis Rostock steigen die Kosten für den (dann nicht mehr rentablen) Diesel-Lkw auf der Straße bis 2050 um über 3000 € (Abb. 8.5).

Im Hinblick auf die Vermeidung externer Effekte ist der Schienengüterverkehr allen anderen Verkehrsträgern klar überlegen. Im Vergleich zum Straßengüterverkehr spart der Schienengüterverkehr europaweit im Durchschnitt rund 85 % CO_2 ein. Der Länderanteil

	Straße	Schiene	Wasser
	Schwerlast - LKW	Elektrisch	Binnenschiff
Unfälle	1.3	0.1	0.1
Luftverschmutzung	0.8	0.0	1.3
Klima	0.5	0.0	0.3
Lärm	0.5	0.6	-
Stau	0.8	-	-
Well-to-Tank	0.2	0.2	0.1
Lebensraum	0.2	0.2	0.2
Summe	4.2	1.1	1.9

Abb. 8.5 Externe Kosten für den Güterverkehr in €-cent/tkm. (Eigene Darstellung, basierend auf Handbook on the External Costs of Transport)

ist dabei sehr unterschiedlich: Deutschland liegt mit einem Ökostromanteil im Güterverkehr von 61 % (Stand 2017) im unteren Mittelfeld; in Frankreich sind die Emissionen aufgrund des hohen Anteils an Atomstrom besonders gering (über 90 % Einsparung gegenüber der Straße); in Polen ist die CO_2-Belastung aufgrund des hohen Anteils an Kohlestrom hoch.

Aber selbst in Ländern wie Polen, in denen die Emissionen von Diesellokomotiven und Elektrolokomotiven vergleichbar sind, ist der Güterverkehr auf der Schiene erheblich weniger emissionsintensiv als die Straße: Wegen geringerer Reibungsverluste, weniger steiler Gefälle und besserer Aerodynamik spart eine Lok, die 36 Trailer auf einmal zieht, im Vergleich zur Straße 50–65 % Energie. Im Laufe eines einzigen Jahres kann ein Güterzug unter guten Bedingungen externe Kosten in der Höhe seiner Anschaffungskosten einsparen (Lok nicht mitberechnet).

8.4 Implikationen für die unterschiedlichen Verkehrsträger

Die Umwälzungen in der Weltwirtschaft infolge der Dekarbonisierung werden in den kommenden Jahrzehnten gigantisch sein. Was genau das europäische Ziel einer Klimaneutralität bis 2050 für Luftfahrt, Schiffverkehr, Schiene und Straße im Einzelnen bedeutet, lässt sich nicht mit Sicherheit sagen, die Antwort auf diese Frage hängt von vielen Parametern ab. Die genaue Ausgestaltung des politischen Rahmenwerkes lässt sich noch nicht voraussehen, ebenso unklar ist heute die Bedeutung des technologischen Fortschritts. Entlang der folgenden Hypothesen dürfte dennoch ein Bild davon entstehen, wohin die Reise jeweils geht.

1. Straßenverkehr: Das Ende einer Ära

Bei aller Unsicherheit ist eines sicher: Das Standard-Transportmittel der Logistik, der mit Diesel betriebene Lkw, wird in den kommenden drei Jahrzehnten Jahr für Jahr an Bedeutung verlieren. Stattdessen werden sämtliche Straßenfahrzeuge in Zukunft entweder batteriebetrieben oder mittels sogenannten grünen Wasserstoffs oder einem anderen netto klimaneutralen Brennstoff fahren. Beide Technologien bringen dabei verschiedene Herausforderungen mit sich.

Die Batterie ist schwer, vor allem, wenn der Lkw auf der Langstrecke eingesetzt werden soll. Dadurch konkurrieren Batteriegröße (und damit Reichweite) mit Zuladungsgewicht. Sie benötigt außerdem eine lange Ladezeit und ausreichend Lademöglichkeiten. Ein Wirkungsgrad von 65 bis 70 % bedeutet schließlich, dass etwa ein Drittel der Energie durch das Zwischenspeichern in der Batterie ungenutzt verloren geht (TUEV Nord 2022).

Wasserstoff kann schnell getankt werden und nimmt dank der hohen Energiedichte nur wenig Volumen ein, benötigt allerdings einen schweren (weil druckbeständigen) Tank, der diesen Gewichtsvorteil zunichtemacht. Zu den größten Herausforderungen der Technologie zählt der Wirkungsgrad, der bei den im mobilen Bereich eingesetzten Wasserstoffzellen nur bei etwa 35 % liegt – zwei Drittel der Energie gehen also ungenutzt verloren. Im Vergleich zur Batterie benötigt man folglich doppelt so viel Primärenergie für dieselbe Strecke. Wasserstoff ist nur dann nachhaltig, wenn er mittels grünen Stroms gewonnen wurde – und für die auf absehbare Zeit knappe Menge grünen Stroms gibt es wiederum viele andere, effizientere Nutzungsmöglichkeiten als die im Vergleich verschwenderische Elektrolyse von Wasserstoff.

Gegenüber der Batterie ist Wasserstoff außerdem oft die einzige technisch mögliche (oder sinnvolle) Alternative. Beispiel Flugverkehr: Die erforderlichen Batterien für einen Flugzeugantrieb wären viel zu schwer, in der Luftfahrt ist der Umstieg auf E-Flugzeuge daher (noch) keine Option. Auch in der Industrie wollen viele Unternehmen, die heute auf Gas setzen, künftig stattdessen Wasserstoff verwenden. Der Einsatz von Wasserstoff ist wegen dessen Knappheit makroökonomisch vor allem dort geboten, wo eine Batterie nicht sinnvoll eingesetzt werden kann. Dazu zählt der Straßenverkehr nicht.

2. Wasserverkehr

Auch der Wasserverkehr wird sich mit alternativen Antrieben befassen müssen – und wird dabei auf Brennstoffe angewiesen sein. Derzeit verursacht er pro Tonnenkilometer über 70 % mehr externe Kosten als die Schiene, was vor allem aus der Verbrennung fossiler Energie resultiert. Der Weg über das Wasser ist der mit Abstand langsamste und daher nur für bestimmte Gütergruppen geeignet.

Der Wasserverkehr hat außerdem die Besonderheit, dass die Infrastruktur praktisch nicht ausgebaut wird – also etwa durch das Graben eines neuen Kanals. Je häufiger außerdem Dürren auftreten, desto niedriger sind die Pegelstände und damit die Transportkapazität der Wasserwege. Dem Wachstum der Binnenschifffahrt sind somit natürliche Grenzen gesetzt. Für eine (nahezu) vollständig dekarbonisierte Logistik kann sie nur ein Puzzle-stück darstellen.

Der interkontinentalen Schiffverkehr wurde im Pariser Klimaabkommen nicht berück-sichtigt und gilt als besonders umweltschädlich. 90 % des weltweiten Handels findet per Schiff statt, in Summe ist die Schifffahrt für 2,5 % aller weltweiten Emissionen zuständig. Wäre sie ein Land, so stünde sie im CO_2-Ranking auf Platz 6, noch kurz vor Deutschland (Hitscher 2021). Auf Initiative deutscher Reeder hat der *Weltreederverband ICS* im Jahr 2021 einen Vorschlag bei der *UN-Organisation für die weltweite Schifffahrt* (IMO) einge-reicht, der Klimaneutralität bis 2050 vorsieht. Der Weg zu einer ökologisch nachhaltigen interkontinentalen Schifffahrt ist noch lang.

3. Luftverkehr

Der Luftverkehr hat eine Sonderstellung: Energiebedarf, Umweltschäden und Preis sind im Vergleich zu allen drei anderen Transportmodalitäten exorbitant. Gleichzeitig ist die Luftfracht konkurrenzlos schnell und damit zum Beispiel für schnell verderbliche Pro-dukte oft die einzige Möglichkeit eines Langstreckentransportes. Aber auch elektronische Waren, Maschinenteile sowie Produkte der Pharma- und Chemieindustrie stellen einen großen Anteil der Produkte dar, die geflogen werden (BDL 2017).

Für den Luftverkehr ist die Batterietechnologie wegen des Gewichts der Energiespei-cher in absehbarer Zeit ausgeschlossen. Auch hier bleiben also nur alternative Brennstoffe (Wasserstoff, E-Fuel, Ammoniak), um die die Luftfahrt mit vielen Interessenten konkur-rieren wird. Es ist also nicht unwahrscheinlich, dass es teurer wird.

4. Schiene

Der Luftverkehr ein teurer Spezialmarkt für die Nische, die Binnenschifffahrt aufgrund natürlicher Grenzen wachstumsgehemmt und die Straßen schon heute voll: Viele Hoff-nungen liegen auf dem Schienenverkehr. Und tatsächlich bietet die Schiene eine Reihe un-schlagbarer Vorteile:

- Sie ist auf den Hauptstrecken bereits vollständig elektrifiziert. Einen Grünstrommix vo-rausgesetzt, transportiert sie so schon heute praktisch CO_2-neutral.
- Im Vergleich zum Straßentransport ist der Energiebedarf um 50 bis 65 % geringer.
- Ein Güterzug mit 36 Stellplätzen für Container oder Sattelaufliegern fährt schon heute zu 97 % autonom.

Dass die fahrermangelgeplagten Spediteure den Operateuren des Schienengüterverkehrs nicht längst alle Türen einrennen, hat vor allem zwei Gründe:

Erstens können über 90 % der Sattelauflieger in Europa nicht auf die Schiene verlagert werden, weil ihnen die für den Kran oder Reachstaker erforderlichen Greifkanten fehlen. Anbieter horizontaler Umschlagssysteme, die für alle Lkw offen sind (z. B. CargoBeamer), bauen derzeit ihre Marktanteile aus, bieten aber bisher noch kein flächendeckendes, europäisches Netzwerk für den Transport nicht-kranbarer Einheiten. In den nächsten 10 Jahren soll sich das im Fall von CargoBeamer ändern. Zweitens leidet der Bahnverkehr unter einem Qualitätsdefizit, das insbesondere in der Saison 2021/2022 viele interessierte Verlader verschreckte: Zu viele Baustellen, zu wenig Kapazität, Fahrermangel, Streiks in Frankreich, durch Corona bedingte Ausfälle – die Pünktlichkeitsquote war in Personen- und Güterverkehr auf einem historischen Tief. Das Erschließen neuer Kundengruppen ist unter diesen Voraussetzungen eine Herausforderung.

8.5   Fazit

Alle Verkehrsträger werden in den kommenden Jahren und Jahrzehnten einen großen Anteil zur Dekarbonisierung der Weltwirtschaft beitragen müssen. Für Kurzstreckentransporte unter 300 km, auf die immerhin 40–50 % aller Tonnenkilometer entfallen, wird es auf absehbare Zeit keine ökonomische Alternative zum Straßenverkehr geben. Der energie- und damit kostenintensive Flugverkehr bleibt ein Nischenmarkt für teure Produkte. Für sonstige Langstreckentransporte verbleiben Wasserwege und Schiene, wobei der Wasserverkehr der langsamste und durch natürliche Grenzen in seiner Kapazität begrenzt ist.

Den größten Beitrag kann die Schiene leisten. Als einzige ist sie schon heute auf den Hauptstrecken komplett elektrifiziert und erheblich energieeffizienter als die Alternativen. Die größten Hürden für mehr Güter auf der Schiene liegen in der derzeit unzureichenden Qualität und Kapazität. Viele Baustellen in ganz Europa sollen dafür sorgen, die Kapazität zu vergrößern, erreichen aber kurzfristig das Gegenteil, was sich auch negativ auf die Qualität auswirkt.

Die Schiene leidet aber auch unter einer anderen Herausforderung: Die meisten Waren im Straßenverkehr, etwa 70 %, werden per Sattelauflieger transportiert. In Europa sind indes nur 5 bis 10 % der aktuellen Flotten mit Greifkanten ausgestattet und damit für den klassischen Schienengüterverkehr geeignet. CargoBeamer bietet eine Lösung für dieses Problem: Wir verladen Lkw nicht per Kran oder Reachstaker, sondern horizontal, indem der Sattelauflieger auf einer Wanne abgestellt wird, die danach praktisch geräuschlos auf den CargoBeamer-Wagen verschoben und dort arretiert wird. Weil wir diesen Prozessschritt parallel für alle Wagen vornehmen können, dauert das Be- und Entladen eines Vollzuges in einem CargoBeamer-Terminal nur 20 min, verglichen mit 3–4 h im konventionellen intermodalen Verkehr. Die macht uns heute schon zu einer effizienten Alternative für Langstreckentransporte und langfristig zu einem unverzichtbaren Baustein im zukünftig klimaneutralen Logistikökosystems innerhalb Europas und weltweit.

Literatur

Balázs, R. et al: Marktbericht Nachhaltige Geldanlagen 2022 – Deutschland, Österreich und die Schweiz. Forum Nachhaltige Geldanlagen e.V. https://fng-marktbericht.org/fileadmin/Marktbericht/2022/FNG-Marktbericht_NG_2022-online.pdf (2022). Zugegriffen am 28.10.2022

Bundesverband der Deutschen Luftverkehrswirtschaft: Was wird per Luftfracht transportiert? BDL (Hrsg.) https://www.bdl.aero/de/publikation/was-wird-per-luftfracht-transportiert/ (2017). Zugegriffen am 28.10.2022

Climateactiontracker: Evaluating progress towards the Paris Agreement. Climateactiontracker https://climateactiontracker.org/global/temperatures (2022). Zugegriffen am 28.10.2022

EU: Regulation (EU) 2020/852 of the European parliament and of the council. Official Journal of the European Union (Hrsg.) (2020). eur-lex.europa.eu/legal-content/EN/TXT/?uri=CELEX:32020R0852

SCI Verkehr 2021 – Intermodel transport in Europe overview of the rail and road markets

Europäische Kommission, „Fit für 55": auf dem Weg zur Klimaneutralität – Umsetzung des EU-Klimaziels für 2030. Deloitte. https://www2.deloitte.com/de/de/pages/audit/articles/fit-for-55-massnahmenpaket-details.html (2021). Zugegriffen am 28.10.2022

Europäische Union: Fit für 55 2021. https://www.consilium.europa.eu/de/policies/green-deal/fit-for-55-the-eu-plan-for-a-green-transition/

European Commission: The European Green Deal, European Commission, European Comission (Hrsg.), Brussel (2019)

Goldenberg, S.: Exxon knew of climate change in 1981, email says – but it funded deniers for 27 more years. TheGuardian (Hrsg.). https://www.theguardian.com/environment/2015/jul/08/exxon-climate-change-1981-climate-denier-funding (2015). Zugegriffen: 28.10.2022

Herbert Diess: Twitter 2021. https://twitter.com/herbert_diess/status/1442460488256917504?lang=ca

Hitscher, L.: CO2-neutral bis 2050 – gelingt das? https://www.tagesschau.de/wirtschaft/unternehmen/schifffahrt-klimaziele-co2-ausstoss-101.html (2021). Zugegriffen am 28.10.2022

Institute for Economics & Peace. Ecological Threat Register 2020: Understanding Ecological Threats, Resilience and Peace, Sydney (2020)

Intergovernmental Panel on Climate Change: Climate Change 2022: Impacts, Adaptation and Vulnerability. https://www.ipcc.ch/report/ar6/wg2/

Kulp, S.A., Strauss, B.H.: New elevation data triple estimates of global vulnerability to sea-level rise and coastal flooding. Nat Commun (2019). https://doi.org/10.1038/s41467-019-13552-0

Our World in Data: CO2 Emissions 2022. https://ourworldindata.org/co2-emissions

Pimm, S. L. et al.: The biodiversity of species and their rates of extinction, distribution, and protection. Science (2014). https://doi.org/10.1126/science.1246752

Stern, N. H., Stern N.: The economics of climate change. Cambridge University Press (Hrsg.), UK (2007)

Sweet, W. V.,Park, J. (2014): From the extreme to the mean: Acceleration and tipping points of coastal inundation from sea level rise. Earth's Future (2014). https://doi.org/10.1002/2014EF000272

Thiery, W. et al.: Intergenerational inequities in exposures to climate extremes. Science (Hrsg.) (2021). https://doi.org/10.1126/science.abi7339

TUEV Nord: Wirkungsgrad – Die Nutzbarkeit der Energie. TUEV Nord- https://www.tuev-nord.de/de/privatkunden/verkehr/auto-motorrad-caravan/elektromobilitaet/wirkungsgrad/. Zugegriffen am 28.10.2022

UNHCR: Statistiken. https://www.unhcr.org/dach/de/services/statistiken (2022). Zugegriffen am 28.10.2022

United Nations Security Council 66th year: 6587th meeting, Wednesday, 20 July 2011, UN (Hrsg.), New York (2011)

Nicolas Albrecht ist Vorstandsvorsitzender der CargoBeamer AG, die alle Arten von Sattelaufliegern von der Straße auf die Schiene verlagert. Nach seinem Abschluss in Wirtschaftswissenschaften an der Stanford University in den USA arbeitete er von 2010 bis 2013 als Unternehmensberater im Bereich Logistik und Rohstoffe bei der Boston Consulting Group in München. Im Jahr 2013 wechselte er zum Rohstoffkonzern Glencore in die Schweiz, wo er sechs Jahre lang als Kontinentalleiter für Südamerika im Bereich Zink und Silber tätig war. Seit Anfang 2020 ist er bei CargoBeamer tätig, zunächst als Chief Business Development Officer verantwortlich für die europäische und internationale Geschäftsentwicklung, den Vertrieb, das Marketing und den Zugbetrieb, seit Anfang 2022 als CEO.

Dr. Frederik v. Paepcke ist Head of Sustainability bei der CargoBeamer AG. Im Rahmen seines Referendariats arbeitete er 2011 als Kurzzeit-Diplomat für den vom Untergang bedrohten Inselstaat Tuvalu bei den Vereinten Nationen in New York. Anschließend promovierte er über das Schicksal dieser Staaten im Umweltvölkerrecht. Im Jahr 2014 begann er als Unternehmensberater im Bereich Banking bei der Boston Consulting Group in Hamburg. Anschließend arbeitete er bis 2017 eine kurze Zeit als Journalist für Perspective Daily, bevor er den klimaneutralen Onlineshop „Better Foodprint" gründete. Seit Anfang 2021 arbeitet Frederik v. Paepcke für CargoBeamer, zunächst im Bereich Strategy & Business Development, seit 2022 führt er das neu geschaffene Sustainability-Department an.

Der europäische Green Deal – mehr als nur „Greenwashing"

9

Dennis Schneider und Markus Emmert

Zusammenfassung

Mit dem am 11. Dezember 2019 vorgestellten Konzept des „European Green Deal" verfolgt die EU das Ziel, Europa zum ersten klimaneutralen Kontinent der Erde zu machen. Der Green Deal sieht eine Vielzahl von unterschiedlichen Maßnahmen auf fast allen Sektoren der Wirtschaft, der Energieinfrastruktur, des Verkehrs sowie in Landwirtschaft, Finanzen und Forschung vor. Deren Ziel geht über die reine Klimapolitik hinaus und soll zu einem neuen Innovationsschub mit hohen Effizienzgewinnen auf allen Ebenen führen. Für die Logistikindustrie ist dies mit großen Chancen für die Verbesserung ihrer Wettbewerbs- und Zukunftsfähigkeit verbunden.

9.1 Einleitung

Bei der Ausgestaltung des Green Deal geht es nicht nur darum, dem Klimawandel entgegenzuwirken und die Umweltzerstörungen aufzuhalten, sondern es handelt sich darüber hinaus auch um einen unglaublichen Wirtschaftsmotor, der zu einer modernen, ressourceneffizienten und wettbewerbsfähigen Wirtschaft führen kann. Rund 1,8 Billionen Euro fließen im Rahmen des Siebenjahreshaushalts in den Green Deal.

D. Schneider (✉)
Lottstetten, Deutschland
E-Mail: dennis.schneider@futuricum.com

M. Emmert
Adelsried, Deutschland
E-Mail: me@markus-emmert.de

© Der/die Autor(en), exklusiv lizenziert an Springer Fachmedien Wiesbaden GmbH, ein Teil von Springer Nature 2023
P. H. Voß (Hrsg.), *Die Neuerfindung der Logistik*,
https://doi.org/10.1007/978-3-658-41084-1_9

Die Ambitionen sind zwar groß, aber von hoher Bedeutung. Die wesentlichen Elemente lassen sich so zusammenfassen:

- kein „netto"-Treibhausgasausstoß mehr bis 2050
- Abkopplung des Wachstums von der Ressourcennutzung
- Menschen und Regionen werden dabei mitgenommen

Im Green-Deal-Programm bis 2050 sind auch Zwischenziele definiert, konkret z. B., dass der Netto-Ausstoß von Treibhausgasen bis 2030 gegenüber dem Jahr 1990 um 55 % gesenkt werden muss.

Europa legt damit Ziele für den Kontinent fest und beschreibt Maßnahmen, die zur Umsetzung dienlich sind. Die Mitgliedstaaten der EU wiederum können sich aus diesem Maßnahmenkatalog bedienen und darauf aufbauend nationale Richtlinien, Verordnungen und Gesetze verabschieden. Welche diese sind und in welcher Stringenz sie umgesetzt werden, bleibt den Nationen vorbehalten. Fakt ist, dass die Ziele erreicht werden müssen. Eine „Aufweichung" der europäischen Vorgaben und Maßnahmen ist dabei nicht gestattet, strenger und konsequenter ist jedoch erlaubt.

9.2   Vorteile des Green Deal

Doch welche Vorteile bringt der europäische Green Deal, der für sich beansprucht, uns und künftigen Generationen ein besseres und gesünderes Leben zu sichern? Abb. 9.1 fasst die wichtigsten zusammen.

Die Maßnahmen, die im Rahmen des Green Deal geplant sind, erstrecken sich über nahezu alle Felder und Branchen (Abb. 9.2).

9.3   Umgestaltung von Wirtschaft und Gesellschaft

Der Klimawandel ist die größte Herausforderung unserer Zeit. Zugleich bietet er auch eine Chance auf die Entwicklung eines neuen Wirtschaftsmodells. Der europäische Green Deal ist die konzeptuelle Grundlage für diesen Wandel.

Alle 27 EU-Mitgliedstaaten haben sich verpflichtet, die EU bis 2050 zum ersten klimaneutralen Kontinent zu machen. Sie vereinbarten hierzu unter anderem, die Emissionen bis 2030 um mindestens 55 % gegenüber dem Stand von 1990 zu senken. Dadurch eröffnen sich neue Chancen für Innovation, Investitionen und Arbeitsplätze (Abb. 9.3).

Neben detaillierten Verbesserungen für die Umwelt enthält der Plan des Green Deal auch Ziele für eine deutliche Verbesserung der Energieeffizienz in Wirtschaft und Gesellschaft. So soll der Anteil der erneuerbaren Energien am Gesamtenergieverbrauch deutlich angehoben werden. Gleichzeitig werden ehrgeizige Einsparziele in Angriff genommen (Abb. 9.4).

Abb. 9.1 Der Green Deal sorgt für langfristige Verbesserungen der Lebensqualität. (Quelle: Europäische Kommission)

Maßnahmen

Abb. 9.2 Aktionsfelder bei der Umsetzung des Green Deal. (Quelle: Europäische Kommission)

Verringerung der   Schaffung von   Abbau von   Verringerung der
Emissionen   Arbeitsplätzen   Energiearmut   Energieabhängigkeit
                          und Wachstum   von Drittländern

Verbesserung unserer Gesundheit und Lebensbedingungen

Abb. 9.3 Definierte Ziele des Green Deal. (Quelle: Europäische Kommission)

40 %   **36–39 %**
– neues Ziel für erneuerbare Energie – neue Energieeinsparziele für den
bis 2030   Endenergie- und Primärenergieverbrauch
                                      bis 2030

Abb. 9.4 Ehrgeizige Ziele für Energieeinsparung und Erhöhung des Anteils erneuerbarer Energien. (Quelle: Europäische Kommission)

9.4   Gesellschaft und Wirtschaft müssen sich neu ausrichten

Der bevorstehende Wandel wird gleichzeitig Chancen für alle bieten. Durch die Bekämpfung von Ungleichheit und Energiearmut sollen benachteiligte Bürger unterstützt werden. Die Wettbewerbsfähigkeit der europäischen Unternehmen soll ebenfalls gestärkt werden, was gerade in der jetzigen Zeit wichtiger und wertvoller denn je ist.

Um diese Ziele erreichen zu können, müssen Wirtschaft und Gesellschaft in vielen Bereichen neu ausgerichtet werden. Das Paket „Fit for 55" umfasst eine Reihe von Vorschlägen zur Überarbeitung und Aktualisierung von EU-Rechtsvorschriften. Außerdem enthält es Vorschläge für neue Initiativen, mit denen sichergestellt werden soll, dass die Maßnahmen der EU mit den Klimazielen in Einklang stehen, die der Rat und das Europäische Parlament vereinbart haben (Abb. 9.5).

Um sowohl die Emissionen als auch die Energiekosten für Verbraucher und Industrie zu verringern, will die EU-Kommission bis 2030 den Primär- und Endenergieverbrauch in der EU deutlich reduzieren.

Der jährliche Primärenergieverbrauch der EU sank zwischen 2005 und 2020 von 1,5 Mrd. auf 1,2 Mrd. t Rohöleinheiten (t RÖE). Das entsprach einem Minus von rund

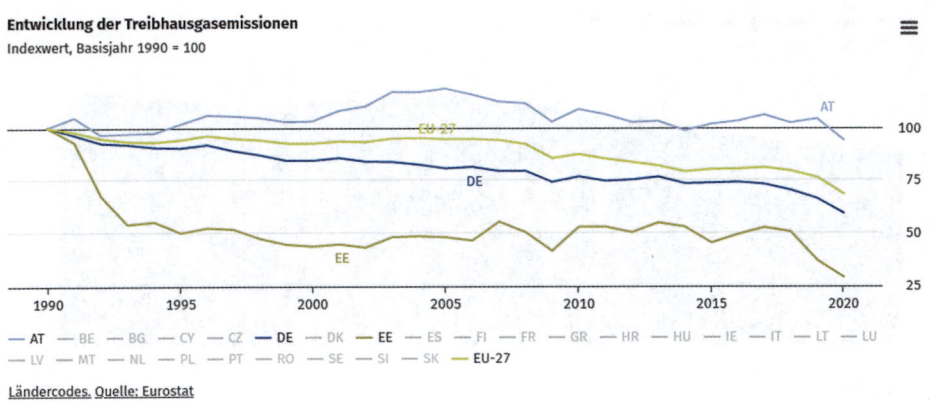

Abb. 9.5 Das Entwicklungsprofil des Ausstoßes von Treibhausgasen für die Staaten Österreich, Deutschland, Estland sowie die EU der 27 Staaten

17 %. In Deutschland ging der Jahresverbrauch im gleichen Zeitraum um rund 18 % zurück, was zum Teil aber auch auf die Auswirkungen der Maßnahmen zur Eindämmung der Corona-Pandemie zurückzuführen ist.

Der jährliche Endenergieverbrauch der EU-27 ist seit 2005 um rund 13 % zurückgegangen. Im EU-Durchschnitt sank der Energieverbrauch der privaten Haushalte und der Industrie zwischen 2005 und 2020 um 7 % bzw. 16 %, im Verkehr sank er im gleichen Zeitraum um 11 %.

9.5   Bedeutung für den Verkehrssektor

Der Straßenverkehr verursacht rund ein Fünftel aller Treibhausgasemissionen in der EU. 2020 lag der Ausstoß bei 690 Mio. t CO_2-Äquivalenten. Gegenüber 1990 entsprach das einem Zuwachs um 11 %. Um bis 2050 klimaneutral zu werden, müssen deshalb auch die Voraussetzungen für eine emissionsfreie bzw. emissionsarme und effiziente Mobilität geschaffen werden.

Auf den Straßen der EU sind immer mehr Fahrzeuge unterwegs: Die Zahl der Pkw in der EU stieg zwischen 1990 und 2020 von rund 135 Mio. auf rund 250 Mio. Fahrzeuge. Hinzu kamen 2020 über 23 Mio. Motorräder, mehr als 26 Mio. leichte Nutzfahrzeuge, über 4 Mio. Lkw sowie mehr als 700.000 Busse (Quelle: Eurostat).

Der EU-weite Energieverbrauch im Straßenverkehr belief sich 2020 auf rund 238 Mio. t Rohöleinheiten (t RÖE). Der Jahresverbrauch lag damit rund 18 % über dem Niveau von 1990 (Abb. 9.6).

CO_2-Emissionen machen 99 % der Treibhausgasemissionen im Straßenverkehr aus. Pkw und Motorräder hatten dabei mit 61 % den größten Anteil. Auf Schwerlastwagen und Busse entfielen 28 %, weitere 11 % auf leichte Nutzfahrzeuge (Abb. 9.7).

Durch den Green Deal sollen nicht nur umweltfreundliche Verkehrsmittel zum Einsatz kommen, sondern diese sollen dabei auch sicher und effizient betrieben werden. Dies ist

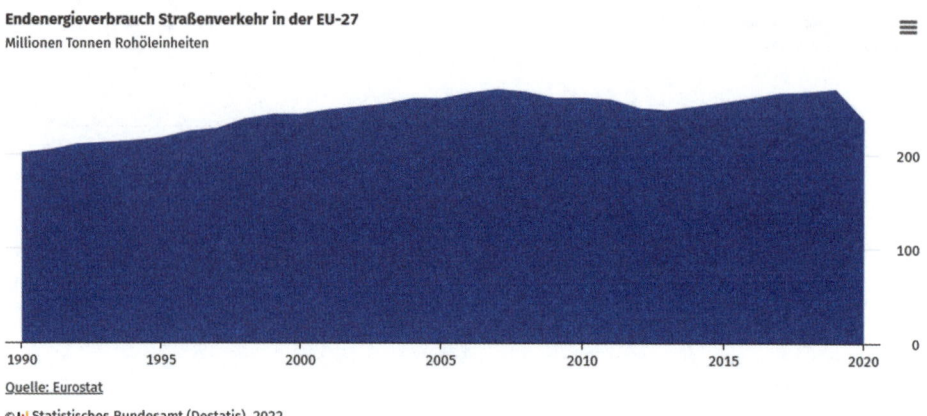

Abb. 9.6 Entwicklung des Energieverbrauchs im Straßenverkehr in den 27 Ländern der EU

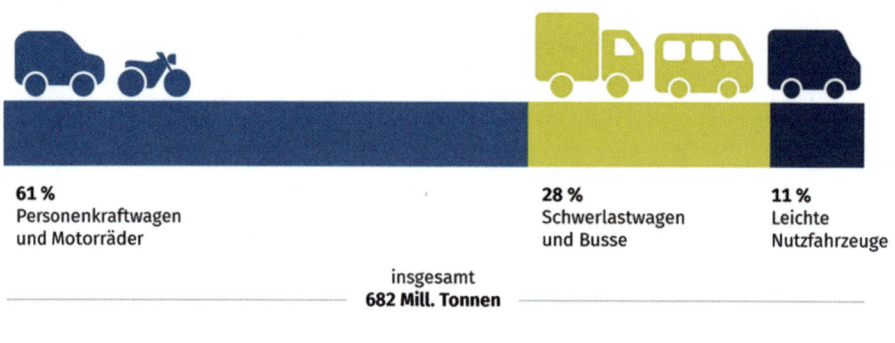

Abb. 9.7 Verteilung des Ausstoßes von CO_2-Emissionen auf die verschiedenen Fahrzeugkategorien

ein wesentliches Merkmal der geplanten Gestaltung des Bestands an Verkehrsmitteln, das in Zukunft noch viel mehr von Bedeutung sein wird.

Mit der Vorgabe „klimafreundlich und effizient" könnte der für die Mobilität, aber auch die Produktion und die angestrebte Kreislaufwirtschaft notwendige Einsatz der Primärenergie noch mehr in den Fokus gerückt werden. Damit ließen sich die Weichen für die detaillierte Gestaltung zukünftiger Verkehrsmittel sowie deren Antrieb und Kraftstoff deutlich klarer stellen. Es geht um den Faktor Effizienz auf Basis umweltfreundlicher Techno-

Senkung der Emissionen von Pkw bis 2030 um	Senkung der Emissionen von Lkw bis 2030 um	**Emissionsfreie** Neuwagen bis 2035
55 %	**50 %**	

Abb. 9.8 Emissionsreduktionsziele für Kraftfahrzeuge gemäß den Vorgaben des Green Deal. (Quelle: Europäische Kommission)

logien. Umweltfreundlich, sprich CO_2-neutral bzw. CO_2-frei, ist die Basis, und die Effizienz entscheidet über die Masse und die Prioritäten bei den technischen Systemen.

Der Verkehrssektor trägt rund 5 % zum BIP der EU bei und beschäftigt mehr als 10 Mio. Menschen in Europa. Für Europas Unternehmen und die globalen Lieferketten ist er von entscheidender Bedeutung. Zugleich ist der Verkehr jedoch mit erheblichen Kosten für unsere Gesellschaft verbunden: Er verursacht Treibhausgas- und Schadstoffemissionen, Lärm, Unfälle und eine Überlastung der Verkehrswege.

Auf den Verkehr entfallen heute rund 25 % der gesamten Treibhausgasemissionen in der EU. Vor allem in den letzten Jahren ist dieser Anteil gestiegen. Das Ziel, bis 2050 klimaneutral zu werden, erfordert ein ehrgeiziges Umdenken im Verkehrssektor. Es bedarf einer klaren Marschroute, um die verkehrsbedingten Treibhausgasemissionen bis zum Jahr 2050 um 90 % zu verringern.

Im Sinne einer Senkung der Netto-Treibhausgasemissionen bis 2030 um mindestens 55 % gegenüber 1990 hat die EU-Kommission konkrete Vorschläge für eine neue Klima-, Energie-, Verkehrs- und Steuerpolitik vorgelegt (Abb. 9.8).

9.6   Fazit

Der von der Europäischen Kommission vorgelegte Green Deal ist in erster Linie ein Aufbruchsignal: Mit einer Reihe spezifizierter Vorgaben wird ein Rahmen vorgegeben, innerhalb dessen nun konzeptionelle und technologische Lösungen entwickelt werden müssen, die die ehrgeizigen Ziele in die Realität umsetzen. Dabei geht es nicht nur darum, Emissionswerte zu senken, sondern gleichzeitig die Effizienz der Technologien auf allen Ebenen (nicht zuletzt auf dem Verkehrssektor) zu verbessern.

Dies ist nicht nur von Nutzen für Umwelt und Klima, sondern steigert gleichzeitig die Wirtschaftlichkeit der Unternehmensprozesse, stärkt also die Unternehmen und deren Wettbewerbsfähigkeit. Eine erfolgreiche Umsetzung dieser Strategie zieht wiederum eine wachsende Attraktivität des Green Deals nach sich, wodurch seine Realisierung erleichtert und beschleunigt wird. Im besten Fall kommt so ein sich selbst verstärkender Prozess in Gang, der die heute noch anspruchsvoll erscheinenden Zielvorgaben problemlos erreichbar macht. Dies erfordert aber von Seiten aller Beteiligten einen gemeinsamen Willen und den Mut, neue Wege zu gehen. Bei Absichtserklärungen und Diskussionsrunden in speziellen Gremien darf es nicht bleiben.

Literatur

Europäische Kommission: Europäischer Grüner Deal. https://ec.europa.eu/info/strategy/priorities-2019-2024/european-green-deal_de

Dennis Schneider ist Sales Director Europe North bei der Designwerk Europe GmbH in Lottstetten und verantwortlich für den Vertrieb Batterieelektrische Lkw in 8 Ländern. Die Designwerk gilt als der Vorreiter der Elektromobilität bei schweren Nutzfahrzeugen und gehört seit 2021 mehrheitlich zur Volvo Group. Er ist seit mehr als 20 Jahren für verschiedene Nutzfahrzeughersteller tätig gewesen, wie zum Beispiel MAN, IVECO und Volvo. In den letzten 6 Jahren ist das Thema der alternativen Antriebe und die Veränderung der Transportwelt eines der wichtigsten Themen für ihn geworden. Seit seinem Einstieg bei Designwerk und der Weiterentwicklung der Marke ist Dennis Schneider zu 100 % „elektrisiert".

Markus Emmert ist Unternehmens-, Kommunal- und Politikberater (Energie, Umwelt und Neue Mobilität). Seine Erfahrungen aus über 20 Jahren im Bereich der Erneuerbaren Energien, seine wissenschaftlichen Arbeiten im Bereich der Elektrotechnik (eMSR, IKT und BI) sowie seine diversen Erfindungen, Patente, Gebrauchsmuster und deren Entwicklungen machen ihn zu einem der führenden Experten auf diesem Gebiet. Seinen Fokus legt er dabei auf intelligente Energienetze, bezahlbare Energiepreise und den sinnvollen Umgang mit Energie durch energieeffiziente und intelligente Maßnahmen und Technologien. Seine Expertise, das Netzwerk und die Erfahrung in den unterschiedlichsten Bereichen bilden seine Kernkompetenz, dabei stehen Nachhaltigkeit, Effizienz, Umwelt und Zusammenarbeit/Partnering stets im Vordergrund. Als Berater, Trainer, Autor, Redner, Moderator und Experte ist er zu diversen Veranstaltungen, Symposien und Diskussionen geladen. Er ist Vorstand im Bundesverband eMobilität und in diversen Gremien.

Die Logistik als Möglichmacher einer nachhaltigen Kreislaufwirtschaft

10

Katja Busch

Zusammenfassung

Ein Aspekt der nachhaltigen Wirtschaft besteht darin, sicherzustellen, dass Produktion und Konsum weltweit mit den Zielen des Umweltschutzes vereinbar sind. Dies erfordert die Abkehr vom vorherrschenden Modell „Produzieren-Verkaufen-Nutzen-Entsorgen" hin zu einem Modell, das die Nutzungsphase verlängert, die Verkaufsphase um neue Geschäftsmodelle erweitert und Abfall in wertvollen Input für die Produktion umwandelt – die Kreislaufwirtschaft. Die Logistikbranche spielt hierbei eine wesentliche Rolle als „Möglichmacher" der entsprechenden Lieferkreisläufe. Besonders einflussreich kann sich die Kreislaufwirtschaft dabei in der Mode- und Unterhaltungselektronikindustrie zeigen, da diese Branchen einen hohen Ausstoß von Treibhausgasemissionen verursachen sowie allgemein starke Auswirkungen auf die Umwelt haben. Die entscheidenden Dimensionen der Kreislaufwirtschaft bilden die 5R: Verringerung des Einsatzes von Neumaterialien (Reduce), Reparatur von Produkten zur Verlängerung ihrer ersten Lebensdauer (Repair), Aufarbeitung älterer Produkte (Refurbish), der Wiederverkauf von Produkten (Resell) sowie das Recycling von Produkten am Ende ihrer Lebensdauer (Recycle). Auf dieser Grundlage konnten 3 Treiber und 10 Bausteine identifiziert werden, die den erfolgreichen Übergang zur Kreislaufwirtschaft ermöglichen.

K. Busch (✉)
Bonn, Deutschland
E-Mail: katja.busch@dhl.com

© Der/die Autor(en), exklusiv lizenziert an Springer Fachmedien Wiesbaden
GmbH, ein Teil von Springer Nature 2023
P. H. Voß (Hrsg.), *Die Neuerfindung der Logistik*,
https://doi.org/10.1007/978-3-658-41084-1_10

10.1 Einleitung

Der Klimawandel ist eine anhaltende, globale Bedrohung. Die Verringerung der Treibhausgasemissionen ist eine wesentliche Voraussetzung für die Verlangsamung des Temperaturanstiegs, und viele wichtige Maßnahmen, wie zum Beispiel die Energiewende, sind bereits im Bewusstsein der Gesellschaft verankert. Doch auch darüber hinaus braucht es weitere Ansätze, wie beispielsweise den Abschied von der traditionellen Wegwerfgesellschaft. Als Alternative soll ein neues, nachhaltiges und transparentes Ökosystem in Betracht gezogen werden: die Kreislaufwirtschaft.

Das Grundprinzip der Kreislaufwirtschaft sind multidirektionale Waren-, Material- und Abfallströme. Um eine erfolgreiche Umstellung zu gewährleisten, ist eine Reihe an Anpassungen notwendig: Produktionsvolumina und -materialien müssen optimiert, Lebenszyklen verlängert, neue Verwendungsmöglichkeiten für Produkte entwickelt und am Ende der Nutzungsphase auch Recycling-Lösungen gefunden werden. Studien zufolge lassen sich in den Lieferketten so bis zu 40 % (Circle Economy 2021) der anfallenden Emissionen einsparen – und das kosteneffizienter als mit allen anderen Ansätzen der Dekarbonisierung (World Economic Forum 2021a). Dieses Kapitel fokussiert sich dabei insbesondere auf zwei Branchen: Mode und Unterhaltungselektronik. Die Produkte dieser Branchen finden aufgrund ihrer Eigenschaften und des Verbraucherverhaltens oftmals schnell ihren Weg in den Müll und sind somit prädestiniert für die Kreislaufwirtschaft.

Eine der Grundvoraussetzungen zur Einführung des Kreislaufmodells ist vor allem die Unterstützung von Logistikexperten. Insbesondere innovative Geschäftsmodelle, die auf Weiterverkauf, Reparatur, Aufbereitung und Recycling basieren, hängen von einer gut durchdachten Struktur und gekonnten Steuerung multidirektionaler Ströme ab. Mit einem verlängerten Lebenszyklus von Produkten und Rohstoffen wird deshalb die Bedeutung der Logistik für den wirtschaftlichen Erfolg zunehmen.

10.2 Ausgangssituation: Umweltauswirkungen von Mode und Unterhaltungselektronik

Um zu verstehen, was die Kreislaufwirtschaft für die Welt von morgen in der Mode und der Unterhaltungselektronik bedeutet, müssen zuerst einmal die ökologischen Herausforderungen von heute analysiert werden. Die Lieferketten sind außergewöhnlich komplex, ziehen sich über mehrere Kontinente und umfassen zahlreiche Lieferanten auf unterschiedlichen Ebenen. Übergeordnet lassen sich drei Bereiche erkennen, auf die diese Lieferkettenstrukturen einen direkten Einfluss haben: Klima, Ressourcen und Gesellschaft.

Klima

Konservativen Schätzungen zufolge ist die Modebranche für 4 % (McKinsey 2020a; Institute of Positive Fashion 2021), die Branche der Unterhaltungselektronik für ca. 2 % (Arcep 2020) der globalen Treibhausgas-Emissionen verantwortlich. Damit treiben sie nicht nur die Klimaerwärmung merklich an, sie stoßen zusammen beispielsweise auch doppelt so viel Treibhausgase aus wie die Luftfahrt (3 %) (World Economic Forum & McKinsey 2020; European Commission 2021) und fast genauso viel wie die gesamte Bevölkerung der Europäischen Union. Findet in den Köpfen der Verbraucher kein Umdenken und im Lebenszyklusmanagement für Kleidung und Elektronik keine Veränderung statt, wird der Treibhausgas-Ausstoß der beiden Branchen bis 2030 um 60 % steigen (United Nations 2020).

Natürliche Ressourcen
Nicht nur der direkte Beitrag zum Klimawandel, sondern auch der Verbrauch von **nicht erneuerbaren Ressourcen** in der Produktion von Mode und Unterhaltungselektronik ist ein ernsthaftes Problem. Dies gilt insbesondere für Produkte wie Smartphones, in denen in der Regel eine zweistellige Anzahl unterschiedlicher Metalle – darunter seltene Erden – steckt. Zur Verdeutlichung: Minerale und seltenen Metalle machen rund 60 % bis 70 % des Gewichts eines durchschnittlichen Smartphones aus (PCS Wireless 2020). Da die Vorkommen dieser Stoffe rar sind, ist Recycling umso wichtiger. Aber auch in der Modebranche spielt die Nutzung nicht erneuerbarer Ressourcen eine große Rolle, da zum Beispiel Kunstfasern wie Polyester häufig aus fossilen Brennstoffen gewonnen werden.

Neben dem reinen Materialverbrauch in der Produktion sind aber auch Faktoren wie die **Flächennutzung**, der **Wasserverbrauch** oder **Abfälle der Produktion** zentrale Themen. Die Modebranche beansprucht weltweit rund 40 Mio. Hektar Land für sich – eine Fläche Größer als Deutschland und die Schweiz zusammen. Genutzt wird dieses Land in erster Linie für den wasserintensiven Baumwollanbau. Der **globale Wasserverbrauch** der Modebranche beläuft sich auf 150 Billionen Liter pro Jahr, für die Produktion eines durchschnittlichen T-Shirts werden beispielsweise bis zu 2700 L verwendet (WWF 2013). Zudem wird Wasser nicht nur verwendet, sondern es wird auch verunreinigt – zum Beispiel, wenn zur Färbung eingesetzte Chemikalien ins Trinkwasser gelangen (Forbes 2020).
Ist der Lebenszyklus eines Produkts dann vorüber, wandert es häufig in den **Müll**. Dies gilt insbesondere für Elektrogeräte: Bei einem wesentlichen Teil des Elektroschrotts handelt es sich um Unterhaltungselektronik. Die Folgen für die im vorherigen Absatz genannten Land- und Wasserressourcen sind oftmals verheerend. Auch wenn der Markt für Elektroschrott weltweit wächst und von einer Verdreifachung des Marktes zwischen 2019 und 2027 ausgegangen wird (Statista 2020) – 80 % der Unterhaltungselektronik wird am Ende der Nutzungsphase nicht dem Recycling zugeführt (DHL 2022).

Gesellschaft
In der modernen Linearwirtschaft werden immer mehr Rohstoffe gefördert und zeitgleich wird immer mehr Abfall produziert. Für die Gesellschaft bleibt das nicht ohne Folgen, wie das Beispiel Unterhaltungselektronik zeigt. Immer wieder kommt es beim Abbau von Bodenschätzen für die Produktion von Smartphones & Co. zu Grubenunglücken oder Arbeiter kommen in Kontakt mit gefährlichen Schadstoffen. Doch nicht nur im Rahmen der

Produktion, auch bei der Verwertung von Elektroschrott können Schwermetalle freigesetzt werden. Wird der Müll nicht ordnungsgemäß recycelt, sondern auf illegalen Deponien „entsorgt", kommt es bei den Menschen, die von der Weiterverarbeitung dieser Abfälle leben, immer wieder zu Vergiftungen (DHL 2022).

10.3 Mission: Kreislaufwirtschaft birgt ein großes Potenzial für CO$_2$-Neutralität und Umwelt

Die Linearwirtschaft basiert auf der Grundannahme einer Wegwerfgesellschaft. Dabei haben Hersteller primär die Produktion von Gütern und ihren Komponenten im Blick, während die Verantwortung für die Nutzung und Entsorgung des Produktes beim Verbraucher verbleibt. In der Kreislaufwirtschaft hingegen werden Produktkonzeption, -herstellung und -konsum neu gedacht. Ein Produkt soll heute so produziert, verkauft und benutzt werden können, dass es nach Gebrauch zum Rohstoff von morgen wird (European Environment Agency 2021). Sowohl Herstellern als auch Verbrauchern kommt dabei eine aktivere Rolle zu. Der Fokus liegt auf einem effizienten und wirtschaftlichen Ressourceneinsatz und der Wertschöpfung über die erste Nutzungsphase hinaus.

Insbesondere in der Mode- und Unterhaltungselektronikbranche kann ein schonender Umgang mit Ressourcen bzw. das Recycling von Rohstoffen besonders wirksam sein. Das Gros der Treibhausgas-Emissionen entfällt mit 71 % bei Mode (McKinsey 2020a) und zu 80 % (World Economic Forum 2021b) bei Smartphones, als Beispiel aus dem Bereich der Unterhaltungselektronik, auf die Produktion.

Mit der Produktion als Hauptverursacher von Treibhausgasen ist es im Sinne einer besseren CO$_2$-Bilanz von entscheidender Bedeutung, die Nutzungsphase von Kleidung und Unterhaltungselektronik zu verlängern und gleichzeitig dafür zu sorgen, dass sie am Ende der Nutzungsphase als Rohstoffe in den Kreislauf zurückgeführt werden – ganz im Sinne der fünf Prinzipien der Kreislaufwirtschaft (Abb. 10.1).

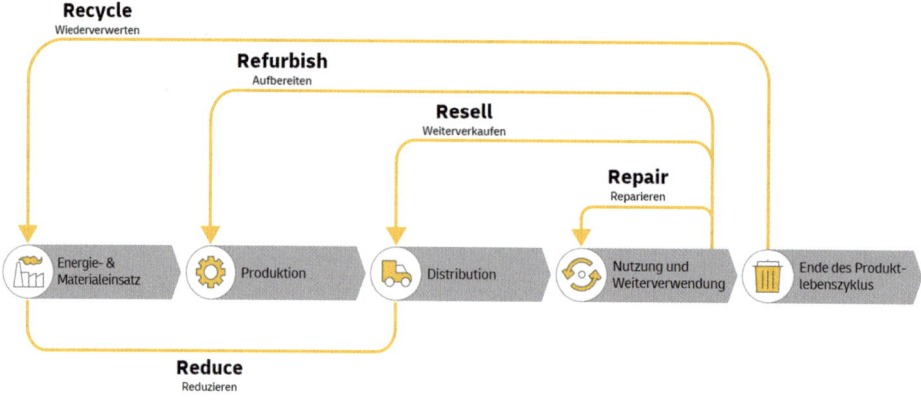

Abb. 10.1 Die fünf Prinzipien der Kreislaufwirtschaft. (DHL 2022)

Reduce – Reduzieren: Insbesondere in der Modebranche herrscht eine signifikante Überproduktion von 20 % bis 30 % (McKinsey 2020b; Fashion United 2018). Reduziert werden soll neben der Gesamtproduktionsmenge aber auch der Materialaufwand in der Produktion.

Repair – Reparieren: Durch selbst oder von Fachleuten durchgeführte Reparaturen lässt sich die Nutzungsphase eines Produkts deutlich verlängern und der Wert vieler Konsumgüter langfristig erhalten.

Resell – Weiterverkaufen: Ein Kleidungsstück wird im Durchschnitt nur etwa drei Jahre getragen, das durchschnittliche Smartphone wird gerade einmal zwei Jahre lang benutzt (Langley et al. 2013; Statista 2017). Durch Wiederverkäufe lassen sich massive Treibhausgas-Einsparungen erzielen.

Refurbish – Aufbereiten: Unter Aufbereitung versteht man die Rücknahme funktionsfähiger Produkte mit und ohne Gebrauchsspuren durch den Hersteller oder spezielle Anbieter, die das Produkt begutachten, generalüberholen und anschließend wiederverkaufen.

Recycle – Wiederverwerten: Selbst ganz am Ende der Nutzungsphase, wenn Reparatur oder Aufbereitung nicht mehr sinnvoll sind, ist das Produkt für den Kreislauf nicht verloren: Nun geht es um die Extraktion wertvoller Komponenten und Materialien, die schließlich als sogenannte Sekundärrohstoffe in einen neuen Produktionszyklus fließen können.

Mit der Umsetzung dieser fünf Prinzipien lässt sich der CO_2-Fußabdruck eines T-Shirts oder Smartphones deutlich verringern. Bei aus Sekundärrohstoffen hergestellten Artikeln fallen 55 % bis 75 % weniger Emissionen an als bei ihren Pendants aus Primärrohstoffen (DHL 2022).

10.4   Transformation: Die Treiber und Bausteine der Umstellung von Lieferketten auf Lieferkreisläufe

Der Systemwandel – weg von einer traditionellen, linearen Lieferkette hin zu geschlossenen Lieferkreisläufen – muss derart gestaltet sein, dass alle Beteiligten und die Gesellschaft als Ganzes von der Transformation profitieren. Dies setzt eine enge Zusammenarbeit aller Beteiligten voraus: Ehemals monodirektionale Geschäftsbeziehungen müssen neu definiert werden. Hinsichtlich der Verwirklichung eines Lieferkreislaufs haben wir drei Treiber und zehn Bausteine identifiziert:

10.4.1 Die Treiber des Lieferkreislaufs

Kreislauforientiertes Verbraucherverhalten

▶   Ein kreislauforientiertes Verbraucherverhalten ist für einen erfolgreichen Paradigmenwechsel von entscheidender Bedeutung. Denn nur wenn die Verbraucher mitspielen, fließen nicht nur immer mehr Waren in den Kreislauf zurück, es steigt auch die Nachfrage nach Produkten, die den oben genannten fünf Prinzipien entsprechen. Allerdings zeigen sich Verbraucheranspruch und -verhalten nicht immer kongruent. Hier braucht es unter anderem attraktive Anreize, unterstützende Rahmenbedingungen, regulatorische Vorgaben sowie intelligente Logistik-Lösungen.

Sowohl in der Privatwirtschaft als auch auf regulatorischer Seite werden zunehmend Maßnahmen ergriffen, um das Verbraucherverhalten in neue Bahnen zu lenken. Im privatwirtschaftlichen Bereich haben führende Unternehmen Initiativen wie Rabattaktionen ins Leben gerufen, über die Altware unkompliziert in Zahlung gegeben werden kann und somit Anreize für zirkuläre Verhaltensmuster setzt. Ganz nebenbei kann diese direkte Interaktion mit den Kunden am Ende der Nutzungsphase zudem die Kundenbindung stärken. Auf regulatorischer Seite hingegen werden Maßnahmen ergriffen, um die Öffentlichkeit zu sensibilisieren und Leitplanken für die weitergehende Produktnutzung und Verwertung zu setzen.

Unterstützung für beide Seiten kommt dabei aus der Logistik. Sie schafft die Grundvoraussetzungen für praktische Rücknahmeinitiativen und bietet intelligente Lösungen, die zirkuläres Verbraucherverhalten fördern – wie Lager- und Reparaturzentren, die von mehreren Herstellern oder Unternehmen genutzt werden. Je einfacher es Verbrauchern gemacht wird, zirkuläre Angebote zu nutzen, desto wahrscheinlicher ist es auch, dass diese Angebote angenommen werden.

Zirkuläre Lieferketten

▶   Wer den zirkulären Ansatz erfolgreich umsetzen will, muss unweigerlich Lieferketten reorganisieren, um die Warenströme anpassen zu können – und steht dabei schnell vor zwei Herausforderungen: I) Wie können Produkte am Ende der Nutzungsphase wieder in den Kreislauf zurückgeführt werden und II) wie können die neuen Warenströme effizient, praktisch und zeitgleich umweltfreundlich gestaltet werden?

Um Produkte, die das Ende ihrer Nutzungsphase erreicht haben, in den Kreislauf zurückzuführen, braucht es praktische Rückgabe- und Sammlungsmöglichkeiten, die so gestaltet sind, dass Verbraucher sie in Anspruch nehmen. In einer funktionierenden Kreislaufwirtschaft wird in der Folge die Menge zurückgenommener Waren steigen. Diese Ströme müssen gut in die bestehende Lieferkette integriert werden, zum Beispiel durch Konsolidierungen. Bei der Ausarbeitung der konkreten Ströme muss dabei sowohl auf geografische wie auch prozessuale Aspekte Rücksicht genommen werden, um beispielsweise die Transportwege der Güter so kurz wie möglich zu halten. Eine intelligente Lieferkette nach den fünf Grundprinzipien der Kreislaufwirtschaft ist somit eine tragfähige Basis für ein erfolgreiches, zirkuläres Ökosystem.

Transparenz und Strukturierung der Lieferkette

▶ Eine zirkuläre Lieferkette ist komplexer als eine lineare. Entsprechend wichtiger sind Transparenz und ein durchdachter Aufbau. Um diese Herausforderung zu meistern, braucht es digitale Technologie und die Unterstützung erfahrener Logistikdienstleister.

Moderne Technologien und Tracking-Anwendungen sorgen in der Kreislaufwirtschaft mit ihren multidirektionalen Produktströmen für Transparenz durch Digitalisierung. In entsprechender Forschung und Entwicklung wurden über die letzten Jahrzehnte große Fortschritte erzielt und jüngste Innovationen sind auch auf industrielle Fertigungsprozesse anwendbar. So kann der gesamte Produktlebenszyklus nachverfolgt werden, von Produktion über den Verkauf hinaus bis hin zur Anwendung. Werden diese neuen Möglichkeiten für den konkreten Anwendungsfall passend skaliert und kosteneffizient eingesetzt, lassen sich Lagerbestände optimal verwalten.

Die Strukturierung einer Lieferkette kann dabei vor allem durch Logistikdienstleister erfolgen. Sie verfügen in der Einführung von hochmodernen Technologien wie zur Nachverfolgung von Waren oder der Datenanalyse über die Erfahrung und Expertise, die es für eine optimale Abstimmung braucht. Diese Technologien werden stetig weiterentwickelt und so auch den geänderten Ansprüchen der Kreislaufwirtschaft gerecht. Zu diesen Ansprüchen zählt vor allem die Produktionsplanung (z. B. der Einsatz von recycelten Materialien) oder das Bestandsmanagement (z. B. das Management von zurückgenommenen Artikeln). Wenn der technische Fortschritt auf den physischen Lieferkreislauf abgestimmt und mit ihm verzahnt wird, können die Vorteile einer von Ende zu Ende transparenten Lieferkette voll zum Tragen kommen.

Um Lieferkreisläufe zu realisieren, braucht es neben diesen drei Treibern zudem insgesamt zehn Bausteine. Die zu diesen Bausteinen gehörenden Handlungsfelder und Ziele verteilen sich auf die verschiedenen Phasen eines Produktlebenszyklus – von der Forschung und Entwicklung bis zum Ende der Nutzungsphase.

10.4.2 Die Bausteine des Lieferkreislaufs

Forschung und Entwicklung: Optimierung von Rohstoffen und Produktdesign
1. Kreislauforientiertes Design

▶ Heute fokussiert die Produktentwicklung vor allem die Fertigung und das Design – nicht die Abfallvermeidung. Umso wichtiger sind innovative Produkte, bei denen der Kreislaufgedanke schon in der Konzeption einbezogen wird. Zu den größten Herausforderungen der Kreislaufwirtschaft zählen die Vielzahl der in einem einzigen Produkt verwendeten Materialien sowie die schwierige Zerlegung eines fertigen Produkts am Ende der Nutzungsphase. Damit Unternehmen in Innovationen investieren, darf eine zirkuläre Ausrichtung nicht zur Hürde für Umsatzwachstum und Wirtschaftlichkeit werden.

Wie viele unterschiedliche Materialien in einem einzigen Produkt verwendet werden, lässt sich am Beispiel eines klassischen Turnschuhs gut verdeutlichen: Ein Schuh enthält über ein Dutzend verschiedener Materialien. Recyceln lässt sich ein solcher Sneaker jedoch nur, wenn die unterschiedlichen Materialien aufwändig getrennt würden – und das ist teuer. Nicht zuletzt deshalb wird nur 1 % aller Textilien in einem sogenannten geschlossenen Kreislauf recycelt und damit am Ende der Nutzungsphase für Neuware gleicher Art verwertet (Ellen MacArthur Foundation 2017).

Bei vielen Produkten werden Reparatur und Recycling durch die Art und Weise, mit der verschiedene Materialien oder Komponenten miteinander verbunden werden, erheblich erschwert. Klebstoffe beispielsweise erleichtern die Montage, machen die Demontage eines Produktes aber nahezu unmöglich. Ein Ansatz hingegen, bei dem schon in der Produktkonzeption der gesamte Lebenszyklus betrachtet wird, ist „Debonding on demand". Verwendet werden hier unter anderem Klebeverbindungen, die sich durch externe Einflüsse gezielt wieder lösen lassen, beispielsweise durch magnetische Induktion (Bandl et al. 2020). Ein weiterer Ansatz ist ein modularer Produktaufbau, wie er in der Unterhaltungselektronik verstärkt zum Einsatz kommt. Modularität ermöglicht eine einfache Zerlegung oder schnelle Reparatur, da Einzelteile problemlos ausgetauscht werden können.

2. Entwicklung innovativer Materialien

▶ Eine weitere Voraussetzung für einen geschlossenen Lieferkreislauf sind innovative Materialien, die mit einer hohen Energieeffizienz und einer guten Recyclingfähigkeit überzeugen.

Energieeffizienz ist gleichbedeutend mit verstärkter Nachhaltigkeit – entweder durch einen geringen Ressourcenverbrauch oder einen niedrigen Emissionsausstoß. So gilt beispielsweise die Naturfaser Hanf aufgrund ihres geringen Wasserbedarfs, schnellen Wachstums und hohen Ertrags pro Quadratmeter sowie des nur geringfügig notwendigen Einsatzes von Pestiziden und Düngemitteln im Anbau als besonders umweltfreundlich. Darüber hinaus haben auch schon Fasern ihren Weg auf den Markt gefunden, die teilweise aus wiederverwerteten Textilabfällen bestehen (so zum Beispiel die Lyocellfasern mit Refibra™-Technologie von Inditex).

Neben der Entwicklung neuer Materialien bringt auch der Einsatz von recycelten Materialien Vorteile: Für Altmaterial als Ausgangsstoff sprechen sowohl eine weniger störungsanfällige Lieferkette als auch stabilere Preise. Um von gut recycelbaren Materialien vollumfänglich zu profitieren, müssen Logistikdienstleister jedoch sicherstellen, dass Altmaterialien so effizient und nachhaltig wie möglich in den Kreislauf zurückgeführt werden können.

Herstellung: Ressourcenverbrauch senken, Einsatz recycelter Materialien steigern

3. On-Demand-Produktion und zirkuläre Produktionsprozesse

▶ Auf Produktionsebene gibt es zwei Variablen: I) den Herstellungsprozess, bei dem im Sinne einer echten Kreislaufwirtschaft ein zirkulärer Ressourceneinsatz sichergestellt werden muss und II) die Produktionsleistung, bei der es vor allem darum geht, Überproduktion zu vermeiden.

Von Materialresten bis Abwasser – wo etwas produziert wird, fallen Abfälle an. Um die Produktion zirkulär aufstellen zu können, müssen Lösungen entwickelt werden, mit denen Abfälle sowohl auf ein Minimum reduziert als auch so umfassend wie möglich wiederverwertet werden. Abwasser der Produktion eignet sich beispielsweise als Kühlwasser – eine leicht umsetzbare Wiederverwendung, die den hohen Wasserverbrauch der Mode- und Unterhaltungselektronikbranche mindern könnte.

Doch selbst bei zirkulär optimierten Produktionsprozessen gibt es ein Problem: Es wird oftmals viel zu viel produziert. Zum Vergleich: etwa 20 % der produzierten Kleidungsstücke werden nie benutzt (McKinsey 2020b). Die Reduzierung von Überproduktion ist deshalb eine Voraussetzung für eine erfolgreiche Kreislaufwirtschaft. Dafür braucht es jedoch Agilität, eine nachfragebasierte Produktion und eine möglichst späte Produktdifferenzierung.

In der Theorie heißt nachfragebasierte Produktion, dass ein Kleidungsstück nur auf Bestellung produziert wird. Es bräuchte keine Nachfrageprognosen mehr, es gäbe keine Überproduktion und auch Abfälle könnten so reduziert werden. Eine möglichst späte Produktdifferenzierung bedeutet beispielsweise, dass Kleidungsstücke erst gebleicht oder gefärbt werden, wenn klar ist, was tatsächlich nachgefragt wird. Für eine erfolgreiche On-Demand-Produktion braucht es in der Praxis jedoch ausgesprochen leistungsstarke und zuverlässige Lieferketten. Die Materialströme müssen so optimiert werden, dass schnelle Umschlagzeiten gewährleistet sind.

Darüber hinaus geht die Überproduktion auch mit überflüssigen Beständen einher. Um diese zu minimieren und das Bestandsmanagement agiler zu gestalten, können Logistikdienstleister ihre Kunden mit Bedarfsprognosen unterstützen (beispielsweise für recycelte Materialien, die in neue Produktionsströme zurückgeführt werden).

Distribution: Optimierung von Liefer- und Rücknahmeprozessen

4. Wiederverwendbare und umweltfreundliche Verpackungen

▶ In Anbetracht wachsender Warenströme muss sichergestellt werden, dass die Verpackung Teil der Kreislaufwirtschaft und nicht des Problems (Abfall) ist. Das betrifft sowohl die Verpackung für das Produkt selbst als auch die dazugehörige Versandverpackung. Beide müssen so gestaltet sein, dass sie so häufig wie möglich wiederverwendet oder bestmöglich recycelt werden können.

Immer mehr Hersteller achten darauf, die Produktverpackung kreislauffähig zu gestalten. So ersetzen Smartphone-Hersteller Plastikverpackungen zunehmend durch recycelbare und/oder biologisch abbaubare Alternativen aus Pappe oder Papier. Der Versandverpackung hingegen wurde bislang weniger Beachtung geschenkt, obwohl bis zu 30 % der mit dem Onlinehandel verbundenen Treibhausgas-Emissionen auf sie entfallen (GAiA Ecological Perspectives for Science and Society 2020). Hersteller bewegen sich hier allerdings im Spannungsfeld zwischen Emissions- und Abfallvermeidung: Bei der Produktion von Einwegverpackungen fallen vergleichsweise niedrige Emissionen an, bei Mehrwegverpackungen hingegen mehr.

Um nachhaltige Verpackungslösungen großflächig ausrollen zu können, braucht es abermals die Unterstützung aus der Logistikbranche. Dort verfügt man nicht nur über umfassende Erfahrung mit unterschiedlichen Verpackungsinnovationen, sondern weiß auch, welche Verpackungen sich für bestimmte Waren oder Strecken am besten eignen. In einem idealen Ökosystem arbeiten Unternehmen aus unterschiedlichen Branchen mit ein und derselben Mehrwegverpackung; auch hier können Logistikdienstleister mit ihrer Erfahrung einen entscheidenden Beitrag leisten.

5. Intelligente Lösungen für die Produktrückgabe und -rücknahme

► Um Anreize für die Rückgabe gekaufter, aber doch nicht gewünschter Produkte zu schaffen, haben die beteiligten Instanzen diverse Möglichkeiten: Seien es finanzielle Anreize, digitale Lösungen oder ein entsprechender regulatorischer Rahmen. All diese Hebel sorgen dafür, dass der Wert nicht mehr gewollter Produkte wieder in das zirkuläre System fließt – und moderne Technologie sorgt außerdem dafür, dass weniger Ware retourniert werden muss.

Die Schaffung finanzieller Anreize hat sich beim Retourenmanagement bereits bewährt. Für Verbraucher, die ihre Meinung nach einem Kauf ändern, ist die Rückgabe sowohl praktisch als auch attraktiv, wenn der Verkäufer zum Beispiel eine Geld-zurück-Garantie gewährt. Zeitgleich wird der Ressourcenverschwendung im Umgang mit zurückgegebener Ware in mehreren Ländern von staatlicher Seite entgegengewirkt, um die Vernichtung von retournierten Produkten aus Kostengründen zu vermeiden.

Aus Sicht der Logistik sind die Zusammenführung verschiedener Rücknahmeströme und die auf maximale Effizienz ausgerichtete Optimierung der operativen Abläufe entscheidend. Wem es gelingt, zurückgegebene Neuware und Produkte am Ende der Nutzungsphase in einer Sammlung zu konsolidieren, bietet Kunden durch Komfort einen Mehrwert und leistet gleichzeitig einen wichtigen Beitrag zur Kreislaufwirtschaft. Dabei spielen ökologische und ökonomische Effizienzüberlegungen eine Rolle (wie beispielsweise die Konsolidierung von Sendungen zur besseren Auslastung von Transportfahrzeugen).

Durch den gezielten Einsatz digitaler Technologien kann darüber hinaus die Zahl der Retouren gesenkt werden. So kann der Einsatz von Virtual Reality beim Onlinekauf von

Mode zum Beispiel helfen, die benötigte Größe von Kleidung besser einzuschätzen und so Retouren zu vermeiden.

Nutzung und Wiederverwendung: Verlängerung der Nutzungsphase
6. Neue Nutzungskonzepte

▶   Damit neue, zirkuläre Nutzungskonzepte breite Anwendung finden, müssen diese neuen Geschäftsmodelle Nachhaltigkeit und Wirtschaftlichkeit vereinen.

Nutzungsabhängige Abrechnungsmodelle („Pay-per-Use") oder Produktleasings sind häufig gut für Umwelt und Umsatz. Im B2B-Geschäft erfreuen sich Laptop-Leasings und ähnliche Modelle zunehmender Beliebtheit. Im B2C-Geschäft sind sie weniger verbreitet, obwohl Technikleasing und ähnliche Optionen mit der Verpflichtung zur Übernahme eventueller Reparaturen möglicherweise für eine höhere Kundenakzeptanz sorgen und gleichzeitig aus wirtschaftlicher und nachhaltiger Sicht durchaus attraktiv sind.

Die Plattformen, die es für den Sekundärmarkt braucht, werden von Logistikdienstleistern schon heute bereitgestellt – durchaus auch für kleinere Branchen und Marken. Damit diese Plattformen den Ansprüchen der Kreislaufwirtschaft genügen, müssen sie weiterentwickelt und die zu erwartenden Rücksendungen – egal ob retournierte Neuware oder aufzubereitende Gebrauchtware – optimal integriert werden. Die meisten neuen Nutzungskonzepte setzen ein besonders akkurates und kundenzentriertes Liefersystem voraus. Damit rücken Logistikdienstleister abermals in den Fokus, die diese Konzepte in die Tat umsetzen und mit Verlässlichkeit und Pünktlichkeit Vertrauen schaffen müssen.

7. Wiederverkauf und Aufbereitung

▶   Zu den zentralen Elementen der Kreislaufwirtschaft zählen Wiederverkauf und Aufbereitung, mit denen Wert und Nutzungsphase von Konsumgütern gesteigert beziehungsweise verlängert werden können. Um diese Bestandteile als Nutzungsmodelle erfolgreich zu implementieren, braucht es eine leistungsstarke Logistik, ein eingehendes Verständnis der Umweltauswirkungen und die Entwicklung entsprechender Geschäftsmodelle.

In der Rückwärtslogistik für die Rücknahme funktionsfähiger Produkte zur anschließenden Aufbereitung ist die Unterstützung durch Logistikexperten von entscheidender Bedeutung. Auch können Logistikunternehmen als Intermediäre helfen, indem sie die Prüfung zurückgegebener Produkte im Hinblick auf ihre Eignung für Aufbereitung und Wiederverkauf übernehmen und die Produkte anschließend an den richtigen Partner weiterleiten.

Damit Produkte aus zweiter Hand, egal ob wiederaufbereitet oder nicht, einen signifikanten Anteil am Markt erobern können, müssen die zugrunde liegenden Ökosysteme entsprechend ausgebaut werden. Dafür braucht es herstellerseitig strategische Investitionen in die relevanten Märkte und auch der regulatorische Rahmen will entsprechend gestaltet werden. Außerdem muss unter Verbrauchern Überzeugungsarbeit geleistet und das Potenzial der Produkte klar dargelegt werden. Auch eine gezielte Anreizsetzung – zum Beispiel finanzieller Art – für die Rückgabe nicht länger getragener Kleidungsstücke oder nicht länger genutzter Smartphones, kann zielführend sein.

8. Tragfähige Reparatur-Geschäftsmodelle

▶   In einem zirkulären System wird ein defektes Gerät nicht immer durch ein neues ersetzt, sondern repariert. Aus diesem Standard erwachsen Interessenkonflikte, die aber nicht unlösbar sind. Bei der Bereitstellung von Reparaturservices können Logistikunternehmen wertvolle Unterstützung bieten.

Von der Verantwortung für kleinere Reparaturen, wie Näh- oder Reinigungsarbeiten, bis hin zum Betrieb ganzer Lager- und Reparaturzentren, die von mehreren Herstellern oder Unternehmen genutzt werden – Logistikunternehmen können ihren Kunden rund um das Thema Reparaturen viel Arbeit abnehmen. Dazu zählen auch Dispositionslösungen für das Recycling nicht reparabler Artikel, um unnötige Transporte zu vermeiden. Im Fall eines umfangreicheren Reparaturgeschäfts mit Artikeln aus unterschiedlichen Quellen können Produkte für die Reparatur gebündelt werden, bis für den Transport sinnvolle Mengen erreicht sind.

Die mit Reparaturservices einhergehenden Interessenkonflikte sind nicht von der Hand zu weisen. Wer für seine Produkte umfassende Reparaturservices anbietet, dem entgeht die Marge auf einen Neuverkauf. Anders ausgedrückt: Es besteht Bedarf an neuen, skalierbaren Geschäftsmodellen für Reparaturservices, die sich sowohl für Hersteller als auch für Verbraucher lohnen. Aus Unternehmensperspektive sind besonders Reparaturen attraktiv, die an Miet- oder Leasingverhältnisse, aber auch Aufbereitungsaufträge gekoppelt sind. Reparaturangebote stärken außerdem die Kundenbindung, indem sie eine weitere Interaktionsmöglichkeit eröffnen und die Nutzungsphase eines Produkts verlängern. Von staatlicher Seite kann die Akzeptanz von Reparaturangeboten zum Beispiel mit entsprechenden Richtlinien gefördert werden („Recht auf Reparatur" in der EU).

End-of-Life: Maximierung der Wertschöpfung am Ende der Nutzungsphase
9. Intelligente Sammlung und Rückgewinnung

▶   Die erfolgreiche Transformation einer Lieferkette in einen Lieferkreislauf setzt voraus, dass am Ende der Nutzungsphase noch Wertschöpfung stattfindet. Dabei steht die Wirtschaft vor zwei Herausforderungen: Die Rückführungsquoten müssen gesteigert und Verbraucher dazu motiviert werden, Konsumgüter am „End-of-Life" in den Kreislauf zurückzuführen.

In Deutschland werden rund 84 % aller Kleidungsstücke am Ende der Nutzungsphase in die Altkleider-sammlung gebracht. Würde in allen Ländern und für alle Produkte ein derart hoher Wert erreicht, könnten jedes Jahr über 75 Mio. Tonnen Elektroschrott und Kleidungsabfälle eingespart werden (DHL 2022).

Um immer mehr werthaltige Produkte am Ende ihrer Nutzungsphase in den Kreislauf zurückführen zu können, ist es wichtig, eine flächendeckende Sammlung zu etablieren und Verbraucher zum Mitmachen zu bewegen, beispielsweise mit möglichst geringen Kosten für die Entsorgung. Außerdem brauchen Verbraucher bei der Entsorgung elektronischer Geräte Gewissheit, dass ihre Daten nicht missbraucht werden können.

In der partnerschaftlichen Zusammenarbeit mit Logistikexperten lassen sich beide Herausforderungen meistern. Dank professioneller Datenlöschung beispielsweise, wie sie große Logistikdienstleister anbieten, wird das Risiko des Datendiebstahls eliminiert, sodass Verbraucher sich sicher sein können, dass die Rückgabe ihrer Geräte kein unerwünschtes Nachspiel hat.

10. Fortschrittliche Recyclingtechnologie

▶   Auf die Sammlung folgt das Recycling. Dabei ist es besonders wichtig, dass eine kritische Menge erreicht wird und fortschrittliche Technologien zum Einsatz kommen.

Das Mengenproblem gilt insbesondere für die Textilindustrie, denn für das Recycling von Baumwolle müssen die Baumwollabfälle eine Sortenreinheit (gleiche Farbe) von 90 % aufweisen.

Um die gesammelten Materialien qualitativ so hochwertig wie möglich zu verwerten, bedarf es modernsten Recyclingtechnologien. So existieren Sortierroboter, die dank eines fortschrittlichen Bildverarbeitungssystems verschiedene Materialfraktionen erkennen. Darüber hinaus wird an Recycling-Robotern gearbeitet, die beispielsweise Smartphones zerlegen können und dabei effizienter sind als traditionelle Recyclingsysteme. Die so zurückgewonnenen Wertstoffe können dann bei der Produktion von Neuware wiederverwendet werden. Wenn es gelingt, diese und ähnliche Technologien zu skalieren, könnte dies der Kreislaufwirtschaft einen deutlichen Schub verleihen. Auch andere Vertikalmärkte können dann von der Entwicklung profitieren.

10.5   Fazit

Zusammenfassend zeigt sich die Einführung der Kreislaufwirtschaft als wirkungsvolle, aber auch komplexe Maßnahme im Umgang mit der globalen Bedrohung des Klimawandels, für deren Umsetzung die Logistik eine zentrale Rolle spielt. Das Ziel, sowohl die Produktion als auch den Konsum in Einklang mit einer nachhaltigen Wirtschaft zu bringen, erfordert konsequentes Umdenken und die Abkehr vom vorherrschenden Modell „Produzieren – Verkaufen – Nutzen – Entsorgen". Ein erfolgreicher Paradigmenwechsel von linearen zu zirkulären Lieferketten in der Mode- und Unterhaltungselektronikbranche basiert auf vier Faktoren. Dabei müssen nicht nur alle vier Faktoren zum Tragen kommen, sie müssen auch eine gewisse Durchschlagskraft entwickeln, wenn sich das volle Potenzial des zirkulären Ansatzes entfalten soll – und die Emissionen deutlich sinken sollen. Die gute Nachricht: Zahlreiche Stakeholder-Gruppen verfolgen das Ziel der Kreislaufwirtschaft bereits aktiv und kein Akteur hat die Verantwortung allein zu tragen. Mit der Akzeptanz auf Unternehmensseite und dem Portfolioanteil sind zwei der vier Erfolgsfaktoren bei den Herstellern angesiedelt, die anderen beiden – Akzeptanz auf Verbraucherseite und Engagement – liegen in den Händen der Konsumenten.

Akzeptanz auf Unternehmensseite: Wie hoch ist der Anteil der Unternehmen, die Produkte anbieten oder Geschäftsmodelle verfolgen, die auf das Ziel der Kreislaufwirtschaft einzahlen?

Portfolioanteil: Wie hoch ist der Anteil der Produkte, die auf das Ziel der Kreislaufwirtschaft einzahlen, am Gesamtportfolio eines Unternehmens?

Akzeptanz auf Verbraucherseite: Wie hoch ist der Anteil der Verbraucher, die ihr Verhalten der Kreislaufwirtschaft angepasst haben?

Engagement: Wie hoch ist der Anteil des produktbezogenen Kreislaufverhaltens eines teilnehmenden Verbrauchers?

Um in der Gesamtbetrachtung einen signifikanten Anstieg der Zirkularität beobachten zu können, müssen bei allen vier Faktoren Erfolge erzielt werden. Würden alle vier Bereiche – in einer stark vereinfachten Rechnung und ohne Berücksichtigung von Angebots- und Nachfrageeffekten – einen Wert von über 70 % erreichen, stünde die Kreislaufwirtschaft insgesamt bei bis zu 50 %. Um genauso viele Treibhausgas-Emissionen wie bei 50 % Zirkularität einzusparen, müssten weltweit alle Streamingdienste für rund fünf Jahre den Betrieb einstellen.

Ein Systemwechsel hin zur Kreislaufwirtschaft lässt sich nur gemeinschaftlich erreichen. Unternehmen, Verbraucher, die Logistikbranche und Behörden – alle müssen bewusst an einem Strang ziehen. Die Maßnahmen einer Gruppe von Beteiligten wirken sich auf die einer anderen aus und entsprechend dem Grundprinzip der Kreislaufwirtschaft entstehen positive Selbstverstärkungseffekte: **Unternehmen** bieten zirkuläre Produkte an, die bei **Verbrauchern** auf Akzeptanz stoßen, wodurch die Nachfrage nach weiteren zirkulären Produkten steigt. Um diese Nachfrage zu bedienen, braucht es die Unterstützung von **Logistikexperten**. Und schließlich fördern **staatliche** Anreize sowohl die Nachfrage nach als auch das Angebot an zirkulären Produkten und Lösungen.

Die Kraft des Kreislaufs

Abschließend stellt die Kreislaufwirtschaft in der Mode- und der Unterhaltungselektronikbranche im weltweiten Kampf gegen den Klimawandel eine enorme Chance dar. Zur Erinnerung: Mit Produkten aus Sekundärrohstoffen können bis zu 75 % der Emissionen, die über den gesamten Lebenszyklus eines Produkts hinweg anfallen, eingespart werden.

Die Kreislaufwirtschaft beginnt sich zu einem sich selbst verstärkenden Zusammenspiel zwischen Herstellern und Verbrauchern zu entwickeln. Die Regierungen erarbeiten regulatorische Rahmenbedingungen, die geschlossene Kreisläufe fördern, und Logistikexperten stellen eine effiziente Infrastruktur im Sinne eines neuen, komplexeren, aber umweltfreundlicheren Warenverkehrs bereit. Der Übergang von der Lieferkette hin zum Lieferkreislauf ist somit ein wichtiger Schritt in Richtung der Reduktion von Treibhausgasemissionen.

Literatur

Arcep: Rapport Pour un numérique soutenable 2020, https://www.arcep.fr/uploads/tx_gspublication/rapport-pour-un-numerique-soutenable_dec2020.pdf (2020). Zugegriffen: 30.08.2022

Christine Bandl, Wolfgang Kern, Sandra Schlögl: Adhesives for "debonding-on-demand": Triggered release mechanisms and typical applications, https://pure.unileoben.ac.at/portal/de/publications/adhesives-fordebondingondemand(c211ec0a-47a2-4bd2-8945-3bbcbb1f2a8c).html (2020). Zugegriffen: 30.08.2022

Circle Economy: Circularity Gap Report 2021, https://assets.website-files.com/5d26d80e8836af2d12ed1269/60210bc3227314e1d952c6da_20210122%20-%20CGR%20Global%202021%20-%20210x297mm.pdf (2021). Zugegriffen: 30.08.2022

DHL: Delivering on Circularity – Pathways for Fashion and Consumer Electronics, https://www.dhl.com/global-en/home/insights-and-innovation/thought-leadership/white-papers/delivering-on-circularity.html (2022). Zugegriffen: 30.08.2022

Edward Langley, Stefan Durkacz, and Simona Tanase: Clothing longevity and measuring active use, https://wrap.org.uk/sites/default/files/2021-04/Clothing%20Longevity%20Report.pdf (2013). Zugegriffen: 30.08.2022

Ellen MacArthur Foundation: A New Textiles Economy: Redesigning Fashion's Future, https://ellenmacarthurfoundation.org/a-new-textiles-economy (2017). Zugegriffen: 30.08.2022

European Commission: Reducing emissions from aviation, https://ec.europa.eu/clima/eu-action/transport-emissions/reducing-emissions-aviation_en (2021). Zugegriffen: 30.08.2022

European Environment Agency: Europe's consumption in a circular economy: the benefits of longer-lasting electronics, https://www.eea.europa.eu/publications/europe2019s-consumption-in-a-circular/benefits-of-longer-lasting-electronics (2021). Zugegriffen: 30.08.2022

Fashion United: Infographic: the extent of overproduction in the fashion industry, https://fashionunited.uk/news/fashion/infographic-the-extent-of-overproduction-in-the-fashion-industry/2018121240500 (2018). Zugegriffen: 30.08.2022

Forbes: Out Of Fashion – The Hidden Cost of Clothing Is A Water Pollution Crisis, https://www.forbes.com/sites/mikescott/2020/09/19/out-of-fashionthe-hidden-cost-of-clothing-is-a-water-pollution-crisis/?sh=64ad74da589c (2020). Zugegriffen: 30.08.2022

GAiA Ecological Perspectives for Science and Society: Single-use vs. reusable packaging in e-commerce: comparing carbon footprints and identifying break-even points, https://oekopol.de/src/files/Carbon-Footprint-Comparison-of-Single-Use-vs.-Reusable-Packaging.pdf (2020). Zugegriffen: 30.08.2022

Institute of Positive Fashion: Circular Fashion Ecosystem Report 2021, https://inmotion.dhl/uploads/content/2021/03_Fashion/04_BFC/Circular_Fashion_Ecosytem_Report.pdf (2021). Zugegriffen: 30.08.2022

McKinsey: Fashion on Climate Report, https://www.mckinsey.com/~/media/mckinsey/industries/retail/our%20insights/fashion%20on%20climate/fashion-on-climate-full-report.pdf (2020a). Zugegriffen: 30.08.2022

McKinsey: Biodiversity – the next frontier in sustainable fashion, https://www.mckinsey.com/industries/retail/our-insights/biodiversity-the-next-frontier-in-sustainable-fashion (2020b). Zugegriffen: 30.08.2022

PCS Wireless: New vs. refurbished: The environmental impact of the tech industry, https://www.pcsww.com/new-vs-refurbished-the-environmental-impact-of-the-tech-industry/ (2020). Zugegriffen: 30.08.2022

Statista: Global electronic waste market value in 2019 and 2027, https://www.statista.com/statistics/1154804/global-e-waste-management-market-value/ (2020). Zugegriffen: 30.08.2022

Statista: Replacement cycle length of smartphones worldwide 2013-2020, in months, https://www.statista.com/statistics/786876/replacement-cycle-length-of-smartphones-worldwide/ (2017). Zugegriffen: 30.08.2022

World Economic Forum: Net-Zero Challenge: The Supply Chain Opportunity, https://www.weforum.org/reports/net-zero-challenge-the-supply-chain-opportunity (2021a). Zugegriffen: 30.08.2022

World Economic Forum: Repairing – not recycling – is the first step to tackling e-waste from smartphones. Here's why., https://www.weforum.org/agenda/2021/07/repair-not-recycle-tackle-ewaste-circular-economy-smartphones/ (2021b). Zugegriffen: 30.08.2022

World Economic Forum & McKinsey: Clean Skies for Tomorrow Report 2020, https://www.mckinsey.com/~/media/mckinsey/industries/travel%20transport%20and%20logistics/our%20insights/scaling%20sustainable%20aviation%20fuel%20today%20for%20clean%20skies%20tomorrow/clean-skies-for-tomorrow.pdf (2020). Zugegriffen: 30.08.2022

WWF: The Impact of a Cotton T-Shirt, https://www.worldwildlife.org/stories/the-impact-of-a-cotton-t-shirt (2013). Zugegriffen: 30.01.2022

United Nations: United Nations Race to Zero Campaign, https://racetozero.unfccc.int/one-year-in/ (2020). Zugegriffen: 30.08.2022

Katja Busch verantwortet seit 2018 als Chief Commercial Officer und Head of CSI die Vertriebsorganisation „DHL Customer Solutions & Innovation" im Konzern Deutsche Post DHL. Nach einer naturwissenschaftlichen Ausbildung und sieben Jahren Berufserfahrung bei TNT Express Deutschland wechselte sie 1997 zu Deutsche Post DHL. Von Januar 2013 bis Januar 2018 war sie als Chief Sales Officer (CSO) DHL Paket Deutschland im Unternehmensbereich Post – eCommerce – Parcel tätig. 2013 übernahm sie mit der Position CSO DHL Paket Deutschland die Gesamtverantwortung für den Kundenservice sowohl im Geschäftsfeld Brief als auch Paket, darunter 22 Call-Center von Deutsche Post Customer Service GmbH. Seit März 2014 leitete Katja Buch den internationalen Kundenservice für den Unternehmensbereich Post – eCommerce – Parcel. Im August 2016 wurde ihr zusätzlich die Leitung des neu geschaffenen Bereiches „Globales eCom Key Account Management" übertragen.

Wettbewerbsvorteil der Zukunft – Ecosystem Design

Volker Stich, Gerrit Hoeborn und Daniel Maximilian Spindler

Zusammenfassung

Europa als erster klimaneutraler Kontinent bis 2050 – unter diesem ambitionierten Ziel treibt die Europäische Union eines der größten Transformationsprogramme dieses Jahrhunderts voran. Das Leben und die Gesellschaft wie sie heute existiert, werden in allen Bereichen signifikanten Musterwechseln unterliegen. Von zentraler Bedeutung bei dieser Transformation wird die Mobilität von Personen und Gütern sein. Eine Reduktion von 90 % der Treibhausgasemissionen soll in weniger als drei Dekaden realisiert werden. Insbesondere im Bereich der Urbanen Logistik ist ein nahtloses Zusammenspiel der verschiedensten Akteure, unterstützt durch neuartige digitale und physische Infrastrukturen, notwendig, um eine nachhaltige Zielerreichung bei mindestens konstantem Serviceniveau sicherzustellen. Cross-industrielle Ansätze, die über das Zusammenspiel von komplementären Lösungsbausteinen Co-Creation ermöglichen, werden zum zentralen Wettbewerbsvorteil für alle Akteure. Die Gestaltung von Business Ecosystems rückt deshalb zunehmend in den Fokus und wird aufgrund des enormen Potenzials für die Urbane Logistik in diesem Beitrag beleuchtet.

V. Stich (✉) · G. Hoeborn · D. M. Spindler
Aachen, Deutschland
E-Mail: Volker.Stich@fir.rwth-aachen.de; Gerrit.Hoeborn@fir.rwth-aachen.de;
Daniel.Spindler@fir.rwth-aachen.de

11.1 Klimaziele der EU und aktuelle Trends der Urbanen Logistik fordern innovative Konzepte

„Ich möchte, dass Europa bis 2050 der erste klimaneutrale Kontinent wird. Das geht aber nur, wenn alle an einem Strang ziehen. Unser gegenwärtiges Ziel von 40 % weniger Emissionen bis 2030 ist nicht ausreichend. Wir müssen ehrgeiziger sein. Und wir müssen über uns hinauswachsen. In zwei Schritten möchte ich die CO_2-Emissionen bis 2030 um 50 % senken, möglichst sogar um 55 %."

Rede zur Eröffnung der Plenartagung des Europäischen Parlaments, Ursula von der Leyen. (Europäische Kommission 2019)

Dekarbonisierung steht aufgrund der enormen Dringlichkeit zunehmend im Fokus globaler Klimapolitik und gesellschaftlicher Verantwortung. Von der Leyen machte deutlich, dass die Europäische Union eine Treibhausgasneutralität bis zum Jahr 2050 anstrebt, also eine Netto-Null-Treibhausgasemission. Dieses Ziel steht im Mittelpunkt des Europäischen „Green Deals" und im Einklang mit der Verpflichtung der EU zum weltweiten Klimaschutz im Rahmen des Pariser Abkommens der Vereinten Nationen (UNFCCC 2015).

Um das erklärte 1,5-Grad-Klimaziel zu erreichen, müssen gemeinschaftliche Aktivitäten koordiniert und realisiert werden. Besonders die Transport- und Logistikbranche muss sich ihrer Verantwortung stellen, da sie maßgeblich zum Klimawandel beiträgt. So war der Straßenverkehr im Jahr 2018 mit ca. 888 Mio. Tonnen für 26 % aller CO_2-Emissionen in der EU verantwortlich (Destatis 2022). Davon machten 26 % schwere und 13 % leichte Lkw bzw. Lieferfahrzeuge aus (Destatis 2022). Während die gesamten CO_2-Emissionen in der EU seit 1990 um 23 % gesunken sind, haben die Emissionen im Straßenverkehr im gleichen Zeitraum um 24 % zugenommen (Destatis 2022). Insbesondere Lieferfahrzeuge, die in der **Urbanen Logistik** bzw. in der Logistik der Letzten Meile für Lieferungen von Sendungen zum Endkunden eingesetzt werden, verzeichneten zwischen 1990 und 2018 einen Zuwachs von 58 % (Destatis 2022). Dieser Trend wurde durch die Covid-19 Pandemie und einem damit einhergehenden weltweiten Wachstum im E-Commerce-Bereich deutlich verstärkt. Im Jahr 2020 stieg der Brutto-Umsatz im E-Commerce in Deutschland um 14,6 % (von 72,6 auf 83,3 Mrd. €), mit einem deutlichen Zuwachs der Bestellungen von Waren des täglichen Bedarfs (Bundesverband E-Commerce und Versandhandel 2021). Dadurch beanspruchen Lkw und Lieferfahrzeuge bereits heute 20 % bis 40 % der verfügbaren Straßenflächen (Blinge et al. 2021, S. 1).

Durch die stetige Individualisierung und den Trend zum Onlinehandel wird die Anzahl der Paketsendungen innerhalb Deutschlands weiter zunehmen (Abb. 11.1). Im Jahr 2020 wurden 4,05 Mrd. Zustellungen von Kurier-, Express- und Paketsendungen verzeichnet (Esser und Kurte 2021, S. 13). Bis 2025 wird ein jährliches Wachstum des Sendungsvolumens von 7 % prognostiziert, wodurch mit ca. 5,7 Mrd. Sendungen pro Jahr zum Ende dieses Prognosezeitraums gerechnet wird (Esser und Kurte 2021, S. 13).

Für dieses Wachstum sind vor allem die folgenden fünf Treiber verantwortlich (World Economic Forum 2020, S. 7–9): Urbanisierung kombiniert mit einer zunehmenden Kauf-

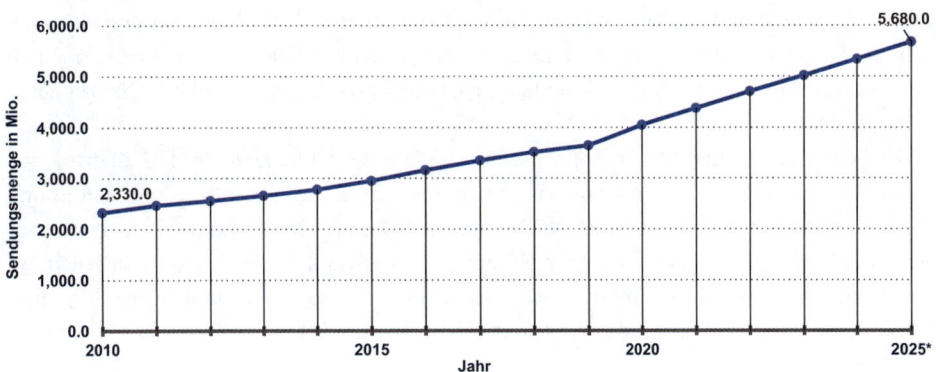

Abb. 11.1 Anzahl der Sendungen von Kurier-, Express- und Paketdiensten (KEP) in Deutschland in den Jahren 2000 bis 2025 (in Millionen). (Esser und Kurte 2021, S. 13) (*ab 2021 handelt es sich um Prognosewerte)

kraft von Haushalten mittleren Einkommens, eine wachsende weltweite Kundenbasis, eine größere Vielfalt an online gehandelten Produkten, neue digitale Geschäftsmodelle, sowie technologische Fortschritte in der Logistikbranche, die neue Kundenbedürfnisse bedienen können (z. B. same-day delivery).

Das rasante Wachstum in der Urbanen Logistik geht mit verschiedenen externen Effekten durch eine steigende Anzahl von Lieferfahrzeugen, wie z. B. zusätzliche CO_2-Emissionen, Verkehrsstörungen und abnehmende Sicherheit der Verkehrsteilnehmer, einher (World Economic Forum 2020, S. 12).

▶ **Externe Effekte** (Bundeszentrale für politische Bildung 2016): Als externe Effekte (auch Externalitäten) bezeichnet man die Auswirkungen ökonomischer Entscheidungen eines Wirtschaftssubjekts auf den Nutzen anderer Wirtschaftssubjekte. Externe Effekte können daher sowohl positive (externe Ersparnisse) als auch negative (externe Kosten) Auswirkungen haben und führen zu einem allgemein Wohlfahrtszuwachs bzw. -verlust. Ein Preis- bzw. Marktmechanismus besteht dabei zwischen den Wirtschaftssubjekten nicht.

Eine Studie der Boston Consulting Group berechnete, dass die jährlichen externen Kosten pro Einwohner, verursacht durch Letzte-Meile-Dienste, zwischen $717 in Boston und $425 in Dallas lagen (Szczepanski et al. 2021). Dabei wurden die externen Effekte durch Lärm, Luftverschmutzung, Unfälle und Verkehrsstörungen berücksichtigt. Da Letzte-Meile-Dienstleister diese Kosten nicht direkt tragen bzw. in ihre Betriebskosten nicht einbeziehen, werden immer mehr Lieferfahrzeuge entsandt, um die steigende Nachfrage der Konsument:innen zu befriedigen (Szczepanski et al. 2021).

Bisherige Lösungsansätze zur Internalisierung der externen Kosten fokussierten sich darauf, die Letzte-Meile-Lieferanten entweder durch direkte Steuern oder durch Gebühren für die Benutzung öffentlicher Straßen an den externen Kosten zu beteiligen (Szczepanski et al. 2021). Während solche Lösungen zwar zu zusätzlichen Einnahmen für den Haushalt urbaner Regionen führen können, adressieren sie trotzdem nicht das eigentliche Problem der vielen Ineffizienzen in der aktuellen Urbanen (Letze-Meile-) Logistik (Szczepanski et al. 2021).

Es bedarf neuer innovativer Konzepte, um sowohl die Klimaziele der EU zu erreichen als auch die weiteren externen Kosten für den urbanen (Lebens-)raum zu reduzieren und gleichzeitig die rasant wachsende Nachfrage nach Letzter-Meile-Logistik zu bedienen. Basierend auf diesen Herausforderungen zeigt dieses Kapitel wie anhand von **Business Ecosystem Design,** durch innovative Formen der Kollaboration und Wertschöpfung, Lösungen für die Reduktion negativer externer Effekte der Urbanen Logistik entwickelt werden können.

Im Wesentlichen sind Business Ecosystems eine Form der Kollaboration zwischen autonomen Unternehmen, die nicht mehr in Isolation, sondern durch Co-Creation Wertschöpfung erzeugen und einen gemeinsamen Zweck verfolgen (Conrad et al. 2022, S. 7).

Viele der wertvollsten Unternehmen der Welt beruhen auf Ecosystem-Konzepten (Birkinshaw 2019). Zum Beispiel operieren 22 % des S&P100 hauptsächlich in Ecosystems, womit sie ca. 40 % der gesamten Marktkapitalisierung dieses Index ausmachen (Pidun et al. 2021).

Ein Beispiel für ein Unternehmen, das ein Ecosystem im Kern seines Geschäftsmodells betreibt, ist Uber. Als ursprünglicher Mobilitätsdienstleister im Personenverkehr vermittelte Uber über seine ursprüngliche Plattform Ride-Hailing-Dienstleistungen zwischen Fahrern mit ihren eigenen Fahrzeugen und Fahrgästen. Über die Jahre investierte Uber in ökosystembasierte Wertschöpfung und fügte organisationsübergreifende Dienstleistungen hinzu. Mittlerweile kann Uber als ganzheitliches Transportunternehmen bezeichnet werden, das nicht nur Ride-Hailing-Dienstleistungen anbietet, sondern auch Essenslieferungen mittels „Uber Eats" und „Postmates", Paketzustellungen, Kurierdienste, Frachttransporte, Verleih von Elektrofahrrädern und -rollern über eine Partnerschaft mit Lime sowie Flussbustransporte (Helling 2022; Uber 2022). Interessanterweise liegen die Entwicklung und Vermarktung von diesen komplementären Dienstleistungen außerhalb der Kontrolle von Uber (Conrad et al. 2022, S. 8). Uber jedoch fördert die Entwicklung solcher Dienstleistungen gezielt durch das Verfügbarstellen von sogenannten APIs („application programming interfaces") (Kepes 2015). Diese Schnittstelle ermöglicht es Entwicklern von „Drittanbietern", sogar Wettbewerbern, ihre Software mit Uber zu verknüpfen und somit Teil des Uber-Ecosystems zu werden.

11.2   Was sind Business Ecosystems?

Um ein grundlegendes Verständnis von Business Ecosystems zu schaffen, wird im Folgenden zunächst das Konzept definiert, bevor dann die verschiedenen Ebenen und Eigenschaften genauer erläutert werden. Darauf folgt in Abschn. 11.3 ein Anwendungsbeispiel von Ecosystems in der Urbanen Logistik.

11.2.1 Definition Business Ecosystems

Business Ecosystems repräsentieren durch ihre Kombination aus offenen Märkten und Unternehmenshierarchien eine neue Form der Organisation von Unternehmen, über Unternehmensgrenzen hinaus (De Meyer und Williamson 2020, S. 62–65). Verschiedene Unternehmen bieten individuelle Produkte und Dienstleistungen an, die über Unternehmen hinweg kombiniert werden können, um gemeinsam Kundenbedürfnisse zu bedienen, die sonst nicht durch ein Einzelunternehmen befriedigt werden könnten (Adner 2017, S. 42–43; Conrad et al. 2022, S. 8). Für den weiteren Verlauf dieses Kapitels werden daher Business Ecosystems wie folgt definiert:

▶ Ein **Business Ecosystem** ist eine dynamische, zumindest teilweise offene Struktur verschiedener voneinander abhängiger, aber sozial und wirtschaftlich autonomer Akteure, die ihre Aktivitäten auf ein gemeinsames Ziel hin koordinieren, um gemeinsam Mehrwert zu schaffen (Conrad et al. 2022, S. 8).

Im Allgemeinen nutzen Ecosystems die Vernetzung von Unternehmen durch digitale, offene Governance-Strukturen durch z. B. APIs, die es Organisationen ermöglichen, gemeinsam (Co-Creation) Wertschöpfung zu erzeugen (Altman et al. 2022, S. 77). Eine solche interorganisationale Kombination aus Produkten und Dienstleistungen erfordert ein modulares Design (Baldwin und Clark 1997; Jacobides et al. 2018), sodass die Kunden bedarfsgerecht wählen können, welche Komponenten sie kombinieren wollen, um ihre individuellen Bedürfnisse zu befriedigen (Conrad et al. 2022, S. 8).

Das eingangs beschriebene Transportunternehmen Uber stellt ein gutes Beispiel für das Prinzip der Modularität dar. Durch API-Schnittstellen können Drittanbieter modulare Dienstleistungen in das Ökosystem von Uber integrieren. Dadurch können z. B. Airlines ihre Buchungsanwendung mit Uber verknüpfen und somit den Uber-Fahrer des Passagiers über Flugverspätungen informieren und die Abholzeit automatisch analog anpassen (Kepes 2015). Kunden können basierend auf ihren Präferenzen verschiedene Kombinationen von Dienstleistungen wahrnehmen. Während manche Kunden v. a. die Ride-Hailing-Dienstleistungen nutzen, verwenden andere z. B. Elektroroller oder -fahrräder.

11.2.2 Ebenen und Eigenschaften von Business Ecosystems

Basierend auf Conrad et al. (2022), lässt sich das Konzept des Business Ecosystems anhand von drei Ebenen beschreiben. Diese haben einige Interdependenzen und können nicht immer in Isolation betrachtet werden (Conrad et al. 2022, S. 10). Jedoch sind sie sehr hilfreich, die wichtigsten neun Eigenschaften und Prinzipien von Business Ecosystems zu verstehen.

Ebene	Eigenschaften	Methoden
Struktur	**①** **Gemeinsamer Purpose und Vision:** Definition eines Ecosystem-Leitbildes inkl. Purpose, Vision und Mission als Grundlage einer gemeinsamen Wertschöpfung	Golden Cicle[1]
	② **Modulare/Komplementäre Lösungen:** Identifikation der modularen und komplementären Komponenten des gemeinsamen Werteversprechens im Ecosystem	Funktions-analyse[2] und V Model[3]
	③ **Co-Creation unter allen Akteuren:** Identifikation und Analyse der notwendigen Akteure, deren kooperativen/kompetitiven Beziehungen sowie deren Ersetzbarkeit	Ecosystem Coopetition Analysis[4]
Beziehung	**④** **Multilaterale Beziehungen:** Visualisierung der multilateralen Beziehungen zwischen den Akteuren und den zugrundeliegenden Transaktionen (Waren/Dienstleistungen, Geld/Kredite, Informationen, immaterielle Güter)	Value Stream Modeling[5]
	⑤ **Informationsbasierte Wertschöpfung:** Informationen werden zwischen den Akteuren geteilt. Dadurch können neue Erkenntnisse über Kundenbedürfnisse gewonnen und das Angebot des Ecosystems verbessert werden.	Informations-modellierung[6]
	⑥ **Autonome Akteure:** Entwicklung einer Governance entlang der vier zentralen *Leitprinzipien* zur Koordination der autonomen, aber voneinander abhängigen Akteure	Governance Model Guidlines[7]
Umfeld	**⑦** **Gemeinsamer Werterahmen:** Definition eines *informellen Rahmens* von Normen, Werten und Regeln (z. B. Kollaboration, Autonomie, Offenheit) in Anlehnung an erfolgreiche Ecosystems	„Artefakte" – Kulturelle Werte in Business Ecosystems[8]
	⑧ **Gemeinsame technologische Infrastruktur:** Befähigung von Transaktionen durch die Schaffung einheitlicher Standards, die Nutzung einer gemeinsamen Plattform oder Schnittstelle	Trilogie grundlegender Technologie-entscheidungen[9]
	⑨ **Netzwerkeffekte:** Nutzung von *drei Flywheel-Effekten*: Datenschwungrad (Lerneffekte), Wachstumsschwungrad (Netzwerkeffekte), Kostenschwungrad (Skaleneffekte)	System Dynamics Analyse[10]

[1] Sinek (2009); [2] Schloske (2020); [3] Graessler et al. (2018); [4] Wieninger et al. (2019); [5] den Ouden (2011); [6] Brombacher et al. (1993); [7] Pidun et al. (2022); [8] Betz et al. (2021); [9] Vorbach (2014); [10] Jifeng et al. (2008)

Abb. 11.2 Business-Ecosystem-Ebenen & -Eigenschaften. (I. A. a. Conrad et al. 2022, S. 10 ff.)

Im nächsten Schritt werden zunächst die Ebenen von Business Ecosystems beschrieben. Abb. 11.2 fasst die Eigenschaften zusammen und schlägt mögliche Methoden zur Entwicklung und Beschreibung dieser vor.

Die drei Ebenen umfassen (Conrad et al. 2022, S. 10):

1. **Ecosystem-Struktur**

   Die Ecosystem-Struktur umfasst die zentralen Charakteristika, um ein gemeinsames Wertversprechen in einem Ecosystem zu schaffen. Hier wird definiert, welche Akteure für welches Ziel und mit welchen Teilen der Lösung zusammenarbeiten.

2. **Ecosystem-Beziehungen**
   Ecosystem-Beziehungen repräsentierten die (im-)materiellen Beziehungen zwischen den verschiedenen Akteuren des Ecosystems. Der Fokus liegt daher auf den Austauschbeziehungen und Austauschmechanismen.
3. **Ecosystem-Umfeld**
   Ecosystem-Umfeld beschreibt die Umgebung und die damit verbundenen Dynamiken, welche den Betrieb des Ecosystems unterstützen und die Skalierbarkeit beeinflussen.

11.3 Anwendungsbeispiel – Ecosystem in der Urbanen Logistik

Wie bereits in Abschn. 11.1 verdeutlicht, fordern die Klimaziele der EU sowie die aktuellen Trends und Herausforderungen in der Urbanen Logistik neue innovative Konzepte. Hierfür stellt sich ein Business- Ecosystem-Ansatz als sehr geeignet heraus, da er die vielen fragmentierten Akteure in der Urbanen Logistik durch Co-Creation zu einer gemeinsamen Wertschöpfung verknüpft. Daher wird im Folgenden eine **Smart Delivery Plattform** exemplarisch vorgestellt, die nicht den Anspruch hat, eine ganzheitliche Handlungsempfehlung darzustellen. Vielmehr soll durch dieses Beispiel das Konzept Business Ecosystems in der Urbanen Logistik und das Zusammenspiel verschiedener Akteure zur Erreichung eines gemeinsamen Wertversprechens demonstriert werden. Des Weiteren werden in Abb. 11.3 die verschiedenen Ebenen und Eigenschaften von Business Ecosystems innerhalb des Anwendungsbeispiels aufgezeigt. In Abb. 11.4 kommt ein Value-Flow-Modell als eine der in Abb. 11.2 vorgestellten Methoden zur Anwendung. Diese Methode dient zur Analyse von multilateralen Beziehungen sowie der zugrunde liegenden Transaktionen zwischen den Akteuren. Bei den Akteuren wird unterschieden, ob sie direkt am Kern des Wertversprechens für die Konsument:innen beteiligt sind oder ob sie komplementäres Angebot bzw. unterstützende Infrastruktur für das Business Ecosystem bereitstellen (den Ouden 2011, S. 168–170).

Das hier vorgestellte Urbane-Logistik-Ecosystem stellt eine innovative Lösung dar, die multimodale, kosteneffiziente, emissions- sowie platzsparende Zustellmethoden im urbanen Raum integriert. Somit können Kundenbedürfnisse besser bedient, negative externe Effekte durch die Urbane Logistik reduziert und die Lebensqualität im urbanen Raum erhöht werden. Die Smart Delivery Plattform soll dazu führen, dass die wachsende Nachfrage nach Urbaner Logistik nicht durch zusätzliche Lieferfahrzeuge kompensiert wird, sondern Transportkapazitäten über Unternehmen hinweg integriert und optimal ausgelastet werden. Dies führt langfristig zu weniger Lieferfahrzeugen auf den Straßen und somit zu weniger Emissionen, Verkehrsstörungen und Lärm sowie mehr Sicherheit für alle Verkehrsteilnehmer.

Kern des Ecosystems ist eine Smart Delivery Plattform, die alle Kurier-, Express- und Paketdienste, „Dropp-off and Pick-up" (DOPU) Stationen, sowie DOPU-Stationen inner-

Ebene	Eigenschaften der Smart Delivery Plattform
Struktur	**Gemeinsamer Purpose und Vision:** Nahtlose und flexible Zustelloptionen für Konsument: innen bei gleichzeitiger Reduktion externer Effekte (z. B. CO_2 Emissionen, Verkehrsstörungen, Lärm) durch die urbane Logistik.
	Modulare/Komplementäre Lösungen: Verschiedene KEP-Dienste sowie DOPU-Stationen und physische Verkaufsorte können unterschiedliche Zustelloptionen über die Plattform anbieten.
	 **Co-Creation unter allen Akteuren:** KEP-Dienste kooperieren durch Datenaustausch, um Sendungen zu koordinieren und Auslieferungsrouten zu optimieren. Gleichzeitig stehen diese Akteure aber in Konkurrenz.
Beziehung	 **Multilaterale Beziehungen:** Abb. 4 illustriert die multilateralen Beziehungen zwischen den Akteuren und die zugrundeliegenden Transkationen (Geld/Kredite, Informationen, Waren/Dienstleistungen und immaterielle Güter)
	Informationsbasierte Wertschöpfung: Durch die Integration von Daten über die verschiedenen KEP-Dienste hinweg können Sendungen besser koordiniert und negative externe Effekte der urbanen Logistik reduziert werden.
	 **Autonome Akteure:** Die verschiedenen Akteure sind zwar voneinander abhängig, agieren jedoch autonom. Es bestehen keine hierarchischen Beziehungen.
Umfeld	**Gemeinsamer Werterahmen:** Um den gemeinsamen Zweck zu erreichen, müssen sich alle Akteure auf einen Werterahmen einigen, der grundlegende Werte wie Kollaboration, Nachhaltigkeit und gegenseitiges Vertrauen umfasst.
	Gemeinsame technologische Infrastruktur: Die Smart Delivery Plattform bildet die Basis für Kollaboration und effizienten Datenaustausch zwischen den verschiedenen Akteuren.
	 **Netzwerkeffekte:** V.a. indirekte Netzwerkeffekte –z. B.: je mehr Online- und Einzelhändler die Plattform adaptieren, desto mehr KEP-Dienste und DOPU Stationen werden dem Ecosystem beitreten (und umgekehrt).

Abb. 11.3 Business-Ecosystem Ebenen und -Eigenschaften im Anwendungsbeispiel der Smart Delivery Plattform. (Eigene Darstellung)

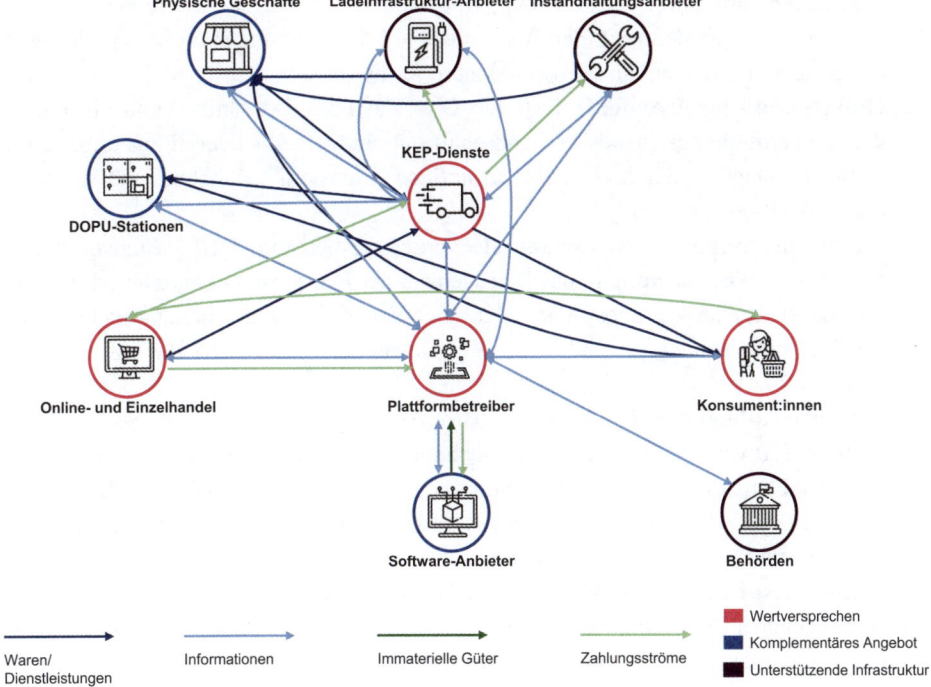

Abb. 11.4 Value-Flow-Modell zur Visualisierung der multilateralen Beziehungen im Anwendungsbeispiel der Smart Delivery Plattform. (Eigene Darstellung)

halb physischer Geschäfte integriert. Der Datenaustausch über Unternehmensgrenzen hinweg wird durch die Plattform gefördert. Der Austausch von Informationen ist ein Positivsummenspiel, bei dem Ecosystem Akteure Informationen teilen können, ohne den Wert dieser Information zu verlieren (Conrad et al. 2022, S. 16; Hoeborn et al. 2022, S. 50). Die Plattform, mit ihrem Interface, ist der einzige Akteur mit dem sich Konsument:innen abstimmen müssen. Dadurch erhöht sich die Flexibilität der Konsument:innen, denn sie können je nach Bedarf ihre Sendungen von verschiedenen KEP-Diensten kombinieren und die beste Zustelloption (Lieferung zum Wunschort) auswählen. Auf der anderen Seite können KEP-Dienste Informationen zu Sendungen und ihren Empfängern austauschen, ihre Lieferpläne und Transportkapazitäten zusammenführen bzw. koordinieren und somit vermeiden, dass gleiche Konsument:innen mehrmals pro Tag, evtl. sogar vom gleichen KEP-Dienst, beliefert werden. Der Online- und Einzelhandel kann durch diese Lösung das Kundenerlebnis durch integrierte und flexiblere Zustelloptionen erhöhen und das Nachhaltigkeitsimage verbessern.

Folgende Übersicht beschreibt die verschiedenen Akteure innerhalb dieses exemplarischen Business Ecosystems (inkl. Beispielunternehmen) sowie deren Funktionen:

1. **Konsument:innen** (z. B. Einwohner:innen NRW, Gen Z, Lehrer:innen): Konsument:innen bilden den zentralen Ausgangspunkt des Wertversprechens, um den sich das gesamte Ecosystem und dessen Akteure formieren.

2. **Online- und Einzelhandel** (z. B. Rewe, Otto, Zalando): Der Online- und Einzelhandel verknüpft die bestehende IT-Landschaft mit der Smart Delivery Plattform, liefert wichtige Daten zu Sendungen (bspw. nötigen Transportkapazitäten) und stellt die Güter bereit.

3. **Plattformbetreiber** (z. B. Kommunale Vertreter, Microsoft, DHL, Timocom): Der Plattformbetreiber übernimmt das Management der Plattform und koordiniert die verschiedenen Akteure des Ecosystems. Der Fokus liegt auf Erfüllung des zugrunde liegenden Wertversprechens gegenüber der Konsument:innen und Befriedigung ihrer Bedürfnisse.

4. **Software-Anbieter** (z. B. Microsoft, IBM, AWS): Der Software-Anbieter stellt das zentrale Softwaresystem, die geteilte technologische Infrastruktur, hinter der Smart Delivery Plattform zur Verfügung und ermöglicht so die effiziente Verknüpfung der verschiedenen Akteure. Der Software-Anbieter kann u. U. auch aktiv die Plattform betreiben und als Orchestrator agieren.

5. **Kurier-, Express-, Paketdienste** (z. B. DHL, Flink, Ducktrain): KEP-Dienste öffnen sich gegenüber ihren Konkurrenten und verändern die damit verbunden Geschäftsmodelle fundamental. Sie tauschen über die Plattform Daten aus, koordinieren dadurch Sendungen und optimieren Routen. KEP-Dienste betreiben außerdem die verschiedenen (grünen) Flotten zur Zustellung von Sendungen zu den Wunschorten der Konsument:innen.

6. **DOPU-Stationen** (z. B. DHL, Hermes, Pakadoo): DOPU-Stationen als flächendeckende Infrastruktur im urbanen Raum stellen sicher, dass Konsument:innen mehr Flexibilität in ihren Zustelloptionen haben. Daher muss ein Netzwerk an bequem erreichbaren und sicheren Paketstationen im urbanen Raum etabliert werden.

7. **Physische Verkaufsorte** (z. B. Galeria Kaufhof, Aldi, lokale Schreibwarenläden): Der klassische Einzelhandel bildet durch sein Netzwerk an Filialen eine wichtige Komponente, um den Konsument:innen eine noch bessere Abdeckung von DOPU-Stationen innerhalb ihrer physischen Ladenflächen zu bieten. Des Weiteren können diese Geschäfte komplementäre Produkte bzw. Dienstleistungen anbieten und profitieren von zusätzlichen Kundenkontaktpunkten.

8. **Ladeinfrastruktur-Anbieter** (z. B. Kommunen, BMW, E.ON): Bereitstellung der Ladeinfrastruktur für elektrische Flotten der KEP-Dienste und DOPU-Stationen.

9. **Instandhaltungs-Anbieter** (z. B. Mennekes, Moon Power, Juice Technology): Instandhaltung der Ladeinfrastruktur sowie der DOPU-Stationen im urbanen Raum.

10. **Gesetzlicher Rahmengeber (z. B. Staat, Bundesland, Kommunen):** Eine politische Institution ist dafür zuständig, die regulatorischen Rahmenbedingungen des Ecosystems zu setzen, öffentlichen Raum für den Bau von DOPU-Stationen freizugeben und Ladeinfrastruktur bereitzustellen. Außerdem müssen Anreize für verschiedene

Stakeholder gesetzt werden, um Netzwerkeffekte auszulösen. Eine wichtige Funktion dieser Rolle ist auch die Bereitstellung von wichtigen Daten wie z. B. Verkehr, Verfügbarkeit von Infrastruktur etc.

11.4 Managementimplikationen – Adaptieren Sie eine Ecosystem-Denkweise

Wertschöpfung durch traditionelle „Pipeline"-Wertschöpfungsketten und Business Ecosystems unterscheiden sich fundamental. Traditionelle Wertschöpfungsketten wandeln Inputs durch eine Reihe von Schritten in Outputs um und werden meistens von einem Unternehmen in Isolation kontrolliert (Omarini 2019, S. 166). Dahingegen findet die Wertschöpfung in Business Ecosystems durch Co-Creation von verschiedenen Akteuren, bestehend aus Organisationen, Kunden und Institutionen, gemeinsam statt (Hoeborn et al. 2022, S. 50). Eine Kombination aus diesen unterschiedlichen Paradigmen in der Wertschöpfung und den oben beschriebenen Eigenschaften von Business Ecosystems impliziert auch neue Managementansätze und Handlungsfelder. Hoeborn et al. (2022, S. 50) beschreiben vier Maßnahmen, um diesen Paradigmenwechsel in Unternehmen zu adressieren:

1. **Neue Denkweise adaptieren:** Anstatt in horizontalen und vertikalen Marktstrukturen zu denken, liegt das Potenzial von Business Ecosystems im gemeinsamen Wertversprechen eines Orchestrators und anderen Ecosystem-Akteuren, die gleichzeitig kooperieren, aber auch konkurrieren. Im Anwendungsbeispiel spiegelt sich dies in der Kooperation zwischen verschiedenen KEP-Diensten und DOPU-Stationen wider, um Konsument:innen integrierte Zustelloptionen zu bieten. „Leading by context", Inspiration und das Befähigen anderer Akteure sind wichtige Aspekte für Unternehmen, die sich Richtung Business Ecosystems orientieren wollen.
2. **Chancen durch digitale Technologien wahrnehmen:** Digitale Technologien sind oft treibende Kraft für die Freisetzung des vollen Potenzials von Ecosystems. Durch das freiwillige Teilen von Informationen innerhalb des Ecosystems können neue Komplementäre gewonnen werden, welche durch Co-Creation am übergeordneten Wertversprechen mitwirken. Die beispielhafte Smart Delivery Plattform demonstriert deutlich, wie wichtig das Teilen von Informationen (z. B. Sendungen und Zustellrouten) für das Erfüllen des gemeinsamen Wertversprechens ist. Auch wenn es im ersten Moment abschreckend wirkt, bisher vertrauliche Informationen über Unternehmensgrenzen hinweg zu teilen, überwiegen die Chancen durch Kollaborationen gegenüber den Risiken deutlich.
3. **Multilaterale Wertschöpfung fokussieren:** Unternehmen sollten sich nicht nur darauf fokussieren, wie ihre eigenen Ressourcen und Fähigkeiten zur Erfüllung der Kundenbedürfnisse und des Wertversprechens beitragen, sondern auch die der anderen

Ecosystem Akteure in den Blick nehmen. Das Anwendungsbeispiel zeigt, wie verschiedene modulare Zustelloptionen zum gemeinsamen Wertversprechen beitragen und Wertschöpfung erzeugen.

Um eine Strategie mit Partnern und Komplementären zu entwickeln, müssen Unternehmen zunächst ihre eigene Position im Business Ecosystem verstehen. Außerdem ist das Festlegen von Mechanismen der Wertschöpfung zwischen mehreren Akteuren eine wichtige Aufgabe für Unternehmen, um sich erfolgreich innerhalb einer Industrie zu repositionieren.

4. **Flexibilität zur Erhaltung der Veränderungsbereitschaft und Lernfähigkeit wahren:** Veränderungsbereitschaft und Lernfähigkeit bilden die Basis von Unternehmen, die langfristig und erfolgreich in Ecosystems agieren wollen. Da Komplementäre und Ecosystempartner ihre Autonomie beibehalten, können diese durch Veränderungen in der Angebotsstruktur das Ecosystem in neue Richtungen lenken. Im Anwendungsbeispiel würde das zum Beispiel bedeuten, dass sich bestimmte KEP-Dienste von der Smart Delivery Plattform zurückziehen, um ihre eigene Plattform zu etablieren. Unternehmen sollten daher flexibel agieren, bereit sein, ihre Rolle innerhalb des Ecosystems stetig neu zu definieren und diese dynamische Umgebung als Lernmöglichkeit zur Entwicklung eines Wertversprechens durch Co-Creation zu nutzen.

11.5   Fazit

Sowohl die Klimaziele der EU als auch die prognostizierten Wachstum-Trends in der Urbanen Logistik und die damit verbundenen negativen externen Effekte für den urbanen Raum erfordern innovative Konzepte. Das Kapitel stellte für diese Herausforderungen einen Business-Ecosystem-Ansatz als möglichen Lösungsweg vor. Autonome Unternehmen eines Business Ecosystems erzeugen nicht in Isolation, sondern durch Co-Creation Wertschöpfung und verfolgen einen gemeinsamen übergeordneten Zweck. Außerdem wurden durch das Anwendungsbeispiel einer Smart Delivery Plattform in der Urbanen Logistik die verschiedenen Ebenen und Eigenschaften von Business Ecosystems exemplarisch verdeutlicht. Logistikunternehmen können sich an den Managementimplikationen orientieren, um das Potenzial der Wertschöpfung durch Business Ecosystems zu nutzen.

Literatur

Adner, R.: Ecosystem as Structure. Journal of Management. **43**, 39–58 (2017). doi: https://doi.org/10.1177/0149206316678451

Altman, E. J., Nagle, F., Tushman, M. L.: The Translucent Hand of Managed Ecosystems: Engaging Communities for Value Creation and Capture. Academy of Management Annals. **16**, 70–101 (2022). doi: https://doi.org/10.5465/annals.2020.0244

Baldwin, C. Y., Clark, K. B. (1997): Managing in an age of modularity. Harvard Business Review, 75(5), 84–93

Birkinshaw, J.: Ecosystem Businesses Are Changing the Rules of Strategy. https://hbr.org/2019/08/ecosystem-businesses-are-changing-the-rules-of-strategy (2019). Zugegriffen: 4. Oktober 2022

Blinge, M., Cossu, P., Liesa, F., Lozzi, G., Migne, C., Ortiz Sánchez, M. D., Schurmans, H., Sjouke, T., Streng, J.: Cities-Regions and companies working together. Guide for advancing towards zero-emission urban logistics by 2030. https://www.etp-logistics.eu/wp-content/uploads/2021/12/POLIS_ALICE_Guide-Zero-Emission-Urban-Logistics_Dec2021-low.pdf (2021). Zugegriffen: 17. Oktober 2022

Bundesverband E-Commerce und Versandhandel: E-Commerce beschleunigt Wachstum deutlich auf mehr als 83 Mrd. Euro Warenumsatz in 2020 – bevh fordert Umdenken in der Politik. https://www.bevh.org/presse/pressemitteilungen/details/e-commerce-beschleunigt-wachstum-deutlich-auf-mehr-als-83-mrd-euro-warenumsatz-in-2020-bevh-forde.html (2021)

Bundeszentrale für politische Bildung (2016): Duden Wirtschaft von A bis Z: Grundlagenwissen für Schule und Studium, Beruf und Alltag [Online]. https://www.bpb.de/kurz-knapp/lexika/lexikon-der-wirtschaft/19316/externe-effekte/

Conrad, R., Hoeborn, G., Neudert, P., Betz, C.: Seizing the Potentials of Ecosystems. Whitepaper, 1–24 (2022). doi: https://doi.org/10.13140/RG.2.2.13027.02083

De Meyer, A., Williamson, P. J.: Ecosystem Edge: Sustaining Competitiveness in the Face of Disruption (2020)

den Ouden, E.: Innovation Design: Creating Value for People, Organizations and Society (2011)

Destatis: Road transport: EU-wide carbon dioxide emissions have increased by 24% since 1990: Passenger cars account for the largest share. https://www.destatis.de/Europa/EN/Topic/Environment-energy/CarbonDioxideRoadTransport.html (2022). Zugegriffen: 4. Oktober 2022

Esser, K., Kurte, J.: KEP-Studie 2021 – Analyse des Marktes in Deutschland: Eine Untersuchung im Auftrag des Bundesverbandes Paket und Expresslogistik e.V. (BIEK). https://www.biek.de/files/biek/downloads/papiere/BIEK_KEP-Studie_2021.pdf (2021). Zugegriffen: 05.10.22

Europäische Kommission: Rede zur Eröffnung der Plenartagung des Europäischen Parlaments, Ursula von der Leyen, Kandidatin für das Amt der Präsidentin der Europäischen Kommission. https://ec.europa.eu/commission/presscorner/detail/de/SPEECH_19_4230 (2019). Zugegriffen: 10. Oktober 2022

Helling, B.: Uber Services: The Company's Ride Options, Products, and Services. https://www.ridester.com/uber-services/ (2022). Zugegriffen: 17. Oktober 2022

Hoeborn, G., Conrad, R., Götzen, R., Betz, C., Neudert, P. K.: Understanding Business Ecosystems Using a Morphology of Value Systems. Research-Technology Management. **65**, 44–53 (2022). doi: https://doi.org/10.1080/08956308.2022.2095841

Jacobides, M. G., Cennamo, C., Gawer, A.: Towards a theory of ecosystems. Strategic Management Journal, 2255–2276 (2018). doi: https://doi.org/10.1002/smj.2904

Kepes, B.: Uber Encourages Its Own Third Pary Ecosystem, The Disruptor Disrupts. https://www.forbes.com/sites/benkepes/2015/04/08/uber-encourages-its-own-third-party-ecosystem-the-disruptor-disrupts/?sh=309ebab57262 (2015). Zugegriffen: 5. Oktober 2022

Omarini, A.: Banks and Banking: Digital Transformation and the Hype of FinTech: Business impacts, new frameworks and managerial implications (2019)

Pidun, U., Reeves, M., Balázs, Z.: How Do You Succeed as a Business Ecosystem Contributor. https://www.bcg.com/de-de/publications/2021/how-to-succeed-as-a-business-ecosystem-contributor (2021). Zugegriffen: 4. Oktober 2022

Szczepanski, K. von, Wagener, C., Mooney, T., McDaniel, L., Mathias, O., Sharp, L.: Only an Eco-system can Solve Last-Mile Gridlock in Package Delivery. https://www.bcg.com/de-de/publica-tions/2021/solving-the-package-delivery-system-problems-with-a-new-ecosystem (2021). Zu-gegriffen: 4. Oktober 2022

Uber: Uber apps, products, and other offerings. https://www.uber.com/us/en/about/uber-offerings/ (2022). Zugegriffen: 17. Oktober 2022

UNFCCC: The Paris Agreement. https://unfccc.int/process-and-meetings/the-paris-agreement/the-paris-agreement (2015). Zugegriffen: 5. Oktober 2022

World Economic Forum: The Future of the Last-Mile Ecosystem: Transition Roadmaps for Public- and Private-Sector Players. https://www3.weforum.org/docs/WEF_Future_of_the_last_mile_ ecosystem.pdf (2020). Zugegriffen: 4. Oktober 2022

Prof. Dr.-Ing. Volker Stich studierte Hüttenwesen an der RWTH Aachen. Seit 1997 ist er Geschäftsführer des Forschungsinstituts für Rationalisierung (FIR) an der RWTH Aachen. Als gemeinnützige, branchenübergreifende Forschungs- und Ausbildungseinrichtung vereint das Forschungsinstitut unter seiner Leitung vielfältige Projekte auf dem Gebiet der Betriebsorganisation und Unternehmens-IT. Das Ziel ist es hierbei, die organisationalen Grundlagen für das digital vernetzte industrielle Unternehmen der Zukunft zu schaffen. Weiterhin leitet er das Cluster Smart Logistik auf dem RWTH Aachen Campus und ist im Vorstand verschiedener Verbände, darunter auch der Club of Logistics e. V., tätig.

Gerrit Hoeborn, M.Sc., studierte Betriebswirtschaftslehre und Maschinenbau an der RWTH Aachen und der Tshinghua Universität. Er ist Leiter des Bereichs Business Transformation am Forschungsinstitut für Rationalisierung (FIR) an der RWTH Aachen. Seine Forschungsthemen fokussieren sich auf Business Ecosystems und digitale Geschäftsmodelle. Durch zahlreiche Beratungsprojekte in verschiedenen Industrien besitzt Gerrit Hoeborn umfangreiche Kenntnisse im Bereich Ecosystem Design. In seinen Projekten untersucht er multilaterale Beziehungen zwischen Ecosystem-Akteuren, die damit verbundenen Transaktionen und inwieweit eine digitale Infrastruktur informationsbasierte Wertschöpfung ermöglicht.

Daniel Maximilian Spindler, M.Sc., studierte International Management an der Università Bocconi in Mailand. Seit 2022 ist er als Projektmanager am Forschungsinstitut für Rationalisierung (FIR) an der RWTH Aachen in der Abteilung Business Transformation tätig. Innerhalb der Fachgruppe Ecosystem Design bearbeitet Daniel Spindler vielfältige Industrie- und Forschungsprojekte mit Fokus auf Nachhaltigkeit und Digital Business Transformation.

Die Multi-User-Fläche in der Praxis

12

Denise Schuster

Zusammenfassung

Der Transformationsprozess hin zu einem klimaneutralen Europa gelingt im Bereich der Logistikprozesse nur durch Nutzung bestehender, bereits versiegelter Flächen. Diese Flächen sind dann optimal ausgelastet, wenn sie verschiedenen Nutzergruppen vom Last Mile Logistiker, über den Lkw-Übernachter, bis hin zum Angestellten im Gewerbegebiet mit E-Fahrzeug entscheidende Vorteile bieten. Das Schlagwort im Ecosystem Design heißt daher Multi-User-Fläche.

12.1 Herausforderung Lkw-Parken

Nach einer Studie von Park Your Truck[1] hat jedes Gewerbegebiet mit logistiknahen oder produzierenden Gewerbeunternehmen ähnliche Probleme; durch die Zunahme an europäischen Lkw-Verkehren kommt es zum *Wildparken* von Lkw in den Gewerbegebieten oder Randgebieten mit Wohnbebauung. Diese Wildparksituationen werden zum einen durch den autobahnabfahrenden Lkw-Verkehr verursacht, der nach durchschnittlich 5 vergeblichen Anfahrten auf Autobahnparkplätze und einer durchschnittlichen Parkplatzsuchzeit

---

[1] Studie zum Parkverhalten mit 120 Speditionen und 400 Fahrern durchgeführt von Prof. Dr. Jochen Baier vom Steinbeis Institut im Rahmen des Horizon 2020 Förderprojektes 2018

D. Schuster (✉)
Dessau-Rosslau, Deutschland
E-Mail: ds@park-your-truck.com

von 30 min von der Autobahn abfährt, um seine gesetzlich vorgeschriebene Ruhezeit ein-
zuhalten, schließlich im nächsten Gewerbegebiet parkt. Dabei treffen autobahnabfahrende
Lkw auf Anliefer-Lkw, die tatsächlich Aufträge in diesen Gewerbegebieten haben, aber zu
früh oder zu spät für ihre Anlieferung sind. Sie müssen daher Wartezeiten überbrücken, die
sie auf den Anliefer-Depots nicht verbringen können. Typische Wartezeiten sind aufgrund
des Sonntagsfahrverbotes von Freitagabend bis Montagmorgen, um am frühen Montagmorgen das Rampenzeitfenstern zu schaffen. Außerdem sind tagsüber mehrere Stunden
Wartezeit zu überbrücken, weil sich Staus an den Rampen bilden und sich durch Verspä-
tungen die geplanten Zeitfenster verschieben. Die wildparkenden Lkw-Fahrer:innen verursachen jährlich durchschnittlich 100.000 € Müllkosten,[2] beschädigen Bordsteine, Lam-
pen[3] oder parken in 2. Reihe und stören so den Verkehrsfluss. Gleichzeitig sind die Bedingungen, unter denen die Lkw-Fahrer:innen ihre Nacht oder ihr Wochenende verbringen
müssen, alles andere als gut, denn in den Gewerbegebieten finden sie keine ausgewiesenen
Parkflächen, keine gesicherten Parkplätze, keine Toiletten, keine Duschen oder Müll-
container.

Insgesamt fehlen in Deutschland mehr als 23.000 Lkw-Parkplätze laut Bundesanstalt
für Straßenwesen (BASt). Das hat die Behörde bereits 2018 ermittelt. Alle fünf Jahre erhebt die BASt, wie viele Parkflächen fehlen. Mittlerweile (Stand 2022) gehen Berechnungen der VEDA und anderen Unternehmen von 30.000–40.000 fehlenden Parkplätzen aus.
Parallel wächst der Lkw-Verkehr kontinuierlich an, was dazu führt, dass die Parkplatzsu-
che sich für die Lkw-Fahrer:innen weiter verschärft. Bereits ab 16 Uhr sind die meisten
Autobahnparkplätze voll. Wer sein Lenkzeitende erst um 18 oder 19 Uhr erreicht hat,
parkt, wenn nicht im Gewerbegebiet, gefährlich auf Seitenstreifen der Autobahnen oder
ebenfalls gefährlich an Ein- und Ausfahrten der Rastanlagen, wie die Studie von Park Your
Truck ergeben hat.

12.2   Herausforderung E-Ladeparkplätze für Lkw

Ein Drittel aller schweren Nutzfahrzeuge soll bis 2030 mit elektrischem Antrieb fahren,
bei 3,55 Mio. gemeldeten Lkw in Deutschland,[4] entspricht dies einer Anzahl von 1,2 Mio.
Fahrzeugen. Aktuell fahren nur wenige E-Lkw auf deutschen Straßen, diese vor allem im
Nahverkehr bei einer Batterieleistung von 300–400 km. Die Aufladung der Batterien findet dann vor allem auf den Speditionshöfen statt. Rund 50 % aller Nutzfahrzeuge fahren
jedoch über 500 km und benötigen daher eine Zwischenladung entlang ihrer Route. Bei
3,55 Mio. Lkw allein in Deutschland sind das 1,77 Mio.. Hinzu kommt die wachsende An-

---

[2] Lt. Aussage des Bürgermeisters der Gemeinde Sülzetal in einem ‚mdr um 4' TV-Interviews ausgestrahlt am 13. Nov 2020.

[3] Lt. Aussage des Bürgermeisters der Gemeinde Kabelsketal im Rahmen eines mdr TV-Interviews
‚Exakt die Story' ausgestrahlt am 04.11.2020.

[4] Quelle: https://de.statista.com/themen/735/lastkraftwagen-lkw/#dossierKeyfigures vom 04.08.2022.

zahl ausländischer Fahrzeuge. Dies bedeutet, dass die Fahrer:innen dann nicht nur einen Lkw-Stellplatz benötigen, sondern einen Stellplatz mit Ladeinfrastruktur Die Nutzung eines Seitenstreifens auf der Autobahn, die Ein- oder Ausfahrt einer Rastanlage, ein Waldstück oder einer Straße im Gewerbegebiet ist dann keine Option mehr. Das Ziel der Bundesregierung und auch der Lkw-Hersteller ist es, dass eine Zwischenladung auch auf den Depots der zu beliefernden Unternehmen erfolgen soll. Die Herausforderung hierbei ist, dass viele Logistik-Depots diese Flächen nicht haben und auch das zusätzliche Verweilen zum E-Laden auf ihren Depot-Höfen nicht ermöglichen. Bereits heute können die Fahrer:innen ihre Wartezeiten hier nicht überbrücken.

12.3 Herausforderung E-Ladeparkplätze für andere Fahrzeuge

Neben den schweren Nutzfahrzeugen zwischen 18–40 t Gesamtgewicht, sind es auch kommunale Fahrzeuge, wie Bauhof- oder Müllfahrzeuge und Stadtbusse, die nach der Green Vehicle Directive[5] CO_2-neutral werden müssen. Hier sind es die Gemeinden, die neben der Anschaffung der Fahrzeuge auch geeignete Flächen für das Zwischen- und Nachtladen dieser Fahrzeuge zur Verfügung stellen müssen und in Infrastruktur investieren müssen.

Wie dringend der Handlungsbedarf ist, zeigen die mehr als 600.000 zugelassenen reinen Elektro-PKW (Stand: 1. Januar 2022), deren Bestand sich im Vergleich zum Vorjahr verdoppelt hat[6] (Abb. 12.1).

Pkw-Ladesäulen auf den Parkplätzen der Unternehmen sind zu selten installiert wie eine Untersuchung des NDR im Rahmen einer Recherche von „Panorama 3" und „Hallo Niedersachsen" zeigt. Hier wurde erstmals öffentlich, wie viele Ladepunkte die größten Unternehmen im Norden für Mitarbeiter:innen und Kund:innen anbieten. Anfang Januar 2020 standen rund 2700 Ladepunkte zur Verfügung. Davon entfiel allerdings die Hälfte auf nur zehn Unternehmen. Allein Volkswagen hatte zum Zeitpunkt der Abfrage im Norden 665 Ladepunkte, gefolgt von den Stromnetzbetreibern Avacon aus Niedersachsen (199), swb AG Bremen (160), Stromnetz Hamburg (120) und Hansewerk aus Schleswig-Holstein (102). Das geht aus einer Umfrage unter den 437 größten Unternehmen im Norden hervor, auf die 60 % der Unternehmen antworteten. Die meisten Unternehmen hatten nur zehn Ladepunkte und weniger. 27 % der Unternehmen, die Zahlen geliefert haben, hatten überhaupt keinen Ladepunkt. Als Gründe nennen Unternehmen auf die NDR-Anfrage beispielsweise man „sehe keine Notwendigkeit zur Errichtung von Ladesäulen", „Aufstell- und Unterhaltskosten der Ladesäulen (sind) nicht wirtschaftlich", „Förderanträge zum Ausbau der Elektroladeinfrastruktur sind sehr langwierig".

---

[5] Quelle: https://www.europarl.europa.eu/RegData/etudes/BRIE/2018/614690/EPRS_BRI(2018)614690_EN.pdf#:~:text=Directive%202009%2F33%2FEC%20on%20the%20promotion%20of%20clean%20and,road%20transport%20vehicles%20by%20ensuring%20a%20steady%20demand. vom 04.08.2022.

[6] Quelle: Kraftfahrt-Bundesamt 2022.

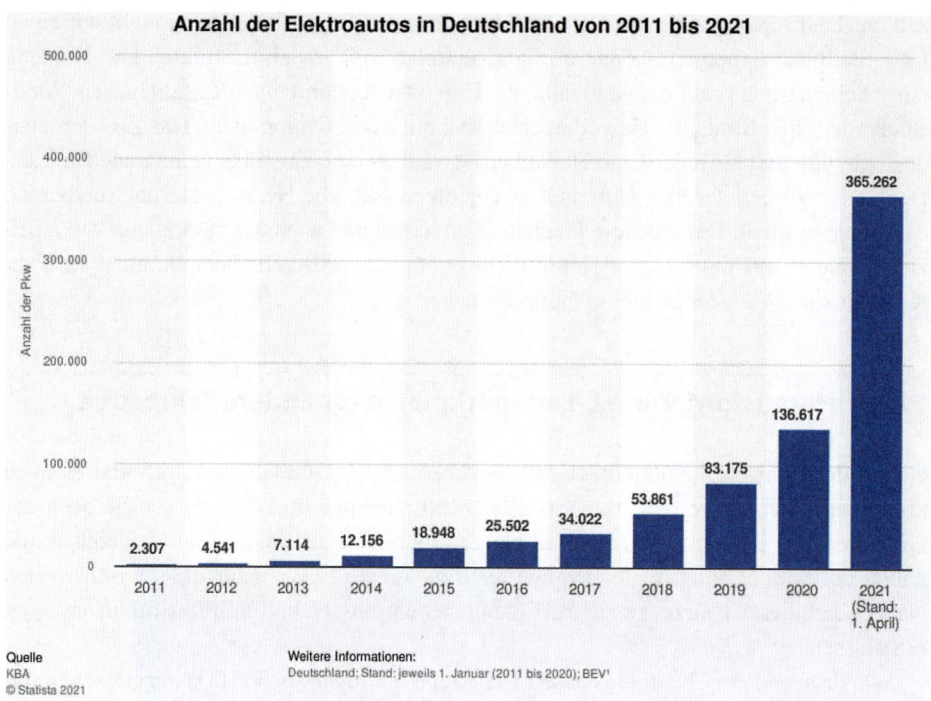

Abb. 12.1 Zugelassene E-Autos in Deutschland. (Quelle: Statista 2021)

Viele Unternehmen wollen die weitere Entwicklung beim Aufbau der Elektromobilität beobachten und Investitionen prüfen. Offenbar scheuen viele Betriebe die Kosten, die mit dem Aufbau einer Ladesäule verbunden sind. Anfang Januar wollten ungefähr 50 % der Unternehmen, die Daten geliefert haben, ‚perspektivisch bis 2022 keine weitere Normalladesäule aufstellen.'[7]

12.4   Urbane Logistik

In einer vom BVL und Roland Berger umgesetzten Studie zur Urbanen Logistik 2030 in Deutschland[8] gibt es 4 Szenarien, die als wahrscheinlich für die Entwicklung der Urbanen Logistik aufgezeigt werden (Abb. 12.2).

Demnach stehen sich der „*Wilde Westen*" ohne Regulierung und die „*Regulierte Vielfalt*", die durch die Städte in der Zustellung definiert und überwacht werden, gegenüber. Auch eine von der Stadt betriebene Plattform, die die Warenströme anbieterübergreifend

---

[7] Quelle: https://www.ndr.de/fernsehen/sendungen/panorama3/Zu-wenige-Ladesaeulen-bei-Unternehmen,ladesaeulen110.html.

[8] file:///C:/Users/ds/Downloads/Roland_Berger_Urbane_Logistik_2030_in_Deutschland.pdf.

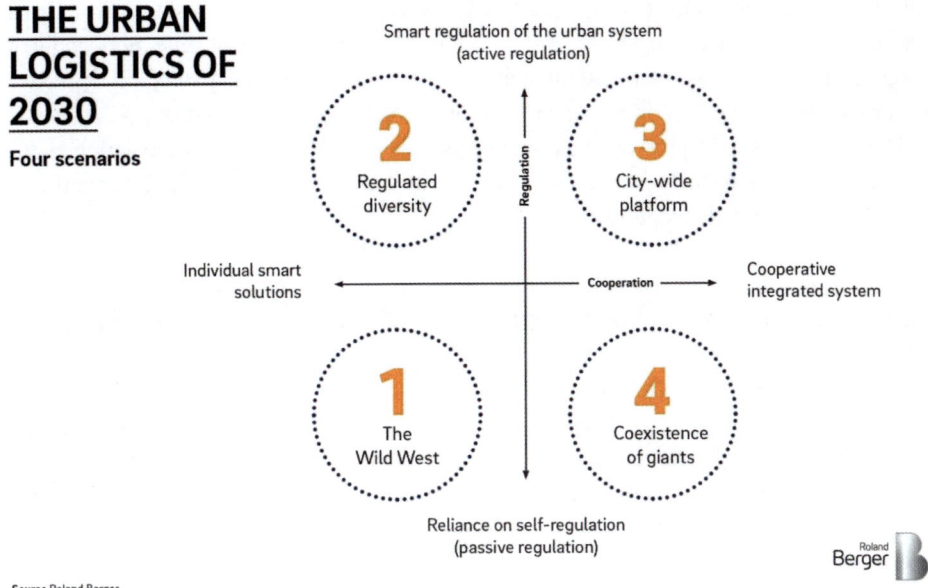

THE URBAN LOGISTICS OF 2030

Four scenarios

Smart regulation of the urban system (active regulation)

2 Regulated diversity

3 City-wide platform

Individual smart solutions

Regulation

Cooperation

Cooperative integrated system

1 The Wild West

4 Coexistence of giants

Reliance on self-regulation (passive regulation)

Berger

Source Roland Berger

Abb. 12.2 4 Szenarien. (Quelle: Roland Berger: Urbane Logistik 2030 in Deutschland)

bündelt, ist denkbar. Dem gegenüber sieht Roland Berger noch die *Koexistenz der Großen* Plattformen, die untereinander in Konkurrenz stehen und Logistikströme bündeln.

In der Studie wird ein gemeinsames Ziel von Städten und Unternehmen beschrieben, welches das Szenario „Wilder Westen" verhindern soll, weil dieses unter Aufgabe der Netzwerkeffizienz zu einer starken Zunahme des innerstädtischen Verkehrs und zu einer weiteren Behinderung des Verkehrsflusses führen wird. Denn laut einer Studie von McKinsey soll der Anteil an Letzte-Meile- Diensten bis 2030 um 78 % steigen.[9] Dies führt zu einem enormen Anstieg des innerstädtischen Verkehrs. ‚Laut McKinsey führt die Zunahme an Letzte-Meile-Diensten in den weltweit 100 größten Städten bis 2030 zu 36 % mehr Lieferfahrzeugen auf den Straßen. Infolgedessen könnten die CO_2-Emissionen um rund 25 Mio. t steigen – so wie auch die Staus in den Innenstädten. Rund 21 % mehr Verkehrsbehinderungen sind McKinsey zufolge bis 2030 zu erwarten.' Damit dieses Szenario verhindert werden kann, schlägt McKinsey u. A. vor, auf batterie-elektrische Nutzfahrzeuge oder wasserstoff-betriebene Fahrzeuge in der Auslieferung zu setzen.

Last-Mile-Logistiker verfolgen mit ihren 3,5 t E-Fahrzeugen schon jetzt ambitionierte Ziele in der CO_2-neutralen Belieferung der letzten Meile. Für diese Arten der Nutzfahrzeuge müssen jedoch ebenfalls neue Lademöglichkeiten geschaffen werden, denn die öffentlichen Ladepunkte sind aktuell nur für E-Pkw ausgelegt. Im Last-Mile-Bereich müssen die Fahrzeuge jede Nacht zuverlässig und sicher geladen werden, um am nächsten Tag

---

[9] https://logistik-heute.de/news/studie-anteil-der-letzte-meile-dienste-steigt-bis-2030-um-78-prozent-29442.html.

einsatzfähig zu sein. Eine geeignete Ladesäule findet sich in der Regel nicht im Wohnhaus oder in der öffentlichen Umgebung. Auch ein Parken am Sonntag, nach einer notwendigen Ladung am Samstag und dem anschließenden Fahrverbot am Sonntag kann mit den aktuell für E-Pkw ausgelegten öffentlichen Ladesäulen nicht abgebildet werden.

Die bestehenden Depots der Last-Mile-Logistiker sind nicht darauf ausgerichtet für Subunternehmer Parkplätze anzubieten. So ist ein Angebot an Ladeparkplätzen auf den Depotflächen ebenfalls nicht möglich.

12.5 Die Multi-User-Fläche zur Lösung der Herausforderungen

Wie kann ein Ecosystem Design aussehen, auf dem die Herausforderungen Lkw-Parken und E-Laden für verschiedene Fahrzeugtypen umgesetzt werden können? Welche zusätzlichen Nutzungsmöglichkeiten lassen sich für diese Fläche finden, um ihren Nutzungswert noch zu steigern? Und wie können die Städte ihre Integrationsaufgaben zwischen Langstreckentransport und Letzte Meile auch zur Verkehrsberuhigung in den Städten einsetzen? Diese Fragen hat sich Park Your Truck bereits vor 12 Monaten gestellt und mit dem Konzept einer Multi-User-Fläche eine Antwort auf diese Fragen gefunden.

Eine Multi-User-Fläche erfüllt einige Voraussetzungen, damit sie von den Nutzern angenommen wird (Tab. 12.1).

Ist eine derartige Fläche gefunden, können die unterschiedlichen Nutzungen für die Fläche entwickelt werden.

Am Praxisbeispiel einer Fläche kann aufgezeigt werden, wie typischerweise Multi-User-Flächen gestaltet werden (Abb. 12.3).

Die beplante Fläche hat eine Größe von 6,5 ha und liegt unmittelbar an der Autobahn und unmittelbar angrenzend an ein Gewerbegebiet. Hier sind 66 Lkw-Stellplätze auf 10.000 qm geplant. Darüber hinaus gibt es einen Sanitärbereich mit Duschen und Toiletten, der kostenfrei genutzt werden kann. Neben zahlreichen Lkw-Ladesäulen mit 300 KW für Lkw zum Schnellladen, wird auch das nächtliche oder tagsüber langsame E-Laden mit bis zu 50 KW angeboten. Es ist eine dedizierte Fläche mit 11 KW Ladeinheiten für Vans der Letzten Meile vorgesehen und ein Bereich zum Laden für Pkw. Das elektrische Laden soll über eine 1 MW-Fotovoltaik-Anlage aus Grünstrom ermöglicht werden, die auf 10.000 qm der Fläche errichtet wird. Die nicht auf der Fläche verbrauchte Überschussenergie soll in einen Elektrolyseur eingespeist werden, der Wasserstoff produziert. Dieser wird auf der Fläche zur Betankung und in Flaschen zur Abholung durch nahe liegende Chemieunternehmen bereitgestellt. Auch ist ein Bahnanschluss in unmittelbarer Nähe, auf dem wasserstoffbetriebene Züge abfahren, die den produzierten Wasserstoff direkt nutzen können.

Die Fläche ist umzäunt, in der Zufahrt über eine Schranke beschränkt. Diese ist mit einem QR-Code zu öffnen, der jedem Nutzer bei Buchung der Fläche übermittelt wird. Zusätzlich wird über eine Kennzeichenkamera an der Einfahrt und an der Ausfahrt das Kennzeichen und die Standzeit des Fahrzeugs auf der Fläche ermittelt. Dadurch kann nachgehalten werden, ob die gebuchten Zeiten mit den tatsächlich auf der Fläche verbrachten Zeiten übereinstimmen, um die exakte Parkgebühr nach Parkdauer in Rechnung stellen zu können.

Tab. 12.1   Voraussetzungen Multi-User-Fläche

bereits vorhandene, befestigte Fläche	z. B. Binnenhafen, Flughafen, Messe, Lkw-Werkstattfläche, Unternehmensgrundstück, Stadion
max. 3 km von der Autobahn entfernt *oder*	entspricht den Richtlinien für eine BAG-Förderung
Fläche im Gewerbegebiet	dann ist Nähe zu Unternehmen mit Anlieferverkehr besonders gewährleistet
ab 5.000 qm Flächengröße mit Einrichtung verschiedener Nutzungsbereiche	Ein Stellplatz sollte 2–3-mal am Tag umgeschlagen werden.
24/7 Nutzung erlaubt	Die Verkehre finden auch nachts und am Wochenende statt und verursachen auch Lärm.
Wasser- und Abwasseranschluss	für Sanitär- und Duscheinrichtungen
Stromanschluss	meist Niederspannung, die dann in Mittelspannung erweitert wird
kontrollierter Zugang	Zu- und Abfahrtskontrolle, Diebstahlschutz

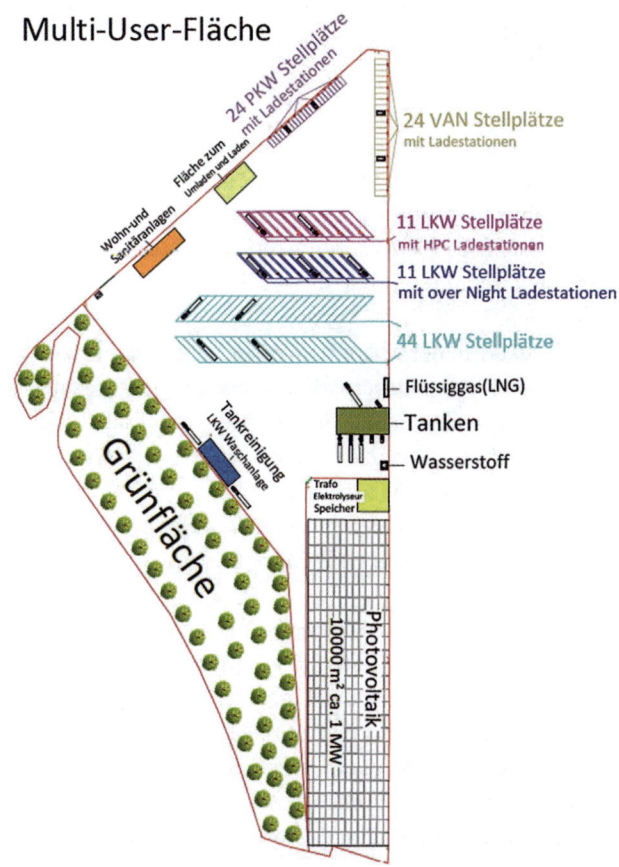

Abb. 12.3   Mulit-User-Fläche. (Quelle: Park Your Truck 2022)

Die Bezahlung der Parkgebühren erfolgt digital, ebenso wie die Abrechnung von Ladeleistung und Wasserstoff bzw. LNG.

Es wurden folgende Nutzergruppen und Geschäftsmodelle auf der Multi-User-Fläche umgesetzt.

1. Übernachtungsparker: Lkw-Fahrer:innen, die von der Autobahn abfahren, um einen Nachtstellplatz zu finden. Kosten in der Regel 13 € netto pro 24 h-Nutzung und 4 € Reservierungsgebühr.
2. Dauerparker: Lkw-Fahrer:inen, die den Parkplatz regelmäßig zum Parken anfahren, oder das Fahrzeug abstellen. Kosten in der Regel 120 €–150 € pro Monat. Hier gibt es Rabatt für Flotten.
3. Lade-Verkehr Lkw: Übernachtungsparker:innen mit Nachtlademöglichkeit bis 50 KW. Kosten für Parkplatz und zusätzlich den Strompreis nach Verbrauch.
4. Lade-Verkehr Lkw schnell: Lkw-Fahrer:innen, die nur eine Schnelllademöglichkeit mit 300 KW suchen, aber ohne Parkplatz, d. h. Ladung und Weiterfahrt. Kosten für die Reservierung der Ladesäule 2 € und den Strom nach Verbrauch.
5. Anliefer-Lkw: Der Lkw fährt ins nahe liegende Gewerbegebiet und überbrückt auf dem Parkplatz seine Wartezeiten, die er auch für das Laden nutzen kann. Kosten nur für den Strom, denn den Parkplatz zahlt das Unternehmen, das beliefert wird, als monatliche Pauschale.
6. Lade-Verkehr-Pkw langsam: Arbeitnehmer:innen im nahe liegenden Gewerbegebiet mit E-Pkw, die tagsüber das Fahrzeug laden. Kosten für Reservierung der Ladesäule, den Parkplatz mit einem Dauertarif und den Strom nach Verbrauch.
7. Lade-Verkehr-Pkw schnell: Pkw-Fahrer:innen, die eine Schnelllademöglichkeit suchen und dann weiterfahren. Kosten für die Reservierung der Ladesäule und den Strom nach Verbrauch.
8. Letzte-Meile-Logistiker: In der Nacht Laden des Vans und tagsüber ggf. den privaten Pkw abstellen. Kosten für den Dauerparkplatz und die Ladeleistung.
9. Wasserstoff/LNG-Nutzer: Kosten nur für den Wasserstoff oder das vertankte LNG.
10. Kommunale Fahrzeuge: E-Fahrzeuge oder wasserstoff-betriebene Fahrzeuge, die nur Tanken oder Laden wollen und die Fläche dann verlassen. Sie zahlen für die Reservierung der Ladesäule und für den Strom oder Wasserstoff. Wenn sie zusätzlich ihre Flotte parken wollen, zahlen sie einen Dauerparktarif.

Neben den unterschiedlichen Verkehren kann die Fläche auch als Logistik-Hub genutzt werden z. B. für Letzte-Meile-Dienstleister, die Wechselbrücken mit Waren auf der Fläche platzieren, die dann morgens direkt in die Letzte-Meile-Fahrzeuge umgeladen werden können und dann von dort weitertransportiert werden. Damit wird die Zusatzfahrt zum Logistikdepot gespart. Unsere Umfrage zu den weiteren Nutzungswünschen auf der Fläche unter den Unternehmen vor Ort hat ergeben, dass auch eine Tankreinigungsanlage oder Lkw-Waschanlage wünschenswert ist. Damit werden ebenfalls Verkehre reduziert.

Die Nutzung der Fläche durch unterschiedliche Nutzer ist völlig ohne Personal vor Ort möglich. Darüber werden die Nutzer über unterschiedliche Wege angesprochen und erhalten die Möglichkeit als Dauernutzer, wie auch als Spontannutzer auf die Fläche zu kommen. Dies gelingt hier über eine PYT-App und eine Buchungsplattform für Disponenten, zahlreiche APIs zu Dritt-Apps, eine Einbindung in ein Lkw-Navigationssystem, eine API zu Ladesäulen-Apps, der Kommunikation über die Unternehmen mit Anlieferverkehr im Gewerbegebiet, Dauerpark-Verträge mit Speditionen und Unternehmen mit Anlieferverkehr, Dauernutzungsverträgen mit der Gemeinde und einem mehrsprachigen Schild für Spontannutzer vor der Schranke (Abb. 12.4).

In der App oder über die API zu einer Dritt-App oder über das Navigationssystem wird dem Lkw-Fahrer:in anhand der Lenkzeitdaten, GPS-Koordinaten und ggf. Routeninformationen diese Fläche als bestmögliche Parkfläche für die nächtliche Ruhepause angezeigt und angesagt. Dem Fahrer:in wird angeboten, diese Fläche per Sprachbefehl zu reservieren. Es wird nach der Parkdauer gefragt und die Reservierung wird bestätigt. Über das Smartphone werden dann GPS-Koordinaten und Adresse angezeigt und der QR-Code zur Schrankenöffnung übermittelt. Fährt der Lkw-Fahrer:in einen E-Truck werden zusätz-

Abb. 12.4 Buchungsprozess
QR-Code-Scan. (Quelle:
Julian Faupel)

lich die Daten der Batterierestkapazität in Verbindung mit der Lenkzeit gebracht. Die Information an Fahrer:in erfolgt dann mit dem Hinweis, dass die Restlenkzeit ausreichend ist und während der kurzen Pause eine Schnellladesäule reserviert werden kann oder wenn die Lenkzeit überschritten ist, ein Parkplatz mit Nachtlademöglichkeit reserviert werden kann. Ebenfalls per Sprachbefehl.

Dauerparker:innen und Dauerlader:innen erhalten einen festen QR-Code zur Schrankenöffnung, sowie einen fest zugewiesenen Stellplatz mit oder ohne Ladesäule.

Spontannutzer, wie z. B. Anliefer-Lkw, die kurzfristig Wartezeiten überbrücken müssen, werden von dem Unternehmen, an das sie liefern, auf diesen Parkplatz geschickt. Dort finden sie vor der Schranke ein Schild mit dem Logo des Unternehmens. Darunter scannen sie einen QR-Code, sie werden auf eine Microsite weitergeleitet, teilen mit, ob sie nur parken oder auch laden oder tanken wollen. Der nächste Schritt ist, dass sie sowohl den Parkplatz oder die Ladesäule angezeigt bekommen, die sie nutzen können, sowie den QR-Code zur Schrankenöffnung. Innerhalb von 10 s können sie auf den Parkplatz einfahren. Das gleiche Prinzip funktioniert für spontane Pkw-Fahrer:innen, die den Parkplatz nutzen wollen. Allerdings wählen sie aus verschiedenen Bezahloptionen für die Parkplatznutzung oder Reservierung einer Ladesäule aus.

Alle Parkplätze werden einzeln verwaltet. So kann jederzeit ein passender Parkplatz zu einer Suchanfrage angeboten werden.

12.6 Fazit

Der einzelne Stellplatz wird mehrfach am Tag umgeschlagen und von unterschiedlichen Nutzergruppen frequentiert. Das spart Fläche, die sonst jedes Unternehmen für sich anmieten und befestigen müsste. Die Fläche funktioniert völlig autark digital und kann so wirtschaftlich günstig betrieben werden. Flächenbesitzer:innen profitieren von der Mehrfachnutzung der Fläche, da diese von jedem Geschäftsmodell profitieren. Damit ist das Konzept der Vermarktung einer Multi-User-Fläche für Flächenbesitzer attraktiver als eine Dauernutzung durch nur einen Kunden. Jeder Nutzer profitiert für sich selbst, da die Bedürfnisse, obwohl sie unterschiedlich sind, auf einer Fläche umgesetzt werden. Das Multi-User-Flächenkonzept lässt sich auf annähernd jeder Flächengröße umsetzen; bei kleineren Flächen, dann ggf. ohne die Grünstromerzeugung. Das Wildparken mit all seinen negativen Konsequenzen für die Gemeinde, wird durch das Angebot der Multi-User-Fläche ebenso vermieden, wie der Parksuchverkehr auf der Autobahn, da bislang ungenutzte Flächen auf Binnenhäfen, Flughäfen, Unternehmenshöfen, Werkstattgeländen oder Messe- und Stadiumsparkplätzen als zusätzliche Parkflächen auf den Markt gebracht werden. Die Städte können die Flächen nutzen, um gezielt ihre Steuerungsaufgabe zur Verkehrsminimierung wahrzunehmen. Als weiterer wesentlicher Vorteil verbessern sich auch die Arbeitsbedingungen der Lkw-Fahrer:innen, da sie planbar auf einem gesicherten Parkplatz die umfangreiche Infrastruktur mit kostenfreien Sanitäreinrichtungen nutzen können (Abb. 12.5).

Abb. 12.5 StilArt Fotografie

Literatur

Statista: Anzahl der Elektroautos in Deutschland von 2011 bis 2021. https://de.statista.com/statistik/daten/studie/265995/umfrage/anzahl-der-elektroautos-in-deutschland/

Kraftfahrt-Bundesamt: Bestandsbarometer 2022. https://www.kba.de/DE/Statistik/Fahrzeuge/Bestand/Jahrebilanz_Bestand/fz_b_jahresbilanz_node.html?yearFilter=2022

Denise Schuster, MBA, 41, ist Geschäftsführerin und Gründerin von Park Your Truck GmbH. Sie hat das Unternehmen 2013 aus einem Entrepreneurship MBA der TU München und UC Berkeley heraus gegründet. Zuvor war sie acht Jahre lang Geschäftsführerin einer Werbeagentur, die sich auf internationale Flugzeug- und Flughafenwerbung spezialisiert hat. 2008 hat sie ein Jahr lang in Kuwait die erste Kuwaitische Low Cost Fluggesellschaft beraten. Als Vordenkerin im Bereich digitaler Logistikprozesse möchte Denise Schuster mit ihrem Unternehmen einen positiven Fußabdruck hinterlassen und hohe CO_2-Einsparungen ermöglichen.

Das Land Nordrhein-Westfalen als Vorreiter für eine grüne letzte Meile

13

Denis Philip Krechting, Maximilian Dicks
und Gerhard Gudergan

Zusammenfassung

Die Corona-Pandemie hat das Thema Versorgungssicherheit mit neuer Dringlichkeit in die öffentliche Aufmerksamkeit gerückt. Mittlerweile ist auch dem letzten Stadtbewohner bewusst, dass derzeit ein enormer Zuwachs an Güterverkehr zu bewältigen ist. Parallel dazu werden Quartiere stetig nachverdichtet und wachsen sowohl nach innen als auch nach außen und werden zu neuen Dienstleistungszentren, die möglichst viele Leistungen für die Bürger bereithalten. Unser derzeitiges Konsumverhalten und unsere Erwartungen an Same-Day-Delivery-Konzepte erhöhen das täglich zu bewältigende Paketaufkommen dauerhaft, das zudem kleinteiliger wird als es noch vor wenigen Jahren war. Daher bedarf es völlig neuer Formen urbaner Logistikkonzepte, die neben organisatorischen Herausforderungen vor allem den politisch vorgegebenen Emissionszielen gerecht werden müssen. Das Land Nordrhein-Westfalen (NRW) hat die Voraussetzung hinsichtlich wirtschaftlicher Stärke und wissenschaftlicher Tiefe, Lösungen für diese Herausforderungen, insbesondere für eine grüne letzte Meile, zu entwickeln. Dadurch wird es möglich, mit schnellen Umsetzungsprojekten eine Vorreiterrolle im Bereich der urbanen Logistik einzunehmen und das Gelernte zu exportieren.

D. P. Krechting (✉) · M. Dicks · G. Gudergan
Aachen, Deutschland
E-Mail: Denis.Krechting@metropolitan-cities.com;
Maximilian.Dicks@metropolitan-cities.com; Gerhard.Gudergan@metropolitan-cities.com

© Der/die Autor(en), exklusiv lizenziert an Springer Fachmedien Wiesbaden
GmbH, ein Teil von Springer Nature 2023
P. H. Voß (Hrsg.), *Die Neuerfindung der Logistik*,
https://doi.org/10.1007/978-3-658-41084-1_13

13.1   Einleitung

Im Speziellen liegt ein besonderes Augenmerk auf der Metropolregion Rhein-Ruhr, die in verteilten Zentren, mit starken Universitäten, vielen Arbeitgebern und 12 Mio. Einwohnern die fünftgrößte Metropolregion Europas ist (Statista 2022). Dieser einmalige Ort beherbergt in Duisburg den größten Binnenhafen der Welt, in Bonn den größten Logistikkonzern der Welt und in allen Hochschulen des Landes Schwerpunktstudiengänge (Statista 2022). Daher ist es nicht verwunderlich, dass nach dem Gesundheitswesen die Logistik die zweitgrößte Branche im Land ist.

Um die geränderten Nutzeranforderungen und die Anforderungen der Städte und Kommunen zuverlässig zu adressieren, muss sich diese Region durch die Erprobung innovativer Konzepte an ein gemeinsames Zielbild heranwagen. Nur dann hat die Region Rhein-Ruhr und damit auch das Land NRW die besten Voraussetzungen, langfristig zur bedeutendsten Logistikdrehscheibe Europas zu werden (Abb. 13.1).

13.2   Die vier Handlungsfelder der urbanen Logistik

Im Rahmen dieses White Papers werden die Bereiche der urbanen Logistik in vier wesentliche Handlungsfelder unterteilt, in denen Innovationen vorangetrieben und ausprobiert werden müssen, um die Position im weltweiten Kampf um Attraktivität eines Landes zu

Abb. 13.1 Der größte Binnenhafen der Welt in Duisburg. (© Tupungato/stock.adobe.com)

Abb. 13.2   Urbane Logistikkonzepte der Zukunft. (©Metropolitan Cities MC GmbH)

gewinnen. So benötigen wir neue Infrastrukturen, den vermehrten Einsatz von Automatisierungslösungen und eine möglichst allumfassende Digitalisierung, die gezielte Nutzung der dritten Dimension sowie neue Fahrzeugkonzepte (Roland Berger 2021). Die volle Kraft entwickeln diese Handlungsfelder jedoch nur, wenn diese zusammen gedacht und entwickelt werden (Abb. 13.2).

13.3   Der Bedarf nach neuen Infrastrukturen wächst

Dezentralisieren und Flexibilisieren
Mit Blick auf die Reduzierung der Emissionen im Lieferverkehr werden strategisch positionierte Depots und Logistikhubs in Stadtnähe zur Notwendigkeit (BVL 2018). Wenn es an vorhandenen Flächen für „echte City-Logistikhubs" in den Stadtzentren fehlt, können semi-zentrale, also am Stadtrand gelegene Logistikhubs hier eine interessante Alternative darstellen. So kann eine erfolgreiche Segmentierung der Zustellgebiete und somit eine optimale Belieferung der letzten Meile erfolgen. Diese stellt nämlich den größten Kosten- und Zeitfaktor für die Anlieferer dar. Das Paket- und Stückgutvolumen wächst weiter, in den Straßen der Innenstädte und Quartiere sind immer mehr Lieferfahrzeuge unterwegs (BIEK 2022). Es wird eine Erhöhung aber auch eine bessere Nutzung der vorhandenen Transportkapazitäten benötigt. Die Errichtung von Mikro-Depots könnte die Innenstadt- und Quartiersverkehre entlasten und zeitgleich alternative, emissionsfreie Lieferoptionen etwa durch E-Lastenräder und E-LKW ermöglichen (EEA 2019). Big Boxes in der Peri-

Abb. 13.3   Logistikhub in Düsseldorf. (©incharge GmbH)

pherie der Städte bieten sich als Ergänzung für die Mikro-Depots in den Stadtzentren an. Eine gute Erreichbarkeit sollte durch ihre Lage an wichtigen Verkehrsachsen sichergestellt sein (Abb. 13.3).

Aus diesem Grund sollten Logistikkonzepte frühzeitig in den gesamtstädtischen Bau- und Entwicklungsprojekten mitgedacht und nicht zur Randnotiz werden. Für eine effiziente, nachhaltige und sichere Abwicklung der innerstädtischen Logistikprozesse werden gewisse Kapazitäten und Flächen in Form von Logistikimmobilien benötigt. Eine Erhöhung des Angebots an Neubauflächen für Logistik in den Innenstädten ist unter anderem aufgrund des Wohnraummangels sehr unwahrscheinlich. Allerdings ließen sich bestehende, nicht mehr (optimal) genutzte Gebäude an den entsprechenden Bedarf anpassen. Dazu müssten Vertreter der Städte und Kommunen gemeinsam mit den zukünftigen Nutzern der Logistikimmobilie in den direkten Austausch mit den Immobilienbesitzern gehen und potenzielle Umbau- bzw. Umnutzungskonzepte erarbeiten und umsetzen. Im Zuge der Umgestaltung der Städte werden die Quartiere nachverdichtet. Demnach wäre es sinnvoll, auch über eine Nutzungsverdichtung nachzudenken. Durch eine (Multi-Level-)Mischnutzung von Immobilien können neue Möglichkeiten und Chancen entstehen (Roland Berger 2020c). Kreative Ideen zu neuen Mixed-Use-Mischnutzungs-Objekten gibt es bereits. Mehrstöckige Mischimmobilien, bei denen das Erdgeschoss für Logistik und die oberen Geschosse für Büros, Praxen oder Dienstleister verwendet werden, sind realisierbar.

Durch diese infrastrukturellen Maßnahmen und Konzepte wird es möglich, ein neues Angebot zu schaffen, das es den Akteuren ermöglicht, dezentraler und flexibler zu agieren.

13.4   Digital in Zukunft erste Wahl – Automatisierung als große Chance

Transparenz schaffen – Effizienz steigern

Automatisierung bzw. automatisierte Abläufe sind schon seit geraumer Zeit in der Logistikbranche etabliert. Darunter fallen automatisierte Beförderungstechniken wie bspw. Sortieranlagen, Transport auf Rollenbahnen oder simple Roboter zum Befüllen von Paletten (BMDV 2020). Was jetzt aufgrund des rasant fortschreitenden technologischen Fortschritts neu dazukommt, ist der Fakt, dass Roboter zusätzlich flexibel und intelligent sind (Abb. 13.4).

Auf der mechanischen Ebene bedeutet dies, dass die Roboter über viele Freiheitsgrade verfügen. Das heißt, sie bewegen ihre Arme über zahlreiche Achsen und sind in der Lage, dem menschlichen Arm ähnelnde Bewegungen auszuführen. Ein herkömmliches Regalbediengerät hat bislang nur drei Achsen und viel eingeschränktere Bewegungsoptionen. Auf der Ebene der Logik bedeutet „Intelligenz" beim Roboter, dass er zu einem der Situation angemessenen, selbsttätigen Handeln befähigt ist. Das Einsatzspektrum ist dementsprechend vielfältig und gut skalierbar. Intelligente Roboter sind „Alleskönner", während

Abb. 13.4   Einsatz von Robotik in der Lagerhaltung. (© phonlamaiphoto/stock.adobe.com)

klassische Automatisierungshelfer nur wenige, klar abgesteckte Aufgaben ausführen können. Die Robotik, so wird die Gesamtheit der eingesetzten Roboter genannt, kann somit zu enormen Produktivitätssteigerungen, zum Beispiel in der Lagerhaltung beitragen. Allerdings ist dabei auch zu beachten, dass auch Anpassungen notwendig sind, unter anderem in der IT-Architektur, um ein reibungsloses Zusammenspiel von System, Menschen und Robotern zu ermöglichen. Hier liegen große Potenziale für die neu zu denkenden Infrastrukturen im urbanen Raum. Autonom funktionierende Hubs können die bereits bestehenden Prinzipien der nahezu menschenlosen Verteilzentren anwenden, um rentabel und mit höchster Nutzerfreundlichkeit Pakete zu kommissionieren und bereitzustellen.

Neben den Anwendungsbereichen der Lagerhaltung und -kommissionierung in neuen Infrastrukturen können Roboter darüber hinaus auch bei der Bewältigung der letzten Meile eingesetzt werden (EEA 2019). Darin liegt ein riesiges Potenzial, denn oft macht die letzte Meile mehr als 50 % der Gesamtlieferkosten aus. Schon seit 2016 testen verschiedene Kurier-Express-Paket-Dienstleister (KEP-Dienstleister) den Einsatz von voll automatisierten Robotern in der Auslieferung von (privaten) Paketsendungen. Das ist ein Thema, das durch die Corona-Pandemie nochmals an Relevanz gewonnen hat. Welches Potenzial Robotik bzw. generell automatisierte Prozesse aufweisen, zeigt sich in diesem Zusammenhang deutlich. In Hamburg wurden beispielsweise Corona-Schnelltests durch Roboter ausgeliefert und abgeholt, sodass das Infektionsrisiko deutlich verringert wurde.

13.5   Die dritte Dimension – schnell, aber umstritten

Entlasten und Geschwindigkeit erhöhen
Immer mehr KEP-Dienstleistungsunternehmen versuchen sich daran, „in die Luft zu gehen" anstatt die überfüllten Straßen für die Güterauslieferung zu nutzen. Der erste Hype ist mittlerweile vergangen, auch weil deutlich wurde, dass Paketauslieferungen per Paketdrohne für die breite Masse schlichtweg (noch) nicht rentabel gestaltet werden können (Abb. 13.5).

Auch wenn sich also auf Basis von ersten Feldtests abzeichnet, dass Paketdrohnen nicht die Universallösung für die Lieferverkehrsprobleme in den Städten sind, wird die Verteilung von zeitkritischen Gütern und Premiumprodukten in Zukunft über die dritte Dimension erfolgen. Insbesondere in schwer befahrbaren Gegenden und Landschaften können Paketdrohnen eine enorme Unterstützung sein. Darüber hinaus liegt im medizinischen Bereich das Anwendungsspektrum mit dem wohl größten Mehrwert eines Drohneneinsatzes (Roland Berger 2020b). Muss im Rahmen eines medizinischen Notfalls ein Medikament unmittelbar ausgeliefert werden, auf den Straßen herrscht aber Chaos, so ist die Drohne das perfekte Mittel der Wahl.

Als ein denkbares, wenn auch noch nicht in unmittelbarer Zukunft realisierbares Konzept kann die Güterauslieferung via Air Transporter gesehen werden. Bereits heute gibt es mehr als 110 städtische oder regionale Projekte rund um den Globus zur Bereitstellung au-

Abb. 13.5   Paketauslieferung per Paketdrohne. (© Lakshmiprasad/stock.adobe.com)

tonomer Lufttransportangebote. Noch sind nahezu alle davon auf den Personentransport ausgelegt und vermutlich werden auch die ersten standardisierten Air-Taxi-Routen nicht vor 2025 Realität werden. Studien von Roland Berger rechnen mit einem Einsatz von weltweit 23.000 Air Taxis in 2035 und mit bis zu 160.000 in 2050 (Roland Berger 2020d). Perspektivisch gesehen kann die „3-D-Logistik" somit ein weiterer wichtiger Baustein zur effizienten Gestaltung und Abwicklung der Logistikströme sein (Fraunhofer IAO 2019).

Einen weiteren interessanten Ansatz zur effizienteren Gestaltung der Logistikströme stellt der Smart City Loop dar (Fraunhofer IML 2020). Hierbei wird die Idee des Logsitikhubs am Stadtrand als Ausgangspunkt genommen. Die gesammelten Waren werden jedoch nicht via Straßenverkehr in das Stadtzentrum gebracht, sondern auf unterirdischem Weg. Der am Stadtrand gelegene Logistikhub ist hierbei mit dem im Stadtzentrum befindlichen Mikrohub durch ein eigenes Tunnelsystem verbunden, durch das die Waren automatisiert und ressourcenschonend in die Stadt transportiert werden. Erste Machbarkeitsstudien sind positiv ausgefallen und belegen u. a. 21 t CO_2-Einsparung durch 1500 Lieferfahrten weniger pro Tag bei nur einem Tunnel (Roland Berger 2020d).

Weitere Punkte, die es hierbei zu beachten gilt, sind zum einen die rechtlichen Rahmenbedingungen und zum anderen die Akzeptanzbereitschaft der Bürger für diese innovativen Konzepte. Was die rechtlichen Rahmenbedingungen angeht, kann festgehalten werden, dass die Europäische Agentur für Flugsicherheit (EASA) im Juli 2019 die erste Zertifizierungsgrundlade für die Zulassung von Flugtaxis veröffentlich hat. Eine im Januar 2020 durchgeführte bevölkerungsrepräsentative Telefonumfrage zeigt, dass die Mehrheit der Deutschen den Einsatz von Lieferdrohnen (55 %) und Flugtaxis (62 %) grundsätzlich ablehnt. Fraglich ist jedoch, inwieweit die Ergebnisse dieser Umfrage auf eine potenzielle 3-D-Logistik zu übertragen sind.

13.6 Revolution auf der Straße – neue Fahrzeugkonzepte werden benötigt

Emissionen reduzieren und Raum besser nutzen

Eine Konsolidierung der urbanen Logistik rückt ebenfalls immer mehr in den Vordergrund. Viele Betriebe werden bis zu sechs Mal in der Woche, oft mehrmals am Tag durch unterschiedliche KEP-Dienste und Speditionen beliefert. Zusteller fahren oft parallel, neben- und hintereinander zum gleichen Empfänger. Jedes Logistikunternehmen optimiert dabei die eigenen Prozesse und Lieferstrukturen. Jedoch finden keine gesamtheitliche und unternehmensübergreifende Steuerung und Organisation der Logistikströme statt. Somit entstehen für Zusteller, aber auch für Empfänger zusätzliche Kosten. Unternehmen sind einem unkontrollierten Warenstrom, der oft vermeidbare Personalkosten generiert, unterworfen. KEP-Dienste könnten beispielsweise durch Konsolidierung der Lieferungen enorme Synergien schaffen und dabei Personalkosten senken, Emissionen reduzieren und gleichzeitig die verkehrliche Raumauslastung optimieren (Roland Berger 2020a).

Ein innovatives Konzept, das den Güterverkehr effizienter und nachhaltiger gestalten kann, ist das Lkw-Platooning. Dabei werden mehrere Lkw elektronisch miteinander verbunden, um in Echtzeit zu kommunizieren. Werden die Fahrzeuge in einem Konvoi angeordnet, kann das Führungsfahrzeug sein Fahrverhalten auf die anderen übertragen. So ist der Konvoi im Stande, Manöver wie Beschleunigen und Bremsen für alle Fahrzeuge synchron zu vollziehen. Durch diese Technologie können LKW ohne Gefahr in einem Abstand von wenigen Metern hintereinanderfahren und ihren Luftwiderstand wesentlich verringern. Außerdem ist es den Fahrzeugen möglich, durch automatisierte Systeme vorausschauender auf Verkehrssituationen und topografische Gegebenheiten zu reagieren und so weiter Kraftstoff einzusparen. Durch das Platooning wird eine signifikante Effizienzsteigerung im Gesamtplatoon erreicht, wodurch die CO_2-Emissionen erheblich gesenkt werden. Darüber hinaus wird auch der zur Verfügung stehende Verkehrsraum besser genutzt und der Verkehrsfluss optimiert. Je mehr Fahrzeuge über die Technologie verfügen, desto effektiver trägt das Platooning zur Optimierung des Güterverkehrs bei. Ziel sollte es sein, ein herstellerübergreifendes System zu entwickeln, um noch flexiblere Einsatzmöglichkeiten zu gewährleisten. Trotz des hohen Automatisierungsgrads sind die Lkw nach wie vor mit Fahrern besetzt, die das Steuer jederzeit wieder übernehmen können. Das langfristige Ziel besteht jedoch darin, das Platooning weitgehend autonom zu gestalten (PWC 2016).

Ein vielversprechender Ansatz wird mit Fahrzeugtechnologien verfolgt, bei denen die von LKW-Platooning bekannte Sensorik und Steuerungstechnologie auf kleine Logistikfahrzeuge mit der Grundfläche einer Europalette übertragen werden. Durch die so entstehenden Fahrzeugkolonnen wird versucht, den Vorteil kleiner Logistikfahrzeuge mit der Größe von Cargobikes mit den Vorteilen großer Liefervans zu kombinieren (Abb. 13.6).

Abb. 13.6 Konzeptbild eines Ducktrains. (©DroidDrive GmbH)

Die größte Herausforderung für die Innenstadtversorgung stellt der Stückguttransport dar: Nicht das Paket, sondern die Europalette ist das typische Lieferformat für Einzelhandel und Gastronomie in der City. Entsprechend komplex sind die Anforderungen an zeitgemäße Speditionskonzepte.

Stückgutspediteure sind dabei auf die Hilfe der Forschung angewiesen, die beispielsweise einen optimalen Mix an Fahrzeugkonzepten und Energieträgern für Lkw ermitteln oder Organisationsstrategien für Innenstadtlieferungen erarbeiten können. In der Tat testen Hochschulen, Forschungsinstitute und Logistikdienstleister hierzu bereits konkrete Lösungsansätze wie emissionsfreie Liefergebiete für Stückgutsendungen oder eine bessere Nutzung der Tagesrand- und Nachtzeiten mit geräuscharmen Fahrzeugen (Roland Berger 2021).

Ein wichtiges Element nachhaltiger Transporttechnologien sind emissionsarme oder emissionsfreie Antriebsvarianten. Dazu zählen besonders Brennstoffzellen-Lkw, Oberleitungs-Lkw, batteriegetriebene Lkw sowie mit Erdgas in komprimiert gasförmiger (Compressed Natural Gas, CNG) oder flüssiger (Liquefied Natural Gas, LNG) Form betriebene Lkw. Die verschiedenen Antriebe eignen sich für jeweils unterschiedliche Einsatzzwecke der Logistik. So sind E-Lkw aufgrund der Reichweitenproblematik und der niedrigen Lärmbelastung sowie des dichten Ladestromnetzes eher im Innenstadtbereich verwendbar. Elektroantrieb mit Brennstoffzelle erlaubt bereits größere Fahrstrecken, etwa bis 400 km. CNG-Lkw sind mit einer Reichweite von ca. 500 km für den regionalen Bereich geeignet, LNG-getriebene Fahrzeuge dagegen für den Fernverkehr, da die Reichweite hier mehr als 1000 km beträgt.

Nicht zu vergessen sind etablierte und neue Ansätze auf der letzten Meile, die in der Durchdringung weiterer Anschübe benötigen. Neben Lastenfahrrädern und emissionsfreien Kleinbussen im Sharing-Format werden in den Quartieren neue Fahrzeugkonzepte benötigt, die heute noch ungeahnt sind.

13.7 Ansatzpunkte aus Sicht von Politik, Kommunen, KEP-Dienstleistern und Immobilienentwicklern

Voraussetzung für eine effiziente Einbindung von Logistikstandorten in die kommunale Infrastruktur ist ein enger Informationsaustausch zwischen Kommunalverwaltung sowie den Nutzern und Betreibern von Logistikimmobilien. Einerseits müssen Anforderungen und Kriterien der Kommunen transparent sein, andererseits sollte die Rolle der Logistikbranche als wichtiger Arbeitgeber und das Potenzial zu einer durch die Ansiedlung von Logistikunternehmen wachsenden regionalen Wertschöpfung herausgearbeitet werden. Denkbar wäre eine frühzeitige Kooperation der Kommunen mit den diversen KEP-Dienstleistern und ggf. Immobilienentwicklern, um anbieterübergreifende Logistikkonzepte, wie bspw. Logistikhubs zu erarbeiten und zu realisieren (Roland Berger 2018). Dies würde sowohl zu einer Effizienzsteigerung für die einzelnen KEP-Dienstleister führen als auch dem Problem der mehrfach zurückgelegten identischen Wege durch verschiedene KEP-Dienstleister entgegenwirken.

Darüber hinaus könnte der Einzelhandel in die urbane Logistik integriert werden. Oft werden bestehende Lagerflächen der klassischen Kaufhäuser nicht effizient genutzt. Softwarelösungen aus dem Bereich des Flächenmanagements könnten diese Integration deutlich erleichtern, zentral gestalten und steuern (Roland Berger 2020c). Regionale Läden werden so unterstützt, wobei die Digitalisierung des stationären Handels einen zusätzlichen Impuls erhält. Somit kann der Einzelhandel in den Trend zum Online-Handel involviert werden. Gleichzeitig vergrößern sich dadurch Lagerkapazitäten im urbanen Raum. Ein „Storage-in-Storage"-Konzept, wie wir es bereits aus den heute etablierten Shop-in-Shop-Konzepten kennen, könnte das Geschäftsmodell für alle Beteiligten rentabel machen.

Es ist Aufgabe der Politik, neue rechtliche Rahmenbedingungen zu schaffen, die Innovationen fördern, statt sie zu bremsen. Beispielsweise ist das Baurecht inzwischen längst nicht mehr zeitgemäß ausgestaltet. Vor allem ist es zu statisch, was ein Hindernis für eine Mischnutzung von Immobilien in Innenstädten darstellt. Darüber hinaus sind Nachtanlieferungen und deren Durchführung nicht einheitlich geregelt. Wenn sich ein noch größerer Anteil der Logistik auf die Nachtstunden verlegen lässt, wird das Verkehrsvolumen spürbar entzerrt. Neue Konzepte müssen in einer realen Umgebung erprobt werden, damit praktisches Know-how entsteht, aus dem sich Handlungsempfehlungen ableiten lassen. Die Basis für einen relevanten Baustein wurde bereits gelegt. So wurde beispielsweise das Platooning rechtlich ermöglicht und nun gilt es gemeinsame Standards und Schnittstellen in den Systemen zu entwickeln, weitere Erfahrungen und Daten zu sammeln und eine europaweite Regulierung zu etablieren.

13.8   Aktuelle und bereits realisierte Projekte aus Nordrhein-Westfalen

Aktuell gibt es im Land Nordrhein-Westfalen bereits eine Reihe von realisierten Projekten, die im Zusammenhang mit einer innovativen urbanen Logistik als zukunftsweisend angesehen werden können. Diese Aufzählung erhebt keine Ansprüche an Vollständigkeit, sie soll lediglich einige Beispiele, kategorisiert nach Handlungsfeldern, nennen:

Infrastrukturen
- Ein Konzept zur Bündelung der Lieferungen in den Innenstädten stellt der Service „incharge" der ABC-Logistik GmbH in Düsseldorf dar. „Incharge" bündelt Lieferungen verschiedener KEP-Dienste dabei so weit wie möglich in einem stadtnahen Logistikhub und stellt diese zur gewünschten Lieferzeit zu.
- Der KEP-Logistikdienstleister GLS etablierte 2016 in Düsseldorf einen kombinierten Paketshop, in dem ein Mikro-Depot-Konzept umgesetzt wird. Der Standort wird zum einen als Anlaufstelle für Paketabholung und -versand für Privatkunden genutzt und zum anderen als Mikro-Depot für Pakete vor der Zustellung auf der letzten Meile verwendet. Durchgeführt werden die Zustellungen dabei mit elektrischen Lastenfahrrädern oder vergleichbaren emissionsfreien Verkehrsmitteln. Das Ziel dieses Ansatzes ist eine langfristige Substitution des konventionell angetriebenen innerstädtischen Lieferverkehrs durch nachhaltige Alternativen wie elektrisch angetriebene Lastenfahrräder in Verbindung mit der erweiterten Nutzung von Paketshops.
- Die Raiffeisen Gas GmbH in Lembeck nutzt LNG-Fahrzeuge für den Schwerlasttransport und unterstützt den Ausbau der Tankstelleninfrastruktur. Die Westfalen Gruppe eröffnete Ende 2020 in Münster-Amelsbüren die erste stationäre LNG-Tankstelle im Münsterland.

Automatisierungslösungen und Digitalisierung
- Das Unternehmen Swisslog mit Sitz in Dortmund bietet innovative robotergestützte Intralogistiklagerlösungen an. Durch modulare, flexible und softwaregesteuerte Logistiktechnologien bieten Sie automatisierte Lagerlösungen für Kunden auf der ganzen Welt an.
- Ein Beispiel für Konzepte zur Integration und Digitalisierung des Einzelhandels bietet die MyDaylivery GmbH in Köln. Das Unternehmen wirbt mit dem Slogan „eine Bestellung, eine Bezahlung, eine Lieferung", wobei es um eine Bündelung der Lieferungen aus regionalen Läden geht. Die damit erzielten Lieferzeiten sind aufgrund der geringen Entfernungen sehr kurz, die Prozesse entsprechend ressourcenschonend.

Nutzung der dritten Dimension
- Im Rahmen des Projekts „Care and Mobility Innovation – In Zukunft gut versorgt und intelligent mobil", bei dem es um die Entwicklung passender Rahmenbedingungen zur Digitalisierung in Medizin und Mobilität geht, plant die Städteregion Aachen gemein-

sam mit diversen Partnern den Einsatz von „urban air care" – das Flugtaxi für medizinische Transporte und „care mover" – das mobile Labor.

- Eine Forschungsgruppe der Universität Duisburg-Essen untersucht die Möglichkeit, die dritte Dimension für die City-Logistik zu nutzen. Lieferdrohnen mit voll automatisiertem Laderaum und integrierte Drohnen zur autonomen Luftzustellung sind ebenso Gegenstand der Forschungsprojekte wie ein autonom fliegendes Flugtaxi oder Seilbahnsysteme.
- Das Unternehmen Smart City Loop aus Köln ist an der Entwicklung eines innovativen Logistikkonzepts beteiligt gewesen, bei dem der Transport von Waren in das Stadtzentrum durch ein unterirdisches Tunnelsystem automatisiert und ressourcenschonend vonstattengeht. Erste Studien haben die Machbarkeit und die Mehrwerte für die Gesellschaft und Umwelt belegt und ein erstes Umsetzungsprojekt in einer deutschen Großstadt ist aktuell in Bearbeitung.

Neue Fahrzeugkonzepte

- Das Unternehmen DroidDrive GmbH aus Aachen entwickelt mit dem „Ducktrain" ein leichtes, elektrisches Logistikfahrzeug für die urbane letzte Meile, welches in Kolonnen von bis zu fünf Fahrzeugen vom Logistikhub in den Zustellbezirk gefahren wird und dort mit einem einzelnen Fahrzeug die Zustellung durchführt. Eine Erprobung findet seit März 2021 im Rahmen des Projektes „SULEICA" im öffentlichen Straßenverkehr in Aachen statt.
- Das Logistikkonzept GeNaLog (Geräuscharme Nachtlogistik) des Fraunhofer-Instituts für Materialfluss und Logistik IML basiert auf dem Einsatz von Elektro-Lkw sowie geräuschoptimierten Fahrzeugböden und Ladehilfsmitteln. Ein fünfwöchiger Praxistest der REWE Group in Köln konnte die Wirksamkeit dieses Ansatzes in der Praxis nachweisen.
- Düsseldorf führte Ende 2020 als erste deutsche Region einen Praxisversuch mit einem wasserstoffbetriebenen Brennstoffzellen-LKW im innerstädtischen Lieferverkehr durch. Partner war der Düsseldorfer Logistikdienstleister ABC-Logistik, der einen 27-Tonnen-Lkw der niederländischen Firma VDL erprobte. Betankt wurde der Lkw an einer ebenfalls 2020 eröffneten Wasserstofftankstelle von H2 Mobility.
- Das Projekt ‚electric Green Last Mile' (eGLM) von Interreg, einer Gemeinschaftsinitiative des Europäischen Fonds für regionale Entwicklung, testete in Zusammenarbeit mit der Provinz Limburg (NL) und dem Bundesland Nordrhein-Westfalen 2017 bis 2020 sieben vollständig elektrische Null-Emissions-Lkw von 44 t nach den neuen Standards für das Ultra-Schnellladen bei Schwertransporten. Im Fokus der am realistischen Praxisbedarf ausgerichteten Tests stand dabei der Güternahverkehr (Aktionsradius bis 150 km) in der Region europäischer logistischer Hotspots wie Venlo (Niederlande) und Duisburg (Deutschland).

13.9   Fazit und Ausblick

Wir haben im Land Nordrhein-Westfalen und speziell in der Region Rhein-Ruhr die besten Voraussetzungen, die bevorstehende Transformation der urbanen Logistik zu stemmen. Durch eine gute Gesamtkonfiguration bestehender und neuer Ansätze können wir Vorreiter bleiben, um auf die sich ändernden Anforderungen hinsichtlich Emissionsreduktion und Same-Day-Delivery eine Antwort zu finden, die besser ist als das heutig Bekannte und Gelebte.

Daher sollten bestehende Infrastrukturen und neue Infrastrukturen dazu genutzt werden, ein dezentrales Netz aufzubauen, das es ermöglicht, die Warenströme flexibler und damit bedarfsgerechter abzufangen. Nur so kann ein signifikanter und sowohl spür- als auch messbarer Beitrag geleistet werden, die Bürger, die KEP-Dienstleister und die Städte und Kommunen in den jeweiligen Zielsystemen weiterzubringen. Hierfür sollten geeignete Standorte identifiziert und gemeinschaftlich weiterentwickelt werden.

Die dabei entstehenden Standorte haben die Chance deutlich automatisierter zu funktionieren, sodass der Betrieb zu reduzierten Kosten ermöglicht wird und damit wirtschaftlich funktionieren kann. Gleichzeitig müssen die Standorte in einem digitalen Gesamtkonzept zusammengeführt werden, sodass eine vollständige Transparenz der Abläufe, Kapazitäten und Bewegungen möglich wird. Hierfür müssen Logistikimmobilienentwickler, Automatisierungsspezialisten und KEP-Dienstleister eng verzahnt neue Rahmenbedingungen entwickeln, durch die bestehende Prozesse und Vehikelkonzepte mit den zukünftigen „Logistikautomaten" zusammen funktionieren können.

Somit wird deutlich, dass wir auf den Anforderungen aufbauend, die bereits in der Testphase befindlichen neuen Fahrzeugkonzepte weiter erproben sollten. Hierfür ist die Grundbedingung die emissionsfreien und möglichst hoch ausgelasteten Konzepte weiterzuentwickeln, sodass diese mit den genannten Infrastrukturen und den zu entwickelnden „Logistikautomaten" in Symbiose funktionieren können. Die Chance, durch Platooning und Autonomie diese Systeme noch effizienter zu gestalten, müssen Kommunen gemeinsam mit Fahrzeugentwicklern erarbeiten.

Der darauf aufbauende nächste Evolutionsschritt, um vor allem bei zeitkritischen Gütern noch schneller zu werden, ist die Nutzung der dritten Dimension. Hier gilt es wirtschaftlich darstellbare Use-Cases mit Bürgern und Versorgern zu erarbeiten und diese in einen rechtlichen Rahmen zu gießen. Politik, Verwaltung, Forschung, Logistikindustrie und Bürger in NRW haben es gemeinsam selbst in der Hand, aus der Region ein Vorzeigemodell für modernste High-Tech-Logistik zu machen.

Literatur

Bundesverband Paket und Expresslogistik e. V. (BIEK): KEP-Studie 2022 – Neuer Rekord: Über 4,5 Mrd. Sendungen – Wachstum im Jahr 2021 erneut zweistellig. https://www.biek.de/presse/meldung/kep-studie-2022.html (2022)
BMDV: Logistics 2030 Innovation Programme https://www.bmvi.de/EN/Topics/Mobility/Freight-Transport-Logistics/Logistics-2030-Innovation-Programme/logistics-2030-innovation-programme.html (04.09.2020)
BVL: Factsheet Emissionen in der Logistik https://www.bvl.de/themenkreise/urbane-logistik/factsheet-emissionen-in-der-logistik (2018)
EEA: The first and last mile – the key to sustainable urban transport https://www.eea.europa.eu/publications/the-first-and-last-mile (2019)
Fraunhofer IML: Smart City Loop. Ein Logistikkonzept, das unter die Erde geht. https://www.iml.fraunhofer.de/de/presse_medien/magazin_logistikentdecken/ausgabe%2D%2D20/smart-city-loop.html (2020)
Fraunhofer IAO: Quo vadis 3D mobility https://publica.fraunhofer.de/entities/publication/4ddb34e5-f9d0-483d-b0bd-d5d9ccdbefab/details (2019)
Roland Berger: Urbane Logistik 2030 in Deutschland. Gemeinsam gegen den Wilden Westen. https://www.rolandberger.com/de/Insights/Publications/Wie-wird-urbane-Logistik-2030-aussehen.html (16.10.2018)
Roland Berger (2020a): FreightTech – Die Zukunft der Logistik https://www.rolandberger.com/de/Insights/Publications/FreightTech-Die-Zukunft-der-Logistik.html (06.02.2020)
Roland Berger (2020b): Cargo Drones – The future of parcel delivery https://www.rolandberger.com/en/Insights/Publications/Cargodrones-The-future-of-parcel-delivery.html (19.02.2020)
Roland Berger (2020c): Designing urban logistics for the future https://www.rolandberger.com/en/Insights/Publications/Designingurban-logistics-for-the-future.html (15.09.2020)
Roland Berger (2020d): Die Senkrechtstarter-Branche – Wie Urban Air Mobility abhebt https://www.rolandberger.com/de/Insights/Publications/Die-Senkrechtstarter-Branche-Wie-Urban-Air-Mobility-abhebt.html (10.11.2020)
Roland Berger: Logistik Resilient Liefern https://www.rolandberger.com/de/Insights/Publications/Logistik-Resilient-liefern.html (09.04.2021)
PwC: The era of digitized trucking. Transforming the logistics value chain. https://www.strategyand.pwc.com/gx/en/insights/2016/the-era-of-digitized-trucking/the-era-of-digitized-trucking-transforming.pdf (2016)
Smart City Loop: Pressemitteilung – Grünes Licht in Hamburg https://www.smartcityloop.de/wp-content/uploads/2020/09/PM-HH-18.9.20.pdf (18.09.2020)
Statista: Einwohnerzahl der europäischen Metropolregionen im Jahr 2021 https://de.statista.com/statistik/daten/studie/1201891/umfrage/einwohnerzahl-europaeische-metropolregionen/ (22.03.2022)
Statista: Statistiken zur Deutschen Post DHL https://de.statista.com/themen/218/deutsche-post/ (09.03.2022)

Dr. Denis Philip Krechting hat sein Studium zum Wirtschaftsingenieur an der TU Dortmund University und HKUST (Hong Kong University of Science and Technology) von 2007 bis 2014 in der Fachrichtung Maschinenbau abgelegt. Seine Promotion im Bereich Organisationsentwicklung und Innovationsmanagement beim FIR an der RWTH Aachen erlangte er im Jahr 2020. Der Titel seines Promotionsvortrages lautet „Muster und Entwicklungspfade für urbane Mobilitätssysteme". Im Jahr 2019 gründete Dr. Denis Krechting gemeinsam mit Dr. Gerhard Gudergan die Metropolitan Cities MC GmbH und ist seitdem geschäftsführend tätig.

Maximilian Dicks hat im Bachelor Betriebswirtschaftslehre an der WWU Münster studiert und dieses im Master an der RWTH Aachen University im Bereich Innovations- und Technologiemanagement vertieft. Während des Masterstudiums hat er am FIR e.V. an der RWTH Aachen gearbeitet und ist seit 2020 als Senior Projektmanager bei der Metropolitan Cities MC GmbH tätig.

Dr. Gerhard Gudergan studierte Produktionstechnik an der RWTH Aachen und promovierte anschließend zum Dr.-Ing. im Bereich Maschinenbau mit den Fachgebieten Organisation und Innovation. Seit 2000 ist er am FIR an der RWTH Aachen tätig. Dr. Gerhard Gudergan ist stellvertretender Geschäftsführer des FIR an der RWTH Aachen, Leiter des Center Smart Commercial Building und Geschäftsführer der Metropolitan Cities MC GmbH. Als Geschäftsführer der Initiative Metropolitan Cities hält er das Mandat der RWTH Aachen, auf dem Campus der RWTH Aachen unter Einbindung von Wissenschaft und Unternehmen ein interdisziplinäres Innovationszentrum im Bereich der urbanen Innovation aufzubauen. Er ist ehemaliger Präsident der International Society of Service Innovation Professionals ISSIP.

Teil III

Der Technikfaktor: Digitalisierung als Initialzündung einer Revolution in der Logistik

Der aktuelle Status der Digitalisierung in der Logistik

14

Olaf-Ulrich Krause

Zusammenfassung

Obwohl sich die grundsätzlichen Prozesse logistischer Auftragsabwicklung in den letzten Jahrzehnten kaum verändert haben, erfolgt ihre Durchführung heute oft vollautomatisch, ohne manuelle Eingriffe. Die Verarbeitung der Daten, die über den Transport- und Lieferkettenprozess hinweg ermittelt und verarbeitet werden, haben eine enorme Bedeutung für den ökonomischen Erfolg der Logistikindustrie erhalten. Die Digitalisierung ist von einer Nice-to-have-Option zum unabdingbaren Bestandteil logistischer Geschäftsmodelle geworden. Zu den Elementen des logistischen Aufgabenspektrums, die am meisten von der Digitalisierung profitiert haben, gehören Lagerhaltung, Schiffsumschlag, Disposition, Informationsmanagement, Fuhrparkorganisation sowie die allgemeine Ausgestaltung logistischer Geschäftsmodelle. Der weitere Fortschritt bei der Integration digitaler Konzepte und Technologien in der Logistikindustrie wird die Erfüllung der Umwelt- und Klimaziele erleichtern und gleichzeitig den ökonomischen Erfolg durch eine fundamentale Effizienzsteigerung sicherstellen.

14.1 Einleitung

Die Logistikindustrie war nicht gerade ein „Early Adopter" digitaler Technologie. Ihre Nutzung beschränkte sich lange Zeit auf die Ebene von Navigations- und Assistenzsystemen in Fahrzeugen. Das größte Potenzial der Digitalisierung liegt jedoch in der effiziente-

O.-U. Krause (✉)
Langenhagen, Deutschland
E-Mail: olaf.krause@logiline.de

© Der/die Autor(en), exklusiv lizenziert an Springer Fachmedien Wiesbaden
GmbH, ein Teil von Springer Nature 2023
P. H. Voß (Hrsg.), *Die Neuerfindung der Logistik*,
https://doi.org/10.1007/978-3-658-41084-1_14

ren Gestaltung von Prozessen und der Ermöglichung neuer Geschäftsmodelle. Hier hat sich in den letzten Jahren auch in der Logistikindustrie etwas bewegt. Wie sind die Logistikunternehmen heute in Sachen digitaler Lösungen aufgestellt und welche Perspektiven ergeben sich daraus für die Zukunft?

Digitalisierung basiert schon seit eh und je auf den Säulen Kommunikation und Verwaltung, noch besser Gestaltung, von und mit Informationen. Die Anfänge der geordneten Datenweitergabe gehen zurück bis in die dreißiger Jahre des 20. Jahrhunderts mit der wirtschaftlichen Nutzung des Telex-Fernschreibers (Abb. 14.1).

Für den heutigen smarten Nutzer von verschiedenen Mobile Devices ist es kaum mehr vorstellbar, dass die Datenverwaltung dabei auf sehr langen Lochstreifen erfolgte. Deren Vorläufer wiederum war der Telegraf, der aber als individuelles Telekommunikationsmittel nicht für den Privatgebrauch nutzbar war. Viele Jahre ruhte die digitale Entwicklung in der Wirtschaft sowie in der Logistikwelt und nahm erst in den 1980er-Jahren mit der zaghaften Nutzung von Personal Computern und Rechenanlagen wieder Fahrt auf. Heute befinden wir uns an der Schwelle zu einer Digitalisierungsphase, in der nicht nur Daten und deren Verarbeitungsprodukte – Informationen –, sondern auch jegliche, durch moderne Sensorik erzeugten, Informationen mit Algorithmen verarbeitet oder aktiv durch eine Vorausschau mit Künstlicher Intelligenz (KI) zur Unterstützung von Entscheidungen herangezogen werden, um die individuellen Anforderungen eines Auftrags oder Prozesses entsprechend anzupassen.

Abb. 14.1 Chatten weltweit für „Anfänger" – mit dem Telex auf normalen Telefonleitungen. (Quelle: Adobe Stock)

14.2   Revolution in der Logistik

Logistik wurde im normalen Sprachgebrauch häufig nur mit Transporten und Lagerhaltung in Zusammenhang gebracht. Im Einzelfall kamen noch „exotische" (wie beispielsweise internationale) Aufträge hinzu, die wiederum auch eine zollamtliche Behandlung benötigten. Straßen-Frachtführer setzten den eigenen Lkw ein. Container wurden auf und mit dem Schiff befördert, Wagons vom eigenen Gleisanschluss aus der Bahn übergeben. Luftfracht wurde „ready for carriage" gestellt und dem Frachtführer Airline anvertraut. Der Lagerhalter, heute modern Fulfillment-Dienstleister genannt, organisierte mit dem Papier-Lieferschein das Ein- und wieder Auslagern der Waren. Die größte Arbeitslast verblieb bei der operativen Abwicklung des Logistik- oder Transportauftrags. Nur ein Bruchteil des Prozesses beschäftigte sich mit den heute als Standard etablierten Informationsverarbeitungen in Form eines DMS. Jede/r Speditionsprofi wird sich noch mit Unbehagen an das Sortieren von Papierstapeln in der Palettenscheinabteilung erinnern, bei der das erklärte Ziel für die jungen Menschen in Ausbildung der Kundenkontoausgleich war. Heute haben sich die relevanten Tätigkeiten, die in diesem Zusammenhang durchzuführen sind, nicht wesentlich verändert. Aber sie erfolgen oft vollautomatisch, ohne manuelle Eingriffe, und die Verarbeitung der Daten, inklusive der Übermittlung von Statusinformationen im gewünschten Pull- oder Push Verfahren, erhält eine höhere Bedeutung als die operative Umsetzung.

Diese sehr speziellen digitalen Anwendungen konnten von den arrivierten Logistikunternehmen angedacht und programmiert werden. Doch nicht selten versäumten oder verschmähten es die Logistiker, derartige Lösungen selbst zu schaffen. Dies führte zum Aufstieg eines sehr breit aufgestellten neuen innovativen Logistiksektors: den Logistikstartups. Sie entwickelten auf digitaler Basis neue Anwendungsmöglichkeiten für alle Verkehrsträger und Einsatzzwecke, darüber hinaus aber zugleich auch oft neue Geschäftsmöglichkeiten. Diese neuen logistischen Pilotanwendungen mussten dann nur noch aus dem Laborumfeld der Kleinstserie in die Alltagswelt der Logistik übertragen werden. Besonders bei großen Logistikern konnten sie so Skaleneffekte in der Auftragsverarbeitung erzeugen und an verschiedenen Schnittstellen Prozessoptimierungen erzielen.

14.3   Anwendungsfelder digitaler Logistiklösungen

Jeder Verkehrsträger hat auf sehr individuelle Weise versucht, sich die Digitalisierungstechnologien nutzbar zu machen. Auch wenn am Anfang dieses Transformationsprozesses die Umsetzgeschwindigkeit von digitalen Projekten noch sehr gering war, so hat sie inzwischen bei vielen Logistikanwendungen ein rasantes Tempo aufgenommen. In der Folge hat die Digitalisierung zahlreiche erfolgreiche Anwendungen auf Basis von Einsen und Nullen hervorgebracht. Hier einige Beispiele.

Lagerprozesse

Der große Treiber für die Digitalisierung und Automatisierung von Lagerprozessen war der Internethandel. Besonders hervorgetan hatten sich dazu in Europa Unternehmen wie Amazon und Zalando. Wobei sich mit dem vergleichenden Blick nach China und den dortigen Umsätzen des Single Day am 01.11. eines jeden Jahres die europäischen Umsätze sehr bescheiden ausnehmen. 75 % des Umsatzes des größten Marktteilnehmers Alibaba werden in der Single-Day-Woche realisiert. Die damit verbundene logistische Herausforderung für diesen Zeitraum ist enorm und kann nur durch eine dezidierte digitale Logistiksteuerung über zentrale Umschlagsläger sowie Mikroläger erfolgreich gemeistert werden. Dabei werden die Kommissionierungsaufgaben zunehmend automatisiert, Der Kommissionierer muss nicht mehr selbst die Ware aus den Regalen nehmen, sondern die Waren werden dem Kommissionierer zur Kontrolle zugeführt und durchlaufen anschließend den Verpackungsprozess. Auch eine letztmalige Kontrolle durch die Sensorik des *Warehouse Management Systems* (WMS) wird häufig durchgeführt. Dazu dient ein spezielles Wiegeprotokoll, das in der Lage ist, zu differenzieren, ob zum Beispiel ein Einzelteil oder eine Verpackungseinheit kommissioniert wurde. Bei Fehlern wird das Paket ausgesteuert und der Inhalt manuell geprüft und gegebenenfalls korrigiert.

Auch die Stichtags-bezogene Inventur vereinfacht sich zum Beispiel durch die Nutzung von RFID-Tags an den eingelagerten Waren. Mit der aktiven Kommunikationsmöglichkeit per RFID-Tags an der Ware kann zu jedem Zeitpunkt im Jahresverlauf der Warenbestand einer Inventur unterzogen werden. Damit lassen sich mögliche Fehlmengen frühzeitig erkennen und der Warenbestand kann wieder rechtzeitig aufgefüllt werden. Ein eigenes 5G-Netz auf dem Firmengelände ermöglicht es, durch die Nutzung von RFID-Tags wertvolle mobile Gerätschaften in Kliniken, Produktionsstätten oder Lägern leichter zu lokalisieren. Durch die zeitnahe Ortung der mobilen Gerätschaften sowie die Übermittlung der Daten zur Betriebsfähigkeit erhöhen sich Auslastung und Effizienz.

Schiffsumschlag

Moderne Containerschiffe fassen mittlerweile bis zu 24.000 TEU (20-Fuß-Standardcontainer). Diese Container nach Gewicht, Waren- und Lagerart sortiert auf dem Schiff an die richtige Stelle zu bringen (beispielsweise Kühlcontainer mit Stromanschluss), wäre bei manueller Durchführung eine Sisyphusarbeit ohne erfolgreiches Ende. Mit Hilfe von Algorithmen werden die Staupläne erstellt. Sie schaffen auch die nötige Flexibilität, um auf kurzfristige Veränderungen Einfluss nehmen zu können.

Nicht nur in der Produktion dienen fahrerlose Transportsysteme dazu, Waren ans Band zu liefern. Auch in vielen modernen Häfen werden die abgeladenen Container mit einer Art fahrerlosem Lkw eigenständig über das weitläufige Hafengelände transportiert. Verschiedenartige Sensoriken, gepaart mit enormen Serverkapazitäten, sorgen für einen autonomen Containerumschlag.

Disposition

Die typischen Logistikaufgaben des Disponenten, Sendungen für die Auslieferungen auf Fahrzeugen zu bündeln, sich am Nachmittag um zeitnahe Sendungsabholungen zu kümmern und bei Unregelmäßigkeiten geeignete Maßnahmen einzuleiten, werden besonders im KEP-Bereich mehr und mehr durch Algorithmen übernommen. Häufig finden zur Unterstützung schon Dispositionsprogramme Verwendung, aber gerade das Beispiel Amazon zeigt, welche Effizienzsteigerungen durch die Digitalisierung möglich sind. Dabei werden schon im Vorfeld Sendungen, die nicht in die eigene Auslieferungsstruktur passen, automatisch ausgesteuert und externen Logistikpartnern zugesteuert. Das Sendungsvolumen für das eigene Distributionsnetz wird mit voreingestellten Parametern an die Frachtführer übergeben. Selbst die Abfolge der Auslieferungen für das einzelne Fahrzeug wird automatisch ohne händisches Zutun zugewiesen. Ein automatischer Soll/Ist-Abgleich überwacht auch den Auslieferfortschritt mit einer Ampelfunktion und erst bei extremen Abweichungen wird durch Menschenhand eingegriffen.

Informationsmanagement

Erst durch die Nutzung von IT-basierten Informationssystemen konnten neue kundenfreundliche Auslieferservices eingeführt werden. Beispielhaft sind Predict-Service-Infos, die im Push-und-Pull-Verfahren den Empfänger über die Zustellfortschritte und den möglichst genauen Auslieferzeitpunkt informieren. Für die größeren Logistikorganisationen gehört es heute bereits zum Standard, Sendungsstatus und Abliefernachweis mit Unterschrift und/oder Ablieferfoto in Echtzeit zur Verfügung zu stellen.

Fuhrpark

Inzwischen ist es längst gängige Praxis, mit verschiedenen Sensoren Daten von Fahrzeug oder Ware zu messen. Position, Geschwindigkeit, Temperaturen und weitere Informationen werden schon routinemäßig zur Verfügung gestellt. Dazu gesellen sich weitere Messwerte wie etwa der exakte Volumen-Auslastungsgrad von Lkw-Einheiten für die Disposition. Disponenten müssen somit nicht mehr mit geschätzten Angaben arbeiten, sondern bekommen die noch vorhandenen Transportressourcen in Echtzeit übermittelt. Auch hier wird die Transportbranche in naher Zukunft im Besonderen von digitalen Möglichkeiten profitieren. Im Jahre 2022 fehlten in Europa 500.000 Fahrer für die Steuerung von Fahrzeugen vom Transporter bis zum Lkw. Mit autonomen Transportsystemen, die auch im öffentlichen Raum zugelassen sind, können zudem neuartige Distributions- und Auslieferkonzepte umgesetzt werden.

Geschäftsmodelle

Digitalisierungstechnologie in der Logistik hat viele Startup-Modelle entstehen lassen, die sich vornehmlich auf das Sammeln und Auswerten von Transportinformationen konzentrieren. Hierbei werden mit externer digitaler Hilfe bestehende Transportprozesse mit neuen Servicemöglichkeiten angereichert. Davon profitiert der Logistiker durch verschiedene Statusmeldungen, die dazu beitragen, dass er in Ausnahmefällen in den Prozess eingreifen muss. Aber besonders der Logistikkunde kann die Kommunikation über den Transportverlauf als Marketinginstrument für Endverbraucher oder B2B-Kunden nutzen. Der Kunde kann häufig schon bei der Bestellung von Waren die Ausliefergeschwindigkeit bestimmen. Darüber hinaus lassen sich besondere Services bereits im Vorfeld on Demand buchen, ohne dass dazu ein persönlicher Kontakt mit dem Logistiker notwendig wäre.

Das virtuelle Arbeiten auf internetbasierten Marktplätzen und Plattformen stellt eine weitere Bereicherung für die Logistikwirtschaft dar. Mit den neuen jungen Marktteilnehmern sind nicht nur moderne und einfache Frontends für die Auftragsvergabe auf den Markt gekommen, sondern auch die Transparenz bei Leistungen und Preisen ist heute viel schneller und detaillierter zu ermitteln als noch zu Zeiten des guten alten Spediteur-Adressbuchs. Zwar hat sich in Europa, was Umsätze und Erfolg angeht, noch keine Logistikplattform vergleichbar mit der Reiseplattform Booking.com herauskristallisiert. Aber es ist in den nächsten Jahren mit Investor-basierenden Plattformen zu rechnen, die schon von ihrer Grund-DNA her auf schnelle weltweite Volumengewinne setzen. Hier werden dann die „Quickwins" der Zukunft durch virtuelle Skaleneffekte erzielt, die in ähnlicher Form von dem klassischen Spediteur nur in Nischenmärkten erreichbar sind.

Auch Ausschreibungsplattformen nutzen die datenbasierte Leistungsgrundlage, um im virtuellen Bieterwettbewerb die beste Logistiklösung und/oder den günstigsten Preis für den Mandanten zu erzielen.

Besonders für den Umweltschutzbereich und die CO_2-Emissionseinsparmöglichkeiten ist die Anwendung von smarter digitaler Unterstützung in der Logistik von großer Bedeutung (Abb. 14.2). Der hohe Nutzen beginnt bei der Eindämmung von Fehlfahrten, er-

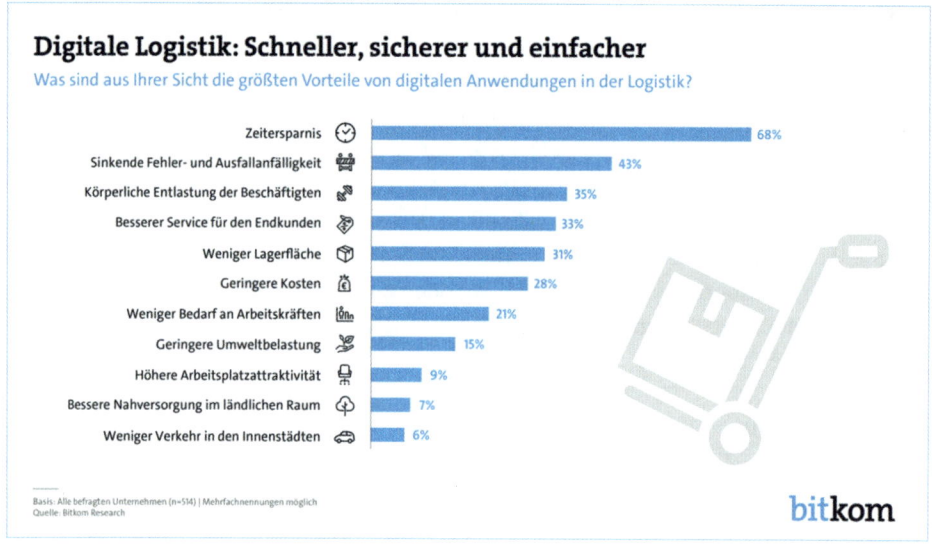

Abb. 14.2 Vorteile von digitalen Anwendungen in der Logistik. (Quelle: Bitkom Research, Juli 2019)

streckt sich über eine bessere Auslastung bis zur Vermeidung von Sondertransporten und führt zu einer exponentiellen Reduzierung von Logistikemissionen.

14.4 Ausblick

Ob in ferner Zukunft das Beamen von Waren durch Dematerialisieren Wirklichkeit wird, wie vom weltweit größten Logistiker DHL im „Innovation Center Troisdorf" augenzwinkernd kolportiert wird, darüber darf sich jeder Logistiker seinen eigenen Vorstellungen hingeben. Aber der Innovationswille in der Logistik wächst mit jeder neuen Herausforderung und Krise. Druck in den Transportabläufen entsteht klassischerweise nicht nur durch die Kundenanforderungen. Vielmehr ist auch die Verknappung von fossilen Energien und die eingeschränkte Verfügbarkeit von neuen Energieformen Beschleuniger für die Entwicklung digitaler Lösungen. Es gibt keinen Arbeitsschritt in der Logistik mehr, der nicht schon auf den Prüfstand gestellt und dahingehend analysiert wurde, ihn komplett zu digitalisieren oder wenigstens Teilaufgaben davon mit Hilfe von digitalen Anwendungen zu vereinfachen, um Zeit- oder Kostenvorteile zu erzielen. Digitalisierung in der Logistik schafft nicht nur höherwertige neue Arbeitsplätze in der westlichen Welt, sondern hilft auch den Unternehmen dabei, ihre Wettbewerbsfähigkeit im weltweiten Marktumfeld zu steigern. Dabei geht es nicht immer nur um Kostenvorteile, sondern besonders auch um die Zuverlässigkeit von Transportketten und die Steigerung der Fähigkeit, die eingeschränkten Logistikressourcen zur richtigen Zeit und am richtigen Ort zur Transporterfüllung zur Verfügung zu stellen.

Zu den wichtigsten verschiedenartigen Herausforderungen für die Logistik zählt jedoch die intelligente Vermeidung von CO_2-Emissionen im Transportablauf. Die verschiedenen weltweiten Klimaziele wie Klimaneutralität und die Reduzierung der durchschnittlichen Erderwärmung lassen sich durch zaghaftes Taktieren nicht erreichen. Hier helfen nur radikale Umdenkprozesse und – noch wichtiger – daraus resultierende neue und klimafreundliche Logistikkonzepte. Auch hinsichtlich dieser Aufgabenstellung der Logistik hilft die Digitalisierung durch das Sammeln und Analysieren von Daten. Denn erst wenn für ein Unternehmen und für die einzelne Sendung der individuelle CO_2-Footprint ermittelt ist, lassen sich aus diesen Daten Reduktionsprogramme für die Treibhausemissionen erarbeiten. Motivierend und beruhigend ist dabei, dass bei gewissenhafter Umsetzung derartiger Lösungen nicht nur ökologische Ziele erreicht, sondern häufig auch ökonomische Erfolge erzielt werden – etwa durch geschickteres Disponieren oder gänzliches Vermeiden von Transporten. Allein schon das regelmäßige frühzeitige Übermitteln von Transportinformationen bei den verschiedenen Partizipanten in der Lieferkette deckt Einsparpotenziale auf. Digitalisierung in der Logistik kann unnötige Sendungsverschickungen nicht komplett verhindern, aber sie kann zu einer höheren Sensibilisierung der Menschen für einen möglicherweise unangebracht hohen Emissionsausstoß beitragen.

Die Vorteile der Digitalisierung offenbaren sich für die einzelnen Verkehrsträger der Logistik jeden Tag aufs Neue – allerdings nur für die Entscheidungsträger, die sich dieser

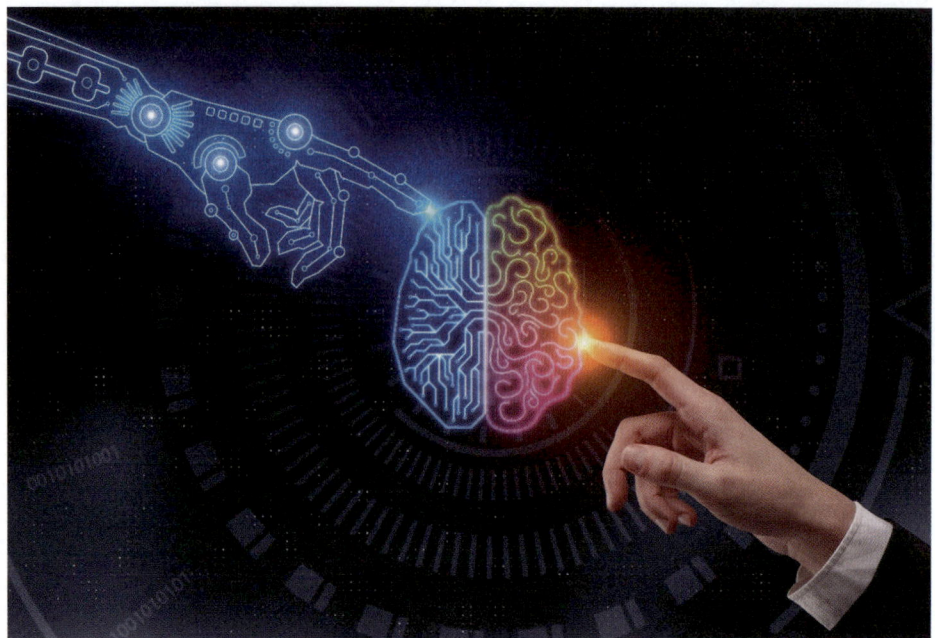

Abb. 14.3 Eine umfassende digitale Veränderung, beginnt sehr analog im persönlichen Mindset jedes Prozessbeteiligten. (Quelle: Adobe Stock)

Aufgabe individuell stellen und somit auch ein Teil des digitalen Transformationsprozesses sind (Abb. 14.3). Digitalisierung bedeutet nicht in erster Linie die Anschaffung von verschiedenartigen Devices oder Softwareprogrammen, sondern vor allem das Loslassen von althergebrachten analogen Gedankenketten in den Logistikanforderungen und das Zulassen von papierlosen Aufträgen und Prozessen. Es geht nicht um das „Ob" der Digitalisierung, sondern um das „Wann" der Umsetzung. Die Frage, die sich das Management stellen muss, lautet: Kann ich hierdurch meinem Unternehmen einen First Mover Advantage sichern oder muss ich durch die Verzagtheit bei der Digitalisierungsentscheidung um die Resilienz des Unternehmens bangen und gerate womöglich in einen negativen disruptiven Strudel? Erst die positive Veränderung im persönlichen Mindset für die verschiedenen Digitalherausforderungen und Chancen in der Logistik lässt die Beteiligten am Wertschöpfungsprozess alle Vorteile und Nutzenaspekte im eigenen Umfeld realisieren.

14.5   Fazit

Ohne Digitalisierung hätte die Logistik in Deutschland den verschärften Preiswettbewerb nicht durchgestanden. Besonders im Hinblick auf die europäischen Nachbarländer, in denen häufig gerade im KEP-Bereich höhere Erlöse erzielt werden als in Deutschland, sind die Automatisierungs- und die dadurch erzielten Skaleneffekte die Basis für positive

Erträge. Dadurch wurde auch der Organisationsgrad bei den verschiedenen Dispositionsaufgaben wesentlich verbessert, wodurch es gelang, die signifikanten Volumensteigerungen im KEP-Bereich durch die Corona-Lockdowns und Investitions-Verknappungen (gestörte Lieferketten) bei den anderen Verkehrsträgern teilweise aufzufangen. Virtuelle Speditionen halfen durch den hohen Digitalisierungsgrad dabei, höhere Auslastungen bei den Ladungsträgern zu erzeugen und Leertransporte zu vermeiden. Zusätzlich hat das Optimieren von Sendungsverläufen durch Algorithmen bei der gigantischen Menge von Daten und Routingoptionen enorme Einsparungspotenziale mit sich gebracht.

Inzwischen ist die Logistikindustrie dabei, bereits die nächste Stufe der Digitalisierung zu erklimmen, indem bei der Vorausschau auf Mengen und Kundenbedarfen auch Analyseszenarien durch Machine Learning (Künstliche Intelligenz) genutzt werden. Dabei sollen durch die erfahrungsbasierten Wahrscheinlichkeitsberechnungen auch Einflussfaktoren positiv genutzt werden, die durch Algorithmen nicht erfolgreich behandelt werden können. Dabei kann es sich beispielsweise um Daten bezüglich Umwelt, Streiks, außergewöhnliche Wetterphänomene, große Events, Beeinträchtigungen des Verkehrsgeschehens oder auch Kriegsgeschehen handeln, die für Störungen in den Prozessketten verantwortlich sind. Ziel der KI für die Logistik ist, Vorhersageszenarien zu entwickeln, mit deren Hilfe eine noch bessere Abstimmung von Kundenbedarfen und Logistikressourcen erreichbar wird. Digitalisierung hilft der Logistik auch dabei, Ressourcen-schonend und ökologisch verträglicher zu agieren. Jeder optimierte Sendungsverlauf oder eingesparte Transport verbessert die Aussichten, die angestrebten weltweiten Klimaziele zu erreichen. Logistik werden wir auch in der Zukunft unvermindert benötigen, was sich gerade in Zeiten von Pandemien und geopolitischen Herausforderungen wieder gezeigt hat. Dabei gilt es, verstärkt und gemeinsam die Vorteile aus der Digitalisierung zu nutzen, weiterhin mit starkem Innovationsgeist die Welt der Digitalisierung weiterzuentwickeln und den Menschen dabei stets in das Zentrum des Handelns zu stellen.

Olaf-Ulrich Krause ist ausgebildeter Speditionskaufmann und staatlich geprüfter Betriebswirt mit dem Schwerpunkt Finanzwirtschaft. Zu den Aufgaben in seiner beruflichen Laufbahn gehörten u. a. Tätigkeiten im Special Service bei TNT Express Worldwide und dort die Position als Regionalmanager für Norddeutschland sowie die Leitung von Sales und Marketing bei der inTime Transport & Logistikgesellschaft mbH. Olaf-Ulrich Krause gründete im April 1998 mit einem Partner das Unternehmen Logitrans in Hannover. Heute agiert die daraus entwickelte mittelständische Logiline-Gruppe weltweit in den Bereichen Logistik, Beratung und Procurement-Service. Die Gruppe beschäftigt mehr als 50 Mitarbeiter und erzielte im Jahr 2021 einen Umsatz von über 15 Mio. €.

Mit künstlicher Intelligenz zu mehr Entscheidungsfähigkeit in der Logistik

15

Volker Stich und Justus Aaron Benning

Zusammenfassung

Anwendungsfälle wie intelligente Routenoptimierung und fortschrittliche Simulationsalgorithmen repräsentieren das riesige Einsatzspektrum von Methoden der künstlichen Intelligenz. Steigende Anforderungen an Liefertermintreue, Flexibilität und Transparenz wie bspw. Emissionsverfolgung, erfordern zunehmend den Einsatz von KI. Die Nutzung dieser Schlüsseltechnologie und die Hebung der Potenziale scheitern oft an der Komplexität in Bezug auf die Eingrenzung und Identifikation von wirtschaftlich relevanten Anwendungsfällen. Unternehmen müssen den Business Fit zwischen den wirtschaftlichen Erfolgsaussichten und den dafür benötigten digitalen Bausteinen herstellen. Mit dem Digital-Architecture Management lassen sich die relevanten KI-basierten Anwendungsfälle identifizieren und eine Roadmap aufbauen, um die datenbasierte Entscheidungsfähigkeit in der Logistik zu verbessern.

15.1 Potenziale von Künstlicher Intelligenz für Produktion und Logistik

Künstliche Intelligenz (KI) hat sich in den letzten zehn Jahren von einem Forschungsthema mit Nischendasein in der Praxis zu einem Universalwerkzeug für die Digitalisierung entwickelt. Verantwortlich dafür sind vor allem Durchbrüche im maschinellen Lernen (ML), der Ausstattung von Computern mit der Fähigkeit, aus Daten lernen zu können.

V. Stich (✉) · J. A. Benning
Aachen, Deutschland
E-Mail: Volker.Stich@fir.rwth-aachen.de; Justus.Benning@fir.rwth-aachen.de

© Der/die Autor(en), exklusiv lizenziert an Springer Fachmedien Wiesbaden
GmbH, ein Teil von Springer Nature 2023
P. H. Voß (Hrsg.), *Die Neuerfindung der Logistik*,
https://doi.org/10.1007/978-3-658-41084-1_15

Daraus resultieren flexible und leistungsstarke Programme, die Aufgaben übernehmen können, welche Computern zuvor Probleme bereitet haben, für Menschen jedoch zum Alltag gehören (Domingos 2018, S. 11–15).

In einigen dieser Disziplinen, in denen Menschen lange besser waren als Computer, haben sich Technologien maschinellen Lernens etabliert, welche mittlerweile an unsere kognitive Leistung heranreichen (oder diese übertreffen): Dazu gehört die Bilderkennung (engl. Computer Vision), die Verarbeitung natürlicher Sprache (auch NLP für engl. Natural Language Processing), und die Aktionsplanung unter Unsicherheit (Seifert et al. 2018, S. 57–61).

Im Einsatz dieser Technologien liegt die wirtschaftliche Schlagkraft künstlicher Intelligenz in Produktion und Logistik: Wenn Routineaufgaben wie das Dokumentieren gesprochener Sprache oder das Erkennen und Zuordnen von Objekten auf Bildern von Computern intelligent automatisiert werden, können sich Fachkräfte auf die kreativen und komplexen Teile ihres Aufgabenfeldes konzentrieren. Mit der Kombination von KI und menschlicher Domänenexpertise können große Gewinne im Spannungsfeld von Kosten, Zeit und Qualität erzielt werden.

15.2   Herausforderung beim Einsatz der Technologie

Wie jede digitale Technologie bringt künstliche Intelligenz charakteristische Herausforderungen mit sich. Die am häufigsten genannte Herausforderung des Fachkräfte- und Kompetenzmangels (Rammer 2021, S. 10), wird dabei durch zunehmend nutzungsfreundlichere Software von Anbietern adressiert. KI wird zur *Commodity*, d. h. es gibt fertige Programme wie Chatbots und Produkte wie Webcams mit integrierter Objekterkennung. So setzen mittlerweile 59 % aller Mittelständler laut einer aktuellen Studie KI ein (Reder 2021, S. 7). Trotzdem nutzt die vielversprechendste Technologie den anwendenden Unternehmen wenig, wenn diese nicht gewinnbringend ausgenutzt werden kann. In einer Umfrage unter Unternehmen, die bereits KI einsetzen, traten zwei Herausforderungen vor: 47 % haben Probleme, die richtigen Anwendungsfälle für KI im Unternehmen zu identifizieren und weitere 27 % gaben an, Probleme bei der Integration in die gegebene IT-/OT-Landschaft zu haben (Rammer 2021, S. 10).

Um die Potenziale von KI zu nutzen, müssen Unternehmen es somit schaffen, wirtschaftlich relevante Anwendungsfälle zu identifizieren und die dafür benötigten digitalen Bausteinen sinnvoll im Kontext ihrer bestehenden IT-Architektur zu gestalten.

15.3   Der Ansatz des Aachener Digital-Architecture Management

In diesem Kapitel wird ADAM, das Aachener Digital-Architecture Management (Schuh et al. 2020, s.) als Ordnungsrahmen für die aufgezeigten Herausforderungen beim Einsatz von KI vorgestellt.

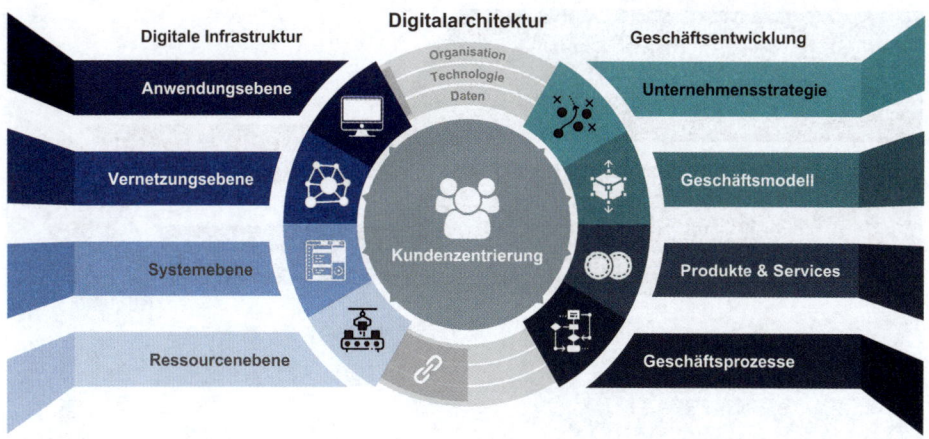

Abb. 15.1 Aachener Digital-Architecture Management. (Schuh et al. 2020)

Für KI und maschinelles Lernen existieren bereits technische Vorgehensmodelle, wie z. B. CRISP-DM (Chapman et al. 1999) und darüber hinaus technologieagnostische Rahmenwerke, welche Technologie- und Innovationsmanagement erleichtern (vgl. Schuh und Klappert 2011; Schuh 2012). ADAM steht nicht in Konflikt mit diesen und ähnlichen etablierten Methoden zur Bewertung und Implementierung digitaler Werkzeuge. Vielmehr ergänzt ADAM diese und fördert deren Einsatz, da Unternehmen einen pragmatischen und verständlichen Rahmen erhalten, in dem sie ihre Initiativen und Ideen einordnen können.

Das Aachener Digital-Architecture-Management besteht aus der digitalen Infrastruktur (Abb. 15.1 links), welche sich in vier Gestaltungsebenen unterteilt, und aus der Geschäftsentwicklung (s. Abb. 15.1 rechts), welche sich in vier Entwicklungsebenen gliedert. Durch Orientierung dieser Ebenen an der Kundschaft und die daraus folgende Ausgestaltung entsteht die Digitalarchitektur.

Die digitale Infrastruktur ist in vier Ebenen unterteilt (Abb. 15.2): Von unten nach oben werden Ressourcen (z. B. Maschinen und Anlagen) zusammen mit den Kernsystemen der Systemebene (z. B. ERP- oder CRM-System) über die Vernetzungsebene konnektiert.

Dadurch lassen sich auf der Anwendungsebene (oben) schnelllebige, benutzerdefinierte Applikationen erstellen, die durch erhöhte Transparenz, intelligente Mitteilungen oder Vorhersagen einen wirtschaftlichen Mehrwert erzeugen (Schuh et al. 2020, S. 6).

Die Geschäftsentwicklung findet ebenfalls auf vier Ebenen statt (Abb. 15.3).

Die Unterteilung in Unternehmensstrategie, Geschäftsmodell, Produkte & Services sowie zugrunde liegende Prozessen sensibilisiert dafür, dass Digitalisierung alle Bereiche unternehmerischen Schaffens tangiert. Beispielsweise sollten Effizienzgewinne in Geschäftsprozessen im Einklang mit der Unternehmensstrategie gehoben werden (Schuh et al. 2020, S. 7).

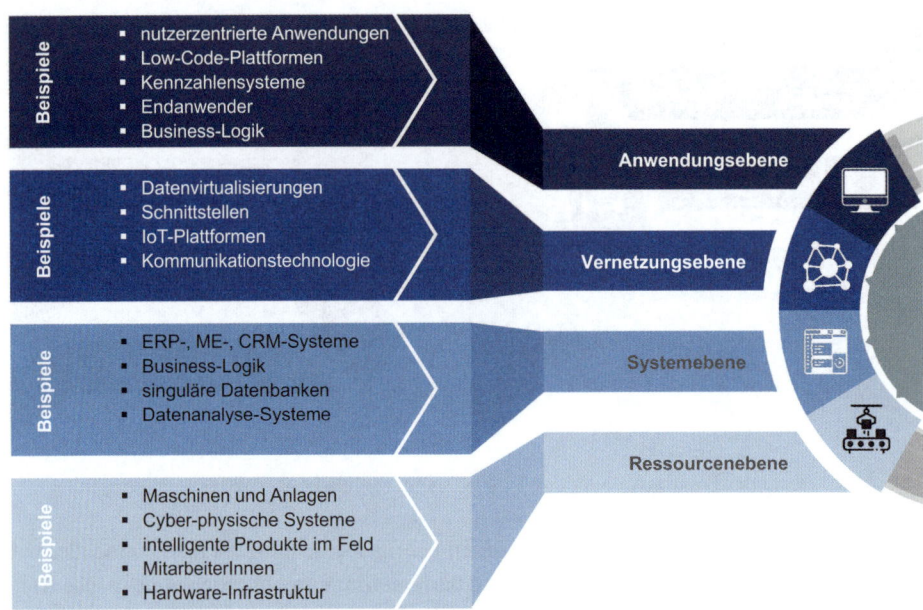

Abb. 15.2 Digitale Infrastruktur ADAM. (Schuh et al. 2020, S. 6)

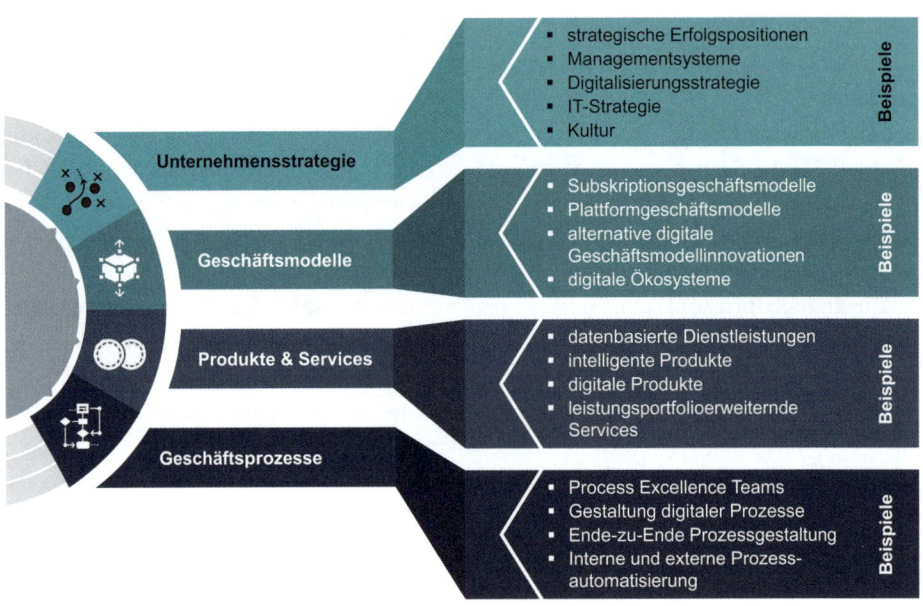

Abb. 15.3 Geschäftsentwicklung ADAM. (Schuh et al. 2020, S. 7)

15.4 Gestaltung von KI-Anwendungsfällen in der Logistik mit ADAM

In diesem Abschnitt wird aufgezeigt, wie anhand von ADAM KI-Anwendungsfälle in der Logistik identifiziert und gestaltet werden können. Ohne Beschränkung der Allgemeinheit wird sich dieses Kapitel auf die Verbesserung interner Geschäftsprozesse begrenzen, analoge Vorgehen z. B. für neue Produkte und digitale Services in der Logistik sind aber genauso denkbar. Abb. 15.4 gibt eine Übersicht über das exemplarische Vorgehen in ADAM:

Als erstes wird eine Ist-Aufnahme der relevanten Geschäftsprozesse in der Logistik sowie der damit verbundenen Ressourcen und IT-Systeme durchgeführt (Schritt 1). Digitalisierung in Unternehmen geschieht meistens im *Brownfield*, d. h. innerhalb bereits existierender Strukturen und Rahmenbedingungen, die berücksichtigt werden müssen. Ein Beispiel aus der Logistik kann hier ein Kommissionierprozess sein. Neben den Arbeitsschritten, die den Prozess bilden (Meldung, Entnahme, Bereitstellung) sind Ressourcen (Lager, Halbzeuge, ggf. *Handheld-Scanner*) und Systeme (Materialwirtschaftssystem, Qualitätsmanagementsystem oder ERP) beteiligt. Egal in welcher Form KI hier eingesetzt werden kann, der Anwendungsfall muss mit den Arbeitsschritten harmonieren und technische Gegebenheiten, wie z. B. Schnittstellen respektieren.

Im zweiten Schritt geschieht das Soll-Design, also die Identifikation relevanter Anwendungsfälle. Dieser Schritt fängt beim Kunden an. Mit Kunden können sowohl externe (Lieferanten und Abnehmer) als auch interne Kunden (Mitarbeiterinnen und Mitarbeiter) gemeint sein. Für die Identifikation und Gestaltung wirtschaftlicher Anwendungsfälle muss das Zielsystem der Gruppe, die von dem Anwendungsfall betroffen ist,

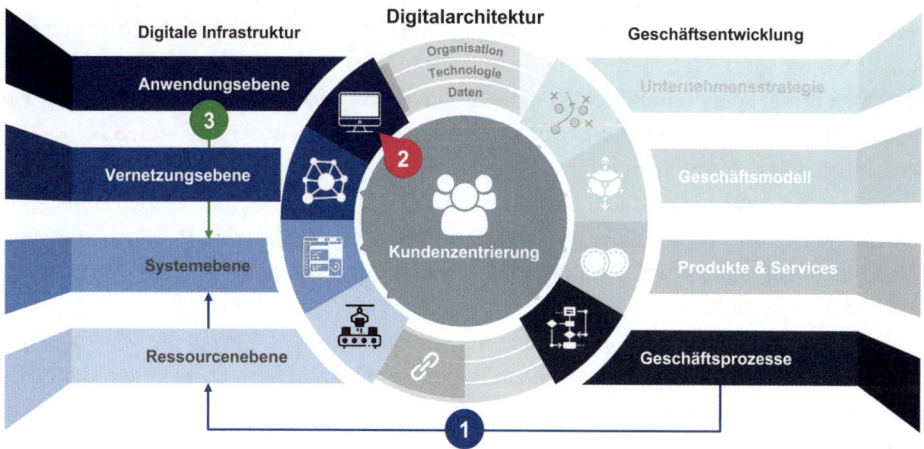

Abb. 15.4 Vorgehen für KI-Anwendungsfälle in der Logistik

beschrieben werden.[1] Dies kann entweder praktisch über Interviews geschehen, oder es kann etablierte Theorie zu Rate gezogen werden – ADAM unterstützt als Rahmenwerk beides.

Beispielhaft in diesem Kapitel wird das Ziel- und Aufgabensystem der Logistik nach Nyhuis angewandt Demnach müssen in der Logistik die Aufgaben Transportieren, Lagern und Bereitstellen unter Einhaltung der Zielgrößen Termineinhaltung, Durchlaufzeit, Leistung, Bestand und Kosten erfüllt werden (Nyhuis und Wiendahl 2012, S. 9–12). Wenn somit in der Ist-Aufnahme nach Schritt 1 ein Teilprozess identifiziert werden kann, der mit diesen Zielgrößen in Konflikt steht, ist ein Verbesserungspotenzial identifiziert.

Beispielsweise kann auffallen, dass in der Montage die Bereitstellung von Teilen für die Montage von Baugruppen unzureichend ist. Die Termineinhaltung und Leistung beim Bereitstellungsprozess sind mangelhaft. In Interviews stellt sich heraus, dass vor allem an Tagen mit hoher Auslastung ein Fehlen von Teilen zu kurzfristig gemeldet wird – da die zuständige Fachkraft bereits stark beschäftigt mit ihrer Kerntätigkeit ist: dem Montieren von Baugruppen. In diesem Spannungsfeld kann KI den Prozess verbessern und eine Lösung bieten: Durch eine Kamera mit Objekterkennungsfunktion kann auf dem jeweiligen Platz ein Fehlbestand erkannt werden. Wenn es gelingt, diese Information zu melden, ist ein wirtschaftlicher Mehrwert geschaffen.

Dieser Informationsfluss wird im dritten und letzten Schritt gestaltet, der Vernetzung. Die Information der KI-Kamera muss an die für die Bereitstellung verantwortliche Person gelangen. Je nach existierender IT-Landschaft ist eine Schnittstelle zum Materialwirtschaftssystem sinnvoll – oder eine Applikation auf dem Handheld-Gerät der Logistikfachkraft.

Generell lässt sich sagen, dass die Vernetzungsebene von langfristig orientierten Ansätzen profitiert. Wenn mehrere KI-Anwendungsfälle identifiziert wurden, ergeben sich fast immer Synergien in Datenaufnahme, -speicherung oder -analyse. Der Aufbau von Inselsystemen bringt schnell unnötige Komplexität mit sich. Moderne Architekturansätze wie Datendrehscheiben, Analytics-Plattformen oder eventgetriebene Architekturen helfen unternehmen, Digitalisierungsinitiativen langfristig und sinnvoll zu etablieren. Bei mehreren identifizierten Anwendungsfällen lässt sich aus den logischen und technischen Abhängigkeiten und der Priorisierung der ausgewählten Anwendungsfälle eine Roadmap ableiten. Werkzeuge zur sinnvollen Strukturierung sind dabei Projektportfolios, wie z. B. in Abb. 15.5 dargestellt.

Nach diesem Ansatz wird am Anfang mit sogenannten *Quick-Wins* der Rückhalt von Sponsoren gesichert und die umsetzenden Teams werden motiviert. Dann können langfristige Projekte angegangen werden, die einen höheren Nutzen für das Unternehmen bieten. Damit werden viele der Projektmanagementherausforderungen, welche bei Digitalisierungsprojekten nach der Konzeptphase auftreten, sinnvoll adressiert.

---

[1] Alle anderen Ansätze laufen Gefahr, technisch elegant, jedoch kaum nützlich zu sein.

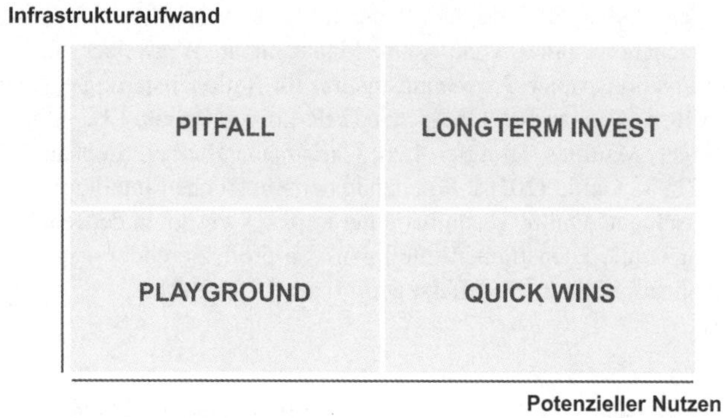

Infrastrukturaufwand

PITFALL	LONGTERM INVEST
PLAYGROUND	QUICK WINS

Potenzieller Nutzen

Abb. 15.5 Projektportfolio zur Roadmap-Bildung

15.5 Fazit

Künstliche Intelligenz bietet als Universalwerkzeug vielversprechende Einsatzmöglich-keiten in Produktion und Logistik. Damit die digitale Technologie jedoch optimal genutzt wird, muss der wirtschaftliche Nutzen und die technische Machbarkeit der Anwendungs-fälle abgewogen werden. In diesem Beitrag wurde ein strukturiertes Vorgehen zur Gestal-tung von KI-Anwendungsfällen präsentiert und anhand von Beispielen erläutert. Grundlage dafür war das Aachener Digital Architecture Management (ADAM), welches Unterneh-men bei der digitalen Transformation unterstützt.

Literatur

Chapman, Pete; Clinton, Julian; Kerber, Randy; Khabaza, Thomas; Reinartz, Thomas; Shearer, Colin; Wirth, Rüdiger (1999): CRISP-DM 1.0: Step-by-step data mining guides. Hg. v. SPSS.

Domingos, Pedro (2018): The master algorithm. How the quest for the ultimate learning machine will remake our world. First paperback edition. New York: Basic Books.

Nyhuis, Peter; Wiendahl, Hans-Peter (2012): Logistische Kennlinien. 3. Aufl. Berlin, Heidelberg: Springer Berlin Heidelberg.

Rammer, Christian (2021): Herausforderungen beim Einsatz von Künstlicher Intelligenz. Hg. v. Bundesministerium für Wirtschaft und Energie (BMWi). Berlin. Online verfügbar unter https://www.de.digital/DIGITAL/Redaktion/DE/Digitalisierungsindex/Publikationen/publikation-download-ki-herausforderungen.pdf?__blob=publicationFile&v=3.

Reder, Bernd (2021): Studie Machine Learning 2021. Hg. v. Computerwoche und CIO. Online verfügbar unter https://www.lufthansa-industry-solutions.com/de-de/studien/idg-studie-machine-learning-2021, zuletzt geprüft am 02.09.2021.

Schuh, Günther (2012): Innovationsmanagement. Berlin, Heidelberg: Springer Berlin Heidelberg, zuletzt geprüft am 18.11.2020.

Schuh, Günther; Klappert, Sascha (2011): Technologiemanagement. Berlin, Heidelberg: Springer Berlin Heidelberg.

Schuh, Günther; Stich, Volker; Hicking, Jan; Wenger, Lucas; Abbas, Murtaza; Benning, Justus et al. (Hg.) (2020): Aachener Digital-Architecture-Management. Wegweiser zum digital vernetzten Unternehmen : Positionspapier. Forschungsinstitut für Rationalisierung e.V. an der RWTH Aachen. Aachen: FIR e.V. an der RWTH Aachen (FIR-Edition Praxis, 13).

Seifert, Inessa; Bürger, Matthias; Wangler, Leo; Christmann-Budian, Stephanie; Rohde, Marieke; Gabriel, Peter; Zinke, Guido (2018): Potenziale der Künstlichen Intelligenz im Produzierenden Gewerbe in Deutschland. Online verfügbar unter https://www.bmwi.de/Redaktion/DE/Publikationen/Studien/potenziale-kuenstlichen-intelligenz-im-produzierenden-gewerbe-in-deutschland.pdf?__blob=publicationFile&v=8, zuletzt geprüft am 15.05.2021.

Prof. Dr.-Ing. Volker Stich studierte Hüttenwesen an der RWTH Aachen. Seit 1997 ist er Geschäftsführer des Forschungsinstituts für Rationalisierung (FIR) an der RWTH Aachen. Als gemeinnützige, branchenübergreifende Forschungs- und Ausbildungseinrichtung vereint das Forschungsinstitut vielfältige Projekte auf dem Gebiet der Betriebsorganisation und Unternehmens-IT. Das Ziel ist es hierbei, die organisationalen Grundlagen für das digital vernetzte industrielle Unternehmen der Zukunft zu schaffen. Außerdem leitet er das Cluster Smart Logistik auf dem RWTH Aachen Campus und ist im Vorstand verschiedener Verbände, darunter auch der Club of Logistics e. V., tätig.

Justus Aaron Benning ist seit 2019 wissenschaftlicher Mitarbeiter am Forschungsinstitut für Rationalisierung (FIR) an der RWTH Aachen im Bereich Informationsmanagement. Er leitet die Gruppe Informationslogistik, welche sich mit dem wirtschaftlichen Einsatz von KI beschäftigt. Während seines Studiums absolvierte er ein Auslandssemester an der Korea University in Seoul, um sich mit Datenanalyse in der Produktion zu befassen.

Die Logistik auf dem Weg ins 22. Jahrhundert

16

Alexander Friesz

Zusammenfassung

Künftige Entwicklungen vorherzusehen war immer nicht einfach und ist in einer von extremer Schnelllebigkeit und disruptiven Prozessen geprägten Zeit noch weit schwieriger geworden. Dennoch gibt es Tendenzen und Wegmarken, die Forscher dazu nutzen, einen fundierten Blick in die Zukunft zu werfen. Anhand der Studien des Zukunftsinstituts lotet dieser Beitrag aus, in welcher Welt sich die Logistikindustrie in den kommenden Jahrzehnten bewegen wird, welche Technologien sich durchsetzen werden, welche gesellschaftlichen und politischen Rahmenbedingungen zu erwarten sind und wie sich die Unternehmen der Branche schon heute auf einige der kommenden Situationen einstellen können. Ausgangspunkt bilden dabei die großen Themen des Wandels in unserer Zeit: Globalisierung, Urbanisierung, Mobilität, Konnektivität und Neo-Ökologie. Sie werden auch die Strukturen, Geschäftsmodelle und Erfolgsfaktoren der Logistik fundamental verändern.

16.1 Einleitung

Der Wunsch, der die Menschheit seit ihren Uranfängen wohl am meisten bewegt, ist es, die Zukunft vorhersagen zu können. Orakel aller Art entwickelten sich über die Jahrhunderte, doch das Urteil über deren Genauigkeit lässt sich mit dem Bonmot „Orakel gleich Debakel" treffend umschreiben.

A. Friesz (✉)
Salzburg, Österreich
E-Mail: alexander.friesz@lagermax.com

179

P. H. Voß (Hrsg.), *Die Neuerfindung der Logistik*,
https://doi.org/10.1007/978-3-658-41084-1_16

Zunächst sieht es so aus, als ob die Wissenschaft die Prognosen über die Zukunft auf eine neue, viel sicherere Grundlage gestellt hätte. Doch bei genauerem Hinsehen beschränkt sich die Vorhersagekraft dabei vor allem auf kleine Teilsegmente unserer Lebensbereiche und ist selbst da mit enormen Unsicherheiten behaftet. Wir konnten in den letzten Jahrzehnten eine immer schnellere Entwicklung auf den unterschiedlichsten Gebieten beobachten, die nur teilweise entlang der Linien erfolgte, die die Experten vorhergesagt hatten.

Meist sind es Veränderungen in den Prioritäten der Gesellschaft, die Prognosen zur Makulatur machen. Heute kommt noch ein weiterer Faktor hinzu: politische Instabilität in den durch die Globalisierung miteinander verzahnten Regionen der Welt. Spannungen und Kriege haben gewaltige Folgen für Versorgungslage, Liefernetzwerke und Finanzstrukturen. Und schließlich hat die Corona-Pandemie gezeigt, dass völlig unvorhersagbare Ereignisse Wirtschaft und Gesellschaft von heute auf morgen radikal verändern können.

Wenn es also darum geht, die Zukunft für die nächsten Jahrzehnte auch nur ansatzweise korrekt vorherzusagen, ist höchste Vorsicht geboten. Dennoch sind solche Versuche nicht sinnlos. Sie können Anhaltspunkte dafür geben, worauf wir uns im Groben einstellen müssen und können. Ob die sich daraus ergebenden Prognosen dann nur leicht aus der Bahn getragen werden wie ein Stück Papier, das vom Wind über die Straße gefegt wird, oder ob sie völlig aus der Bahn geworfen werden wie bei einem Tornado – dazu lassen sich keine verlässlichen Aussagen machen.

Verschiedene Experten versuchen sich daran, den heute denkbaren Rahmen der Entwicklung auf den unterschiedlichsten Sektoren sichtbar zu machen. Erstaunlicherweise (oder beruhigenderweise) liegen die Ergebnisse ihrer Forschung gar nicht so weit auseinander. Damit ist es durchaus sinnvoll, die Ergebnisse einer renommierten Expertengruppe als Basis für einen Blick in die fernere Zukunft zu nehmen und die Folgen ihrer Vorhersagen zu analysieren. Wir wollen uns dazu auf die Szenarien stützen, die das Zukunftsinstitut erarbeitet hat, eine in Wien und Frankfurt beheimatete Organisation mit dem selbst gesteckten Ziel, „die Zukunftskompetenz in Wirtschaft und Gesellschaft zu stärken". Die meisten vom Zukunftsinstitut ermittelten Entwicklungslinien mit großem Transformationspotenzial für Wirtschaft und Gesellschaft („Megatrends") finden sich in ähnlicher Form bei zahlreichen anderen Trendforschungsorganisationen im In- und Ausland.

In dem gegebenen Zusammenhang interessieren dabei Trends, die unmittelbar Einfluss auf die logistischen Infrastrukturen haben. Dies sind vor allem fünf bedeutende Entwicklungen:

- Globalisierung
- Urbanisierung
- Mobilität
- Konnektivität
- Neo-Ökologie

Die Logistikindustrie wird von diesen „Blockbustern des Wandels" aufgrund ihrer Querschnittsfunktion auf vielfache Weise beeinflusst. Sie wird auf die damit verbundenen Herausforderungen flexibel reagieren und wo immer möglich proaktiv agieren, mit der schnellen Adaption neuer Technologien, mit neuen Organisationsstrukturen und Geschäftsmodellen und mit einer ständigen Neuanpassung ihrer Selbstdefinition und Rolle innerhalb von Wirtschaft und Gesellschaft.

16.2 Die Blockbuster des Wandels

Die großen Veränderungen, die sich derzeit weltweit vollziehen, sind heute bereits recht gut erkennbar und werden in den definierten Megatrends abgebildet, deren Konturen im Folgenden skizziert werden sollen.

16.2.1 Globalisierung

Der Begriff Globalisierung wird häufig einseitig auf die ökonomischen Zusammenhänge verkürzt. In seiner ganzen Breite meint der Begriff die zunehmende Verflechtung von Kontinenten, Staaten und Kulturen, die in ihrer Konsequenz dabei ist, die gesamte Menschheit zu einer unauflösbaren Schicksalsgemeinschaft zu machen. Über die Globalisierung im engeren Sinn, die sich auf eine Vernetzung von Handel, Wirtschaft und Politik bezieht, geht dieser Prozess weit hinaus. Kulturelle Trends, individuelle Identitätsvorstellungen und Lebensentwürfe sowie gesellschaftliche Entwicklungen synchronisieren sich. Die Kontaktintensität und -vielfalt zwischen Menschen aller Weltregionen erhöht sich immer mehr.

Dies bedeutet, dass sich lokale Trends schnell auf eine kontinentale oder globale Ebene ausweiten können. Für die Logistik entscheidend ist dabei, dass sich die Verbrauchernachfrage nach Waren und Gütern internationalisiert. Damit einher geht die Dezentralisierung der Produktion: Flexibilität hinsichtlich der Befriedigung lokaler Besonderheiten führt dazu, dass die Produktionskapazitäten immer näher an die Kunden bzw. die Absatzmärkte herangeführt werden.

Als Gegentrend zur Globalisierung ist in den letzten Jahren eine wachsende Re-Nationalisierung der Produktion zu beobachten, und damit eine Regionalisierung, die durch das wachsende ökologische Bewusstsein, gestiegene Qualitätsansprüche und die Forderung nach Produktindividualisierung gefördert wird. Verbraucher greifen vermehrt zu Produkten aus ihrer Region. Lange Transportwege werden als ressourcenschädigend, die Arbeitsbedingungen und Produktionsmethoden in vielen Herkunftsländern als bedenklich wahrgenommen. Hinzu kommt, dass regionale Produzenten die individuellen und lokalen Vorlieben und Besonderheiten besser und flexibler abdecken können als ferne Hersteller.

Statt grenzenlosem Offshoring etablieren sich die unterschiedlichsten Varianten von On- oder Nearshoring. Billige Arbeitskräfte sind nicht mehr automatisch das entscheidende Standortkriterium. Nachhaltige, ressourcenschonende Verfahren und die Berücksichtigung sozialer Faktoren bei der Standortwahl werden zur Norm. Mit den neuen digital gestützten Möglichkeiten zu Automatisierung und Autonomie (Smart Factory, Industrie 4.0) ergeben sich dabei völlig neue Produktions- und Geschäftsmodelle.

Die umfassende globale Vernetzung ist dabei, das Kräftegleichgewicht zwischen den Wirtschaftsregionen zu verändern. Gegenüber der bipolaren Welt der zweiten Hälfte des 20. Jahrhunderts ergibt sich eine multipolare Welt, in der sich der Wohlstands- und Fortschrittsunterschied zwischen den traditionellen Wirtschaftsgroßmächten und den Schwellenländern verringert. Statt wenige Supermächte konkurrieren und kooperieren eine größere Anzahl von Regionalmächten auf dem internationalen Markt. Die Wirtschafts- und Technologiedynamik wird weniger drastische Unterschiede zwischen Leadern und Followern aufweisen, sodass sich alle Weltregionen auf Augenhöhe gegenüberstehen.

In der Folge dieser Entwicklungen werden sich die Logistikunternehmen in den kommenden Jahren und Jahrzehnten einer bisher nie dagewesenen Komplexität gegenübersehen: Die Kombination aus regionaler Wertschöpfung und globalen Liefernetzwerken lässt sich nur mit einer hochgradig flexibel und außerordentlich reaktionsschnellen Logistik beherrschen, was von den Unternehmen einen grundlegend global ausgerichteten Mindset erfordert. Die Lieferketten unterliegen einer äußerst komplexen Verknüpfung der Player in den Transport- und Produktionsnetzen.

16.2.2 Urbanisierung

Eng verbunden mit dem Thema Globalisierung ist die beschleunigte Verstädterung. Große Städte werden zu entscheidenden Treibern der Globalisierung. Sie bündeln wichtige Funktionen wie das Finanzwesen und fungieren als Drehscheiben und Katalysatoren für die Verknüpfung von regionaler und globaler Wirtschaft.

Nach Schätzungen der Bevölkerungsabteilung der Vereinten Nationen (UNPD) lebten im Jahr 2018 55 % der Weltbevölkerung in Städten. Im Jahr 1950 lag dieser Anteil noch bei 30 %. Für das Jahr 2050 geht man dagegen schon von einem Stadtbevölkerungsanteil von 68 % aus. Der Drang in die Städte führt zur Entstehung einer wachsenden Zahl von „Megacitys" mit über 10 Mio. Einwohnern, die die Probleme heutiger Millionenstädte potenzieren. In den rund 30 Megacitys leben bereits heute fast eine Milliarde Menschen. 2040 werden es laut UN-Statistiken rund 50 Megacitys sein, begleitet von über 700 Millionenstädten.

In den Riesenstädten konzentrieren sich Bildungs-, Forschungs- und Technologieeinrichtungen. Es entstehen „Global Citys", die als Vernetzungs- und Steuerungszentren für die weltweiten Informations-, Service-, Waren- und Finanzströme fungieren.

Die Entwicklung verschärft die Anforderungen an technologiegestützte innovative Konzepte für Verkehr, Logistik, Arbeitsorganisation und Städteplanung. Mehr autonome Systeme, neue Verkehrsmittel, kreative Ansätze der Versorgungslogistik und eine tiefe Integration von Produktion, Energieversorgung, Handel, Logistik, Verkehr und Verwaltung sind die Antwort auf diese Herausforderung.

Mit Hilfe der Digitalisierung lassen sich zahlreiche Güter auf engerem Raum produzieren als bisher. Viele Erzeugnisse des täglichen Bedarfs können von kleinen Produktionsbetrieben in unmittelbarer Kundennähe hergestellt werden. Digitale Smart-City-Konzepte nutzen die Vernetzung der Bewohner, der Systeme der Energieversorgung und Verkehrsführung sowie der sozialen Einrichtungen und Serviceorganisationen zur Gestaltung eines intelligenten, zunehmend autonomen Ökosystems.

In vielen Großstädten entwickeln sich Produktionsbetriebe wie sie in der Geschichte der Städte lange Zeit Normalität waren. Urban Manufacturing wird eine neue Blüte erleben, darunter sind auch schnell aufbaubare Micro-Factorys zu zählen, Kleinbetriebe, die dem Wunsch nach kostengünstiger lokaler Herstellung von personalisierten Lifestyle-Produkten, Möbeln, Textilien etc. Rechnung tragen. Digitalisierte Herstellungsprozesse (3D-Druck) und Online-Vertrieb tragen zur Kostensenkung bei. Die schnelle Belieferung der Produzenten mit Rohstoffen und die Auslieferung der Endprodukte werden durch eine innovative Citylogistik bewältigt.

16.2.3 Mobility

Dekarbonisierung, wachsende Verkehrsdichte, Veränderungen im Lebensstil – dies sind wichtige Treiber von grundlegenden Veränderungen in allen Aspekten der Mobilität. In der Verkehrswelt von Morgen dominieren nicht-fossile Energiequellen, digitale, vernetzte Fahrzeugtechnologie, neue Nutzungsmodelle und weniger individuelle Fahrzeughaltung.

Software, Satellitennavigation, Kameras, Sensoren (Ultraschall, Radar) sowie Vernetzungstechnologie für Fahrzeuge und Verkehrs- und Energieinfrastruktur legen das Fundament für eine Welt autonom agierender Fahrzeuge aller Art. Die automatisierte Kommunikation zwischen den Transportmitteln und Verkehrsleitsystemen erhöht Sicherheit und Komfort, verbessert den Verkehrsfluss und minimiert den Energiebedarf. Antriebstechnologien wie Wasserstoff-, Hybrid- und Elektromotoren lösen die Verbrennungsantriebe ab. Ziel moderner Smart-City-Konzepte ist darüber hinaus eine volle Integration der Elektromobilität in die Stromversorgungsinfrastruktur.

In den Städten ist mit einem Anwachsen des elektrisch betriebenen Zweiradverkehrs zu rechnen, was neue Konzepte und Businessmodelle zu deren Nutzung mit sich bringen wird (Wege, Stellplätze, Sharing-Modelle). Insbesondere in den Innenstädten werden dichte Netze verschiedener Verkehrsmittel angeboten werden (beispielsweise Fahrräder, Roller, autonome Taxis und Kleinbusse bis hin zu Flugtaxis), die jeweils die optimale Bewegung im Verkehr ermöglichen. Damit der Übergang zwischen den Fahrzeugen im multimodalen Verkehr fließend bleibt, stehen leistungsfähige digitale Mobilitätskonzepte zur Verfügung, die die automatisierte Organisation von Verkehrsmitteln und Streckenführung regeln und für bequeme Buchungs- und Abrechnungsprozesse sorgen. Im Bereich der Versorgungslogistik werden ebenfalls alternative Konzepte, von Kleinfahrzeugen über autonome Systeme bis hin zu unterirdischen Röhrentechnologien zum Einsatz kommen.

Der Trend zur Sharing Economy begünstigt zahllose Modelle gemeinsamer Nutzung von Fahrzeugen. Digitale Vernetzung ist auch hier die entscheidende Technologiegrundlage. Bike- und Carsharing sowie innovative Mietangebote werden sowohl von kommerziellen Anbietern als auch auf privater Basis zunehmend am Markt Fuß fassen.

16.2.4 Konnektivität

Vernetzung ist der übergreifende Begriff für die unzähligen Prozesse der Kooperation und Verknüpfung innerhalb aller Aktionsebenen des Menschen im 21. Jahrhundert.

Bestes Beispiel hierfür ist die individuelle Vernetzung mittels der sozialen Medien, über die bereits heute Milliarden von Menschen auf vielfältigste Weise miteinander kommunizieren und kooperieren. Aktivitäten lassen sich über alle Grenzen hinweg koordinieren, neue Ebenen der privaten und unternehmerischen Kommunikation entstehen, E-Government-Systeme schaffen neue Mitbestimmungsoptionen. Die globale Vernetzung fördert neue kulturelle Trends und Lebensstile, die sich „viral" über den Globus verbreiten. Die digitalen Kommunikationstechnologien ermöglichen zudem die Schaffung global verteilter Kollaborationen von Teams, die sich zeitlich befristet zu bestimmten Projekten zusammenfinden.

Der Vernetzungsgedanke verändert auch die Wirtschaft fundamental. Die Integration der verschiedenen Partner macht aus Wertschöpfungsketten engmaschige Wertschöpfungsnetzwerke. Damit lösen sich die klaren Abgrenzungen zwischen Unternehmen, Branchen und Funktionen immer mehr auf. Die Integration der entsprechenden digitalen Infrastrukturen und die weitgehende Automatisierung von Wertschöpfungsprozessen führen dazu, dass hochgradig vernetzte Organisationen (Ökosysteme) entstehen, die mehr und mehr zu selbstregulierenden und selbstorganisierenden Einheiten verschmelzen.

Grundlage für diese neue Ebene der Konnektivität ist eine flächendeckende digitale Infrastruktur mit der Mobilfunktechnologie 5G, die die Voraussetzung für das Internet der Dinge und die intelligente Produktion der Industrie 4.0 darstellt. 5G erlaubt die Echtzeitkommunikation und den reaktionsschnellen Austausch auch größter Datenmengen.

In einer Smart Factory mit vollautomatischer Fertigung, charakterisiert durch intelligente, sich selbst steuernde und über das Internet vernetzte Produktionssysteme, lassen sich mit 5G Änderungen in Produktdetails in Echtzeit realisieren, was eine stark individualisierte Produktpalette bis herunter zur Losgröße 1 erlaubt. Die intensive Anwendung von Big-Data-Software und Systemen für Machine Learning und Mensch-Maschine-Kollaboration dienen der Optimierung aller Liefer- und Fertigungsabläufe. Die Komplexität der Zuliefer- und Prozessunterstützungslogistik steigt dabei enorm an. Die Trennung zwischen Produktion und Logistik gehört der Vergangenheit an: Beides steuert sich weitgehend selbst, die intelligente Fabrik verbindet sich über Plattformen mit den intelligenten, vernetzten Fahrzeugen der Logistik zu einer autonomen Fertigungs- und Güterbewegungseinheit.

Die durch die Globalisierung und Regionalisierung entstehenden Verschiebungen von Produktionsstätten (beispielsweise um mehr Kundennähe herzustellen oder geografische und markt- oder ressourcentechnische Vorteile zu nutzen) können Fertigungsanlagen dezentral implementiert werden, indem sie reaktionsschnell bedarfsgerecht errichtet und wieder abgebaut werden.

Die fortschreitende Digitalisierung – insbesondere die Integration leistungsfähiger Analysesoftware und künstlicher Intelligenz – revolutioniert den Handel, der sich zum übergreifenden Omnichannel-Retail erweitert. Eine Vielfalt an Schnittstellen fasst alle Kanäle so zusammen, dass der Nutzer sie als einen einzigen Masterkanal erlebt.

Die Plattformökonomie entwickelt sich weiter und ermöglicht die kombinierte Bestellung umfassender individualisierter Leistungs- und Servicepakete mit kompletter Preistransparenz, optimaler Kapazitätsauslastung und Kostenkontrolle bei den Anbietern, für die sich große erweiterte Wertschöpfungspotenziale ergeben.

Auf gesellschaftlicher Ebene nutzt das Konzept einer Smart City die Vernetzung der Bewohner, der Systeme zur Energieversorgung, der Verkehrsführung und der sozialen Einrichtungen und Serviceorganisationen zur Gestaltung eines intelligenten und in wesentlichen Teilen autonomen „Bürger-Ökosystems". Unternehmen, Logistik, Dienstleister, Gesundheitswesen und Verwaltung gestalten dadurch das Stadtleben bürger- und umweltfreundlich.

16.2.5 Neo-Ökologie

Die globale Wirtschaft wird sich zu einer Einheit entwickeln, die von sozialen, ökologischen und ökonomischen Zielen geleitet wird: Dekarbonisierung, Ressourcenschonung, soziale Gerechtigkeit und Fairness in den internationalen Handels- und Arbeitsbedingungen werden zu wirtschaftsrelevanten Gesichtspunkten werden, ohne die keine unternehmerischen Entscheidungen mehr getroffen werden können.

In der Energiewirtschaft dominieren erneuerbare Energien wie Windkraft, Sonnenenergie und Biomasse. Energie-Sharing wird in die Geschäftsmodelle der Unternehmen integriert, und CO_2 wird mit neuen Technologien aus der Atmosphäre entfernt. Der Aufbau völlig neuer Energieinfrastrukturen setzt sich fort, bis das postfossile Zeitalter Wirklichkeit geworden ist.

16.3   Megatrends und Schwarze Schwäne

Wie realistisch werden sich die Annahmen in diesen Szenarien erweisen? Können wir wirklich nicht abschätzen, wie weit die Geschichte sich von ihrer eigenen Vorhersage entfernen wird?

Besonders folgenschere Einflussfaktoren auf langfristige Entwicklungen sind Ereignisse, die als „Schwarzer Schwan" bezeichnet werden, also als völlig überraschende, zuvor als höchst unwahrscheinlich eingeschätzte Begebenheiten, die ein ganzes System (beispielsweise die Makroökonomie eines Kontinents) nachhaltig aus der Bahn werfen. Mit der Corona-Pandemie haben wir genau solch ein Ereignis kennengelernt und können nun fragen: Gibt es bereits erkennbare Auswirkungen auf die genannten Megatrends?

In der Tat lassen sich einige Anpassungen ausmachen. Beispielsweise ist – ausgelöst durch ein stark gewachsenes Bewusstsein für die Abhängigkeit von fernen Weltregionen – Resilienz ein Faktor, der bei der strategischen Planung gesellschaftlicher und unternehmerischer Vorhaben einen neuen und hoch angesetzten Stellenwert erhalten hat. Sicherheit und Stabilität von Lieferketten, insbesondere bei kritischen Gütern, haben zur Herausbildung einer Vorsichts- und Vorsorgeökonomie geführt, die gegen Engpässe und Mangelsituationen vorbeugen soll. In zahlreichen Marktsegmenten kommt es zur Rückverlagerung von Produktionsstätten aus den traditionellen Werkbankregionen in die Industriestaaten und damit zu einer differenzierteren Betrachtung der globalisierten Arbeitsteilung.

Die dadurch eingeleitete Umorientierung der Rohstoffflüsse und Supply Chains stärkt die Faktoren Autarkie, Flexibilität, Granularität und Regenerationsfähigkeit und führt zu einer Steigerung von lokaler Wertschöpfung und Fertigungstiefe. In der Begrifflichkeit des Zukunftsinstituts: Globalisierung wird zur Glokalisierung. „Die neue globale Welt wird eine verflochtene Welt sein, in der die Warenströme entlang einer virtuosen Logistik zirkulieren, die nicht mehr nur von der einen Seite gesteuert und beherrscht werden kann. Auf diese Weise erhöhen sich Interdependenz und Autonomie unseres Weltsystems gleichzeitig" (Horx 2020).

Die Pandemie hat zweifellos weitere grundlegende Folgen für Wirtschaft und Gesellschaft, die sich in ihrer ganzen Tragweite erst in den kommenden Jahren zeigen werden. Dazu gehören sicher auch die Umgestaltung der Arbeitswelt mit mehr ortsunabhängigen Arbeitsplätzen, eine Neuausrichtung der Gesundheitssysteme und eine Neubewertung sozialer Tätigkeiten. Zu beobachten ist zudem bereits eine Gegenbewegung zur Urbanisierung: Der Zuzug in die Städte hat nach den Erfahrungen mit dem Infektionsgeschehen während der Corona-Pandemie an Schwungkraft und Attraktivität verloren.

Wie sich all diese Modifikationen der Megatrends mit der Zeit entwickeln werden, was sich wieder zurückbildet und was bleibt, wird sich erst in den nächsten Jahrzehnten erkennen lassen.

16.4   Logistik treibt Megatrends

Die Logistikindustrie bewegt nicht nur Güter und Waren, sondern auch Menschen und Informationen – und wird dadurch auch zum Transportmittel von kulturellen und gesellschaftlichen Prozessen. Gleichzeitig beeinflussen die großen globalen und regionalen Veränderungen wiederum die Art und Weise wie sich Logistikunternehmen definieren und organisieren.

Die wichtigen großen Menschheitstrends sind ohne logistische Vermittlungsinstrumente nicht vorstellbar oder führen zu Herausforderungen, die ohne Logistik nicht gemeistert werden können. Dadurch entsteht eine Vielfalt von sich wandelnden Tätigkeitsfeldern für Logistikunternehmen, die ständig neue Chancen eröffnen, selbst dann, wenn auf einigen Feldern Einbußen drohen. Je unabhängiger die Geschäftsmodelle der Logistiker vom Auf und Ab äußerer Einflussgrößen werden, desto erfolgreicher werden sie in der Zukunft agieren. Das rechtzeitige Erkennen und Analysieren der dominierenden globalen Trends wird somit zur entscheidenden Strategie für den Erfolg der Logistik von Morgen.

Bei der Betrachtung der künftigen Entwicklung der Logistik gilt: Je weiter in die Zukunft die Prognosen zielen, desto ungenauer werden sie. Aus den Megatrends ergibt sich aber ganz klar: Die Art und Weise, wie die Lieferketten vom Hersteller über den Handel

hin zum Endkunden organisiert und technisch bedient werden, steht vor gravierenden Veränderungen. Die globale und lokale Logistik muss reibungslos 24/7-Allways-On funktionieren, d. h. sie muss den Kunden nach dem Roamingprinzip versorgen, das unabhängig
von Grenzen, Staaten und Regionen zuverlässigen Service liefert. Transport, Umordnung
und Lagerung von Gütern werden mit Hilfe von digitalen Technologien wie alternative
Antriebe, künstliche Intelligenz, Machine Learning, Robotik und Kommunikation über
5G-Netze postfossil, umfassend vernetzt und weitestgehend automatisiert erfolgen.

Autonome Fahrzeuge, Hochgeschwindigkeitszüge, autonome Frachtschiffe und solar-
betriebene Flugzeuge werden die bewegliche Grundinfrastruktur grenzenloser Mobilität
und Logistik darstellen. Die rein technologische Seite der kommenden Veränderungen in
der Logistikindustrie lässt sich bereits recht präzise beschreiben.

Straße und Schiene

Elektromobilität und die Nutzung weiterer alternativer Antriebsenergiequellen wie Wasserstoff verändern die Straßeninfrastruktur weit über die Integration von Tankstellen für
alternative Kraftstoffe hinaus. Da langfristigen Prognosen zufolge dem autonomen und
automatisierten Fahren mit koppelbaren Lkw die Zukunft gehört, müssen alle Bestandteile
der Infrastruktur miteinander vernetzt werden. Eine flächendeckend vorhandene zuverlässige Internetverbindung und 5G-Netze sind für die dazu notwendige Datenübertragungs-
technologie unverzichtbar. Da die unterschiedlichen Verkehrsträger und Antriebssysteme
jeweils ihre eigenen Vor- und Nachteile haben, wird sich in regionalen Schwerpunktregio-
nen häufig ein Mix aus ihnen etablieren.

Der Schienengüterverkehr muss und wird stark an Flexibilität und Effizienz gewinnen,
sodass er stärker in die internationalen Lieferketten integriert werden kann. Die Transporte
auf der Schiene müssen geräuscharm, sauber, schnell und kostengünstig erfolgen. Wie bei
den Straßentransportsystemen wird der Schienenverkehr weitgehend automatisiert organisiert sein. Automatisierte Güterzüge und -bahnhöfe werden zur Norm, mobile Gleisan-
schlüsse und multimodale Hubs eröffnen auch Unternehmen ohne direkten Gleiszugang
einen schnellen und einfachen Zugang zur Schiene. Multimodalität ist hierbei das Stichwort, das den Schienenverkehr auch in Zukunft relevant erhält. Die unterschiedlichen Vorteile der diversen Verkehrsträger lassen sich nur in einem ganzheitlichen Konstrukt optimal
nutzen. Ihr Zusammenspiel wird vom Disponenten mit Hilfe von entsprechenden Algorithmen geregelt, die für jeden Transportauftrag die individuell passende Trägerkombina-
tion und Routenplanung ermitteln.

Ultrahochgeschwindigkeitszüge mit Geschwindigkeiten von 400 km/h und mehr werden auf vielen transkontinentalen Strecken auch dem See- und Luftverkehr Marktanteile
abnehmen, da der direkte Schienenverkehr zwischen zentralen Binnenlandhubs (die in der
Nähe von Produktionsbetrieben liegen) nicht nur ökologisch effizienter, sondern auch reaktionsschneller abgewickelt werden kann als wenn Güter erst zum Umschlag in Seehäfen
transportiert werden müssen. Die Schienentransportzeiten zwischen Europa und Asien
verkürzen sich mit diesen Zugverbindungen auf lediglich drei Tage. Denkbar ist darüber

hinaus, dass in späteren Jahrzehnten Röhrensysteme mit integrierten Schienenverkehrsadern am Meeresgrund die Kontinente miteinander verbinden.

Dehnt man den Zeithorizont weiter aus, so sind weitere schienenbasierte Technologien vorstellbar, die diesem Transportweg Zuwachs verschaffen können. Dazu gehören unterirdische Zugverbindungen und Hyperloopnetze mit optimierten Transportbehältern, die die Fahrtzeiten zwischen Metropolen, Logistikhubs und Produktionszentren nochmals drastisch reduzieren können. Der Unterdruck, der dabei in den Tunnelsystemen erzeugt wird, reduziert den Energieaufwand für die Beschleunigung großer Lasten und daher die Transportkosten spürbar. Allerdings rentieren sich die für die Schaffung der entsprechenden Infrastruktur nötigen Investitionen erst dann, wenn ein erheblicher Anteil der Warenströme über diese Technologie bewegt wird.

See

Automatisierung ist auch die Schlüsseltechnologie für die Schifffahrt der Zukunft: Autonome Schiffe werden komplett automatisiert Rohstoffe und Waren von einem Hafen zum anderen befördern, wobei ihre Überwachung in fernen Steuerzentralen erfolgt und die Wartung von autonomen Drohnen ausgeführt wird. Da Schiffe auch in der Zukunft das wichtigste internationale Transportmittel sein werden, müssen auch in der Seefahrt nachhaltigere Antriebstechnologien Fuß fassen. Dazu gehören Elektro- und Erdgasmotoren, aber auch fortschrittliche Windantriebe (wie etwa die so genannten Flettner-Rotoren).

Luft

Der Faktor Geschwindigkeit wird auch zukünftig den Luftverkehr zu einem unverzichtbaren Bestandteil internationaler Logistik machen. Die Anforderungen an Klima- und Umweltschutz können durch Elektro- und Wasserstoffantrieb wesentlich besser erfüllt werden als heute. Sogar Ionenantriebe sind mittelfristig denkbar. Die großen Flughäfen lassen sich über eine leistungsfähige Straßen- und Schieneninfrastruktur mit regionalen Hubs zu Highspeed-Transportnetzwerken zusammenschließen, in denen jeweils der optimale Verkehrsträger den Weitertransport übernimmt. Hochgeschwindigkeitszüge werden sich auf mittleren Strecken zu Konkurrenten des Luftverkehrs entwickeln.

16.5   Die logistische Versorgung der Städte

Die großflächige Versorgung mit Rohstoffen, Gütern und Waren ist maßgeblich mit den Trends Globalisierung und Regionalisierung verbunden. Ein eigenständiges Thema ist dagegen die logistische Infrastruktur zur Belieferung der Innenstädte auf der letzten Meile. Hier sind die herausfordernden Faktoren Platzmangel, Einwohnerdichte sowie Umwelt- und Klimaschutz. In den nächsten Jahrzehnten müssen auf kleinem, teurem Raum effiziente und leistungsfähige Logistiklösungen (insbesondere in der Feindistribution) geschaffen werden, und dies bei gleichzeitiger Senkung der Belastungen durch Emissionen aller Art.

Zentrales Element solcher Lösungen werden stadtnahe und städtische Hubs für die Bündelung der Warenströme sein, die helfen, die Zustellungsprozesse zu optimieren. Ohne eine Kooperation der verschiedenen Dienstleister (beispielsweise bei der Paketlogistik) ist dieses Ziel einer effizienten B2B- und B2C-Versorgung nicht zu erreichen. Alternative Fahrzeuge wie Elektroautos und Microcarrier aller Art (KI-gesteuert und autonom), die Nutzung von Fahrzeugen des öffentlichen Nahverkehrs, neuartige Verkehrsinfrastrukturen mit Echtzeitsteuerungsmöglichkeiten sowie ein hoher Grad an Automatisierung bilden den technischen Unterbau für innovative Konzepte der bedarfsgerechten Belieferung der Stadtzentren. Dazu werden besondere städtische Hubs und Mikrodepots eingerichtet, die durch selbstlernende Systeme, Predictive Analytics und antizipatorische Logistiktechnologie erheblich an Effizienz gewinnen. Größere Lieferfahrzeuge lassen sich dabei als eine Art „Mutterschiff" nutzen, von denen aus autonome Lieferroboter die Feinverteilung übernehmen.

Wo immer möglich und effizient, werden künftige City-Logistik-Systeme aus Platzgründen die Straße meiden. Dies kann zum einen durch Lösungen erreicht werden, die unterirdische Infrastrukturen nutzen. U-Bahnen und speziell konstruierte Cargo Subways werden eine wachsende Rolle spielen, wobei autonome Fahrzeuge die Waren transportieren. Bereits heute geplante Beispiele für solche Systeme sind das Projekt „Cargo Sous Terrain", das vorsieht, in der Schweiz bis 2045 ein 500 km langes Tunnelnetz mit 80 strategisch verteilten Zugangspunkten zu errichten. Über eine Induktionsschiene elektrisch angetriebene Fahrzeuge sollen Waren über dieses Netz ausliefern.

Der Luftraum der Städte eignet sich ebenso für innovative Transportsysteme der Stadtlogistik. Bereits in Erprobung befinden sich Lufttaxis, senkrecht startende und landende Fluggeräte für den Personen- und Warenverkehr, die elektrisch angetrieben autonome Flüge absolvieren. Sie können von einfach ausgelegten Flugplätzen aus eingesetzt werden und verschiedenste Zielpunkte in den Städten und deren Umland anfliegen. Für kleinteiligere Pakete und Expresssendungen wird die Nutzung von Drohnen attraktiv werden, die sich ebenfalls autonom bewegen.

Intelligente Schließfächer, sichere Abgabedepots, Übergabe an speziell vereinbarten Orten – auch die Annahmeseite des Lieferprozesses wird technologisch und konzeptionell auf eine neue Ebene gehoben. Insgesamt werden alle Lieferprozesse flexibler, individueller und konsequent bedarfsorientiert erfolgen. Die Prozesse werden auf offenen Plattformen und Netzwerken ablaufen, die reaktionsschnell kunden- und bedarfsgerecht agieren können. Konkurrenz erwächst der Logistik dabei durch Unternehmen aus anderen Marktsegmenten, die Logistikleistungen in ein umfassenderes Serviceangebot integrieren.

Generell fordern diese Entwicklungen von den Logistikunternehmen Innovationsgeist und eine effiziente Arbeitsorganisation mit flachen Hierarchien, neuen Managementkonzepten und hoher Selbstverantwortung der Mitarbeiter in einem komplexen Prozessumfeld. Durch den hohen Automatisierungsgrad und die vielfältige Nutzung von KI in den Prozessketten kommen den menschlichen Arbeitskräften vor allem Überwachungs- und Qualitätssicherungsaufgaben zu. Logistikunternehmen werden zudem ihre Geschäftsmodelle über die traditionellen Kernaufgaben hinaus erweitern und sich über Partnerschaften und Kooperationen in große Wertschöpfungsnetzwerke integrieren. Wettbewerb und Zusammenarbeit werden so auf vielfältige Weise miteinander verflochten.

Zur Finanzierung der hohen Investitionsaufwendungen müssen neue innovative Finanzierungs- und Businessmodelle entwickelt werden. Blockchain-Anwendungen und das Vendor Managed Inventory (Lieferantengesteuerter Bestand) sind erste Beispiele für entsprechende Lösungen.

16.6 Revolution im Lager

Schon in relativ naher Zukunft wird die Intralogistik weitgehend automatisiert sein. Vollautomatische Versand- und Verteilzentren werden ausschließlich von Robotern bevölkert sein, die Aufträge bearbeiten, Waren (teilweise von vollautomatischen Montagestraßen entnommen) verpacken und zu definierten Übergabepunkten transportieren. Autonome Lkw übernehmen anschließend die Lieferung zu den Zielorten. Diese Technologien ermöglichen Herstellern und Händlern höchste Reaktionsgeschwindigkeit, Produktivität und Kosteneffizienz.

Der Mensch als Wertschöpfungsfaktor wird jedoch auch noch in fernerer Zukunft aufgrund seiner einzigartigen Fähigkeiten zu Kreativität, Teamarbeit, Interdisziplinarität und Einfühlungsvermögen unverzichtbar sein. Bei einer Reihe von Tätigkeiten, v.a. in der Produktion, spielt beispielsweise die Zusammenarbeit von Mensch und Roboter eine wachsende Rolle. Exoskelette, Datenbrillen, Scanhandschuhe, Hololenssysteme etc. werden dabei in einer Verschmelzung von Virtualität und Realität die Fähigkeiten der Mitarbeiter erweitern.

16.7 Grüne Logistik

Umwelt- und Klimaschutz, Ressourceneffizienz, Reduzierung der CO_2-Emissionen, faire Arbeits- und Handelsbedingungen, Transparenz und Corporate Responsibility sind die Hauptelemente der Ausrichtung des gesellschaftlichen und ökonomischen Handelns im 21. Jahrhunderts. Sie werden daher auch zunehmend alle Aspekte logistischer Geschäftsmodelle dominieren. Insbesondere die Maßnahmen zur Dekarbonisierung verändern die Transportwirtschaft grundlegend. Elektromobilität und Automatisierung des Verkehrs sind zu den wichtigsten Aufgaben der nächsten Jahrzehnte geworden. Logistikunternehmen können daher ihre Wettbewerbsposition durch möglichst nachhaltige Geschäftsmodelle verbessern. Sie umfassen neben der Nutzung alternativer Antriebstechnologien vor allem ganzheitliche Supply-Chain-Konzepte und eine hohe Prozess- und Energieeffizienz. Entsprechend intelligente Lösungen auf diesen Gebieten führen zu einer optimierten Gesamtbilanz aus ökologischer und ökonomischer Perspektive.

Da ohne „Green Logistics" kein Nachhaltigkeits- und Klimaschutzziel verwirklicht werden kann, erhalten Technologien zur systematischen und exakten Verbrauchs- und Emissionserfassung bei Logistikunternehmen hohe Priorität. Sie bilden die Basis für die im Pariser Klimaschutzabkommen festgelegte Halbierung der Emissionen im Verkehrssektor.

Das Ende des Verbrennungsmotors ist bereits beschlossene Sache. Auch in den Schwellenländern dürften sich Brennstoffzelle und Batterie als Antriebstechnologie durchsetzen.

16.8   Lagermax-Logistik von morgen

Wie wird Lagermax als ein typisches mittelständisches Unternehmen seine Zukunft gestalten? Die Vision sieht im Wesentlichen so aus: In Kooperation mit anderen mittelständischen Logistikern wird Lagermax globale, europäische und regionale Netzwerke bilden und damit auf Augenhöhe mit großen Konzernen agieren. Lagermax wird zum ganzheitlichen Supply Chain Partner seiner Kunden werden: Der Kunde konzentriert sich auf sein Kerngeschäft, ist dabei aber digital mit seinem Logistiker verbunden und kann sich jederzeit in die verschiedenen Prozesse einschalten. Diese Prozesse laufen digital gesteuert und weitgehend automatisiert ab. Bahnhöfe kommunizieren über eine 5G-Infrastruktur mit Flughäfen und Seehäfen. Die im Hafen einlaufenden Container werden auf Hochgeschwindigkeitszüge verladen, analog zu Luftfrachtcontainern, die direkt am Flughafen auf Güterzüge umgeladen werden. Effiziente Konsolidierungsplattformen gestatten es, unterwegs die Mengen zu bündeln und die Züge voll auszulasten – mit Umschlagzeiten von nur wenigen Minuten. Die Behälter lassen sich mit Hilfe digitaler Technologien automatisiert be- und entladen sowie auf andere Transportmittel umladen.

Das Lagermax-Servicespektrum wird im 24/7-Modus angeboten, wobei Warehousing, Pick and Pack sowie das Handling von Robotern abgewickelt werden. Der Transport per Lkw wird autonom und mit neuen Antriebstechnologien erfolgen, überwacht von „Fahrern" in digitalen Cockpits. Nur im Bereich der Spezialverkehre, bei überdimensionierten Waren sowie bei Schwer- und Sondertransporten werden Fahrer auf der ersten und letzten Meile im Lkw-Führerhaus sitzen. Aufgrund der hohen Vernetzung lassen sich Lkw zugleich als Kommunikationsplattform für Disponenten, Absender, Empfänger und Logistiker verwenden.

Die Logistik wird überall dort, wo es effizient und ökologisch vertretbar ist, den Luftraum nutzen, durch den Einsatz von Drohnen und eventuell Lastluftschiffen. Die neuen Technologien und Seamless-Logistic-Transportkonzepte verkürzen durch 365/24/7-Takt die Laufzeiten auf allen Strecken signifikant. Die heute übliche Lagerhaltung wird dem vollständig automatisierten und Energie-autonomen Lager weichen. Das Logistikumfeld, in dem Lagermax operiert, wird aus per Blockchains in Echtzeit gesteuerten globalen Lieferketten bestehen, über die individuelle Transport- und Zustelllösungen in dicht besiedelten Städten wie auch in der Fläche ländlicher Regionen realisiert sind.

16.9 Und die Logistik von übermorgen?

Die beschriebenen Konzepte und Technologien werden aller Voraussicht nach bereits in der zweiten Hälfte des 21. Jahrhunderts einsatzreif sein. Doch worauf können wir uns einstellen, wenn wir weiter in die Zukunft blicken?

Da ist zunächst die Transportwelt des Elon Musk. Transkontinentale und transozeanische Hyperloopsysteme und Lastraketen, die schweres Gerät innerhalb von einer Stunde an jeden Punkt der Welt bringen können, werden möglicherweise Ende des Jahrhunderts zum Alltag gehören. Vielleicht wird aber der Weltraum als gewissermaßen vierte Dimension Eingang in die Logistik finden. Satelliten, die Solarenergie mittels Mikrowellenstrahlung an Empfangsstationen auf der Erde liefern, müssen gestartet, gewartet und in den irdischen Energiemix integriert werden. Teure Rohstoffe, die auf Asteroiden und dem Mond abgebaut und zur Erde transportiert werden; Marskolonien, die mit Ausrüstung und Personal versorgt werden: Die Möglichkeiten, die die Erforschung und Eroberung des Sonnensystems auch für eine neu gedachte Logistik mit sich bringt, sind zahllos. Die Erde wird nicht mehr als isoliertes Gebilde in einer öden kosmischen Landschaft wahrgenommen werden, sondern als Mitglied einer Planetenfamilie, die jeden denkbaren Bedarf an Energie und Ressourcen decken kann. Kosmischer Bergbau und kosmische Logistik: Was nach Science-Fiction klingen mag, kann einst Wirklichkeit werden, wenn wir eine Ressource nutzen, die wahrhaft unendlich ist: die menschliche Kreativität.

16.10 Fazit

Die Logistik von morgen wird gegenüber heutigen Strukturen und Technologien kaum noch wiederzuerkennen sein. Das liegt an den großen Veränderungstreibern, die sich heute abzeichnen: Globalisierung und De-Globalisierung, Urbanisierung, Vernetzung, Mobilitätsrevolution und Neo-Ökologie. In ihrer Gesamtheit tragen sie dazu bei, dass insbesondere Technologien wie Automatisierung, KI, Machine Learning, Robotik, Blockchaine sowie alternative Antriebe und Energieeffizienzsysteme der Logistik nicht nur die Einhaltung von Nachhaltigkeits- und Klimaschutzzielen erlauben, sondern auch die Anforderungen an eine Always-On-Logistik zu erfüllen.

Parallel zur fortschreitenden Technologisierung verändern sich auch die Strukturen und Geschäftsmodelle der Logistikindustrie. Es kommt zu einer Mischung aus Kooperation und Konkurrenz zwischen den Unternehmen, die zunehmend in die ganzheitlichen Businessmodelle ihrer Kunden integriert sein werden. Die Mitarbeiter werden von Tätigkeiten befreit, die sich automatisieren und standardisieren lassen und übernehmen schwerpunktmäßig Aufgaben der Überwachung und Qualitätskontrolle. In den Unternehmensstrukturen dominieren flache Hierarchien und zunehmend selbstverantwortlich handelndes Personal. Über Erfolg oder Misserfolg entscheiden Reaktionsschnelligkeit, Kreativität und Innovationsgeist von Management und Mitarbeiterstab (Abb. 16.1).

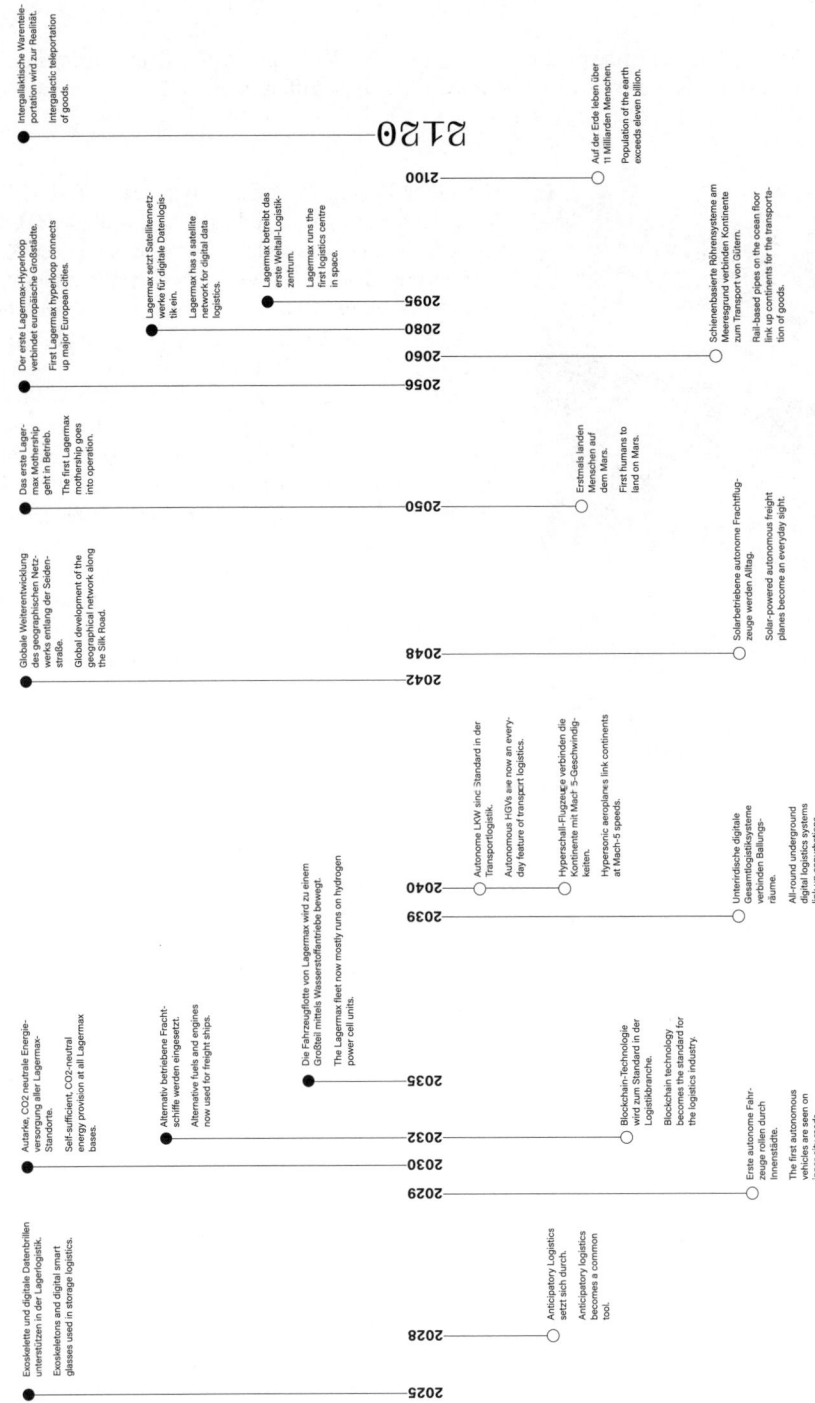

Abb. 16.1 Ein Blick in die (mögliche) Zukunft der Logistik. (Quelle: Lagermax)

Literatur

Horx, M. 2020: 10 Zukunftsthesen für eine Post-Corona-Welt, https://www.zukunftsinstitut.de/artikel/10-zukunftsthesen-fuer-die-post-corona-welt/, zugegriffen: 12.3.2022

Alexander Friesz ist Vorstandsmitglied und Miteigentümer der Lagermax Lagerhaus und Speditions AG in Salzburg. Nach einer erfolgreichen internationalen Karriere im Fremdenverkehr wechselte er 1996 in den Vorstand der Lagermax AG, wo er bereits seit 1987 Mitglied des Aufsichtsrates gewesen war. Als Geschäftsführer in verschiedenen Lagermax-Unternehmen trug er wesentlich zum Aus- und Aufbau der Gruppe und zu ihrem Wachstum von 100 auf über 550 Mio. € Jahresumsatz und einem Mitarbeiterstand von über 3600 Mitarbeitern bei. Parallel dazu ist Alexander Friesz seit 2019 Präsident des Zentralverbandes der Spediteure in Österreich. Zuvor war er seit 1999 Vizepräsident im Zentralverband. Neben anderen Funktionen bekleidet er seit 2000 den Vorsitz in der Fachgruppe der Spediteure Salzburg sowie die Position als Mitglied des Vorstandes des Fachverbandes der Spediteure in der Wirtschaftskammer Österreich.

Die technologische Transformation der Logistik

17

Michael Breusch

Zusammenfassung

Technologien treiben den radikalen Wandel der Logistikindustrie voran. Die Logistik entwickelt sich immer schneller und umfangreicher vom Dienstleister für Gütertransport zur Serviceindustrie für die Bewegung von Materie, Energie und Information. In der jüngsten Vergangenheit haben wir jedoch erlebt, dass nicht nur Technologien und der sich verschärfende Wettbewerb den Wandel der Wirtschaft stark beeinflussen, sondern auch in zunehmendem Maße gesellschaftliche Umwälzungen, geopolitische Krisen, Umweltthemen und damit einhergehend wirtschaftspolitische Veränderungen wie die Energie- und Mobilitätswende. Der Treiber für tiefgreifende Veränderungen unseres gesamten Lebens werden vielfältiger und komplexer, wie auch die Veränderungen deutlich an Geschwindigkeit zunehmen. Neben neuen Transportmitteln und Fahrzeugtechnologien, künstlicher Intelligenz (KI), Internet of Things, Blockchain etc. werden technische Neuerungen, die auf Anhieb nicht mit der Logistik in Verbindung gebracht werden, beispielsweise der 3D-Druck, den Charakter der Industrie weiter nachhaltig verändern – etwa indem weniger fertige Waren transportiert werden, sondern Rohstoffe und digitales Produktions-Know-how. Wie werden sich Selbstdefinition und Außenwahrnehmung der Logistik im High-Tech-Zeitalter weiter verändern, gerade unter Berücksichtigung der Digitalisierung und deren Folgen? Dieser Frage geht der nachfolgende Beitrag auf den Grund.

M. Breusch (✉)
Walldorf, Deutschland
E-Mail: michael.breusch@logventus.com

17.1   Einleitung

Die Logistikindustrie der Gegenwart ist in einem tiefgreifenden Wandel begriffen, der nicht zuletzt von neuen Technologien getrieben ist. Verstand sich die Logistik lange Zeit vor allem als Dienstleister für den Gütertransport, ist sie heute auf dem Weg, eine umfassende Serviceindustrie für die Bewegung von Materie, Energie und Information zu werden. Zu den in der Branche häufig diskutierten technologischen Hilfsmitteln wie neue Transportmittel und Fahrzeugtechnologien, künstliche Intelligenz (KI) etc. gesellen sich mehr und mehr auch technische Neuerungen, die auf Anhieb nicht sofort mit der Logistik in Verbindung gebracht werden. Dazu gehört beispielsweise der 3D-Druck, der mit seinen vielfältigen Anwendungsmöglichkeiten den Charakter des Industriezweigs weiter nachhaltig verändern wird – etwa indem weniger fertige Waren transportiert werden, dafür aber Rohstoffe und digitales Produktions-Know-how.

Doch nicht nur der technische Fortschritt in Form der voranschreitenden Digitalisierung treibt den Wandel in der Logistik massiv voran – auch weitere Faktoren wie Umwelteinflüsse, Klimaveränderungen sowie geopolitische Veränderungen nebst gesundheitlichen Faktoren spielen entscheidende und nachhaltige Rollen. So werden die Veränderungen in der Logistik immer komplexer und weitreichender.

All diese genannten Faktoren stellen die Logistik vor immense Herausforderungen, die globale Auswirkungen haben und die weltweite Logistik als Ganzes betreffen.

Aufgrund dieser Gesamtsituation wird die technologische Transformation der Logistik als treibende Kraft im Vordergrund stehen, jedoch ergänzt um die Ursachen, die zur Entwicklung all der neuen Technologien führen. Diese Ursachen sind teilweise neu und überlagern altbekannte wie Kostenersparnis oder zunehmende Effizienz sowie Ergänzungen, Erweiterungen und Verbesserungen der Dienstleistungen in der Logistik.

Die Logistikindustrie wird sich mehr und mehr zu einer Dienstleistungsindustrie entwickeln mit einem zunehmenden Portfolio von Zusatzleistungen und Schnittstellen zu anderen Wertschöpfungsketten und Branchen.

Doch welche Entwicklungen und Faktoren treiben den technologischen Fortschritt und die Transformation in der Logistik? Welche Treiber verändern die Logistik so weitreichend, dass wir von einer technologischen Transformation in der Logistik sprechen können?

17.2   Einflussfaktoren für die Technologietransformation der Logistik

Die massiv fortschreitende Digitalisierung ist ein Treiber – ein wesentlicher Treiber – jedoch nur einer von mehreren. Welche sind die anderen Antriebsfaktoren?

Hier spielen neben der Digitalisierung folgende weitere Einflussgrößen eine Rolle:

- fortschreitender Klimawandel
- anhaltende Globalisierung

- aktuelle Energiekrise
- geopolitische Verwerfungen weltweit durch verschiedene militärische Konflikte
- globaler Infrastrukturwandel
- wirtschaftliche Entwicklungen
- Umweltfaktoren wie globale Pandemien
- demografische Entwicklung des Westens
- globale Migration
- politische Entwicklungen und Veränderungen

Selbstredend ist diese Aufzählung subjektiv und dadurch naturgemäß unvollständig. Sie soll lediglich eine Auflistung von Einflussfaktoren sein, um zu erläutern und zu beschreiben, was die technologische Transformation in der Logistik verursacht und immer weiter vorantreiben wird. Die genannten Treiber sind von unterschiedlicher Wichtigkeit, doch alle spielen eine mehr oder minder große Rolle und beeinflussen sich gegenseitig. All diese Gegebenheiten müssen wir betrachten, um zu verstehen, was die technologische Transformation in der Logistik verursacht und beeinflusst.

Dass dieser Veränderungsprozess in der Logistik massive und immer größere Auswirkungen auf die Zukunft der Logistik hat, können wir getrost als gegeben annehmen. Interessant ist zu verstehen, welche Einflüsse in ihrem Zusammenspiel die Logistik so weit verändern, dass wir von einem Transformationsprozess sprechen können und welchen Einfluss die genannten Faktoren nicht nur auf die Zukunft der Logistik, sondern auf die Zukunft der globalen Wirtschaft haben werden.

17.3   Definition: Transformation und Digitalisierung in der Logistik

Hierzu müssen wir vorab etwas in die Begrifflichkeiten und deren Definitionen eintauchen.

Was lässt uns eigentlich von einer Transformation sprechen, und zwar gerade auch im Zusammenhang mit dem weiteren Begriff der Digitalisierung, den es ebenfalls zu beleuchten gilt?

Wir haben zwei Begriffe, von denen nahezu jeder Betrachter bzw. Leser ein unterschiedliches Verständnis und oft sehr eigene, sprich subjektive Definitionen hat.

Beleuchten wir diese beiden Begriffe etwas näher und wenden wir uns zunächst kurz der Transformation zu. Was charakterisiert eine Transformation, besonders in Bezug auf Logistik? Gibt es vielleicht auch verschiedene Arten der Transformation und welchen zeitlichen Aspekt besitzen sie? Beginnen wir mit dem Ursprung des Wortes aus dem lateinischen bzw. spätlateinischen „*transformare*" bzw. „*transformatio*". Hierunter versteht man ein *Umformen* oder *Verwandeln* einer Sache oder eines Zustandes. Transformationen kennen wir aus verschieden Bereichen, wie der Wirtschaft, der Politik, der Medizin, der Genetik, der Linguistik, des Rechts, der Geografie, der Mathematik, der Physik bis hin zum Militär.

Fokussieren wir uns auf den Bereich der Wirtschaft und hier im Besonderen auf die technologische Transformation in Zusammenhang mit der Digitalisierung. Dann haben wir schon einen weiteren Begriff, der einer entsprechenden Definition bedarf, um richtig verwendet zu werden. Allein der Begriff „Technologische Transformation" beinhaltet Erweiterung und gleichzeitig Fokussierung auf IT und somit auf Soft- und Hardware bzw. die Informationstechnologie. Hiermit haben wir auch schon die Abhängigkeit beider Begriffe voneinander angesprochen. Die Digitalisierung hat als wesentlichen Bestandteil die Transformation, und die Transformation, wie wir sie betrachten, mündet häufig in die Digitalisierung.

Die technologische Transformation beeinflusst nicht nur die Logistik und nahezu alle Bereiche des politisch-gesellschaftlichen Lebens inkl. der Wirtschaft, sondern auch umgekehrt wird die technologische Transformation von vielen weiteren Faktoren aus Gesellschaft, Politik und Wirtschaft beeinflusst. Die Transformation allgemein kann als fundamentaler und permanenter Wandel beschrieben werden, ähnlich wie die Digitalisierung.

Beide Begriffe bedingen einander teilweise, zumindest ist Digitalisierung ohne Transformation nicht zu denken. Der Umkehrschluss gilt offensichtlich nicht, da Transformation in der Medizin, im Recht oder in vielen anderen Bereichen durchaus ohne Digitalisierung zu denken ist.

Was müssen wir also unter dem Schlagwort Digitalisierung – das in aller Munde ist – denn nun wirklich verstehen?

Zunächst gibt es verschiedene Synonyme für Digitalisierung, nämlich Industrie 4.0, digitale Revolution analog zur industriellen Revolution oder digitale Transformation. Hier haben wir schon die Verwendung beider Begriffe für einen der beiden. Auch wird durch diese Verwendung die digitale Um- oder Verwandlung bzw. Umformung einer Sache, hier der Wirtschaft bzw. Teile der Wirtschaft, deutlich.

„Der Begriff der Digitalisierung hat mehrere Bedeutungen. Er kann die digitale Umwandlung und Darstellung bzw. Durchführung von Information und Kommunikation oder die digitale Modifikation von Instrumenten, Geräten und Fahrzeugen ebenso meinen wie die digitale Revolution, die auch als dritte Revolution bekannt ist, bzw. die digitale Wende."[1]

Schon sind wir in medias res – der digitalen Ver- bzw. Umwandlung von Wirtschaftsprozessen bzw. -modellen in der Logistik. Bleibt uns noch das Wörtchen „digital" etwas näher zu betrachten.

Doch lassen wir vorab nochmals Gablers Wirtschaftslexikon zu Wort kommen mit Beispielen zur Digitalisierung sowie mit Kritik und einem Ausblick: „Die Digitalisierung hat zu verschiedenen Umwälzungen geführt, angefangen von der Umdeutung des Begriffs der Güter und der Werke und der Vereinfachung von Kopier- und Distributionsmöglichkeiten über die Veränderung der Arbeitswelt bis hin zur Verschmelzung von Virtualität und Realität. Es wurden ganze Unternehmen und Branchen umgeformt. Spezialisierte Plattformen verdrängen traditionelle Player, obwohl sie keine eigenen Gerätschaften, Fahrzeuge oder

---

[1] https://wirtschaftslexikon.gabler.de/definition/digitalisierung-54195/version-384620.

Immobilien besitzen. Die Betreiber sozialer Netzwerke erstellen keine bzw. kaum eigene Inhalte. Der User-generated Content wird zur Analyse genutzt, auf der wiederum die Personalisierung (auch von Werbung) beruht. Mit der Industrie 4.0 und ihrer Smart Factory setzen sich beispiellose Robotertypen und Prozessketten durch und werden Entwicklungen wie das Internet der Dinge und der 3D-Druck gefördert. Künstliche Intelligenz (KI), Big Data und Cloud Computing erlauben vorher nicht gekannte Aktivitäten und Analysen."[2]

17.4 Unternehmen und Digitalisierung

Die Digitalisierung ist aktuell das beherrschende Thema der globalen Wirtschaft und wird das beherrschende Thema der kommenden Jahre sein.

Wie sehen die Unternehmen dieses Thema und wie (re)agieren sie?

Eine wachsende Zahl von Unternehmen hat sich bereits der Aufgabe Digitalisierung angenommen und eine Strategie für die kommenden Herausforderungen entworfen (Abb. 17.1).

Nun gilt es, diese Strategie anhand der Wirklichkeit zu validieren und entsprechend umzusetzen. Das heißt aber noch lange nicht, dass die Digitalisierung eine allgemeine Akzeptanz erlebt und alle Firmen sich den Herausforderungen zeitnah und nachhaltig stellen. Zunächst muss sich die vorhandene Digitalisierungsstrategie auch als echte Strategie für die globale Digitalisierung erweisen, d. h. geht es bei dieser Strategie auch um die Heraus-

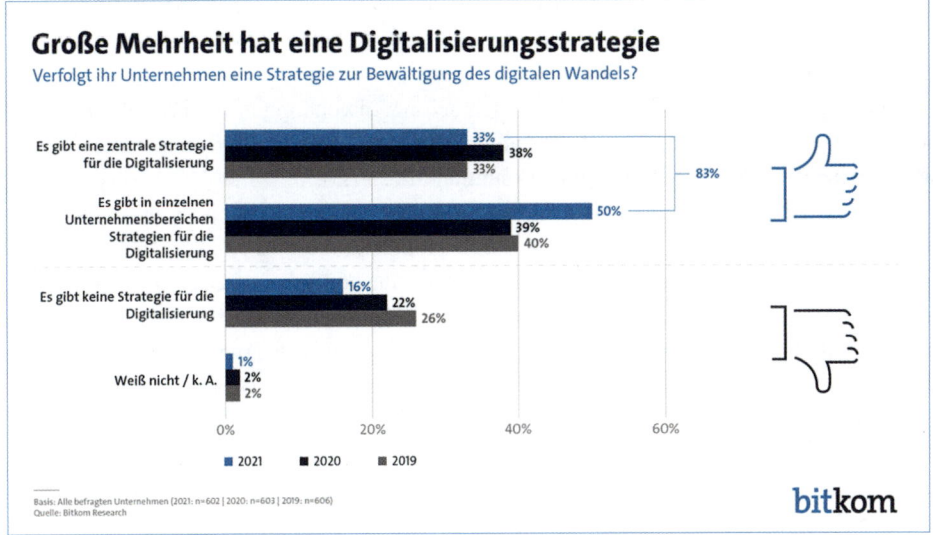

Abb. 17.1 Die Mehrheit der Unternehmen verfolgt eine Digitalisierungsstrategie

---

[2] https://wirtschaftslexikon.gabler.de/definition/digitalisierung-54195/version-384620.

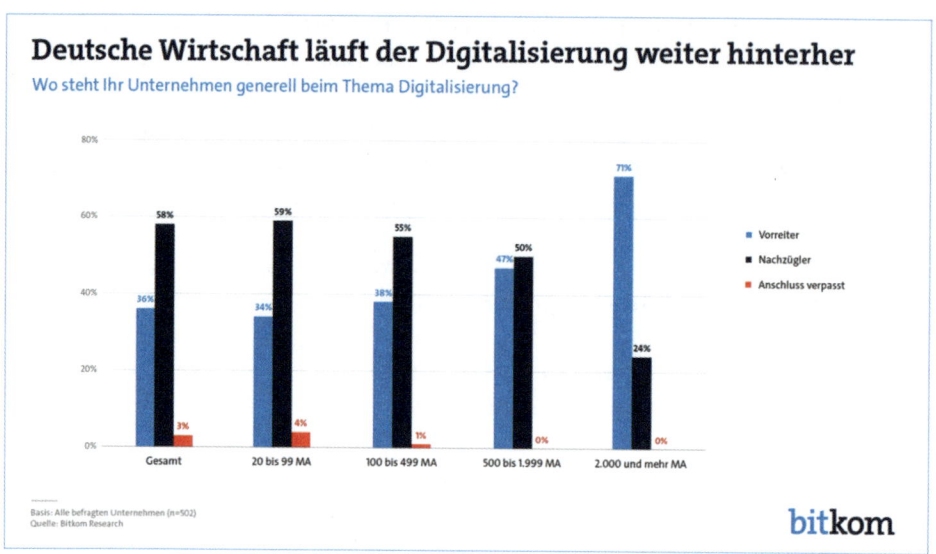

Abb. 17.2 Nachholbedarf der deutschen Unternehmen bei der Digitalisierung

forderungen der Digitalisierung als Transformation oder werden weitere Investitionen in IT und Kommunikation als digitale Strategie verkauft?

Hier sind wir wieder bei der Begriffsdefinition und den sich daraus ergebenden Handlungssträngen, wie bereits oben kurz beschrieben (Abb. 17.2).

Gemeinhin ist das Thema Digitalisierung in den deutschen Unternehmen abhängig von der Unternehmensgröße und der internationalen Ausrichtung. Doch auch die jeweilige Branche spielt eine entscheidende Rolle.

Die Innovationsbereitschaft der Unternehmen in Anwendungen rund um die Digitalisierung zu investieren nehmen stetig zu und haben durch die Pandemie in den letzten zwei Jahren eine deutliche Beschleunigung erfahren (Abb. 17.3).

Die Vorbehalte gegenüber der Digitalisierung sind entsprechend zurückgegangen und die Vorteile, gerade auch bedingt durch Home Office und Lockdowns im Alltag, sind in den Vordergrund getreten, wobei wir hier nur bedingt von Digitalisierung sprechen können. Doch im Zuge der zunehmend flächendeckenden Nutzung von Videokonferenzen und digitaler Medien, wurde der Blick auch auf die Transformation von Geschäftsmodellen gelenkt, die durch die veränderte Situation am Markt für jeden greifbar geworden ist.

Schon im ersten Jahr der Pandemie ist die Bedeutung der Digitalisierung in den Unternehmen deutlich gestiegen. Zeitgleich hat das Bewusstsein über die eigenen Defizite in Sachen Digitalisierung ebenfalls zugenommen. Die Firmen hoffen, mit weiterer Digitalisierung die Pandemie und die damit einhergehenden Veränderungen besser bewältigen zu können. Doch auch hier muss nach Branchen und Unternehmensgröße unterschieden werden (Abb. 17.4).

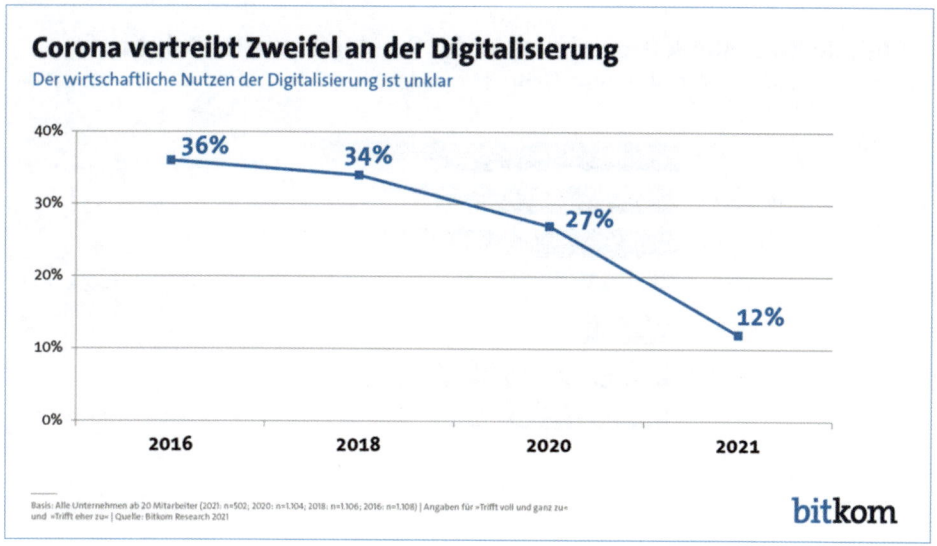

Abb. 17.3 Die Corona-Pandemie als Digitalisierungstreiber

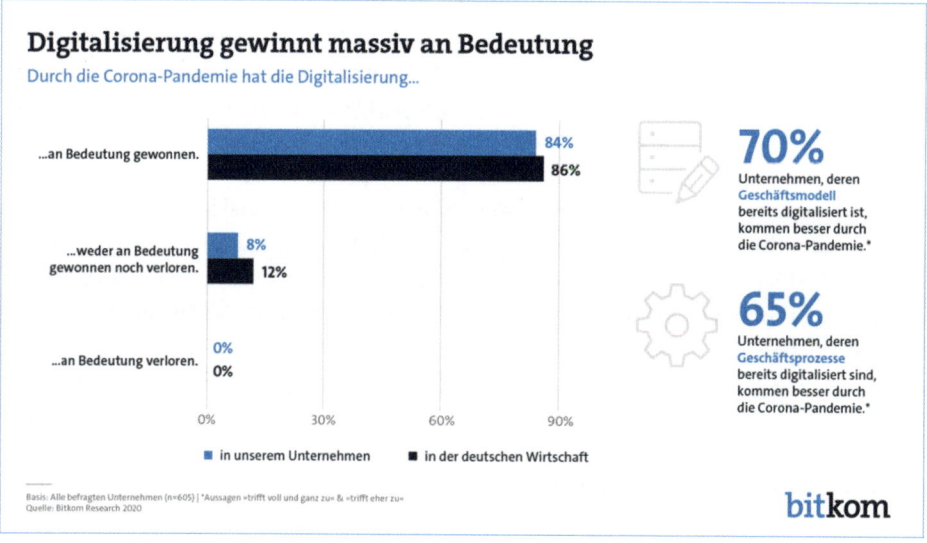

Abb. 17.4 Die gewachsene Bedeutung der Digitalisierung wird verstärkt erkannt

Noch im Jahr 2019 hatten knapp ein Viertel der befragten Unternehmen keine digitale Strategie und mehr als ein Drittel der Firmen hatten nur bereichsbezogene Strategien und keine unternehmensübergreifende Digitalisierungsstrategie. Die Pandemie hat hier die Gesamtsituation stark zugunsten der fortschreitenden Digitalisierung verändert.

Wie sollen sich nun etablierte Unternehmen am veränderten Markt positionieren und versuchen ihre Kunden zu erreichen und Marktanteile zu halten?

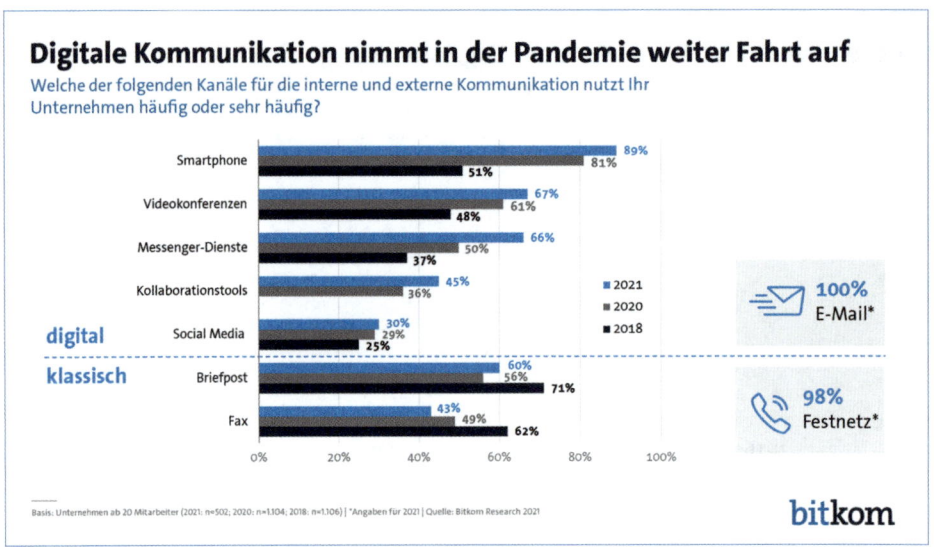

Abb. 17.5 Corona als Schub für digitale Kommunikation

Nicht nur hat sich die Kommunikation in der Wirtschaft durch die Pandemie verändert, auch der Zugang zum Markt generell muss zunehmend und nachhaltig neu gedacht werden. Wenn die Marktteilnehmer sich nur noch eingeschränkt physisch treffen können, muss zwingend über tragfähige neue Konzepte nachgedacht werden. Auch hier hat die Digitalisierung an Bedeutung gewonnen und den Markt nachhaltig verändert.

Ob alle Veränderungen in der Kommunikation als digital im Sinne der Digitalisierung bezeichnet werden können, bleibt zu bewerten. Nur der zunehmende Einsatz von Smartphones und Videokonferenzen kann schwerlich als Digitalisierung bezeichnet werden. Die Pandemie hat hier nur eine bereits lang anhaltende Entwicklung beschleunigt. Die Pandemie wirkte im Bereich der Kommunikation als Katalysator. Diese Entwicklung hätte sich auch ohne Pandemie vollzogen, jedoch deutlich langsamer (Abb. 17.5).

Es darf jedoch nicht vernachlässigt werden, dass die zunehmende digitale Kommunikation einen wichtigen Beitrag zur allgemeinen Akzeptanz digitaler Technologien liefert und die Verwendung von Smartphones und der weitere Ausbau der Mobilfunknetze mit 5G Technologien erst die Voraussetzungen für eine zunehmende Digitalisierung bzw. neue Digitalisierungslösungen schafft.

Hier wurden und werden wesentliche Grundlagen für die fortschreitende Digitalisierung geschaffen, somit wichtige Infrastruktur etabliert, ohne die eine Digitalisierung nicht möglich wäre, ohne selbst Teil der eigentlichen Digitalisierung zu sein.

Die zunehmende digitale Kommunikation hat auch stark dazu beigetragen, dass die Digitalisierung in den Unternehmen deutlich an Akzeptanz gewonnen hat. Die weiterwachsende Verwendung von Smartphones und deren Handhabung unterstützen massiv das digitale Denken und die Bereitschaft sich mit Digitalisierung zu beschäftigen und die Herausforderungen anzunehmen. Immer öfter werden die Lösungen verschiedener Probleme

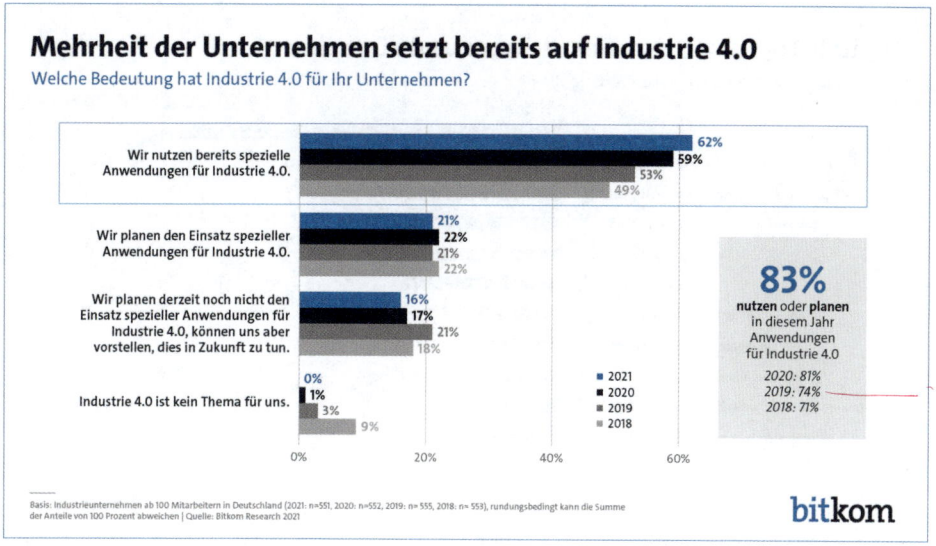

Abb. 17.6   Industrie 4.0 im Aufwind

im Bereich der Digitalisierung gesucht und gefunden. Die Digitalisierung wird zunehmend akzeptiert und mehr als Chance denn als Bedrohung wahrgenommen. Eine Mehrheit
der Firmen setzt auf die Digitalisierung bei der Stabilisierung ihres Geschäftes und dessen
Weiterentwicklung (Abb. 17.6).

17.5   Chancen und Herausforderungen der Digitalisierung

Die Digitalisierung erhält weiteren Auftrieb und gewinnt zunehmend an Bedeutung durch
weitere Entwicklungen wie die Klimaveränderung, den immer wichtiger werdenden Umweltschutz, durch den demografischen Wandel und die vielen geopolitische Krisen weltweit.
All diese Faktoren können nur noch global betrachtet werden und erfordern auch globale Lösungen. Somit stehen wir vor wirtschaftlichen und gesellschaftspolitischen Veränderungen,
die nur noch durch globale Strategien bewältigt werden können, obgleich immer noch viele
Verbindungen und Lösungsansätze auf nur nationalen Ebenen gesucht und gedacht werden.

Welche Chancen und Herausforderungen warten nun auf die Logistikbranche im Zuge
der sich weiter ausbreitenden Digitalisierung, zusätzlich getrieben von den unterschiedlichsten Faktoren?

Wie alle Branchen richtet sich auch die Logistik im Zuge der Digitalisierung neu aus.
Zahlreiche Ansätze bei der Bewältigung der wachsenden Anforderungen an die Logistik
werden durch digitale Maßnahmen flankiert bis hin zu kompletten Transformationen.

Die Logistikbranche sieht sich im Zuge der Klimadiskussionen zunehmend unter Druck,
sind doch die CO_2-Emissionen der Fahrzeuge für jeden Bürger klar sichtbar. Darüber hinaus
verstärken die Paketdienstleister das Verkehrsaufkommen in den Städten und sorgen durch

Abb. 17.7 Die Vorteile der digitalen Logistik

Parken in der zweiten Reihe zusätzlich für Verärgerung bei den Bewohner. Die Bürger lassen in dieser Situation allerdings völlig außer Acht, dass sie selbst Mitverursacher dieser Situation sind, vor allem durch den – gerade auch in der Pandemie – stark gewachsenen Online-handel und dessen Auswirkungen. Hinzu kommen die veränderten Lebensgewohnheiten, die sich auch in generellen Lieferservices von Alltagsdingen wie Lebensmitteln niederschlagen.

Diese Wahrnehmung der Logistik beschränkt sich nicht nur auf den Straßenverkehr, sondern betrifft auch die See- und Luftfracht schon allein in Bezug auf die Emissionen.

Wie soll die Logistik diesen gordischen Knoten durchschlagen unter Berücksichtigung all der zahlreichen Einflussfaktoren wie CO_2-Emissionen, Verkehrssituation, Nachhaltigkeit, Wettbewerbsdruck, wachsendes Transportvolumen, um nur einige wichtige zu nennen? (Abb. 17.7)

Durch die Pandemie und die aktuellen geopolitischen Gegebenheiten wurden die weltweiten Lieferketten stark strapaziert und haben vielerorts den Belastungen nicht standgehalten. Es scheint, dass die Globalisierung an ihre Grenzen gestoßen ist und neue Wege gegangen und neue Lösungen gefunden werden müssen. Um die Lieferketten im aktuellen Marktumfeld nachhaltig zu entlasten, denken viele Firmen an den Ausbau digitaler Anwendungen und Lösungen.

17.6   Erfolgsfaktor 3D-Druck

Wie können produktionskritische Teile schnell und effizient besorgt werden unter Umgehung der globalen Lieferketten?

Additive Fertigung ist eine mögliche Antwort, die von unterschiedlichen Branchen immer mehr in Betracht gezogen bzw. bereits umgesetzt wird. Der Begriff 3D-Druck hat

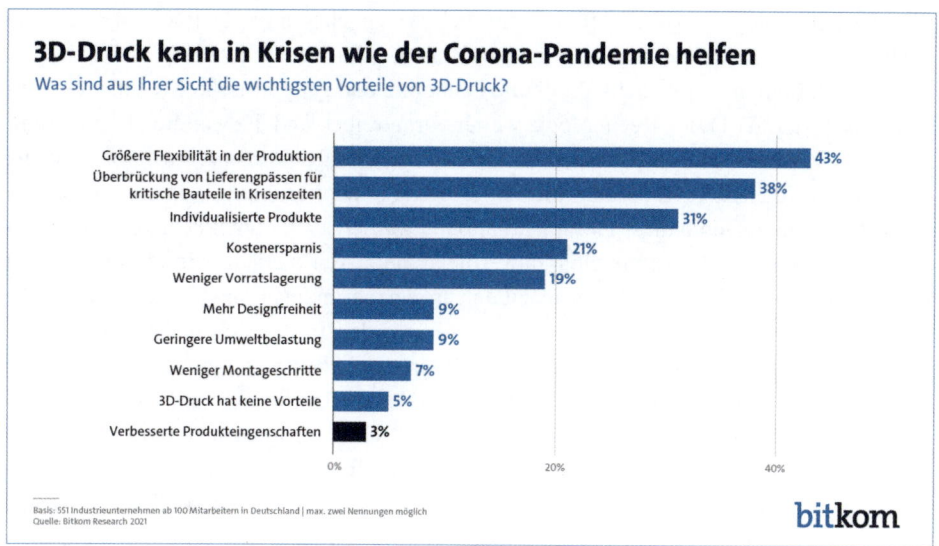

Abb. 17.8 Neue Chancen durch 3D-Druck

sich als Bezeichnung für die additive Fertigung landläufig durchgesetzt und beschreibt diesen Fertigungsprozess recht anschaulich. Wurden früher Werkstücke durch das Abtragen von Material geformt, etwa indem ein Stück Metall oder Holz von Maschinen oder Menschen gefräst, geschliffen, gedreht oder gehobelt wurde, so werden nun die Produkte gefertigt, indem Material nicht abgetragen, sondern schichtweise aufgetragen wird. Dies geschieht durch eine Art Drucker, d. h. ein Werkzeug ist in der Lage das Material, meist Kunststoffe oder spezielle Metalle, das sich in einer Kartusche befindet, durch eine Art Düse aufzutragen, ähnlich einem Tintenstrahldrucker. Die additive Fertigung besteht aus unterschiedlichen Fertigungstechnologien, die verschiedene Materialien verarbeiten auf Basis diverser Fertigungsprinzipien. Die Vorteile des 3D-Drucks sind individuelle Gestaltungsmöglichkeiten, hohe Individualisierung und kleine Losgrößen unter Berücksichtigung entsprechender Kosteneffizienz sowie schnelle und unkomplizierte Herstellung. Diese Vorteile haben gerade in der Pandemie für eine zunehmende Akzeptanz des 3D-Drucks geführt (Abb. 17.8).

Im Bereich der Fertigungs- oder Automobilindustrie können somit produktrelevante Komponenten und Teile individuell und dem Fertigungsprozess entsprechend hergestellt werden. Anpassungen und Optimierungen sind vor Ort relativ leicht möglich und durch die Fertigung von nur benötigten Stückzahlen entfallen Lager- und Transportkosten. Der Fertigungsprozess wird risikoärmer und unabhängiger von Zulieferthemen. Die bisher bekannten Aufgaben „Just-in-Time" oder „Just-in Sequence" müssen neu gedacht werden. Das ist nur ein Beispiel für den Einsatz von additiver Fertigung in einer mehr klassischen Branche.

Die Einsatzmöglichkeiten sind vielfältig und auf ganz unterschiedliche Branchen verteilt. Das Drucken von Nudeln ist genauso möglich wie das Drucken von Backwaren oder anderen Lebensmittel. Es wurden schon ganze Häuser gedruckt wie auch sehr kleine Teile der Nanotechnologie. In Zukunft werden noch weit mehr Dinge gedruckt werden, die heute noch aufwendig hergestellt werden und das Geschäftsmodell vieler Firmen sind.

Die Lieferketten-Problematik durch die Pandemie und geopolitische Krisenherde wird den Einsatz der 3D-Druck-Technologie weiter vorantreiben und die weiteren Entwicklungen im 3D Druck nachhaltig befeuern. Die aktuell hohen Transportkosten sowie die schlechte Verfügbarkeit von Materialien sind gerade in der Fertigungsindustrie die prominentesten Treiber. Durch diese Gesamtsituationen werden auch immer neue Anwendungsgebiete erschlossen, die nur mittelbar durch die aktuelle Marktsituation in Mitleidenschaft gezogen werden. Die fehlenden Kapazitäten in der gesamten Logistik, sei es fehlende Container oder auch fehlende LKW-Lademeter, werden in deutlich mehr Branchen zu weiteren Einsatzmöglichkeiten führen, so z. B. in der Lebensmittelindustrie oder in der Medizintechnik bis hin zur Keramik- und Bauindustrie. Beeinflusst wird diese Entwicklung auch durch den zunehmenden Fachkräftemangel mitverursacht durch die negative demografische Entwicklung besonders in den westlichen Industrieländern.

Auch wenn die Gewichtung einzelner Treiber an Bedeutung verliert, wird der 3D-Druck dennoch an Bedeutung gewinnen, da sich deutlich Kosten einsparen lassen, und die Kosteneffizienz traditionell eine der wichtigsten Motivationen für Innovationen darstellt.

Für die Logistikbranche verspricht der 3D-Druck eine nachhaltige Veränderung in der Automobilindustrie, indem die traditionelle Ersatzteillogistik sich deutlich reduzieren wird, da die benötigten Ersatzteile nach Bedarf und vor Ort gedruckt werden. Und das nicht nur für Neuwagen, sondern auch für Altfahrzeuge und Oldtimer. Die aufwändige Lagerhaltung für Ersatzteile wird ebenso wegfallen wie Beschaffung und Lagerung von Fahrzeugkomponenten, die ebenfalls gedruckt werden können.

Der Transport von vielen druckbaren Produkten wird weitgehend entfallen ebenso wie deren Lagerung. Es wird zu entsprechenden Verschiebungen innerhalb der Logistik kommen und frei werdende Kapazitäten stehen für andere Aufgaben zur Verfügung. Allein die Kartuschen mit den Materialien für die additive Fertigung werden noch transportiert und gelagert.

Wagen wir zum Schluss noch einen kurzen Ausblick im Rahmen der Digitalisierung in der Logistik. Naturgemäß konnte das Thema Digitalisierung in der Logistik und 3D-Druck nur angerissen werden. Das Thema ist ein weites Feld und wird uns noch viele Jahre sehr intensiv beschäftigen.

17.7   Zukunftsperspektiven der Digitalisierung in der Logistik

Wohin wird uns die Digitalisierung in der Logistik noch führen?

Es gibt bereits eine Anzahl von Digital HUBs in Deutschland, die sich mit dem Thema Digitalisierung beschäftigen mit je eigenem Schwerpunkt. Die beiden digital HUBs für Logistik befinden sich in Hamburg und Dortmund (Abb. 17.9).

Die Übersicht zeigt deutlich, dass es noch viele weitere Digital HUBs gibt, die oftmals nur im Zusammenhang mit den anderen HUBs sinnvoll zu denken sind.

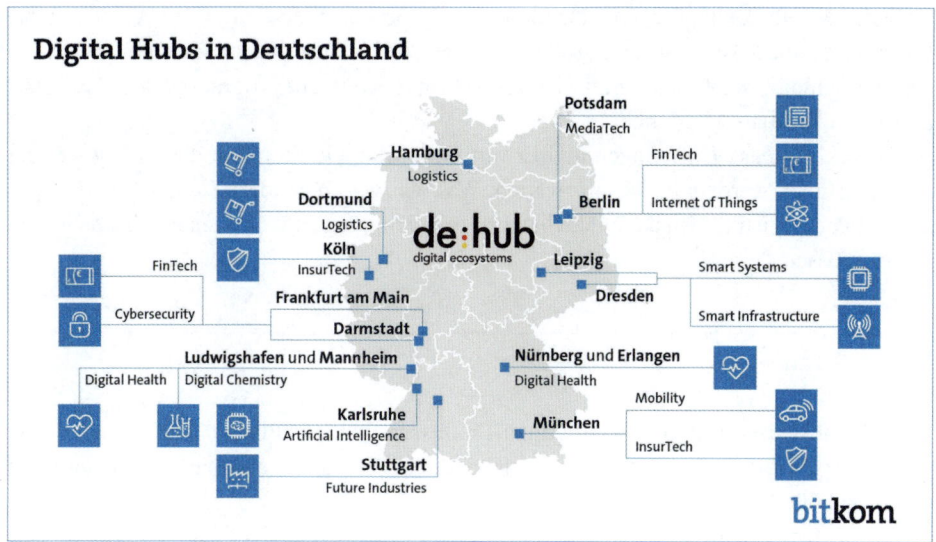

Abb. 17.9 Standorte digitaler Hubs in Deutschland

Diese Integration ist ein wesentlicher Indikator für erfolgreiche Digitalisierung. Das Internet of Things (IoT) verdeutlicht diese Vorgehensweise sehr gut. Viele Dinge/Things werden verknüpft und nutzbar gemacht auf Basis des Internets und der Mobilfunktechnologie in Form der 5G Technologie und deren Weiterentwicklung.

Die Integration verschiedener Systeme und Technologien, deren Erweiterung und Ergänzung ist ein zentrales Merkmal für die Digitalisierung auch in der Logistik. Es wird in Zukunft darum gehen die Visualisierung der gesamten Lieferketten zu gewährleisten, und zwar für alle beteiligten Businesspartner anhand der Blockchain-Technologie. In Zukunft wird ein vollumfängliches Track & Trace aller Sendungen in Real-Time möglich sein. Dieses Tracking wird durch Bilder und Videosequenzen ergänzt werden, angefangen beim Verlassen des Lager über Be- und Entladeaktivitäten, den gesamten Transport bis hin zum Wareneingang und Einlagerung im Empfangslager. Dieser Transportprozess wird erweitert durch intelligente Systeme, die Temperaturen, Feuchtigkeit und Erschütterungen während des gesamten Transports aufzeichnen und dokumentieren. Die hierbei entstehenden Daten werden für Reporting und Analysen zur Verfügung stehen, wie auch für die Bearbeitung von Reklamationen.

Durch entsprechende systemübergreifende Integration werden diese Informationen und Daten allen Beteiligten zur Verfügung stehen und die Grundlage bilden für die Weiterentwicklung des jeweiligen Geschäftsmodells.

Die Digitalisierung wird immer weitere Daten erzeugen und angereichert durch künstliche Intelligenz wird sich auf Basis von Big Data, Künstlicher Intelligenz, IoT und fortschreitender Systemintegration ein entsprechender Kreislauf einstellen, der unser Leben grundlegend und nachhaltig verändern wird.

In dieser Entwicklung sehen viele Menschen in Gesellschaft, Politik und Wirtschaft das Potenzial für die Lösung unserer großen und globalen Herausforderungen wie Umweltzerstörung, Klimawandel, demografische Veränderung, weltweite Migration etc., und somit unserer Zukunft als Menschheit.

Ob sich all diese Hoffnungen und Erwartungen, die wir aktuell in die Digitalisierung setzen, erfüllen werden, bleibt abzuwarten. Was wir wissen ist, dass die Digitalisierung – auch in der Logistik – Risiken und Chancen mit sich bringen wird, denen wir uns global stellen müssen.

17.8   Fazit

Die Digitalisierung mit ihren vielfältigen Einflüssen und Richtungen wird die weltweite Wirtschaft aber auch die Welt, in der wir leben, tiefgreifend und nachhaltig verändern und somit auch die Logistik.

Der 3D Druck wird verschiedene Industrien transformieren, nicht nur die Fertigungsindustrie, sondern auch die Logistik. Hierbei handelt es sich jedoch um eine operative Veränderung, d. h. der eigentliche Produktionsprozess wird sich nachhaltig verändern durch die additive Fertigung. Diese Transformation wird die Logistik als Dienstleister dahingehend verändern, dass althergebrachte Bereiche wie die Ersatzteillogistik oder die Produktionsversorgung stark reduziert und unter Umständen komplett entfallen werden. Die verbleibenden Teile dieser Geschäftsfelder werden sich weiter verändern und die Logistik muss darauf reagieren.

Andere Veränderungen durch die Digitalisierung werden zu neuen Dienstleistungen in der Logistik führen, wie z. B. weitgehende Visualisierung und Transparenz der Lieferketten oder zu weitreichenden Optimierungen der Transportwege in der Fläche aber auch im Lager.

Hier gilt es in Zukunft zu unterscheiden zwischen diesen operativen Veränderungen und den Optimierungen in Form von Zusatzleistungen in der Logistik.

Die fortschreitende Digitalisierung wird uns noch vielen Herausforderungen in der Wirtschaft zuführen, von denen wir heute noch keine Vorstellung haben. Wir werden dann gezwungen sein, neue Lösungen zu entwickeln und neue Wege zu gehen.

Hierzu müssen wir vor allem unser Denken verändern, denn wir werden mit unseren alten Lösungsansätzen nicht die neuen und weitgehend unbekannten Anforderungen der Zukunft bewältigen können. Wie schon Einstein sagte, *„Probleme kann man niemals mit derselben Denkweise lösen, durch die sie entstanden sind."*

Michael Breusch studierte Wirtschaftsinformatik in Karlsruhe und ist seit 1995 Berater für SAP SD und MM in verschiedenen Projekten in diversen Industrien. Seit 2001 ist er Partner der SAP SE in Walldorf und war 2003 involviert in die Entwicklung einer neuen Software für die Transportlogistik namens SAP TM. Seit 2007 arbeitet er schwerpunktmäßig im Bereich Logistik mit der neuen Software SAP TM. Er ist Gründer und geschäftsführender Gesellschafter der logventus GmbH, ein Beratungshaus für Lager- und Transportlogistik mit Büros in Walldorf, Bremen und Hamburg.

Digitale Plattformen und ihr Potenzial, die Transportbranche zu revolutionieren

18

Jacek Tarkowski

Zusammenfassung

Die Logistikindustrie wird durch viele unterschiedliche Herausforderungen unter einen hohen Modernisierungsdruck gesetzt: Energiekrise, Eurokrise, politische Unsicherheiten sowie die bereits langjährig wirkenden Probleme mit geringen Margen, Preisdruck, Fachkräftemangel und hoher Fragmentierung des Marktes. Die Antwort auf diese Herausforderungen ist eine konsequente Digitalisierung. Auf dem Transportmarkt vermehren sich daher gegenwärtig so genannte digitale Speditionen, die ein durchgängig digitales Geschäftsmodell verfolgen und die Marktposition der traditionellen Speditionen unter Druck setzen. Die Überlebensstrategie dieser Unternehmen kann nur ebenfalls in der Übernahme digitaler Technologie unter Beibehaltung der Vorteile ihres Geschäftsmodells (enge Verflechtung mit vertrauten Partnern und Kunden in einem regionalen Umfeld sowie Value-added-Dienstleistungen) bestehen. Aus diesem Grund werden digitale Cloud-Lösungen für traditionelle Unternehmen immer attraktiver. Sie bieten zahllose Services an, die ohne große Investitionen und ohne einen Auf- oder Ausbau einer eigenen IT-Infrastruktur das Business unterstützen und zahlreiche neue oder verbesserte Dienstleistungen ermöglichen. Auf diese Weise wird der traditionelle zum hybriden Spediteur, der auf dem Markt der Zukunft erfolgreich bestehen kann.

J. Tarkowski (✉)
Berlin, Deutschland
E-Mail: info.de@trans.eu

18.1   Auf dem Weg zur Logistik 4.0

Die letzten Jahre haben Wirtschaft, Politik und Gesellschaft in Europa vor Herausforderungen gestellt, wie es sie wohl seit dem Zweiten Weltkrieg in diesem Ausmaß nicht gegeben hat. Klimapolitik, Eurokrisen, Corona-Pandemie, Ukraine-Krieg, Energiekrise sowie ein politisches und wirtschaftliches Auseinanderdriften der Staaten der europäischen Union brachten Veränderungen mit sich, die sich in ihren Verästelungen bis in das Alltagsleben der Menschen hinein bemerkbar machten.

Nun sagt ein simples Gesetz der Physik bekanntlich: Wo Schatten ist, muss es auch Licht geben. Und in der Tat bringen schwere Zeiten auch neue Erkenntnisse, wecken neue Kräfte, lassen neue Ideen aufblühen und bringen Verdrängtes zum Vorschein – ans Licht. Aus Sicht der Logistikindustrie sind die Schatten der Entwicklung der letzten Jahre offensichtlich: Produktions- und Lieferverzögerungen oder gar -ausfälle durch Maßnahmen gegen die Pandemie, Unterbrechungen und Neuverknüpfungen von Lieferketten, kriegsbedingte Ressourcenknappheit und weitere Faktoren, die zu Unwägbarkeiten im Tagesgeschäft beitrugen, treffen auf ohnehin bestehende Widrigkeiten. Zu diesen gehören bekannterweise steigende Sendungsmengen, niedrige Margen, hoher Kosten- und Konkurrenzdruck, ständig steigende Regulierungsvorgaben vor allem im Umfeld der Umwelt- und Klimapolitik, demografischer Wandel und steil ansteigender Fahrermangel. Wo bleibt bei so viel Schatten dann das Licht?

Ein großer Lichtblick ist wohl, dass auf allen Ebenen die Bedeutung der Logistikindustrie für die Erhaltung des Wohlstands und die zuverlässige Versorgung der Bevölkerung überdeutlich ins Bewusstsein gehoben wurde. Und ein zweiter Lichtblick ist, dass die Logistikunternehmen selbst zu einem grundsätzlichen Hinterfragen ihrer Geschäftsmodelle gezwungen werden und sich als Konsequenz daraus stärker für Modernisierung öffnen. Modernisierung heißt jedoch heute auf technischer Seite in erster Linie Digitalisierung. Damit bekommt die Logistik 4.0 mit ihrer weitgehend automatisierten und digitalisierten Prozesswelt plötzlich einen unerwarteten Schub. Kurz: Wenn auch auf schmerzliche Weise, so verdankt die Logistikindustrie den herrschenden Krisenzeiten vielleicht entscheidende Impulse für den zukünftigen Erfolg, die sie sonst ungesunderweise verschleppt und zu spät realisiert hätte. Eine konsequente Digitalisierung des Transportwesens wird heute als Hauptaufgabe der Logistikindustrie angesehen (Abb. 18.1).

Die Branche ist derzeit geprägt durch ein sehr erfolgreiches Geschäftsmodell: die Spedition – also eine Dienstleistung, die das Versenden, Empfangen und Lagern von Gütern und Waren organisiert, und zwar den Transport selbst sowie alle mit ihm im Zusammenhang stehenden Services (Auswahl der Frachtführer, Ausstellung von Export-Dokumentation, Verzollung usw.). Die Prozesse, die sich um diese Dienstleistung gruppieren, sind im Laufe der Jahre aus den unterschiedlichsten Gründen immer komplexer geworden. Die Anforderung an eine zukunftsfähige Transportlogistik ist es aber, eine resiliente und flexible Versorgungsinfrastruktur zur Verfügung zu stellen. Intelligenz und Geschwindigkeit (insbesondere Reaktionsschnelligkeit) gehören dabei zu den wichtigsten Elementen adäquater Servicemodelle.

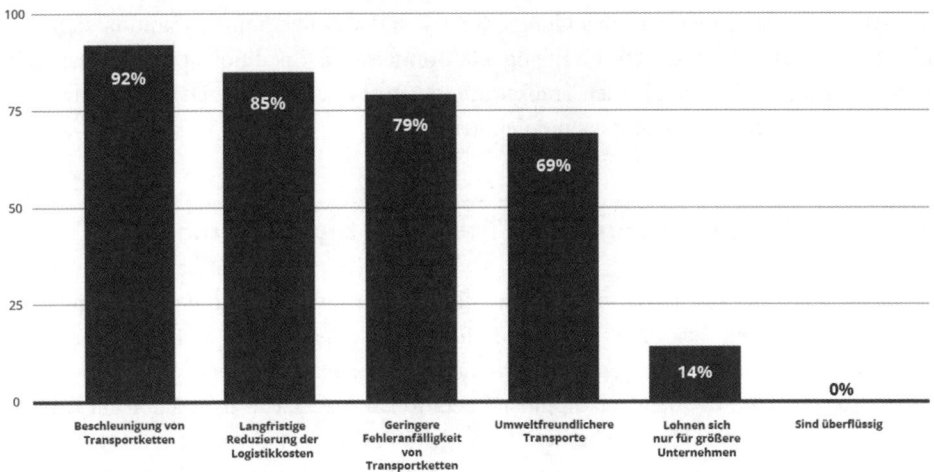

Abb. 18.1 Umfrage innerhalb der Logistikbranche zur Bedeutung digitaler Technologien. (Quelle: Sarah Keller/Statista)

Intelligente Organisation und schnell an Veränderungen anpassbare Prozesse setzen aber der traditionellen Auftragsbearbeitung in Speditionen Grenzen. Digitale Technologie kann und muss hier zum effizienten Werkzeug für neue und überarbeitete Geschäftsmodelle werden, um die steigenden Herausforderungen auf wirtschaftliche Weise meistern zu können. Grundsätzlich geht es dabei darum, Prozesse zu identifizieren, die sich durch digitale Lösungen flexibilisieren lassen, um Zeit und Ressourcen zu sparen sowie bei unerwarteten Ereignissen aller Art schnell reagieren zu können.

In diesem Zusammenhang hat sich der Begriff der „digitalen Spedition" herausgebildet. Im engen Sinn ist eine solche Spedition durch die möglichst komplett digitalisiert abgebildete Prozesskette ihres Businessmodells geprägt, also beispielsweise Transportangebot, Beauftragung des Transports, Sendungsverfolgung sowie papierlos bearbeitete Frachtaufträge und andere Formulare.

Neben einer weitreichenden Digitalisierung der Unternehmensprozesse von Speditionen ist der Aufstieg der digitalen Transportplattformen eine Wegmarke auf dem Pfad zur „Logistik 4.0". Die Plattformtechnologie ist ein mächtiges Effizienz- und Produktivitätsinstrument, indem sie es ermöglicht, sämtliche Stakeholder einer Branche oder eines Geschäftsmodells auf einem gemeinsamen digitalen Marktplatz zusammenzuführen. Dazu gehören Speditionen, Frachtführer, Verlader, Endkunden, Dienstleister und Auftraggeber. Damit werden nicht nur in vielen Fällen die Effizienz und Resilienz bestehender Geschäftsmodelle drastisch verbessert, sondern auch zahllose neue Geschäftsmodelle erst ermöglicht, beispielsweise eine individualisierte Gestaltung der Produktions- und Auslieferungsdetails.

Da die Plattformtechnologie einen hohen Reifegrad erreicht hat, können neue Player relativ schnell in den Markt eintreten, daher schießen immer mehr Logistikplattformen aus dem Boden. Infolge dieser Entwicklung erhöht sich der Druck auf die traditionellen Logistikdienstleister spürbar. Die digitalen Plattformen und Speditionen sind dabei, mit leistungsfähigen IT-Lösungen den Transportmarkt zu revolutionieren. Damit bedrohen sie die Position etablierter Speditionsunternehmen.

18.2 Marktentwicklungen und Trends zur Digitalisierung

Wenn auch der aktuelle Drive zur Nutzung digitaler Technologie durch die eingangs genannten disruptiven Faktoren auf den Märkten (also politische und wirtschaftliche „schwarze Schwäne" sowie Pandemie-Maßnahmen) deutlichen Rückenwind erhalten haben, so geht der Siegeszug von digitalen Speditionen und Plattformen schon auf längerfristig wirkende Entwicklungen zurück. Dazu gehört zuallererst der allgemeine technologische Fortschritt. Die IT-Revolution brachte und bringt immer neue und leistungsfähigere Hard- und Softwaresysteme hervor, die eine Fülle von bis dahin nicht wirtschaftlich realisierbaren Prozessen ermöglichen.

18.2.1 Das digitale Instrumentarium für die Logistik 4.0

Auf der Hardwareseite sind dies vor allem immer leistungsstärkere Prozessoren und Speichersysteme sowie intelligente Rechnergenerationen bis hin zu Quantencomputern. Selbst für komplexeste Modellrechnungen stehen heute prinzipiell ausreichende Rechenleistungen zur Verfügung.

Die Fortschritte aufseiten der Hardware schufen den Anreiz, auch immer mächtigere Softwarewerkzeuge zu entwickeln, die dieses Potenzial nutzen können. Insbesondere Lösungen im Bereich Business Analytics mit Hilfe von Big-Data-Anwendungen haben datengetriebene Geschäftsmodelle zur Marktreife gebracht, die heute in Form von Amazon & Co. die Charts der wertvollsten Unternehmen bevölkern. Auf dem Weg zum Internet of Things (IoT), einer kompletten Vernetzung unserer Infrastruktur, sind ebenfalls wichtige Meilensteine erreicht.

Im Zusammenspiel der Hard- und Softwarerevolution auf Unternehmens- wie auch auf Verbraucherseite etablierte sich der E-Commerce als ökonomische Macht und – zurückwirkend auf die Technologieentwicklung – als zusätzlicher Treiber für die Leistungssteigerung der IT-Systeme. Und im Zuge dieser technologischen und marktwirtschaftlichen Trends kam es auch zu einer Neuausrichtung der Transport- und Lieferprozesse in der Logistikindustrie. Ein ganzer Zoo an Lösungen und Plattformelementen entstand, geschaffen und betrieben von einer großen und wachsenden Zahl von Anbietern. Zu den wichtigsten digitalen Bausteinen der Logistik 4.0 zählen (Abb. 18.2):

PROVIDER	DIGITALE SPEDITION	TRANSPORTPLATTFORM			FRACHTEN-BÖRSE	TRANSPORT MANAGEMENT SYSTEM (TMS)
		FÜR VERLADER	FÜR SPEDITEURE	FÜR FRACHTFÜHRER		
CargoBoard	•	•				
Instafreight	•	•		•		•
Pamyra	•	•	•			
Saloodo	•	•	•		•	
Sennder	•	•		•		
Coyote Logistics		•		•		
Trans.eu		•	•	•	•	
Timocom		•	•	•	•	
Transporeon		•	•	•		
Teleroute (Alpega)		•	•	•	•	
Drive4Schenker			•	•	•	
Loads Today (LKW Walter)				•	•	
eTrucknow (Kühne + Nagel)		•		•	•	
Active Road (Active Logistics)						•
CarLo (Soloplan)						•
WinSped (LIS)						•
Ecovium						•
CargoSoft						•

Abb. 18.2 Vergleich der Leistungsmerkmale wichtiger Anbieter für Logistik 4.0 auf dem europäischen Markt. (Quelle: Eigene Darstellung)

Transportplattformen, also Portale, die Angebot und Nachfrage zwischen den unterschiedlichen Stakeholdern der Lieferketten bündeln, regeln und anpassen und dabei diverse Dienstleistungen im Logistikumfeld anbieten. Ein wichtiger Vorteil für alle Nutzer einer solchen Plattform ist, dass der Portalbetreiber die unterschiedlichsten Softwarearten und -versionen auf dem Markt integriert und jedem Anwender benutzerfreundlich zugänglich macht. Die softwareseitige Sprachverwirrung wird so beseitigt, und alle vorhandenen Informationen stehen den Nutzern für eigene Services, Geschäftsmodelle und Analysen zur Verfügung. Dies ermöglicht Logistikunternehmen eine schnelle Digitalisierung ihrer Geschäftsabläufe ohne große Investitionen in eigene IT-Infrastruktur. Die Kommunikation und Kollaboration der Lieferkettenpartner wird erleichtert und standardisiert. Zudem lässt sich der wesentliche Schatz des Informationszeitalters – die Daten – in vielerlei Hinsicht nutzbringend aufbereiten: Optimierung der Datendarstellung und -strukturierung, Verbesserung der Transparenz und Erleichterung der Analyse und Interpretation. So werden Maßnahmen wie Ladungs-Tracking, Routenoptimierung, aber auch Reporting und Dokumentenmanagement ermöglicht oder enorm vereinfacht. Wichtigste Aufgabe von Plattformen ist die Steigerung der Effizienz und die Optimierung der Auslastung vorhandener Kapazitäten.

Frachtenbörsen, also Online-Plattformen, die Versender, Spediteure und Frachtführer vernetzen. Während der Sender die zu transportierenden Frachten auf der Plattform ein-

stellt, legt der Frachtführer seine aktuell freien Fahrzeugkapazitäten offen. Versender können dadurch meistens unter mehreren Angeboten auswählen und so die kostengünstigsten
Services nutzen. Frachtführer profitieren davon durch eine Verbesserung der Fahrzeugaus-
lastung und Vermeidung von Leerfahrten.

Supply-Chain-Visibility, also die Schaffung von uneingeschränkter Transparenz bezüglich der Aktivitäten über den gesamten Lieferprozess hinweg. Dadurch werden eine
zuverlässige Nachverfolgung von Waren auf dem Transportweg möglich und die Kontrolle über die Abläufe erhöht – in der Folge verfügen Unternehmen über mehr Flexibilität,
Reaktionsoptionen und Handlungsfreiheit und können Störfällen oft bereits vor den ersten
Auswirkungen entgegentreten. Analysen der Daten erlauben eine Verbesserung des Kundenservice.

Transport Management System (TMS), ein Softwaresystem für die Logistik, das vor
allem die Disponenten der Unternehmen bei der Planung, Durchführung und Optimierung
des Transports von Gütern und Waren unterstützt, etwa indem es die verfügbaren Transportmittel verwaltet und überwacht sowie ihren Einsatz und ihre Auslastung optimiert. Zu
den Funktionen dieser Systeme gehören Buchung und Verwaltung von Aufträgen, Kosten-
rechnung, Transportsteuerung, Tourenorganisation und -überwachung, Sendungsverfolgung, Abrechnungsabwicklung und Datenanbindung an das ERP-System.

Künstliche Intelligenz (KI) und Machine Learning (ML), also die technologischen
Instrumente und Voraussetzungen zum Lernen aus Erfahrungen, zur Analyse von Ergebnissen und zu vorausschauender Zukunftsplanung mit dem Ziel, über Automatisierung hinausgehend verschiedene Grade der Autonomie zu erreichen. Dies lässt sich beispielsweise so verstehen, dass durch die Visibility-Systeme erhobene Daten durch ML und KI
dazu verwendet werden, unternehmerische Entscheidungen zu unterstützen, etwa indem
Informationen zu Transportkosten, Wetter, Verkehrsdichte oder Straßenzustand zur Tourenoptimierung oder Daten über bisherige Verkehre zur Erstellung von Bedarfsprognosen
eingesetzt werden. Methodisch befassen sich KI- und ML-Systeme mit dem Sammeln,
Filtern und Analysieren von Daten, dem Entwerfen, Beurteilen und Selektieren von Handlungsalternativen sowie dem Überwachen und Bewerten der Folgen von Entscheidungen.
Alle Aktionsfelder, bei denen es um Optimierung und Prognose geht, profitieren von diesen Technologien (Abb. 18.2).

18.2.2 Klassische Spedition versus digitale Spedition

Abgesehen von aktuellen – teilweise wohl temporären – Herausforderungen durch Pandemie und Krieg hat die Logistikindustrie in Deutschland derzeit mit einer ganzen Reihe von
längerfristigen Problemen zu tun, zu deren Lösung die digitalen Werkzeuge einzeln oder
kombiniert beitragen können, wenn sie von einer digitalen Spedition genutzt oder auf
einer digitalen Transportplattform integriert sind.

So bleibt der Ist-Zustand auf dem deutschen Transportmarkt immer noch charakterisiert durch zahlreiche Ineffizienzen und ungenutzte Optimierungspotenziale. Nur ein Bei-

spiel: Laut Bundesministerium für Digitales und Verkehr standen im Jahr 2020 im deutschen Güterverkehr 258,7 Mio. Lastfahrten (Voll- und Teilladungen) 153 Mio. Leerfahrten gegenüber, ein Anteil von 37 % an den insgesamt ausgeführten Fahrten (BMVI 2022).

Dies liegt zum einen an einer weitgehenden Fragmentierung des Marktes, des Kundenumfelds und der Datenstrukturen sowie einem unüberschaubaren Dickicht auf Seiten der Transportdienstleister und ihrer Serviceangebote. Intelligente Lösungen und die Optimierung der Geschäftsmodelle erfordern hier ein hohes Ausmaß an Analytik, Kommunikation und Entscheidungsprozessen. Zum anderen tragen unzählige manuelle Prozesse zur Ineffizienz bei, die oft noch in Teilen papiergestützt ablaufen, beispielsweise Preisanfragen, Transportvergabe, Qualitätsprüfung, Sendungsverfolgung oder Kommunikationsabläufe.

Darüber hinaus machen der deutschen Logistikindustrie die aktuelle Ressourcenknappheit und die immer komplexeren und unsicherer werdenden Lieferketten zu schaffen, die es erschweren, die gleichzeitig steigenden Anforderungen nach mehr Transparenz und die ständig wachsenden Erwartungen der Endkunden (Unternehmen wie Verbraucher) an Schnelligkeit, Informationen zum Lieferstatus und Pünktlichkeit zu erfüllen.

Die Aufgabe, bei vielen tausend Sendungen pro Jahr dem Auftraggeber oder Empfänger eines Pakets zu jedem Zeitpunkt verlässliche Informationen über Status, Ankunftszeit, Zustellprobleme und Ablieferung zur Verfügung zu stellen, lässt sich besonders für kleinere Speditionen kaum noch ausreichend erfüllen. Wenn mehrere Verkehrsträger im Spiel sind, verschärft sich dieses Problem nochmals erheblich. Verzögerungen werden vom Verbraucher immer weniger toleriert und führen bei Unternehmenskunden häufig zu teuren Folgeeffekten etwa in der Fertigung oder bei der Lagerlogistik im Handel.

Gleichzeitig steigt auch noch die Regulierungsdichte im Bereich Nachhaltigkeit und Klimaschutz, die neue Randbedingungen für die Tourenoptimierung schaffen. Und nicht zuletzt bringt der grassierende Fahrermangel erhebliche Belastungen für das Tagesgeschäft mit sich.

Klassische Speditionen trifft dieses schwierige Umfeld bei ohnehin geringen und schrumpfenden Margen hart. Die Folge ist eine fortschreitende Konzentration des Marktes mit zahlreichen Übernahmen. Bedrängt werden die Transportunternehmen in letzter Zeit zudem durch meist junge Digitalspeditionen. Wenn auch deren Zahl mit etwa 40 gegenüber fast 15.000 traditionellen Speditionen – meist mit eigenen Lkw-Flotten – noch recht klein ist, stellt ihr Geschäftsmodell eine wachsende Bedrohung für die etablierten Unternehmen dar. Was macht die Attraktivität einer Digitalspedition aus?

Die große Stärke einer digitalen Spedition ist, dass sie die verschiedenen Player entlang der Lieferkette unmittelbar zusammenschalten kann. Die wechselseitigen Prozesse vor allem zwischen Transportdienstleistern und Verladern werden dabei digital vernetzt und so weit wie möglich automatisiert – der „Sofa-Spediteur" als Vermittler wird obsolet. Dies ermöglicht ganz offensichtlich eine Steigerung der Effizienz, weil die Prozesslandschaft optimiert und ihre Transparenz verbessert wird. Services wie Sendungsverfolgung und Tourenoptimierung lassen sich mit digitaler Technologie entscheidend vereinfachen. Wenn beispielsweise eine Disposition von Algorithmen unterstützt wird, ist es relativ einfach, Touren und Transportsequenzen zu optimieren, die Auslastung der Frachtkapazitäten zu verbessern und Leerfahrten ganz zu vermeiden. Mit diesem technologischen Hintergrund können digitale Speditionen über die bloße Transportdienstleistung hinaus zusätzliche Dienste anbieten, die den Service verbessern, beispielsweise durch effizientere Tourenplanung, optimiertes Track & Trace und andere Zusatzangebote, die helfen, Zeit, Ressourcen und letztlich Geld zu sparen.

Also ein Abgesang auf den klassischen Spediteur? Die Schlussfolgerung aus dem Gesagten, dass Spediteure, wie wir sie seit Jahrzehnten kennen, ein Geschäftsmodell von gestern betreiben und dem Untergang geweiht sind, wäre zumindest weit übertrieben. Es gibt durchaus große Stärken, die die klassischen Speditionen gegenüber der digitalen Konkurrenz aus Markt-Newcomern ins Feld führen können. Ein Beispiel: Der hohe Fragmentierungsgrad der deutschen Logistikindustrie, in der der Großteil der Unternehmen aus kleinen, inhabergeführten und mittelständischen Betrieben besteht, stellt eine erhebliche Herausforderung für den Logistikmarkt dar. Paradoxerweise kann dieser Faktor jedoch auch einen Vorteil für etablierte Firmen beinhalten: Kleine Unternehmen mit höchstens 20 Fahrzeugen haben in der Regel einen festen Kundenkreis, den sie sehr individuell und effizient bedienen können, oder sind auf ganz spezielle Transporte oder Lieferanforderungen eingestellt, die sie gemeinsam mit langjährigen Partnern aus erfahrenen Frachtführern im lokalen und regionalen Umfeld zuverlässig bewältigen. Das umfassende Know-how über die Befindlichkeiten und individuellen Anforderungen der Vertragspartner bringt einen Vorteil bei der effizienten Disposition der Aufträge. Je kleinteiliger die Verflechtung zwischen lokalen Betrieben und ihren Lieferanten, desto verlässlicher ist das Standbein eines Spediteurs im Markt.

Gleichzeitig ist zu bedenken, dass digitale Speditionen nicht einfach bloße Frachtenbörsen sind, sondern wie der klassische Spediteur als vollumfänglich verantwortliche Vertragspartner von Verlader und Frachtführer fungieren und damit ein erhebliches Funktionsspektrum abdecken müssen. Das dazu nötige Know-how muss erst einmal vorhanden sein, wenn das Effizienzversprechen einer digitalen Logistik wie Echtzeit-Verfolgung der Sendungen, automatische Benachrichtigungen, papierlose Prozessabwicklung oder Touren- und Dispositionsoptimierung auch tatsächlich eingelöst werden soll.

Es leuchtet daher unmittelbar ein, dass der klassische Spediteur dann kein Auslaufmodell ist, wenn es ihm gelingt, seine Erfahrungsvorteile zu nutzen und dort wo es sinnvoll und nutzbringend ist, die digitalen Hilfsmittel einzusetzen, die wiederum das Erfolgsrezept des digitalen Spediteurs darstellen. Umgekehrt kann eine digitale Spedition ihre Position ausbauen, wenn sie das Detail-Know-how der tatsächlichen Akteure sowie die mit dem Geschehen verbundene Prozessvielfalt erwirbt. Eine Art Hybrid aus beiden Welten unter Einschluss der Plattformtechnologie scheint somit die ideale Konstellation für eine effiziente Logistik 4.0 zu sein.

Um diesen Status zu erreichen, müssen von Anfang an die unterschiedlichen Bedürfnisse, Herausforderungen und Interessen der beteiligten Player berücksichtigt werden (Abb. 18.3).

ÜBERSICHT ÜBER DIE BEDÜRFNISSE DER PLAYER IN DER TRANSPORTKETTE

VERLADER	SPEDITEURE	FRACHTFÜHRER
• Visibility über die gesamte Lieferkette	• Zuverlässige Transportunternehmen	• Vertrauensvolle Kommunikation und Zusammenarbeit
• Kontrolle über die Lieferkette	• Kontrolle aller Transportprozesse	• Zeitliche Planungssicherheit
• Flexible und zuverlässige Belieferung	• Kosteneffizienz	• Sichere und angemessene Bezahlung
• Transportalternativen - Supply-Chain-Resilienz	• Flexibilität und kurze Responsezeiten	• Höhere Auswahl an Angeboten, schnelle Auftragsbestätigung
• Nachhaltigkeit	• Planungssicherheit bei Transportkosten	• Gute Arbeitsbedingungen

Quelle: Eigene Darstellung, Zusammenfassung der Ergebnisse

Abb. 18.3 Übersicht über die Bedürfnisse der Player in der Transportkette. (Quelle: eigene Darstellung/Zusammenfassung der Ergebnisse)

18.3 Das Spiel umkehren – technologisches Potenzial nutzen

Wie ausgeführt, besteht der Nachteil einer klassischen Spedition gegenüber der digitalen Konkurrenz vor allem in einer ineffizienten Prozesslandschaft mit viel manuellen Arbeitsschritten. Mit anderen Worten: Es besteht eine digitale Lücke zum Wettbewerb, die sie durch eine wirksame Digitalisierungsstrategie schließen müssen, wenn sie weiter erfolgreich bestehen wollen.

18.3.1 Der hybride Spediteur

Wie sieht die Umsetzung dieser Strategie aus? Man darf sich dabei keinen Illusionen hingeben: Es ist nicht mit der Anschaffung oder Miete von ein paar Softwarepaketen getan. Was unumgänglich ist, ist die Entwicklung einer Transformationsmentalität, in deren Zentrum das Thema Digitalisierung steht. Dies läuft auf die Schaffung einer digitalen Arbeitskultur von der strategischen bis zur operativen Ebene hinaus. Ziel ist ein vollständiges „Unternehmensupgrade" auf einen Zustand, der in Anlehnung an die übergreifende Logistik 4.0 als „Transport 4.0" bezeichnet werden kann. Er nutzt die angesprochenen digitalen Werkzeuge zur Schaffung eines digitalen Prozessumfelds, das im Wesentlichen die folgenden Hauptmerkmale aufweist:

- eine umfassende Kontrolle über die integrierten Transportdienstleister (selbstverständlich auf partnerschaftlicher Basis unter Wahrung von deren Interessen und Bedürfnissen)
- eine fundamentale Verbesserung der Produktivität durch die digitale Prozessoptimierung
- kürzere Reaktionszeiten für alle Parteien des Transportprozesses

- die Schaffung optimaler Transparenz, insbesondere zwischen Handel und Spediteuren oder Spediteuren und Frachtführern.
- die Schaffung einer stabilen Basis für umfangreiche Reportingoptionen und für eine tiefgreifende Datenanalyse, etwa für die Ermittlung von Preistendenzen und Einsparpotenzialen auf den Transportrouten oder die Messung der Performance von Transportdienstleistern, eigenen Transportmanagern und Frachteinkäufern.

Während die drei ersten genannten Faktoren in erster Linie das Alltagsgeschäft auf den Stand des digitalen Zeitalters bringen, birgt das vierte genannte Digitalisierungselement das größte Zukunftspotenzial. Insbesondere die Tatsache, dass Businessanalysetools die Unternehmen dabei unterstützen, grundlegende Erkenntnisse für strategische Entscheidungen zu gewinnen, kann weitreichende positive Auswirkungen auf die Resilienz und das künftige Erfolgspotenzial haben. Im derzeitigen schnelllebigen und kompetitiven Transportmarkt ist diese Fähigkeit von größter Bedeutung.

Eine leistungsfähige Prozessanalyse kann zudem eine wesentlich effizientere Ressourcennutzung bewirken und dadurch die Kostenstruktur dauerhaft positiv beeinflussen, vor allem durch Vermeidung von Verschwendung und ein vorausschauendes Management von Kapazität und Beschaffung.

In zunehmendem Maß werden künstliche Intelligenz und Machine Learning als selbstverständlicher Bestandteil digitaler Transportsysteme auftreten. Sie sind bei der effizienten Automatisierung von Prozessen und der nutzbringenden Datenanalyse unverzichtbar.

Das Ergebnis dieser Unternehmenstransformation macht aus einem klassischen einen hybriden Spediteur, der auf dem Markt gegenüber dem digitalen Kollegen weit besser bestehen kann. Diese Unternehmensform ist deshalb überlegen, weil sie beide Stärken – die des klassischen und die des digitalen Spediteurs – miteinander verbindet, ohne dabei die Nachteile mit zu übernehmen. Der hybride Spediteur verfügt durch die digitale Technologie über vergleichbare Leistungsfähigkeit des Geschäftsmodells wie der Digitalspediteur, bewahrt aber den Vorteil gewachsener persönlicher Kundenbeziehungen und eingeführter Markenbekanntheit. Er kann leichter und schneller auf individuelle Anforderungen und Wünsche eingehen und entsprechend umfangreiche Dienstleistungen anbieten, wie etwa Verzollung, Verpackung, Kommissionierung, Lagerung etc.

Die Frage ist nun aber: Überfordert diese Transformation nicht die meisten Speditionsunternehmen finanziell und personell heillos? Wie groß ist der Aufwand und mit welchem Ressourceneinsatz müssen sie rechnen?

Auch für dieses Problem hat die digitale Technologie die entsprechende Lösung bereit, in diesem Fall heißt sie Cloud Computing. Die Nutzung einer Cloud-basierten Plattform reduziert den Aufwand fundamental – vergleichbar mit dem Messebesucher, der rechtzeitig in eine U-Bahn steigt, im Vergleich zu seinem Kollegen, der die Strecke mit großer Mühe zu Fuß bewältigen muss. Es fallen keine zeit- und kostenintensiven Hard- und Softwareimplementierungen an, die neben den Kosten für die Software selbst Aufwände für Systemkonfiguration, regelmäßige Updates und Releaseversionen sowie Beratung und

ÜBERSICHT ÜBER DIE VORTEILE DER HYBRIDEN SPEDITION

DIE HYBRIDE SPEDITION

TRADITIONELLE SPEDITIONEN - STÄRKEN	DIGITALE SPEDITIONEN - STÄRKEN
+ Langjährige Erfahrungswerte und Branchenkenntnisse	+ KI-Unterstützung für strategische Entscheidungen und geringeren Arbeitsaufwand
+ Enger, persönlicher Kontakt zu Frachtführern und Verladern	+ Schnelle Kommunikation, Sendungsverfolgung in Echtzeit
+ Umfassendes Know-How und Spezialisierungsmöglichkeiten	+ Ganzheitliche Analysetools für Daten- und Performanceanalyse
+ Möglichkeit, individuelle Value Added Services anzubieten	+ Vernetzung und digitale Zusammenarbeit mit allen Playern entlang der Supply Chain
	+ Vollständige Dokumentation in einem digitalen Arbeitsfluss
	+ Effizienzsteigerung - erhöhte Transparenz und Digitalisierung von Prozessen
	+ Erhöhte Kontrolle durch komplette digitale Steuerung aus einem System

Quelle: Eigene Darstellung. Zusammenfassung der Ergebnisse

Abb. 18.4 Übersicht über die Vorteile der hybriden Spedition. (Quelle: eigene Darstellung/Zusammenfassung der Ergebnisse)

Schulung im Gepäck hat. Cloud-basierte Plattformen ermöglichen stattdessen eine komplette „Digitalisierung per Knopfdruck" (Abb. 18.4).

18.3.2 Die Plattform in der Cloud

Transportplattformen sind letztlich Daten- beziehungsweise Informationsdrehscheiben, die an Logistikprozessen beteiligte Stakeholder (Verlader, Frachtführer und Spedition) über das Internet – idealerweise im Rahmen einer Cloud-Lösung – miteinander vernetzen. Sie verknüpfen Prozesse durch die Aufnahme von Daten, deren Verarbeitung und Visualisierung sowie der Bereitstellung der Daten und Analysen für alle Berechtigten und sind wirksame Tools für die Echtzeitkommunikation und -kollaboration der angeschlossenen Unternehmen. Im Transportbereich ist eine Hauptaufgabe der Plattform, den jeweiligen Status von Liefer- und Lagerprozessen an die interessierten Player zu übermitteln. Die verknüpfte Prozesswelt besteht in diesen Fällen vor allem aus Organisations- und Planungsprozessen sowie den Abläufen bei Abholung, Transport, Umschlag und Zustellung der Fracht sowie den jeweils vor- und nachgelagerten Vorgängen. Zu diesem Themenkreis zählen beispielsweise die Vereinbarung von Lieferzeitfenstern oder die Erstellung und Übermittlung von Zustellprotokollen. Da die an den Prozessen Beteiligten (Verlader, Spedition, Frachtführer, Kunde/Empfänger) jeweils eigene Interessen haben, benötigen sie unterschiedliche Informationen, die die Plattform zielgerichtet und in Echtzeit („Live") zur Verfügung stellt. Dadurch ermöglicht sie einen aktuellen Soll-Ist-Zustand-Vergleich und eine reaktionsschnelle und proaktive Prozesssteuerung, wodurch sich wichtige Prozessschritte besser untereinander abstimmen lassen und Transparenz wie Termintreue in der Supply Chain verbessert und lange Standzeiten vermieden werden (Abb. 18.5).

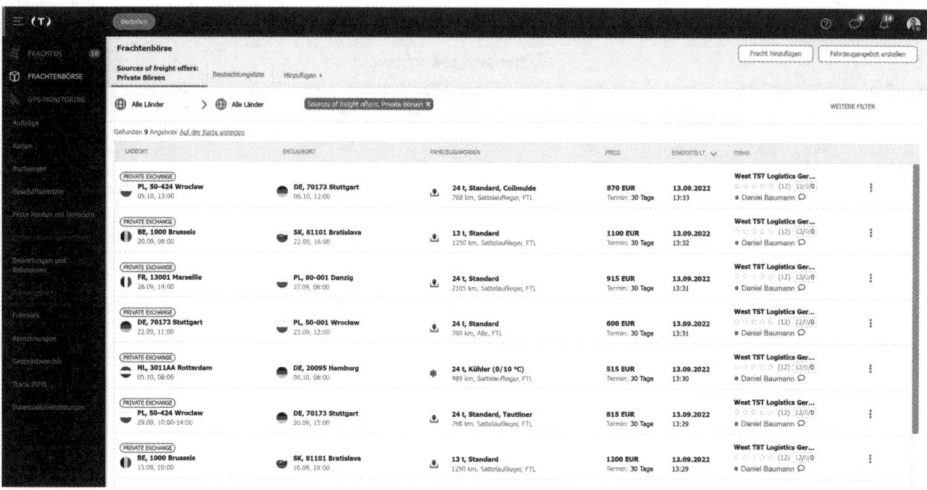

Abb. 18.5 Transportvergabe in der cloud-basierten Frachtenbörse von Trans.eu. (Quelle: Trans.eu)

Mit diesen Fähigkeiten von Transportplattformen ist ein erhebliches disruptives Potenzial verbunden, das den Transportmarkt spürbar transformiert. Die entscheidenden Faktoren hierfür sind:

- eine effizientere Kapazitätsauslastung durch intelligentes Frachteinkaufs- und Ausschreibungsmanagement, den digitalen Zugang zum Spotmarkt und ein datenbasiertes Frachtführer-Sourcing
- ein digitales Compliance- und Dokumentenmanagement, das juristische Risiken automatisch minimiert, Kommunikation und Arbeitsergebnisse organisiert und archiviert und Dokumente (etwa zu Versicherungen, Lizenzen, Zahlungsverhalten oder Servicequalität) überprüft
- die Überwindung geografischer Grenzen und kultureller Barrieren durch unbegrenzten Netzwerkzugang und Echtzeitkommunikation im internationalen Raum
- die Schaffung von totaler Markttransparenz und Ermöglichung einer fairen Preisgestaltung durch Preisprüfungen und -vergleiche
- die Überwachung der Visibility
- enorme Funktions- und Lösungsvielfalt durch automatisierte Schnittstellen für umfangreichen Datenaustausch mit einer Vielzahl von zusätzlichen Lösungen (Visibility, neue Marktplätze und Dienstleister, CO_2-Kalkulator und weitere Transport 4.0-Funktionen)
- umfassende Möglichkeiten zur Datenanalyse als Grundlage für strategische Entscheidungen und den Aufbau neuer Serviceangebote und Geschäftsmodelle (etwa durch die Nutzung von Telematikdaten)
- Möglichkeiten zur Integration von KI und ML mit intelligenten, lernfähigen Algorithmen zur Mustererkennung und Planungs- oder Entscheidungsoptimierung.

Angesichts dieses großen transformativen Potenzials von digitalen Plattformen verwundert es nicht, dass deren Attraktivität auch bei den Logistikunternehmen steigt. Beim Thema Prozessdigitalisierung ist die Branche sogar überdurchschnittlich aktiv, wie die jährlich veröffentlichten Statistiken des Digitalisierungsindex des Bundesministeriums für Wirtschaft und Klimaschutz zeigen. Dennoch ist bei der Nutzung von Plattformen in der Transportlogistik immer noch viel Luft nach oben.

Nichts ist förderlicher für die Akzeptanz einer Technologie als zufriedene Anwender. Und da schneiden digitale Plattformen branchenunabhängig hervorragend ab. Im Chartbericht „Digitale Plattformen" des ITK-Branchenverbands Bitkom vom Februar 2020 (Bitkom e.V. 2020, S. 11) finden sich dazu eindeutige Umfrageergebnisse. Von mehr als 300 Unternehmen ab 20 Mitarbeitern, die digitale Plattformen nutzen oder selbst betreiben, beantworteten nicht weniger als 93 % die Frage, ob sie bei einem Jobwechsel einem neuen Arbeitgeber den Einsatz digitaler Plattformen empfehlen würden, mit „eher wahrscheinlich" oder „sehr wahrscheinlich". Plattformnutzer sehen in diesem digitalen Instrument auch überwiegend Vorteile. Genannt werden hier von den befragten Unternehmen besonders ein breiteres Angebot, die Gewinnung neuer Kunden, die Sicherung der Zukunftsfähigkeit, die Steigerung der Bekanntheit, die Förderung von Innovationen, eine Umsatzsteigerung sowie eine Senkung der Kosten (a. a. O., S. 23). Allerdings sind es nach wie vor eher große Unternehmen, die Plattformen betreiben (a. a. O., S. 9) oder eine Plattformstrategie implementiert haben (a. a. O., S. 13).

Für das Transportgewerbe interessant ist auch das Ergebnis der Studie, dass der Handel besonders stark an der Integration in Plattformen interessiert ist (a. a. O., S. 19).

Der Markt für Plattformen im Logistikumfeld ist also in Bewegung, und die Akzeptanz steigt. Der Boden für Unternehmen, die sich zu hybriden Speditionen weiterentwickeln wollen, ist somit gut vorbereitet worden. Angesichts der großen Bedeutung, die diese Technologie für den Erfolg der Branche in Zukunft hat, ist zu hoffen, dass noch wesentlich mehr Speditionen diesen Weg beschreiten.

18.4 Fazit

Traditionelle Speditionen sehen ihre Marktposition aus verschiedensten Gründen bedroht. Dazu gehört das ohnehin schwierige Marktumfeld mit geringen Margen und hoher Fragmentierung, zunehmend aber auch der Markteintritt von digitalen Speditionen. In dieser Situation wird es immer schwieriger, sich erfolgreich zu behaupten. Die wichtigste Überlebensstrategie stellt eine konsequente Digitalisierung dar, die dabei hilft, Prozesse zu optimieren, Kosten zu senken, Effizienz und Flexibilität zu verbessern und neue Geschäftsmodelle zu generieren. Bevorzugtes Instrument dafür sind digitale Plattformen, die die Interessengruppen Spedition, Verlader und Frachtführer zusammenführen und es ihnen erlauben, Operationsstrategie, Prozesssteuerung und Echtzeitkommunikation gemeinsam zu organisieren und zu realisieren. Mit Hilfe von intelligenten Plattformen wandelt sich das Transportunternehmen zum hybriden Spediteur, der mit einem technologischen Instrumentarium, das mit dem des digitalen Spediteurs vergleichbar ist, die Vorteile seiner Position als etablierter Marktteilnehmer noch erfolgreicher ausspielen kann. Mit zunehmender Akzeptanz der Plattformtechnologie dürfte die Zahl der Hybridspeditionen in den kommenden Jahren erheblich steigen.

Literatur

Bitkom e.V. 2020: Digitale Plattformen. Chartbericht. Berlin, Februar 2020 https://www.bitkom.org/sites/default/files/2020-02/bitkom_digitaleplattformen_2020.pdf

BMVI 2022: Bundesministerium für Digitales und Verkehr, Amtliche Güterkraftverkehrsstatistik, Berlin, 27.1.2022 https://www.bmvi.de/SharedDocs/DE/Artikel/G/amtliche-gueterkraftverkehrs statistik.html

Jacek Tarkowski ist Führungskraft mit mehr als 25 Jahren Erfahrung in den Bereichen General Management, Logistik und Softwarevertrieb. Seit Anfang 2021 ist er Senior Vice President bei der trans.eu Group SA.

Die Zukunft gehört den digitalen Plattformen

19

Michael Otto

Zusammenfassung

Stellen Sie sich auch die Frage, wie Sie die Digitalisierung in Ihrem Unternehmen zuverlässig an die Wand fahren können? Es kann doch nicht sein, dass über Jahrzehnte eingeschliffene Prozesse und Strukturen einfach so infrage gestellt werden! Was spricht denn eigentlich gegen Excel-Tabellen und zentnerweise Ausdrucke? Lassen Sie doch einfach alles so, wie es ist! Alles andere stiftet nur Unruhe! In diesen volatilen Zeiten machen Strategien sowieso keinen Sinn. Nichts lässt sich mehr vernünftig planen, alles ist irgendwie komplex und mehrdeutig. Ohne Plan und Maßnahmenkatalog lebt es sich einfach leichter und Sie müssen hinterher nicht erklären, warum es nicht funktioniert hat! Lassen Sie sich auf keinen Fall beraten! Berater sind teuer und kommen immer zu denselben Ergebnissen: Sie müssen etwas verändern! Veränderung kostet Kraft, jede Menge Geld, verwirrt die Leute und hat einen ungewissen Ausgang. Hören Sie auf zu kommunizieren! Denken Sie mal an die vielen Teams- und Zoom-Meetings der letzten Monate! Langwierig und meist unproduktiv. Das waren nicht ganz ernst gemeinte Tipps, wie Sie die Digitalisierung an die Wand fahren können, aber Sie ahnen es schon: Darin stecken leider jede Menge Wahrheiten …

M. Otto (✉)
Herdecke, Deutschland
E-Mail: michael@busidev.net

© Der/die Autor(en), exklusiv lizenziert an Springer Fachmedien Wiesbaden
GmbH, ein Teil von Springer Nature 2023
P. H. Voß (Hrsg.), *Die Neuerfindung der Logistik*,
https://doi.org/10.1007/978-3-658-41084-1_19

19.1   Einleitung

Unabhängig von der Logistik lässt sich ein ganz allgemeines Verhaltensphänomen beobachten: Je größer die Liste an Herausforderungen wird, mit denen Menschen konfrontiert
sind, desto größer ist auch die Versuchung, sich mit Teilaspekten zu beschäftigen und Maß-
nahmenkataloge zu entwerfen, die auf Symptome zielen. An Herausforderungen mangelt
es uns in diesen Zeiten nun wahrlich nicht. Aber wir benötigen einen ganzheitlichen Blick
auf die Dinge, um ihnen erfolgreich begegnen zu können. Eine Vision, wenn Sie so möchten. Um diese in die Tat umzusetzen, ist eine digitale, vernetzte Plattform unverzichtbar.

19.2   Herausforderungen für die Logistik

Zunächst möchte ich aber einen kurzen Blick auf die wesentlichen Herausforderungen
werfen, mit denen die Logistik konfrontiert ist.

19.2.1 Fachkräftemangel

Die Logistik hat es beinahe mantraartig Jahr für Jahr wiederholt: Uns gehen die Fachkräfte
aus. Es scheint sich allerdings wenig in diesem Wirtschaftsbereich zu bewegen, um das zu
ändern. Der „War for Talents", der Krieg um die Talente, ist noch lange nicht auf dem Hö-
hepunkt angekommen. Doch bereits heute sind Fachkräfte absolute Mangelware. Nicht
zuletzt auch deshalb, weil die Logistik noch immer nicht das Image des vermeintlich unat-
traktiven Arbeitgebers abgelegt hat. Allein die Arbeitszeiten und die aufgrund geringer
Margen oft weniger konkurrenzfähigen Vergütungsmodelle machen es schwer, im Wettbewerb um Talente mit anderen Branchen wie Industrie und Handel mitzuhalten. Gute Mitarbeitende wollen mit einer guten Kollegschaft und in erfolgreichen Unternehmen arbeiten. Die Stressfaktoren, Fahrerinnen- und Fahrermangel, ungelernte Hilfsarbeitende,
Termindruck und eine immer anspruchsvollere Kundschaft bieten dabei ein Umfeld, das
Spannungen vorprogrammiert.
    Das gilt in besonderer Weise für kleine und mittelständische Unternehmen. Das Risiko,
dass sie allein an der Herausforderung des Fachkräftemangels scheitern, ist durchaus im
Bereich des Möglichen. Wo Großunternehmen durch ihre Struktur und Umsatzvolumina
mehr Spielraum bieten, ächzen KMU unter der Last knapper Margen. In Verbindung mit
steigenden Kosten für Energie und Treibstoff entsteht so eine gefährliche Abwärtsspirale.
Dabei geht es nicht nur um die Lkw-Fahrerinnen und -Fahrer, deren Zahl schneller abnimmt, als uns lieb sein kann, weil immer weniger Nachwuchskräfte sich ein Leben im
Fahrerhaus vorstellen können. In vielen Gesprächen mit mittelständischen Unternehmen
aus der Branche ist mir klar geworden, dass es vielmehr entlang der gesamten Supply
Chain an Fachkräften mangelt: im Lager, in der Disposition, in der IT oder im Controlling.
Ein Ende dieser Entwicklungen ist aus meiner Perspektive nicht absehbar.

Zudem wandeln sich die Aufgaben der Mitarbeitenden stark. Genügte Kraftfahrenden bis vor wenigen Jahren meist noch ein ausgedruckter Handzettel für ihre Touren, funktioniert ihre Arbeit heute praktisch nur noch mit digitalen Informationen. Eine Online-Plattform gibt ihnen Schritt für Schritt vor, welche Teilschritte sie in ihrer Arbeit zu erledigen haben, von der Ladungssicherung über die Einhaltung von Lenkpausen bis hin zum digitalen Ablieferbeleg. Alles funktioniert elektronisch. Und auch Disponierende, die bis vor wenigen Jahren noch allein mit Stift und Papier ihren Arbeitstag bestreiten konnten, benötigen aufgrund der gestiegenen Anforderungen ein immer ausgeprägteres IT-Verständnis für die Bewältigung ihrer Aufgaben. In Lägern zeigt sich dasselbe Bild: Handhelds sorgen für den digitalen Durchblick, kommissioniert wird immer öfter mit Hilfe von Datenbrillen, um die Fehlerquote zu minimieren. Die digitale Transformation macht praktisch vor keinem Arbeitsbereich Halt. Firmen profitieren dabei von einer durchgängig hohen Prozesstreue. Den Mitarbeitenden hilft die fortschreitende Digitalisierung ebenfalls dabei, Flüchtigkeitsfehler zu vermeiden. Neuen Fachkräften bietet sich die Möglichkeit, schneller produktiv zu werden. Und fallen erfahrene Mitarbeitende aus, kann die Vertretung schneller übernehmen. In Streitfällen mit der Kundschaft, zum Beispiel bei Beschädigungen, sorgt die lückenlose Dokumentation eines eingehaltenen, klar definierten Prozesses zudem für rechtliche Klarheit. Bei jungen Fachkräften, die heute und in den nächsten Jahren ihre Karrieren im Wirtschaftsbereich Logistik beginnen, gibt es keine Berührungsängste gegenüber diesen technischen Hilfsmitteln. Mehr noch: Unternehmen, die möglichst viele ihrer Arbeitsplätze mit moderner Technik versehen, kommen bei Berufseinsteigern besser an – sie gelten als zukunftsorientiert und fortschrittlich.

In besonderem Maße gilt das für IT-Fachkräfte. Diejenigen Nachwuchstalente, die mithelfen können, Unternehmen auf die nächste Stufe zu heben, werden sich tendenziell solche Betriebe aussuchen, die ihnen die besten Arbeitsbedingungen bieten. Dazu zählt neben der viel genannten Work-Life-Balance und einem angemessenen Gehalt auch das richtige Equipment und das vorwärtsgewandte Mindset in der Geschäftsführung. Wer noch überwiegend mit Excel arbeitet, um die Kernprozesse seines Geschäfts zu unterstützen, hinkt nicht nur technisch der Zeit hinterher, sondern verprellt damit auch fähige Köpfe in der IT, die ein Unternehmen zwangsläufig benötigt. IT-Fachkräfte werden sich darum verstärkt modern ausgerichteten IT-Unternehmen mit angemessenen Vergütungsmodellen zuwenden.

Auch im Personalmanagement liegt die Zukunft in digitalen Plattformen. Digitale Recruiting-Service-Provider versprechen mit gezielten Kampagnen einen zusätzlichen Boost für Online-Stellenanzeigen durch erhöhte Sichtbarkeit. Doch die Stärke einer modernen Personalarbeit beginnt bereits im Personalmanagement mit Tools, die Mitarbeitenden-Entwicklung und Bedarfsplanung nicht nur transparenter, sondern überhaupt erst planbar machen. Aus einer reaktiven wird so eine möglichst aktive Personalabteilung. Solche modernen Plattformen umfassen alle Stationen einer Arbeitnehmerin oder eines Arbeitnehmers, von der ersten Bewerbung über Fortbildungen, Abteilungswechsel, Auslandsaufenthalte, Weiterbildungswünsche und so weiter. Auch hier scheinen die guten alten Personalakten aus Papier nicht mehr ins Bild eines modernen Unternehmens zu passen.

19.2.2 Geringere Ressourcen, höhere Effizienz

Keine Frage: Wie jeder andere Wirtschaftsbereich leistet die Logistik durch den Ausstoß von Treibhausgasen einen Beitrag zur Klimaerwärmung. Der Wirtschaftsbereich umfasst zwar viel mehr als nur Transport, doch gerade dieser Aspekt sticht in der negativen Klimabilanz der Logistik besonders hervor. In Deutschland sind die Treibhausgasemissionen im Verkehrssektor im Zeitraum zwischen 1990 bis 2019 konstant geblieben, europaweit haben sie sogar um rund ein Drittel zugenommen. Die Verkehrsträger werden zwar immer energieeffizienter; aber insgesamt ist seit Jahren festzustellen, dass die Zahl der Güterverkehre immer weiterwächst – ein Treiber dieser Entwicklung ist der nach wie vor boomende Onlinehandel. Gleichzeitig nehmen nicht nur gesetzliche Auflagen im Zusammenhang mit der Erreichung der Klimaschutzziele die Logistik in die Pflicht, sondern auch die stetig steigende Sensibilität der Öffentlichkeit, und damit der Verbraucherinnen und Verbraucher, für nachhaltige Produkte. Entsprechend ist das Bewusstsein für Ökologie und Klimaschutz im Wirtschaftsbereich stark gestiegen: Große Logistikunternehmen erlegen sich selbst Zielmarken auf, bis zu welchem Jahr sie $CO2$-neutral operieren wollen. Aber auch der Mittelstand sieht sich in der Verantwortung, nachhaltiger zu wirtschaften. Das beginnt mit der Optimierung von Prozessen, um beispielsweise unnötige Leerfahrten einzusparen, Wartezeiten bei der Kundschaft zu vermeiden oder Staus rechtzeitig erkennen und umfahren zu können. Möglich wird das durch moderne digitale Plattformen wie Transport-Management-Systeme, die wertvolle Einblicke in die Lieferkette bieten und auf Basis einer breiten Datenmenge entsprechende Optimierungsmöglichkeiten überhaupt erst sichtbar und möglich machen.

Darüber hinaus zählt auch die Einsparung von Energie und Emissionen zu den zentralen Anliegen im Bereich Nachhaltigkeit für die Logistik. Allerdings wird der Umstieg auf erneuerbare Energien der Branche auf absehbare Zeit einige Anstrengungen abverlangen. Die Kosten für die Anschaffung von Lkw mit alternativen Antrieben gegenüber herkömmlichen Dieselfahrzeugen wären ohne staatliche Förderung kaum attraktiv. Elektro-Fahrzeugen mangelt es an Reichweite für die Langstrecke, LNG- und Wasserstoff-Trucks fehlt ein dichtes Tankstellennetz. Auch hier ist der Wandel noch im Gange, aber bereits jetzt ist klar: Ganz gleich, welche Technologie sich am Ende durchsetzen wird, auch diesbezüglich werden die Anforderungen an Mitarbeitende sowie IT-Systeme stark erhöht. So werden beispielsweise die Fahrzeuge viel mehr Telemetrie enthalten, die laufend Zustandsdaten übermittelt. Auf der anderen Seite benötigen Firmen also auch entsprechende Schnittstellen in ihren Zentralen, um die eingehenden Datenmengen zu verarbeiten, zu analysieren und entsprechend einzugreifen – zum Beispiel, wenn ein Fahrzeug wegen eines drohenden Ausfalls eine Komponente entlang einer geplanten Route frühzeitig eine in der Nähe liegende Werkstatt aufsuchen muss.

Geringe Ressourcen der anderen Art stellen Logistikflächen dar. Der Platz für solche Anlagen ist begrenzt, vor allem in Ballungszentren sind sie teure Mangelware. Zudem sind sie durch ihre Flächenversiegelung ein Ziel für Umweltschützer, sodass entsprechende Renaturierungsmaßnahmen und Ausgleichsflächen unverzichtbar werden, aber auch den Preis dieser Immobilien insgesamt weiter in die Höhe schießen lassen. Eine Entwicklung, die sich bereits heute beobachten lässt, ist eine zunehmende unternehmensübergreifende Abstimmung und Steuerung der Abhol- und Zustellprozesse, die in Zukunft noch weiter intensiviert wird. Auch hierfür liefern digitale Plattformen den Schlüssel durch standardisierte Schnittstellen sowie EDI: Immer kurzfristiger werden die Anforderungen von Speditionsnetzwerken, neue Partner auf ihre Systeme aufzuschalten oder der Bedarf von Kooperationen, sich mit anderen Kooperationen zu vernetzen. Immer öfter soll von der Einrichtung des Systems bis zur Übermittlung erster Live-Daten bereits nach wenigen Tagen alles funktionieren. Das heißt konkret: Sämtliche Geschäftsdaten sowie Status- und Ladelisten werden zwischen den unterschiedlichsten IT-Systemen ausgetauscht. Die Konvertierung der Daten on-the-fly macht es möglich. Eine Entwicklung, die in Zukunft noch wichtiger wird und möglicherweise noch kurzfristigere Zeitfenster (Realtime) erfüllen muss.

19.2.3 Steigende Anforderungen an IT-Sicherheit

In den letzten Jahren ist IT-Sicherheit ein ebenso wichtiger Faktor der Supply-Chain-Risiken geworden. Einige der größeren und erfolgreichen Hackerangriffe konnte man prominent in den Medien verfolgen. Dabei traf es längst nicht nur Konzerne, sondern immer häufiger rückten mittelständische Logistikdienstleister ins Fadenkreuz von Hackern. Und sofern es nicht absolut unumgänglich ist, schweigen Unternehmen zu erfolgreichen Angriffen auf ihre Systeme. Viele kleine Angriffe, ob erfolgreich oder nicht, wurden darum leider kaum oder gar nicht bekannt. Die Dunkelziffer von Angriffen auf Logistiknetzwerke liegt vermutlich um einiges höher, als es die offizielle Statistik vermuten lässt. Auf dem Vormarsch sind dabei die besonders gefürchteten Ransomware-Angriffe, bei denen die Hacker nach einem erfolgreichen Eindringen in Firmennetze Daten verschlüsseln und nur gegen eine Zahlung hoher Bitcoin-Summen wieder freizugeben versprechen. So manches Unternehmen ließ sich aus der Not bereits auf derlei Erpressung ein. Allerdings gibt es keine Garantie, dass nach der Zahlung auch wirklich alle Daten wieder vollständig freigegeben werden. Besser ist es da, sich möglichst gut gegen diese Art von digitalen Überfällen zu wappnen. Dafür ist es heute nicht mehr ausreichend, sich allein auf den Virenschutz und die Firewall zu verlassen. Umfassende Investitionen in eine Risikoanalyse, entsprechende externe Unterstützungsleistungen und Versicherungen sind notwendig geworden. Moderne IT-Systeme müssen in der Lage sein, die aktuellen und zukünftigen Anforderungen hinsichtlich der IT-Sicherheit und des Datenschutzes bestmöglich zu erfüllen.

Umso wichtiger sind Schulungen von Mitarbeitenden, um für die Gefahren von Angriffen zu sensibilisieren und auf gängige Risiken – Stichwort: E-Mail-Anhänge – aufmerksam zu machen. Zwei-Faktor-Authentifizierungen und eine Zero-Trust-Policy sind weitere wichtige Stellschrauben, um das Einfallstor für Eindringlinge nicht zu groß zu gestalten. Um sich auf der sicheren Seite zu bewegen, ist ein ausgefeiltes Konzept für den IT-Schutz unumgänglich. Ich wage zu behaupten, dass 90 % der mittelständischen Unternehmen sowohl fachlich als auch hinsichtlich der eigenen Infrastruktur aktuell schlicht nicht in der Lage sind, den zukünftigen Anforderungen im Bereich Cybersecurity gerecht zu werden. Expertise und Zertifizierungen in diesem Bereich werden den Markt verändern und stark nachgefragt werden.

19.2.4 Komplexer werdende Lieferketten

Wie komplex und eng verwoben das Netz von globalen Lieferketten ist, haben die Krisen der vergangenen Jahre deutlich gezeigt. Mit dem Beginn der Corona-Pandemie 2020 und dem Ausfall chinesischer Produktionen und Häfen zeigten die folgenden Lieferengpässe in vielen Bereichen, wie sehr wir in Europa auf funktionierende internationale Lieferketten angewiesen sind. Vor allem die neue Seidenstraße, die auf Land- und Seewegen von Fernost nach Europa führt und zu den wichtigsten internationalen Handelsrouten gehört, wurde von der Pandemie stark beeinträchtigt. Weitere Störungen wurden durch die Sperrung des Suez-Kanals im Zusammenhang mit dem havarierten Containerschiff „Ever Given" 2021 ausgelöst, oder durch den Kriegsausbruch in der Ukraine und die in diesem Zusammenhang gegen Russland verhängten Sanktionen, wodurch auch der Gütertransport auf dem Schienenweg aus China zurückgegangen ist.

Die globalen Lieferketten waren also in den vergangenen zwei Jahren besonderen Herausforderungen ausgesetzt und haben in dieser Zeit einen Transformationsprozess durchlaufen, der unter anderen Umständen mutmaßlich nicht so schnell stattgefunden hätte. Kleinere Frachtgrößen spielen nun eine wichtigere Rolle, lange vergrabene Themen wie Regionalisierung und Second Sourcing werden wieder diskutiert und auch die Lean Supply Chain auf ihre Resilienz geprüft.

Für die Logistik bedeutet das vor allem höhere Erwartungen an die gestiegenen Anforderungen im Hinblick auf Nachhaltigkeit. Ein höheres Service-Level ist notwendig, um transparente und zuverlässige Informationen in Echtzeit über die zu erwartende Lieferung und die Folgeaktivitäten in der Logistik oder Produktion besser steuern und optimieren zu können. Die Granularität der Informationen zu jedem Transport wächst enorm, bis hinunter auf die Artikelebene. Um diese enorme Anforderung managen zu können, führt kein Weg an einer digitalen Plattform vorbei, die den gesamten Prozess der Lieferkette abbilden und jeden Teilschritt nachverfolgbar machen kann.

19.3   Theorie und Praxis der Digitalisierung

19.3.1 Konsequente Digitalisierung ist entscheidend

Nun könnte man an dieser Stelle noch lange darüber diskutieren, inwieweit diese Herausforderungen Bestand haben oder welche neuen Herausforderungen sich in der Zukunft ergeben werden. Fest steht, dass eine konsequente Digitalisierung maßgeblich dabei hilft, die Auswirkungen des Fachkräftemangels sowie einer sich verschärfenden weltwirtschaftlichen Gesamtlage mit immer knapper werden Ressourcen nicht nur zu mildern, sondern proaktiv Lösungen zu finden; nicht nur für aktuelle Herausforderungen, sondern mit an Sicherheit grenzender Wahrscheinlichkeit auch für künftige. Das kann allerdings nicht bedeuten, bestehende, vielleicht sogar schlicht historisch gewachsene Prozesse in die digitale Welt zu übertragen und damit auf Besserung zu hoffen. Eine konsequente Digitalisierung fängt bereits viel früher an und muss hinterfragen, inwieweit die aktuellen Prozesse, Arbeitsschritte sowie vorhandene Arbeitsanweisungen wirklich den aktuellen Anforderungen genügen. Transformation ist nicht einfach die Digitalisierung der vorhandenen Prozesse, sondern vielmehr die Kombination aus organisatorischen Optimierungen sowie der daraus folgenden Digitalisierung und Automatisation. Es ist zugleich der schwierigste Schritt, weil er zum einen von allen Beteiligten einen ehrlichen, kritischen Umgang mit Abläufen erfordert und zum anderen gleichzeitig ein Verständnis darüber voraussetzt, was durch die Digitalisierung tatsächlich erreicht werden soll. An dieser Stelle stehen die Unternehmen häufig zwischen Evolution oder Disruption. Erfahrungsgemäß bringt ein Unternehmen in nur wenigen Fällen alle Kompetenzen bereits von Haus aus mit und kann sich aus eigener Kraft neu aufstellen. Ein frischer Blick von außen, z. B. von externen Experten, die Erfahrung in logistischen Abläufen und ein ausgeprägtes Verständnis dafür mitbringen, welche Tools es überhaupt gibt und wie diese einen Logistikdienstleister an welchen Stellen unterstützen können, ist meist unverzichtbar.

Häufig ist zu beobachten, dass die Geschäftsprozesse schlicht nicht dokumentiert wurden. Wenn sie dennoch dokumentiert sind, werden diese in der Praxis nicht so umgesetzt. Ein weiterer wichtiger Punkt sind historisch gewachsene Prozesse. Diese sowie die dazugehörige Dokumentation sind in der ferneren Vergangenheit entstanden und hatten damals fraglos ihre Berechtigung. Allerdings wurden sie seither selten oder gar nicht hinterfragt oder überarbeitet. Haben sich in der Praxis neue Herausforderungen ergeben, wurden diese nicht in der Prozessdokumentation, in den Verfahrensanweisung und damit auch in der Software zum Einsatz gebracht. Stattdessen entstehen in der Praxis nicht selten sogenannte Workarounds, um bestehende Tools mit einigen Kniffen weiter nutzen zu können, oder auch zusätzliche proprietäre Software-Bausteine, die Teilaspekte angehen, welche die bisherige Software nicht lösen konnte. Die Folge sind Medienbrüche und Ineffizienzen. Noch schwerer wiegt zukünftig die Tatsache, dass KI-basierte Lösungen auf diese Daten zugreifen müssten, um effizient arbeiten zu können. Es entwickeln sich parallele Prozesse, wichtige Schlüsselinformationen verteilen sich auf wenige Mitarbeitende und es entstehen Kopfmonopole, die nicht erst bei einer hohen Mitarbeitendenfluktuation zum Problem werden. Verteilt in Excel oder Access stehen dem Unternehmen einige Informationen zur Verfügung, in der Praxis ist eine solche Arbeitsweise allerdings äußerst riskant und gefährdet den Unternehmenserfolg.

19.3.2 Digitale Workflows

Die Gründe dafür können mannigfaltig sein. Oft trifft man hier auf veraltete Software-Lösungen, die nur mit horrendem Aufwand und hohen Kosten an die aktuellen

Anforderungen angepasst werden können. Viele Projekte lassen sich finanziell so nicht darstellen, und man arbeitet lieber mit den hilfsweise erstellten Excel-Tabellen, anstatt die eigentlichen Prozesse zu hinterfragen und eine durchgängige Lösung innerhalb der Bestandssoftware zu schaffen. Bei der Auswahl neuer Software-Lösungen ist daher vielmehr darauf zu achten, inwieweit sich der zuständige IT-Geschäftskontakt dem Thema Organisations- und Prozessberatung widmet und so auch kleineren und mittelständischen Unternehmen ein kompetentes Beratungspaket für die Digitalisierung der Geschäftsprozesse anbieten kann. Insofern wäre im zweiten Schritt zu begrüßen, dass sich die potenzielle Software-Lösung flexibel auf unterschiedliche Prozesse konfigurieren lässt. Zum Beispiel mit sogenannten Workflow Engines, die sich mithilfe der Prozessdokumentation konfigurieren lassen. Auf diese Weise lassen sich mehr oder weniger durch das Designen von Prozessen digitale Workflows in der Software gestalten.

19.3.3 Cloud: Weniger Individualisierung, mehr Standardisierung

Man liest allenthalben, dass an der Cloud heute praktisch kein Weg mehr vorbeiführe. Warum also nicht einfach auf einen der Cloud-Anbieter setzen und hoch standardisierte Lösungen und Prozesse nutzen? Weil genau hier eine Herausforderung im Einsatz von Cloud-Produkten liegt, über die sich viele Unternehmen nur wenige Gedanken machen. Denn Cloud-Lösungen werden in der Regel so entwickelt, dass sie standardisiert für hunderte oder gar tausende Unternehmen sowie Kundinnen und Kunden eingesetzt werden können. Innerhalb dieser Lösungen wird ein wirklich hoher Individualisierungsgrad nicht realisierbar sein. Am Ende stellt sich die Frage, inwieweit man mit der Individualisierung seiner Prozesse und der Software-Lösung Geld verdienen kann, oder ob man auf eine hohe Standardisierung und damit auf eine möglichst kostengünstige Produktion setzt. Wer sich für letzteres entscheidet, dürfte es allerdings schwer haben, sich von Wettbewerbern abzuheben und somit unter Umständen auch entscheidende Wettbewerbsvorteile verlieren. Auch hier sorgt eine eingehende Analyse im Vorfeld dafür, dass Stärken identifiziert werden.

19.3.4 Digitale Plattformen versprechen mehr Effizienz

Dennoch bietet die Cloud zahlreiche Vorteile. Am Ende steht auf Unternehmensseite immer der Wunsch nach mehr Produktivität bei weniger Personal- und Materialeinsatz. Dazu lassen sich in modernen Cloud-Lösungen unterschiedliche Dienste miteinander kombinieren, sogenannte Microservices. Das sind weitgehend entkoppelte Software-Dienste, die über gemeinsame Schnittstellen Daten austauschen. In diesem Umfeld können zudem auch durchaus komplexere und KI-basierte Software-Lösungen eingesetzt werden, die für einen einzelnen Anwender vermutlich erheblich zu teuer wären. Gemeinsam mit Microservices lässt sich so eine sinnvolle Software-Landschaft zusammenstellen, die als Cloud-Lösung auch noch relativ preiswert zur Verfügung gestellt werden kann.

Weitere Vorteile einer solchen Plattform-Lösung sind natürlich, dass der Austausch der Daten in Echtzeit stattfindet und alle Beteiligten auf dem gleichen Datenbestand (Single Point of Truth) mit unterschiedlichen Zugriffsrechten und Ansichtsmöglichkeiten arbeiten.

Auf Basis einer solchen Plattform erhalten alle Prozessbeteiligten der Supply Chain unmittelbar/ohne relevanten Zeitverlust die benötigten Daten. Durch vorhandene Rechenleistung innerhalb der Cloud-Plattform ist es darüber hinaus möglich, durchaus komplexe Rechenmodelle und Simulationen in kürzester Zeit durchzuführen. Dazu gehört beispielsweise die Fähigkeit, in der Disposition die Optimierung eines Nahverkehrstages innerhalb von wenigen Minuten abzuschließen und diese Berechnung kontinuierlich über den Tag verteilt mehrfach durchführen zu können. Solche Anwendungsszenarien wären auf lokaler Hardware mit den bisherigen Systemen kaum denkbar gewesen. Ferner lassen sich in der Zukunft Microservices flexibel austauschen und aktualisieren, sodass neue Anwendungsmöglichkeiten direkt nach Verfügbarwerden des Updates die bestehende Lösung ergänzen. Falls es modernere oder funktional weiterentwickelte Microservices gibt, können die bestehenden einfach gegen andere ausgetauscht werden. Dabei ist auch interessant, dass diese Microservices, sofern sie auf standardisierten Schnittstellen oder zumindest offenen Schnittstellen basieren, nicht von ein und demselben anbietendem Unternehmen entwickelt werden müssen. Daraus ergibt sich wiederum eine höhere Effizienz und geringere Abhängigkeit sowie niedrigere Kosten für die Anwendenden.

19.3.5 Effizienteres Arbeiten durch automatische Avisierungen

Ein gutes Beispiel dafür ist ein Anwendungsfall aus dem B2C-Umfeld. In der Vergangenheit wurden die Avisierungen von Sendungen mit sehr hohem Personaleinsatz meist telefonisch durchgeführt. Viele zu avisierende Sendungen bedeuten allerdings nicht nur, dass sich mehrere Mitarbeitende jeden Tag ans Telefon setzen oder E-Mails schreiben müssen, um die Empfangenden der Waren zu erreichen und eine möglichst zeitnahe Zustellung zu ermöglichen. Vielmehr spielen bei diesem Vorgehen Tourenplanungsaspekte eine untergeordnete Rolle. Das bedeutet: Termine wurden mehr oder weniger wahllos vereinbart und die Disposition sah sich am Ende der Herausforderung gegenüber, inwieweit sie diese Termine in der Tourenplanung berücksichtigen und basierend darauf eine optimale Planung durchführen konnte. Nun könnte man meinen, dass zum Beispiel 50 Avisierungen auch 50 Telefonaten entsprechen, was vielleicht einem Zeitaufwand von gut vier Stunden (50 Avise x 5 min) am Tag entspricht. Allerdings ist die Realität doch eine andere. Denn mal ist ein Empfänger telefonisch nicht zu erreichen, hat eine falsche Telefonnummer hinterlegt oder die angegebene E-Mail-Adresse enthält einen Tippfehler. In diesen Fällen müssen aufwändige Recherchen durchgeführt werden, um die korrekten Kontaktdaten der Kundschaft zu ermitteln. Hinzu kommt, dass viele Empfangende aufgrund ihrer beruflichen Einschränkungen tagsüber schlicht nicht erreichbar sind, sodass sich der Terminvereinbarungsprozess in der Regel auf den Abend verlagert – üblicherweise nicht zu den regulären Arbeitszeiten der damit beauftragten Mitarbeitenden.

Durch die konsequente Digitalisierung und Automatisierung dieser Geschäftsprozesse lassen sich die Effizienz der Avisierung und ebenso die Kosten deutlich senken. Über moderne Plattform-Lösungen werden die Empfangenden automatisiert per E-Mail über mögliche Zustelltermine der Sendung informiert. Diese Termine ergeben sich nicht wahllos. Vielmehr werden sie aus einem vorher definierten Fahrplan heraus generiert und der Kundschaft nur mögliche Termine angeboten, die sich in der Tourenplanung bereits optimal einreihen. Sofern auf die E-Mail nicht zeitnah geantwortet wird, wird eine freundliche Erinnerungs-E-Mail generiert. Die Anzahl der Wiederholungen ist dabei beliebig konfigurierbar. Sofern eine Mobilnummer hinterlegt wurde, kann die Avisierung ebenfalls automatisiert per SMS erfolgen. Seit neuestem unterstützen KI-übersetze Sprachsysteme bei der Avisierung auf Festnetznummern, sodass in der Praxis Automatisierungsgrade von nahezu 100 % erreicht werden können. Der Zeitaufwand in einem Unternehmen mit 50 Avisierungen pro Tag sinkt damit von mehreren Stunden auf wenige Minuten. Über eine solche Avisierungsplattform lässt sich die immer weiter steigende Anzahl von B2C-Zustellungen hochgradig automatisieren und die Prozesskosten pro Termin im Schnitt von circa 15 € auf weniger als ein Euro reduzieren.

19.3.6 Automatische Disposition

Ein weiteres Beispiel aus der Praxis ist die automatische Disposition von ganzen Nahverkehrsgebieten und Tourentagen. Bis heute ist es üblich, dass in mittelständischen Speditionen die Sendungen eines Tages für die Abholung und Zustellung separat ausgedruckt und den Touren in Papierform beigelegt werden. In vielen Unternehmen ist es zudem Praxis, dass die Lkw-Fahrerin oder der Lkw-Fahrer die Sendung selbst lädt und die Tour faktisch selbst disponiert. Über die letzten Jahre ist dieser Prozess durch die IT unterstützt worden, indem man diese Tourenplanung in der Software nachgebildet hat und der Disposition ermöglicht, ganz einfach per Drag and Drop Sendungen auf Touren zu disponieren. Fortschrittliche Systeme bieten dabei zusätzliche Filtermöglichkeiten, über die eine Vorauswahl von Aufträgen eingestellt werden kann. Damit lassen sich mehrere Aufträge zusammenfassend per Klick auf eine Tour verladen. Ähnlich komfortabel ist auch die Unterstützung mithilfe von grafischen Karten. Dabei lässt sich beispielsweise wie bei einer Bildbearbeitungssoftware per Lasso ein Gebiet auf der Karte markieren. Die Aufträge in diesem Gebiet sind dann mit wenigen Klicks zu einer Tour zusammenfasst. Lange Zeit galt dies als sehr fortschrittliche Funktion. Seit einigen Jahren sind IT-Systeme allerdings so leistungsstark geworden, dass sie Muster in den Daten erkennen, analysieren und die Dispositionstage vollständig automatisiert auf Basis der aktuell vorhandenen Ressourcen disponieren können.

Die große Herausforderung stellt dabei eher die Qualität der Stammdaten dar. Mit zentral gespeicherten Stammdaten verbessern Unternehmen die Qualität ihres Services schon allein deshalb, weil sie diese Daten mit vielen weiteren Informationen für die Auftragsbearbeitung kombinieren. Eindeutige, einheitliche Daten der Kundschaft, Adressen von Lieferbetrieben und Artikelinformationen sind die vielleicht wichtigste Basis für effiziente digitale Prozesse. Was einfach klingt, bedeutet in der Praxis einige Fallstricke. Werden Stammdaten beispielsweise in jedem Microservice eigenständig erfasst, bedeutet das ein hohes Fehlerpotenzial. Denn bei jeder neuen Eingabe kann es zu Abweichungen kommen, beispielsweise in der Schreibweise oder auch durch unterschiedliche Adressangaben. Das erfordert dann wiederum Recherchearbeit durch Mitarbeitende, um solche Doubletten aufzulösen. Der Versuch, die einzeln gespeicherten Daten untereinander zu synchronisieren, dürfte allerdings umso komplexer werden, je mehr Microservices im Einsatz sind. Und dort hören die wachsenden Anforderungen an die Datenqualität noch lange nicht auf. Dazu gehören ebenfalls weitere wesentliche, in Echtzeit verfügbare Datenbestände, die Aufschluss darüber geben, welche Ressourcen aktuell überhaupt zur Verfügung stehen. Zum Beispiel: Ist die Lkw-Fahrerin oder der Lkw-Fahrer krank? Hat der Lkw einen Werkstatttermin? Solche Informationen digital zu erfassen und einem KI-System zur Verfügung zu stellen, bereitet vielen Unternehmen aktuell noch immer große Probleme.

19.4   Fazit

Wer rosige Visionen von der Zukunft seines Unternehmens hat, muss auf digitale Plattformen setzen. Das gilt insbesondere für kleine und mittelständische Unternehmen, die gegenüber vielen innovativen Lösungen am Markt lange Zeit eine abwartende Haltung gezeigt haben. Erfahrungsgemäß haben Unternehmen mit weniger als einer Million Jahresumsatz für Transportmanagement und Controlling in der Regel keine professionelle und moderne Software im Einsatz, sondern verlassen sich auf Papierausdrucke, Excel und Access. Damit können sie den steigenden Anforderungen von Seiten der Kundschaft allerdings bereits heute nicht mehr gerecht werden, ganz zu schweigen von der Chance auf wirtschaftliches Arbeiten. Die Notwendigkeit zu mehr Transparenz in der Wertschöpfungskette – gerade im Zusammenhang des weiterhin boomenden E-Commerce – kann durch Data Analytics, Forecasting und ETA erreicht werden. Verladende aus Industrie, Handel sowie Speditionen und Logistikabteilungen erkennen zunehmend die Vorteile der Digitalisierung und des Einsatzes von KI, um wettbewerbsfähig zu bleiben – die damit erzielbaren Zeit- und Kosteneinsparungen versprechen einen respektablen Return on Investment. Nicht jeder Schritt in die Digitalisierung mag direkt in eine Steigerung des Jahresumsatzes münden, und dennoch ist er wichtig für die Zukunftsfähigkeit des Unternehmens. Und keine Sorge vor dem übergroßen Begriff „Digitalisierung". Auf dem langen Weg zum Ziel sind es oft viele kleine Schritte, die nicht überfordern und einen nachhaltigen Umgang mit den vorhandenen Ressourcen ermöglichen. Allerdings ist es alternativlos sich auf den Weg zu begeben.

Umso wichtiger ist der frühzeitige Austausch z. B. mit einem erfahrenen Berater, der einen frischen Blick von außen mitbringt, sowie das fortwährende Hinterfragen eingeschliffener Prozesse im Unternehmen. Am Ende ist es eine ganz analoge Eigenschaft, die die Digitalisierung am stärksten vorantreibt: Die Fähigkeit zur Selbstreflektion in Unternehmen.

Michael Otto ist Informatiker und verfügt über mehr als 20 Jahre Erfahrung mit der Entwicklung und Einführung von Softwarelösungen für die Logistikbranche. Im mittelständischen Umfeld hat er zunächst als Projektleiter Outsourcing-Projekte durchgeführt, den Aufbau eines Rechenzentrums u. a. mit international agierenden Konzernen begleitet und die Entwicklung, Weiterentwicklung und Vermarktung von bewährten sowie innovativen Softwarelösungen verantwortet. Seit 2013 hat er in verschiedenen Positionen in der Geschäftsführung erfolgreich neue Abteilungen und Geschäftsfelder aufgebaut sowie die Unternehmensmodernisierung vorangetrieben. Als Vorstand hat er schließlich das geführte Unternehmen weiterentwickelt und für den Verkauf vorbereitet. Heute begleitet er als selbstständiger Berater Unternehmen bei der Digitalisierung, Prozessautomatisation, Unternehmensführung, optimalen Teambesetzung und -entwicklung, Wachstumsfinanzierung sowie bei Business Development und M&A-Aufgaben. Er ist als Geschäftsführer der Michael Otto Consulting GmbH international tätig.

Digitalisierte Kooperation – Das Überlebensmodell für die mittelständische Transportindustrie

20

Francesco De Lauso

Zusammenfassung

Das Kapitel zeigt, wie mittelständische Spediteure mit Hilfe des Modells der horizontalen Transportabwicklung den sich ständig verändernden und immer neuen Anforderungen in der Transportwirtschaft begegnen sollten, um konkurrenz-, ja sogar überlebensfähig zu bleiben. Basierend auf der neuen Erwartungshaltung an den Spediteur in der heutigen Zeit wird ein Zielbild erarbeitet, das einen signifikanten Fortschritt gegenüber dem bestehenden Status quo darstellt. Dieses Zielbild lässt sich durch das Modell der horizontalen Transportabwicklung erreichen. Dabei werden Verlader, Spediteure und weitere Marktteilnehmer in das digitale Modell integriert und die Grenzen der vorherrschenden vertikalen Abwicklung aufgelöst, die heute nachhaltigere, qualitäts- und kostenoptimierte Transporte verhindert.

20.1 „Überlebensmerkmale" – Die neue Erwartungshaltung an den Transportunternehmer

Die „20er"-Jahre verändern alle Aspekte der Gesellschaft umfassend und nachhaltig. Dies gilt auch, und sogar in besonderem Maß, für die verschiedenen Aspekte und Sektoren unseres Wirtschaftssystems. Selbstverständlichkeiten und Konzepte, die sich Jahrzehnte lang bewährt haben, erweisen sich als untauglich oder sogar kontraproduktiv für die Bewältigung aktueller Problemstellungen. Unvorhergesehene Krisen und Herausforderungen tref-

F. De Lauso (✉)
Homberg/Efze, Deutschland
E-Mail: francesco.delauso@ctl-ag.de

© Der/die Autor(en), exklusiv lizenziert an Springer Fachmedien Wiesbaden GmbH, ein Teil von Springer Nature 2023
P. H. Voß (Hrsg.), *Die Neuerfindung der Logistik*,
https://doi.org/10.1007/978-3-658-41084-1_20

fen auf immer kürzere Halbwertszeiten bei technischen und gesellschaftlichen Entwicklungen. Stichworte wie Digitalisierung, Fachkräftemangel, Nachhaltigkeit, Mangel oder Volatilität haben sich einen festen Platz in unserem täglichen Sprachgebrauch erobert. In diesem Umfeld ist es für die Unternehmen unerlässlich, das eigene Geschäftsmodell und die bisher verfolgte Unternehmensphilosophie in Frage zu stellen und in einer ehrlichen Analyse zu ermitteln, inwieweit sie den neuen, stark veränderten Anforderungen noch gerecht werden. Der klassische mittelständische Spediteur, der mit eigenem Fuhrpark und eigenen Fahrern am Markt agiert und genau diese Analyse in Angriff nimmt, wird schnell zu dem unausweichlichen Schluss kommen, dass er sein Geschäftsmodell anpassen muss. Dieses Kapitel untersucht, in welchen Unternehmensbereichen Handlungsbedarf besteht und wie sich aus den Analysen neue Ziele ableiten lassen.

20.1.1 Das Ende des reinen Kundenfokus

Seit Jahrzehnten lautet ein ungeschriebenes Gesetz des Marketings, dass sich alle wesentlichen Bereiche des Businessmodells eines Unternehmens ausschließlich um den Kunden zu drehen haben. „Die Wahrnehmung des Kunden ist Ihre Realität.", so formuliert beispielsweise Kate Zabriskie, Chefin des Schulungsunternehmens Business Training Works, diese schon zur Selbstverständlichkeit gewordene Maxime. Und bei Bruce Ernst, Produktleiter beim Direktmarketingspezialisten LeadID, hört es sich so an: „Ihre Website ist nicht der Mittelpunkt Ihres Unternehmens. Ihre Seite auf Facebook ist nicht der Mittelpunkt Ihres Universums. Ihre mobile App ist nicht der Mittelpunkt Ihres Universums. Der Kunde ist der Mittelpunkt Ihres Universums."

Demzufolge sind heute die Aufmerksamkeit sowie die strategische Ausrichtung eines Unternehmens weitestgehend auf das Kundeninteresse hin orientiert, wenn es darum geht, die formulierten Erfolgsziele zu erreichen. Andere Faktoren (beispielsweise Umwelt- oder Sozialaspekte) wurden lange Zeit als zweitrangig angesehen oder nur insoweit berücksichtigt, als sie dem übergeordneten Ziel förderlich waren.

An dieser kompromisslosen Kundenorientierung hat sich in den letzten Jahren einiges verändert: Die rein praktischen Kundenvorteile stehen nicht mehr allein im Mittelpunkt der Unternehmensausrichtung. Die Selbstdefinition, die Rollenmuster und auch die Erfolgsstrategien der Unternehmen haben sich unter dem Einfluss wachsender Zwänge weiterentwickelt. So stehen schon seit längerer Zeit ethische Gesichtspunkte (Arbeitsbedingungen, Entlohnung etc.), Umweltaspekte (Klimaschutz, Ressourcenschonung etc.) und die Erfahrung neuer Knappheiten (Lieferkettenstörungen, Fachkräftemangel etc.) im Rampenlicht der Anforderungen, die Politik und Gesellschaft an Unternehmen stellen, die noch in der Nachkriegszeit frei ihr Geschäftsmodell am Markt umsetzen konnten. Die Erfolgsfaktoren für Betriebe aller Größen und Branchen – und damit auch im Bereich Transport – haben sich dadurch über reine Marketingstrategien hinaus umfassend erweitert.

Dies hat keineswegs nur damit zu tun, dass es neue politische Richtlinien gibt. Vielmehr hat sich ein gesellschaftliches Klima herausgebildet, das die Integration ökologischer und sozialer Konzepte in die Art und Weise, wie heute eine Volkswirtschaft funktionieren soll, erforderlich macht. Insofern ist die Erweiterung der für wirtschaftlichen Erfolg maßgeblichen Gesichtspunkte letztlich auch wieder ein Kundenthema: Wer den Kunden zufriedenstellen will, muss den gesellschaftlichen Konsens und die damit verbundene Erwartungshaltung der Menschen berücksichtigen.

20.1.2 Nachhaltigkeit und Mitarbeiterfokus

Aber es geht dabei keinesfalls nur um die Erfüllung der Erwartungen des gesellschaftlichen Umfelds. Unternehmen mit zeitgemäßen Führungsmaximen wissen inzwischen, dass es eine Sache der unternehmerischen Eigenverantwortung für Umwelt und die menschliche Gemeinschaft ist, die genannten Aspekte in die Unternehmensziele zu integrieren. Nachhaltigkeit beispielsweise ist kein untergeordnetes Nebenziel mehr und schon gar kein Element eines Zielkonflikts. Vielmehr muss das Thema als gleichrangig mit den wirtschaftlichen Zielen begriffen und behandelt werden. Ablehnen oder Ignorieren dieser Realität führt nicht etwa zur Entbindung von der Verantwortung, sondern in vielen Branchen, so auch im Transportgewerbe, zur Erschwerung der eigenen Geschäftstätigkeit, sei es aufgrund von Restriktionen, kostspieligen Sanktionierungen oder hohen Produktivitätsverlusten. Für das Geschäftsmodell eines kleineren Speditionsunternehmens kann dies schnell in eine aussichtslose Situation führen. Somit ist Nachhaltigkeit nicht nur eine Herausforderung, sondern auch Teil der Lösung des Problems, auf dem Markt künftig zu überleben.

Abgesehen von der Erfüllung von Umweltvorgaben haben Unternehmen der Logistik- und Transportbranche das Problem, dass qualifizierte und motivierte Arbeitskräfte zunehmend knapper werden. Neben die verschiedenen Aspekte angemessener Rahmen- (das heißt vor allem: Arbeits-)Bedingungen und einer (in letzter Zeit erfolgreicheren) Kommunikation der Attraktivität von Arbeitsplätzen in der Logistikindustrie nach außen müssen weitere Elemente der Personalgewinnung treten, wenn das gewählte Geschäftsmodell auch zukünftig noch funktionieren soll. Schon das Verständnis, was „angemessene Rahmenbedingungen" sind, hat sich erweitert. Dazu zählt nicht mehr nur ein faires Gehalt. Insbesondere die Arbeitsbelastung und die Einsatzzeiten und -dauern spielen eine wachsende Rolle bei der Personalakquise, wobei die Bereitschaft potenzieller Mitarbeiter, im Bedarfsfall manche festgelegten Grenzwerte auch einmal zu überschreiten, immer mehr abnimmt. Abgesehen von der Fähigkeit, der breiten Masse den Gebrauch von digitalen Tools zu vermitteln, sind Attraktivitätsfaktoren wie eine Kommunikation auf Augenhöhe und die Beteiligung der Mitarbeiter an sie betreffenden Entscheidungen zielführend – eventuell begleitet von sinnstiftenden Unternehmensvisionen, die über den reinen Wirtschaftlichkeitsaspekt hinausgehen.

20.1.3 Vom neuen Gleichgewicht der Zielvorgaben zum Zielbild

Für Unternehmen der Logistikindustrie ist es also unerlässlich, ein neues Gleichgewicht zwischen den unterschiedlichen Handlungsmotiven und Zielvorgaben – Kundenfokussierung, Nachhaltigkeit, Mitarbeiterattraktivität – herzustellen. Zunächst muss dieses Gleichgewicht unternehmensweit akzeptiert und aktiv in eine neue Strategie mit klar nachvollziehbaren Veränderungen im Geschäftsmodell integriert werden. Bei Aktivitäten in einem der Zielbereiche, beispielsweise der Fokussierung auf den Kundenwunsch, müssen stets die Konsequenzen für die anderen, also Nachhaltigkeit und Mitarbeiterbelastung, mitgedacht werden. Denn letztendlich sind alle Erfolgssegmente miteinander verbunden und stützen sich gegenseitig. Daher macht die Implementierung dieses neuen Gleichgewichts zwar neue Ansätze der Unternehmensführung erforderlich, reicht aber über eine reine Managementaufgabe hinaus (Abb. 20.1).

Eine eingehende Beschäftigung mit dieser neuen Perspektive auf die Unternehmensziele zeigt: Die möglicherweise im Raum stehende Befürchtung, dass der eigene Betrieb dabei Einbußen hinnehmen oder gar um seine Existenz fürchten muss, ist unbegründet. Die verschiedenen Zieldimensionen stehen nämlich in keinerlei Konflikt zueinander. Sie ergeben nicht nur ein homogenes Bild, sie können sich gegenseitig ergänzen, befruchten oder in ihrer positiven Wirkung sogar potenzieren.

Ein Beispiel: Die Fokuspunkte Mitarbeiterattraktivität und Nachhaltigkeit können sich gegenseitig insofern befruchten, als angesichts des gesellschaftlichen Klimas ein klares und nachweisbares unternehmerisches Commitment zu Sustainabilitystrategien ein wichtiger Recruiting-Faktor sein kann. Fachkräfte, die aufgrund dieses Commitments eine Stelle im Unternehmen annehmen, unterstützen das Management im Gegenzug wiederum dabei, die Nachhaltigkeitsziele wirksam umzusetzen.

Fazit: Der Transportunternehmer ist heute gleichzeitig mit mehreren, in dieser Form neuen und herausfordernden Marktbedingungen konfrontiert. Die dadurch nötige Anpassung des eigenen Geschäftsmodells beschränkt sich dabei nicht nur auf Veränderungen nach außen, sondern umfasst auch eine Neuausrichtung der unternehmerischen „Innenpo-

Abb. 20.1 Gleichklang der neuen Unternehmensziele. (Quelle: eigene Darstellung)

litik". Nachhaltigkeit ist nicht als Selbstzweck Teil des Geschäftsmodells, sondern eine Folge der gewandelten Erwartungshaltung von Kunden, der Gesellschaft und nicht zuletzt den eigenen Mitarbeitern. Letztere gehören einer Generation an, die einen begrenzten Ressourcenpool bildet und weitgehend klare Vorstellungen von den Rahmenbedingungen ihres Arbeitsplatzes mitbringt – insbesondere hinsichtlich Arbeitslast, digitalen Tools und Partizipation an Unternehmensentscheidungen, die sie betreffen.

20.2 Status quo – Möglichkeiten und Grenzen am Transportmarkt

Es stellt sich nun die Frage: Wie lässt sich diese Erkenntnis auf die klassischste aller Geschäftstätigkeiten eines Transportunternehmers, also den Transport einer Komplettladung oder Teilpartie als Teilnehmer am freien Markt, übertragen? Im Folgenden wird ein theoretisches Modell erarbeitet, das diesen Geschäftsprozess unter einem kooperativen Ansatz und unter Berücksichtigung der vorgestellten Zieleelemente abbildet. Die Betrachtung startet mit einer Darstellung des Status quo und den daraus abzuleitenden Erkenntnissen.

20.2.1 Varianten der vertikalen Auftragsabwicklung

Jeder ordnungsgemäße Transport beginnt mit einem Auftrag, in dem Kunde und Transporteur die Bedingungen eines Transports von Waren und Gütern von einem Ort A zu einem Ort B in einem bestimmten Zeitraum festlegen.

Im Folgenden beziehen wir uns auf den klassischen Transportauftrag. Dieser beinhaltet die Beauftragung einer Komplettladung oder einer Teilpartie. Die Segmente Stückgut, Sonderfahrten und Paket werden hierbei außer Acht gelassen, da sie entweder in einer reinen 1:1-Beziehung (Sonderfahrten) oder in einem Netzwerk (Stückgut und Paket) abgewickelt werden. Nicht außer Acht lassen werden wir einzelne Elemente aus der Netzwerkproduktion, die vorteilhaft im Modell der horizontalen Produktion genutzt werden können.

Der klassische Transportauftrag wird heute in folgenden Varianten vergeben und ausgeführt (Abb. 20.2).

Alle Varianten haben miteinander gemeinsam, dass sie eine reine vertikale Abwicklung darstellen. Bei jeder Variante gibt es am Ende einen einzelnen Auftragnehmer, der den gesamten Transport von A nach B vornimmt.

20.2.2 Defizite und Grenzen des Status quo

Nachfrage und Angebot sind auf dem Transportmarkt durch die Parameter Ladungsvolumen und Kapazitätsvolumen repräsentiert. Betrachtet man nun die Menge an zu transportierenden Ladungen (Nachfrage) und die Menge der verfügbaren Kapazitäten (Angebot), so müsste man rein mathematisch davon ausgehen, dass ein hoher Prozentsatz (mehr als

Abb. 20.2 Klassische
vertikale Produktion
(Auswahl). (Quelle: eigene
Darstellung)

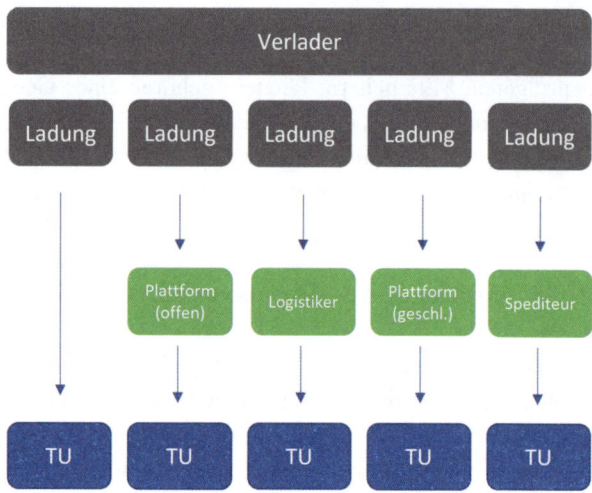

90 %) der Transportaufträge im Gleichgewicht zwischen Angebot und Nachfrage ausgeführt werden, dass also der Transport der Ladungen exakt gemäß der Nachfrage produzierbar ist, und zwar unter jeweils idealen Werten von Kosten, Qualität und Ressourceneinsatz (Lkw und Fahrer) sowie zu optimierten Produktionsbedingungen (Transportstrecke und Laufleistung).

In der Realität sieht dies aber ganz anders aus. Auf mehreren Ebenen wird die Situation eines idealen Angebots beziehungsweise idealer Produktionsbedingungen geradezu verhindert.

Konkret: Im ersten Schritt trifft der Transportunternehmer mit seiner Lkw-Kapazität heute nur auf eine begrenzte Anzahl an angebotenen Ladungen, aber bei weitem nicht auf die Gesamtheit der Ladungen. Er bedient sich seiner vertikalen Zugänge (Abb. 20.2). An dieser Stelle trifft er bereits eine Entscheidung bei der Auswahl der Ladungen, auf die er anbietet. Dieser Entscheidung liegt aber kein annähernd ideales Matching zugrunde.

Für die Erstellung des Angebots setzt der Unternehmer jetzt nur die ihm zur Verfügung stehenden Ressourcen ein, um eine Beförderung der Ladung möglichst nahe an den Wünschen des Auftraggebers anbieten zu können. Dabei werden als Kernparameter des Angebots Faktoren wie *Abholort, Zustellort, Fahrtzeit, Equipmentanforderung, Kosten* und *Zeit* angeführt, noch bevor Themen wie Sustainability, Mitarbeitereinsatz o.ä. überhaupt zur Sprache kommen. Der Grund kann darin liegen, dass bereits an dieser Stelle des Prozesses die fehlende Breite (bzw. Horizontalität) im Auswahlprozess den Spielraum für den Transportunternehmer eliminiert hat. Berücksichtigt man nun auch noch die erstaunliche Feststellung, wie „klassisch" dieser Prozess immer noch abläuft, so sind die weiteren damit zusammenhängenden „Verluste" gut vorstellbar. Der Disponent entscheidet mit Unterstützung von statischen Informationstools, welche Kapazitäten wo und wann in welchem Rahmen zur Verfügung stehen, und erstellt auf dieser Basis das Angebot. Dies alles erfolgt im schlimmsten (aber nicht seltenen!) Fall unter dem Einfluss von Zeitdruck, personeller Unterbesetzung und den vorliegenden Erfahrungswerten. Erfahrungswerte sind selbstverständlich per se kein negativer Einflussfaktor. Sie können aber dazu führen, dass sich Entscheidungen häufig wiederholen, nur weil sie bereits als erfolgreich abgespeichert wurden. Das führt potenziell zu einem Abbruch der Lernkurve und in der Folge zu einem Entwicklungsstopp. Diese Prozessabfolge macht deutlich, welch massiven Nachteil die derzeitige Marktphilosophie mit sich bringt.

Aus dem bloßen Nachteil wird aber unter dem in Abschn. 20.1.2 erarbeiteten Gleichklang der Unternehmensziele ein reales Risiko für den Unternehmer. Die Erwartungen und Anforderungen an die Branche lassen eine derartige ineffiziente Auftragsabwicklung nicht mehr zu. Man kann nur erahnen, wie weit wir von einer optimierten Produktion entfernt sind. Das lässt sich an einem Beispiel sehr konkret berechnen:

Laut Bundesministerium für Digitales und Verkehr ergaben sich für das Jahr 2020 folgende Eckwerte für den Transportverkehr:

- Anzahl Lastfahrten insgesamt: 258,7 Mio. Fahrten
- Summe Lastkilometer insgesamt: 22,910 Mrd. km
- Transportiertes Gütergewicht insgesamt: 3,120 Mrd. t
- Gütertransportleistung insgesamt: 304,6 Mrd. Tonnenkilometer
- Anzahl Leerfahrten insgesamt: 153,0 Mio. Fahrten
- Summe Leerkilometer insgesamt: 6,579 Mrd. km

Legt man die Leerkilometer aus dem Jahr 2020 zugrunde und unterstellt für einen Transportauftrag eine Strecke von durchschnittlich 500 km, so sind in jenem Jahr sage und schreibe fast 33 Mio. „Leerfahrten" ausgeführt worden.

Somit sieht das Marktgeschehen in der Realität so aus: Vertikalität bestimmt sowohl das Angebot als auch die Nachfrage in einem Markt, bei dem sich auf beiden aktiven Seiten hohe Volumina gegenüberstehen. Dieser traditionelle und im Wesentlichen antiquierte bestimmende Marktmechanismus limitiert in hohem Maße die Möglichkeit, Transporte effizient anzubieten und auszuführen. Dadurch werden zahlreiche gravierende Defizite sichtbar. In Zeiten von Mangel an Kapazitäten aller Art und hohen gesellschaftlichen Erwartungen an den verantwortlichen Umgang mit unseren Ressourcen ist die beschriebene Situation nicht nur marktgefährdend, sondern auch ganz allgemein inakzeptabel.

Die gute Nachricht ist jedoch, dass die aufgezeigten Defizite gleichzeitig das Potenzial dafür offenlegen, mit dem sich durch eine radikale oder womöglich disruptive Anpassung der Marktmechanismen an die modernen Anforderungen alle wirtschaftlichen und gesellschaftlichen Ziele erreichen lassen. Diese Neujustierung darf nicht weniger bedeuten, als Angebot und Nachfrage auf horizontaler Ebene verfügbar und produzierbar zu machen. Das bedeutet konkret: Angebote in umfassender Breite zur Verfügung stellen sowie aktuell noch isoliert abgewickelte Transportabläufe miteinander verknüpfen und als Kombination anbieten. Derzeit lassen sich bereits Aktivitäten am Markt beobachten, die diese fortschrittliche Philosophie aufnehmen und in digitale Geschäftsmodelle umsetzen. Zu nennen ist hier beispielsweise das etablierte Online-Vergleichsportal für Transportdienstleistungen Pamyra, das es mittels der Funktion Pamyra-Connect ermöglicht, Leistungen verschiedener Unternehmer und Subunternehmer in einem Transportangebot zu einem Service zusammenfassen. Ein weiteres Beispiel ist das Start-up Mansio. Die Software dieses Anbieters zerlegt mittels eines Optimierungsalgorithmus lange Fahrstrecken in Teilstrecken und vermittelt diese Strecken über einen virtuellen Marktplatz für Lenkzeiten an geeignete regionale Speditionen und Frachtführer, womit die Bildung von Staffelverkehren marktfähig und umsetzbar werden soll. Mit NeoCargo versucht eine neue Plattform Spediteure stärker miteinander zu vernetzen. Beide Ansätze nehmen aber nur ein Ende der Kette auf. Darüber hinausgehend ist jedoch eine ganzheitliche horizontale Auftragsabwicklung erforderlich.

20.3 Modell der digitalisierten horizontalen Transportabwicklung

Betrachten wir nun das Modell der „horizontalen Produktion (= Auftragsumsetzung)" im Komplett- und Teilladungsverkehr im Detail und analysieren, wie es eine (digitale) Kooperation der mittelständischen Spediteure ermöglichen und sie in die Lage versetzen kann, die ermittelten Ziele zu erreichen. Das Modell wird dabei durch die bedingungslose Verknüpfung und Nutzung der vorhandenen Kapazitäten über die Unternehmensgrenzen hinweg (horizontal) sowie den Einsatz eines hoch entwickelten Systems bestimmt. Darüber hinaus wird sich herausstellen, dass das Modell eine Vielzahl von Entwicklungs- und Ausrichtungsmöglichkeiten des Geschäftsmodells bereitstellt (Abb. 20.3).

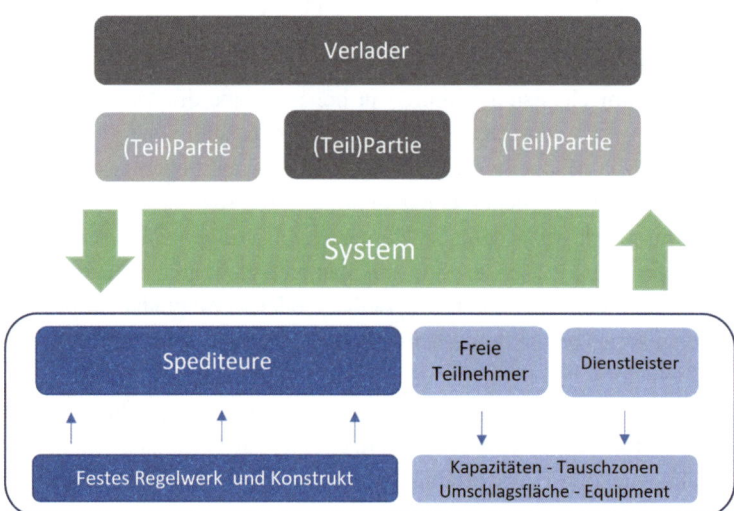

Abb. 20.3 Schematische Darstellung der horizontalen Transportabwicklung. (Quelle: eigene Darstellung)

20.3.1 Modell-Prinzipien

Abb. 20.3 veranschaulicht die Transformation von der klassischen (siehe Abschn. 20.1.2) hin zur horizontalen Auftragsabwicklung. Entscheidend ist dabei, dass aus der X:1-Produktion – viele Ladungen, die jeweils nur auf eine einzige Kapazitätseinheit treffen bzw. von einer Kapazitätseinheit durchproduziert werden, die in Wahrheit eine 1:1-Produktion ist – eine 1:X- und/oder eine X:X-Abwicklung wird. Eine oder mehrere Ladung(en) trifft/treffen auf die gesamten Kapazitäten der Teilnehmer am Transportprozess. Somit wird/werden die passende(n) Ladung(en) zu den vorhandenen Kapazitäten gesucht anstatt die passende Solo-Kapazität zur vorhandenen Ladung.

20.3.2 Modell-Element Verlader und (Teil)Partie

Das erste Basiselement für das optimale, der Zielstellung entsprechende Angebot und die zugehörige Tourenabwicklung ist eine maximale Menge an Auswahlmöglichkeiten, also Ladungen. Das hat zur unbedingten Konsequenz, dass sich alle Ladungen über sämtliche Kanäle einspielen lassen müssen. Dies schließt zunächst einmal generell automatisierte wie auch manuelle Eingaben ein, ebenso regelmäßige (kontraktete) wie einzeln beauftragte Touren. Bei der Selektion der Ladung durch das System lassen sich dann Prioritäten setzen, die auf entsprechenden Vereinbarungen der Teilnehmer beruhen (siehe Abschn. 20.3.4). Besonders effektiv ist eine Integration der gängigen Vermittlungsplattformen, um die Ladungsmenge zu erhöhen. Die vermeintlichen Mehrkosten des zusätzlichen Marktteilnehmers können durch die resultierende optimierte Transportabwicklung mindestens kompensiert werden.

Notwendig für die saubere Integration von Verladern und Ladungen ist eine Definition der Mindestanforderungen an verfügbaren Informationen rund um die Ladung. Dieser festgelegte Standard ist Voraussetzung für die Aufnahme der (Teil)Partie in das System.

20.3.3 Bausteine der Horizontalität

Das zweite der drei Basiselemente für den optimalen Transportprozess ist das Gegenstück zu den Verladern und deren (Teil)Partien: die Spediteure die diese Ladungen heute im 1:1-Verhältnis transportieren. Hierbei unterscheidet das System zwischen festen und freien Teilnehmern. Die festen Spediteure sind dabei das Fundament dieser Ebene. Sie halten definierte Kapazitäten für das System und die Abwicklung vor und sind über eine feststehende Vereinbarung an das System gebunden.

Die festen Teilnehmer operieren nach einem Regelwerk, das Rechte und Pflichten genau definiert, ähnlich einer klassischen Stückgutkooperation. Dabei reicht die Spanne der Regelungen von IT über die involvierten Prozesse bis hin zur Vergütung. Darüber hinaus können weitere Teilnehmer-Regeln im Rahmen von Zusatzvereinbarungen sehr individuell festgelegt werden (siehe 20.3.4.)

Den zweiten Block innerhalb dieser Ebene bilden Elemente, die die Effizienz des Systems erhöhen und optimieren. Zum einen sind hier die „Freien Teilnehmer" zu nennen. Dabei handelt es sich um Spediteure, die ihre Kapazitäten temporär nach eigenem Ermessen zur Verfügung stellen können und nicht wie die festen Teilnehmer gebunden sind. Sie unterliegen dann abweichenden Regelungen, etwa was ihre Berücksichtigung und Vergütung angeht. Die Kapazitäten dieser freien Teilnehmer verbessern die Möglichkeiten für das Erreichen der Ziele.

Ein drittes, ebenso wichtiges wie notwendiges Basiselement sind Dienstleister, die an das System gebunden bzw. innerhalb des Geschäftsmodells eingesetzt werden. Sie sind unerlässlich, um die Horizontalität der Abwicklung zu unterstützen und zu ermöglichen. Die hierfür relevanten Dienstleister stellen eine Reihe entscheidender Assets zur Verfügung:

- Flächen für den Auflieger-Tausch eventuell in Verbindung mit der Pause, z. B. *Aparkado, Park your truck, Rasthöfe, Speditionen etc.*
- Flächen zum Umladen/Tausch von Teilpartien, z. B. *Umschlagsterminals von Stückgutnetzwerken wie CTL*
- Auflieger-Pools mit Equipment und intelligenten Steuerungssystemen.

Darüber hinaus lässt sich das System beliebig um zusätzliche, die Zielsetzung unterstützende Dienstleister erweitern.

20.3.4 System-Leistung und -Steuerung

Herzstück des Modells der horizontalen Transportabwicklung ist das Algorithmus- gesteuerte digitale System, das den Input beider Enden aufnimmt und im Sinne der Zielstellung verarbeitet.

Dabei ist das System generell auf einen Automatisierungsgrad von 100 % ausgerichtet, konkreter: auf eine unterbrechungs- und manuell entscheidungsfreie Abwicklung der Prozesse. Die Technik ist auf Echtzeitkommunikation und Echtzeitverarbeitung aufgebaut – eine absolut entscheidende Voraussetzung für den effizienten Transportablauf. Die Integration der Teilnehmer muss unbedingt sehr flexibel gestaltet sein, um allen potenziellen Partnern Zugang zu ermöglichen. So lässt sich das System entweder voll in das Inhouse-System integrieren oder als internes/externes Frontend nutzen.

20.3.4.1 Der Kernprozess

Der Kernprozess des Algorithmus-gesteuerten digitalen Systems ist recht einfach zu beschreiben. Unter Nutzung aller notwendigen Daten wird bei Berücksichtigung aller verfügbaren Ladungen und Kapazitäten die optimale Abwicklung des Auftrags errechnet und anschließend umgesetzt. Alle Grenzen der vertikalen 1:1-Abwicklung sind dabei aufge-

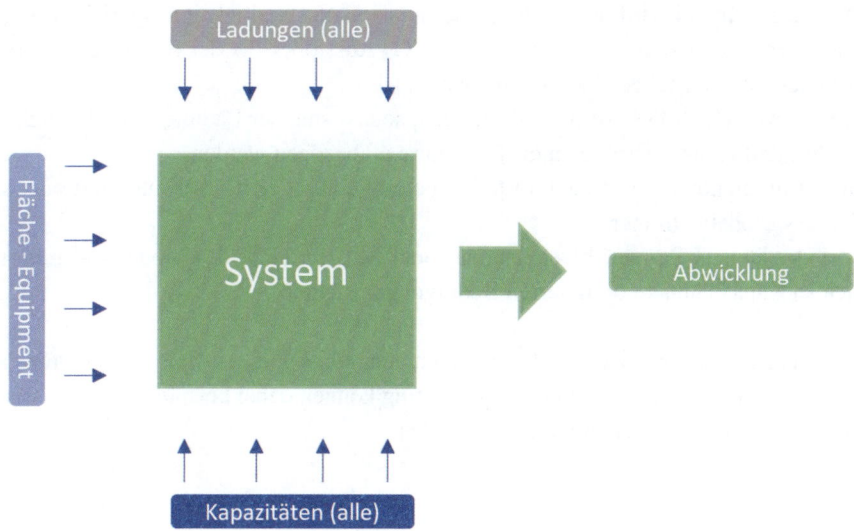

Abb. 20.4 Kernprozess des Algorithmus-gesteuerten digitalen Systems (vereinfachte Darstellung). (Quelle: eigene Darstellung)

löst, Kapazitäten unterschiedlicher Quellen werden zur Realisierung einer hoch effizienten Abwicklung eingesetzt (Abb. 20.4).

Innerhalb dieses Analyseprozesses bestimmen die Zieldimensionen Kosten, Nachhaltigkeit und Qualität die tatsächliche Ausgestaltung der endgültigen Lösung. Sämtliche weiteren genannten Faktoren – fester Partner, freier Teilnehmer etc. – haben entsprechend der bestehenden Vorgaben ebenfalls Einfluss auf Ergebnis. Darüber hinaus bezieht das System Folgeaufträge u. ä. in die Kalkulation mit ein.

Das System übernimmt zudem weitere Aufgaben wie Kommunikation, Datenversand, Track&Trace, Abrechnung, Equipment-Überwachung oder Berechnung des CO_2-Footprints. Es ist davon auszugehen, dass dabei weniger von KI als von Machine-Learning-Technologie und dem Einsatz von Algorithmen Gebrauch gemacht wird.

20.4 Die Möglichkeiten des Modells/Systems

Das bisher beschriebene Modell birgt durch seinen offenen Charakter unzählige Möglichkeiten zur Ausrichtung von einzelnen Merkmalen oder der Gesamtheit des Geschäftsmodells und kann somit für die verschiedensten Marktteilnehmer oder Initiatoren attraktiv sein. Einige praktische Ausgestaltungsbeispiele für spezielle Modelle sind:

- Speditions-Teilnehmer betreiben das System gemeinsam als klassisches Kooperationsmodell analog zu bestehenden Kooperationen

- Das ganze Modell wird nur an der Zieldimension Nachhaltigkeit ausgerichtet und erreicht eine signifikante Reduzierung des CO_2-Ausstoßes bis der Straßengüterverkehr komplett auf alternative Antriebe umgestellt ist
- Weitere Verkehrsträger werden einbezogen, sodass sich der Ladungspool deutlich vergrößert und grenzüberschreitende Transporte einbezogen werden
- Infrastrukturanbieter werden am Modell beteiligt, als Lizenzgeber integriert oder sind Teil des Modellbetreibers
- Verlader können Partner, Lizenznehmer oder Mit-Betreiber des Modells werden und sich so Kapazitäten zu optimierten Bedingungen sichern.

Diese Umsetzungsmöglichkeiten beschreiben nur einen kleinen Teil des Gesamtspektrums. In Teilgebieten wie Pricing und Marketing können dabei beispielsweise klassische wie moderne Ansätze variabel integriert werden.

20.5 Fazit

Götz Werner, der leider verstorbene Gründer von dm-drogerie markt sagte einmal sinngemäß: *„Ja, Change ist immer radikal, immer 100 Prozent. Aber Change beinhaltet nicht alles. Change bedeutet auf dem starken vorhandenen Fundament, dem Bestehenden, aufzusetzen und von dort aus ,radikal' zu denken und zu handeln."* Diese Maxime lässt sich zu 100 % auf das beschriebene Modell der digitalen Kooperation und horizontalen Transportproduktion übertragen. Alle notwendigen funktionalen Elemente sind vorhanden und stehen bereit: Produzenten und Verlader mit hohen Volumina, ein starker, unternehmerisch geprägter speditioneller Mittelstand und auch die Anwendungstechnologie. Nur der „Kopf" ist noch nicht soweit. Und hier muss die Transformation einsetzen, indem die Elemente einfach neu sortiert, ausgerichtet und zusammengesetzt werden. Die Vorteile und Wirkungen des Modells liegen auf der Hand. Die kooperative, digital gesteuerte horizontale Abwicklung der Transportprozesse kann auf alle heute relevanten gleich gerichteten Unternehmensziele einzahlen: die Erfüllung der Kundenanforderung, Leistung eines signifikanten Beitrags zur Nachhaltigkeit und ein mitarbeiterorientiertes Umfeld. Das übergeordnete Ziel, den speditionellen Mittelstand zu stärken, ihn zukunfts- und überlebensfähig zu machen, wird nicht nur greifbar, sondern auch erreichbar. Mit der Auflösung von Grenzen, die nicht auf Effizienz- und Zielrealisierungsüberlegungen, sondern lediglich auf herkömmlicher Tradition beruhen, kann die Umsetzung in einen realen Wertschöpfungsprozess beginnen. Als Startpunkte sind die unterschiedlichsten Ausgangssituationen und -akteure denkbar: ein Konsortium, eine Kooperation von Marktteilnehmern, ein IT-Dienstleister, der Bund oder – überspitzt gesagt – einfach nur zwei Spediteure, die ihre Assets verknüpfen. Das beschriebene Modell lässt sich ganz im Sinne eines iterativen Ansatzes aufbauen und umsetzen. Sobald jemand den Startknopf drückt.

Francesco De Lauso, Jahrgang 1973, ist Diplom-Betriebswirt und passionierter Logistiker. Nach Stationen bei TNT, CEVA, Augustin-Quehenberger und DACHSER wechselte er 2019 in den Vorstand der CTL Cargo-Trans-Logistik AG und verantwortet seit 2022 als Vorsitzender die Stückgut-Kooperation.

Neue Technologien, revolutionäre Geschäftsmodelle

Maurice Wulms und Bart Takkenkamp

Zusammenfassung

Die Covid-19-Krise hat der Digitalisierung auch in der Logistik in Deutschland einen beträchtlichen Schub verliehen. Viele Einzelhändler haben die Chance ergriffen, die Digitalisierung als neues Geschäftsmodell erfolgreich umzusetzen. Damit sie sich dabei auf die eigenen Kernkompetenzen fokussieren und damit das Wachstum vorantreiben können, ist eine Zusammenarbeit mit einem in der digitalen Logistik (Versand, Warehousing & Fulfillment) spezialisierten Dienstleister mehr als empfehlenswert.

21.1 Einleitung

Die Covid-19 (im Volksmund gerne Corona)-Krise hat in Deutschland zu einer Beschleunigung der Digitalisierung in vielen Branchen geführt, so auch in der Logistik. Aufgrund der Schließung der meisten konventionellen Einzelhandelsgeschäfte (geöffnet blieben u. a. Läden mit lebensnotwendigen Gütern, wie Apotheken und Supermärkte, und mobilitätsfördernde Firmen, wie Tankstellen und Autowerkstätten) nutzten viele Menschen vermehrt oder auch zum ersten Mal das Internet zum Online-Shopping. Dass diese Entwick-

M. Wulms (✉)
Dortmund, Deutschland
E-Mail: maurice.wulms@wearewuunder.com

B. Takkenkamp
Weert, Niederlande
E-Mail: bart.takkenkamp@wearewuunder.com

lung zu einem noch schneller wachsenden Paketstrom geführt hat, zeigen Marktanalysen eindeutig, so etwa die KEP-Studie 2022 des Bundesverbandes Paket- und Expresslogistik e.V. (BIEK): Im Jahr 2021 verzeichnete der KEP-Markt 4,51 Mrd. Sendungen und € 26,9 Mrd. Umsatz, ein Plus von 11,2 % resp. 14,3 % im Vergleich zum Vorjahr 2020; für das Jahr 2026 werden 5,7 Mrd. Sendungsstücke prognostiziert (BIEK 2022).

Viele Unternehmen und auch einige Behörden sind zudem (schneller) dazu übergegangen, die eigenen Prozesse sowie die Geschäftsabläufe im Zusammenhang mit Kunden, Lieferanten und sonstigen Businesspartnern zu automatisieren bzw. zu digitalisieren. Einer der heute meistbenutzten Begriffe ist als Folge davon „IT-Schnittstelle", auch „api" (= application programming interface) genannt.

Im gleichen Zusammenhang haben auch einige weitere Begriffe an Bedeutung gewonnen, wie etwa Business Intelligence – ein Konzept, das seit längerer Zeit besonders von einem Unternehmen bis in die Perfektion beherrscht wird: Amazon. Dieses amerikanische Unternehmen hat längst die Wichtigkeit der Daten und der Datenverknüpfung verstanden. Die Beherrschung der Datenströme ist DIE Grundlage für die geradezu fabelhafte Expansion dieses Unternehmens. Mit Hilfe von Business-Intelligence-Technologie konnte man bei Amazon genauestens kalkulieren, wo die Sortier- und Umschlagzentren (FBA: Fulfillment by Amazon) stehen sollten, wann ein Drittdienstleister (außer DHL) die Zustellung ausführen sollte und wann welche Preiserhöhung umgesetzt bzw. durchgesetzt werden kann. Zudem ist Amazon Vorreiter in Bezug auf die so genannten Mikrodepots – kleine Läger in oder nah am Rand von Ballungszentren, um damit nicht nur Same-day-delivery anbieten zu können, sondern letztendlich auch eine One-hour-delivery-Strategie zu realisieren. Wenn Menschen nach Paketstationen gefragt werden, wird Amazon in einem Zug mit Deutsche Post/DHL genannt. Ob dieses Geschäftsmodell von Nachhaltigkeit in Bezug auf Partnerschaft und Umwelt geprägt ist, steht auf einem anderen Blatt. Fakt ist: Amazon ist außerordentlich erfolgreich (Abb. 21.1).

Abb. 21.1 Grüne Lieferkette. (Quelle: Shutterstock)

21.2 Trends, Kundenanforderungen

Um tiefer in dieses Thema einzusteigen, lohnt es sich, zunächst einige Trends bei der Zustellung auf der letzten Meile zu betrachten (www.parcelmonitor.com, 10.01.2022).

1. Schnelle Belieferung auf der letzten Meile

   Die Bestellkunden im Online-Handel fordern immer mehr eine schnellere Zustellung der Pakete. 68 % dieser Endkunden kaufen nur in einem Online-Shop, wenn ein schneller Versand zugesichert wird. Große Webshops, wie Amazon, Otto und Zalando, haben diesbezüglich vorgelegt, und kleine/re Händler sind aufgefordert, deren Bestellabwicklungsprozess zu optimieren, um keine Kunden zu verlieren und weiteres Wachstum zu realisieren.

2. Städtische Lagerhaltung

   Große E-Commerce-Händler haben die Gunst der Stunde in der Covid-19-Krise dazu genutzt, Fulfillment Center in dicht besiedelten Gebieten zu öffnen. Dieser Schritt hat diesen Einzelhändlern einen direkteren und schnelleren Zugang zu einer großen Anzahl von Kunden bei gleichzeitiger Aufrechterhaltung eines großen Gewinns ermöglicht. Ein gutes Beispiel ist IKEA mit neu eröffneten Verkaufsläden in Innenstädten.

3. Insourcing-Lieferung

   Da die Logistik der letzten Meile als der teuerste Teil der Logistikkette gesehen wird (53 % der Gesamtkosten), sind immer mehr Einzelhändler dazu übergegangen, diese Kosten in Eigenregie senken zu wollen – entweder durch eine interne Abwicklung und/oder in Zusammenarbeit mit Wettbewerbern in der Region. Auch das Insourcing von Fulfillment wird in Betracht gezogen: Um flexibler und schneller auf schwankende Nachfrage reagieren zu können, werden Investitionen in der Auftragsabwicklung immer sinnvoller, da Einzelhändler nach Expansion streben. Ein Beispiel ist der Einkaufsverein „Netzwerk Industrie RuhrOst e.V." (NIRO) in Unna, der u. a. ein Einkaufsportal auch für Logistik betreibt.

4. Roboter, Drohnen und autonome Fahrzeuge

   Es ist allgemein bekannt, dass es einen großen und wachsenden Mangel an gewerblichen Mitarbeitern in der Logistik gibt: Lkw-Fahrer, Fulfillment-Sortierer, Paketzusteller. Dieser Mangel wird sich aufgrund der demografischen Entwicklung und der von Berufsanfängern angestrebten Work-Life-Balance weiter vergrößern. Daher experimentieren immer mehr Unternehmen mit unterschiedlichen Technologien, um die Warenzustellung unabhängig/er von Menschen zu machen.

5. Kundenerlebnis durch Last-mile-delivery

   Im Onlinehandel ist die Zustellung auf der letzten Meile die einzige Situation, in der der Bestellkunde direkt mit dem Produkt bzw. der Marke in Berührung kommt (der Endkunde „begegnet" bei seiner Beschwerde ggf. einer Person im Callcenter, aber dazwischen befindet sich immerhin eine Technologie: Telefonie und Internet). Nach einem negativen Kundenerlebnis bei der Zustellung (zu spät oder gar nicht geliefert, beschädigtes Paket oder falscher/schadhafter Inhalt) gaben 84 % der Verbraucher an, bei diesem Händler wahrscheinlich keinen zweiten Kauf zu tätigen. Daher muss das Liefererlebnis (sehr) gut sein. Der Kunde sitzt auf dem so genannten Driver Seat, d. h. er entscheidet, wann – wo – wie geliefert werden soll.

6. Keine Rücksendungen, nur Rückerstattungen

Bei den meisten Produkten liegt die Retourenquote bei etwa 10 %, bei Kleidung und Schuhen sogar bei ungefähr 50 %. Die Bearbeitungsgebühren für diese Rücksendungen betragen bis zu 20 % der Produktkosten. Große Online-Händler benutzen mittlerweile künstliche Intelligenz, um zu kalkulieren, ob die physische Abwicklung einer Retoure wirtschaftlich sinnvoll ist. Wenn nicht, wird der Kaufpreis erstattet und der Kunde kann das Produkt behalten.

7. Crowdsourcing Last-mile-delivery

Crowdsourcing-Logistik wird schon bei Lebensmittel- oder Essenslieferungen angewendet. Immer mehr Einzelhändler übernehmen Crowdsourcing-Lieferungen in ihre Lieferkette, um ihre Reichweite zu vergrößern und Kosten zu senken. Ein Beispiel bietet wieder Amazon: Amazon Flex wird Fahrzeugbesitzern angeboten, um zusätzliches Geld zu verdienen.

Es ist mittlerweile allzu gut bekannt, dass die Logistik ein wesentlicher Erfolgsfaktor jedes E-Commerce-Geschäftsmodells ist (Abb. 21.2). Das Leistungsversprechen im Frontend muss durch eine effiziente und effektive Logistikorganisation im Back-end umgesetzt werden. Da die Logistik durch die arbeitsintensive Arbeitsmethodik ein hoher Kostenfaktor ist, gilt es, den richtigen Mix an Logistikkomponenten zusammenzubringen und diese zielorientiert zu steuern. Anspruchsvolle Kundenerwartungen an Individualisierung und Personalisierung der Leistungserfüllung machen die Herausforderung noch größer (Deges 2019).

Die für diesen Zusammenhang relevanten Leistungsparameter sind:

Abb. 21.2 Intelligentes Technologiekonzept mit globaler Logistikpartnerschaft. (Quelle: Shutterstock)

- Lieferbereitschaft/Lieferfähigkeit
  Die Erfüllung aller eingehenden Kundenaufträge aus einer nachfragegesteuerten Lagerbevorratung.
- Lieferzeit
  Die Zeitspanne zwischen Annahme und Bestätigung des Kundenauftrags und Zustellung der bestellten Ware beim Empfänger.
- Liefertermintreue
  Die Einhaltung der zugesagten Lieferzeit bzw. des avisierten Zeitfensters der Zustellung.
- Liefergenauigkeit
  Die Lieferung der Ware in der gewünschten Menge und Art, basierend auf der korrekten Auftragsverarbeitung und fehlerfreien Kommissionierung.
- Schadenfreiheit
  Die unversehrte Zustellung der Ware beim Kunden durch eine transportsichere und robuste Verpackung.
- Liefertransparenz
  Die Bereitstellung von Echtzeitinformationen über den Auftrags- und Lieferstatus (Track and Trace).

Online-Shops sollten differenzieren, um den hohen Kundenanforderungen gerecht zu werden. Kunden wünschen auch in Bezug auf die Logistik bzw. die Zustellung individuell konfigurierbare Optionen und Services: Zustellbestätigung per E-Mail, Echtzeitverfügbarkeitsanzeigen bzw. Sendungsverfolgung, verbindliches Lieferversprechen, Auswahloptionen bezüglich der Belieferung (Zuhause, Arbeit etc.), individuelle Angabe des Liefertages und Zustellzeitfensters, Auswahloptionen bezüglich des Versanddienstleisters (Marke, Standard vs. Express, versicherter Versand), kostenlose Zustellung und Retouren, Geschenkverpackung. Auch hier: der Kunde sitzt auf dem Driver Seat.

Amazon kann wiederum als Beispiel dienen: Über den Key-by-Amazon-Service wird eine höhere Zustellchance angeboten: Key for Home (Haustür), Key for Garage (Garage), Key for Car (Kofferraum). Die Quote der Erstzustellung erhöht sich dadurch deutlich und somit auch die Wirtschaftlichkeit dieses Prozesses.

21.3   Digitales Geschäftsmodell

Damit Online-Händler optimal UND auf eine effiziente Art und Weise die Bedürfnisse ihrer Bestellkunden erfüllen können, ist Digitalisierung aller Prozesse, also auch der Logistik, eine entscheidende Voraussetzung.

Der Einsatz einer voll digitalisierten Versand-Plattform vereinfacht und beschleunigt die relevanten Prozesse, bietet eine höhere Kundenzufriedenheit und damit eine höhere Kundenbindung, erhöht die Prozess-Transparenz und reduziert die Logistikkosten.

Versand- und Empfangsprozesse stellen für viele Unternehmen eine signifikante Belastung dar. Der Ablauf lässt sich oft nicht klar definieren, weil Transparenz fehlt. Das Aufkommen der täglichen Sendungen (Paletten, Pakete, Päckchen, Container, Express-Sendungen) kann sehr unterschiedlich sein – und von großem Einfluss auf das Warehousing und Fulfillment, also Lagerung, Verpackung, Adressierung und Versand. Die Bindung dieser Ressourcen, die nicht zum Kerngeschäft gehören, ist oft schlecht planbar, und daher wäre eine Digitalisierung dieser Prozesse in dieser Zeit der Forderungen nach mehr Service (Geschwindigkeit, Transparenz, Flexibilität) mehr als wünschenswert.

Daher ist eine Kooperation mit einem zuverlässigen Dienstleister, der sich mittels einer digitalen Plattform auf die Unterstützung der vorgenannten Prozesse spezialisiert hat, eine gute Alternative.

Plattformen verbinden über IT-Schnittstellen alle an den jeweiligen Abläufen Beteiligten, verkürzen und vereinheitlichen Prozesse, selektieren geeignete Partner und automatisieren die unterschiedlichsten Vorgänge. Dabei steht der Kundenbedarf an zentraler Stelle.

Damit der Einsatz einer IT-Plattform erfolgreich sein kann, ist ein umfassendes und tiefgehendes Know-how bezüglich der Logistikabläufe eine wichtige Voraussetzung. Somit wird im Idealfall ein selbstorganisierender Versandablauf geschaffen, der vom Dienstleister kontinuierlich optimiert und unterstützt wird. Wenn dazu die Kommunikation bezüglich des Versandprozesses mit den Bestellkunden und Versanddiensten erledigt wird, kann man sich vollständig auf die eigene Kernkompetenz konzentrieren.

Zusätzlich zum Versand (Multi-Carrier-Strategie; Dynamic Check-out = dem Bestellkunden wird automatisch der günstigste oder der schnellste Versanddienst angeboten) und zur Kommunikation können auch Services wie Rechnungsstellung/-prüfung und Schadensersatzabwicklung übernommen werden. Weiterhin können die Versanddaten auch im Lager verwendet werden: Kreieren von Pick & Pack-Listen, Empfehlung, welche Kartonage-Größe für welche Bestellung gewählt werden sollte etc.

Eine große Herausforderung stellt das vorhandene Betriebssystem dar, das die Versanddaten verarbeitet: Webshop-Software, ERP-Systeme oder Selbstprogrammierung. Manchmal ist es vernünftig, diesbezüglich auch eine Modernisierung vorzunehmen. Auf längere Sicht lohnt sich die Investition allemal.

Ein Beispiel für eine solche Plattform bildet Wuunder – Shipping made easy. Diese IT-Plattform mit einem breiten Logistikdienstleistungs-Portfolio bietet auch einen persönlichen und pro-aktiven Kundenservice, um optimale Flexibilität und Kundenzufriedenheit sicherzustellen.

21.4   Fazit

Online-Händler sollten immer mehr die Wünsche der Kunden in den Mittelpunkt rücken. Beim einzelnen Artikel bzw. Produkt folgt natürlich jeder erfolgreiche Händler dieser Forderung ohnehin schon, allerdings wird zunehmend von ihm gefordert, dass auch bei seinen Logistik-Leistungen zu tun. Wenn ein Kunde aus mehreren Transportservices wählen kann, ist die Chance kleiner, dass er im Zahlungswebportal des Bestellprozesses aussteigt. Die Händler sollten schnellstmöglich (aber vor allem genau) angeben, wann die Ware angeliefert wird. Die Kunden sollten auch die Möglichkeit zur durchgängigen Verfolgung der Sendungen erhalten, was zur Kundenbindung bzw. Kundentreue beiträgt. Um erfolgreich zu sein, sollte man die Versanddaten nutzen, um Kunden besser zu informieren, wie sie unterschiedliche Services anbieten können.

Literatur

Bundesverband Paket- und Expresslogistik e.V. (BIEK): KEP-Studie 2022 – Analyse des Marktes in Deutschland, eine Untersuchung im Auftrag des Bundesverbandes Paket- und Expresslogistik e.V. (BIEK), Berlin 2022

www.parcelmonitor.de, 10.01.2022 (Logistik-Trends im Online Handel), Parcel Perform Pte Ltd 2022

Deges, F. 2019: Grundlagen des E-Commerce – Strategien, Modelle, Instrumente, Frank Deges, 2019

Maurice Wulms studierte Betriebswirtschaft an der Tilburg University in den Niederlanden. Der gebürtige Niederländer begann seine Karriere 1992 bei der niederländischen Post und ist seitdem weitgehend in der Last-mile-Logistik aktiv. Der Aufbau eines mit der Deutschen Post/DHL konkurrierenden Netzwerks in Deutschland, Logistikaufgaben bei Verlagen, die Verantwortung für den europaweiten Verkauf bei einer Fährreederei und der Aufbau eines Callcenters gingen der Einführung einer digitalen Transport-Management-Plattform in der Position des Geschäftsführers voraus.

Bart Takkenkamp begann seine berufliche Karriere nach einem Studium der Betriebswirtschaft 1996 als Produktmanager bei der niederländischen Post. Nach verschiedenen Positionen, u. a. als Geschäftsführer von Unternehmen in der Retail-Branche, arbeitete er als selbstständiger Unternehmer und gründete u. a. im Jahr 2016 die digitale Logistik-Plattform Wuunder. Mittlerweile ist Wuunder in den Niederlanden, Belgien und Deutschland tätig, eine Niederlassung in Frankreich ist zeitnah geplant.

Der strategische Einsatz von Immobilien Asset Management in Logistikimmobilien-Portfolios

Jan van den Hogen

Zusammenfassung

Die Logistik und in diesem Zusammenhang auch der Markt für Logistikimmobilien wird in jüngster Zeit zunehmend gesellschaftsweit als bedeutende Säule von Wirtschaftskraft und Wohlstand erkannt. Entsprechend hoch im Kurs stehen Logistikimmobilien bei institutionellen Investoren. Damit Logistikobjekte aber über ihren Lebenszyklus hinweg attraktiv bleiben, müssen hoch qualifizierte Asset Manager sie bereits vor dem Ankauf, während des Betriebs und bis zum Abriss professionell verwalten. Spezialisierte Asset Manager müssen in der Lage sein, als kompetentes Verbindungsglied zwischen Fondsmanagement und Property Management zu operieren, um Investoren und Nutzern gleichermaßen eine optimierte Performance der Immobilie über den gesamten Lebenszyklus zu garantieren. Schwerpunkt des Kompetenzspektrums eines Asset Managers muss ein kreatives strategisch ausgerichtetes Konzept aus der Perspektive des Mieters sein, das sich auf umfassendes Wissen bezüglich dieses Logistiksektors, der jeweiligen lokalen und regionalen Standortproblematik sowie der bautechnischen Details der Asset-Klasse Logistikimmobilie stützt.

J. van den Hogen (✉)
München, Deutschland
E-Mail: jan.vandenhogen@deka.de

© Der/die Autor(en), exklusiv lizenziert an Springer Fachmedien Wiesbaden
GmbH, ein Teil von Springer Nature 2023
P. H. Voß (Hrsg.), *Die Neuerfindung der Logistik*,
https://doi.org/10.1007/978-3-658-41084-1_22

22.1   Einleitung

Die Asset-Klasse Immobilie ist in den vergangenen zwei Jahrzehnten zu einem festen und unverzichtbaren Bestandteil des Kapitalmarktes geworden. Spätestens seit der Finanzkrise 2007 hat sich die Erkenntnis durchgesetzt, dass Investitionen in Immobilien, die in einem hochwertigen Marktsegment bereitgestellt werden, eine vergleichsweise sichere und vor allem wenig volatile Kapitalanlage darstellen.

Unter den verschiedenen am Markt für institutionelle Investoren angebotenen Asset-Klassen war die Entwicklung bei Logistikimmobilien in den vergangenen zehn Jahren am bemerkenswertesten. Nicht nur dass sich deren Marktanteil am Investmentmarkt von ursprünglich 4 bis 5 % in Deutschland und Europa auf inzwischen über 25 % erhöht hat. Die Attraktivität von Logistikimmobilien drückt sich auch darin aus, dass die in dieser Asset-Klasse erzielbaren Renditen deutlich gesunken sind. Waren vor zehn Jahren bei Core-Immobilien noch Renditeunterschiede z. B. zu Büroimmobilien von 200 Basispunkten die Regel, so hat sich der Risikoaufschlag für Logistikimmobilien bis heute auf inzwischen 25 Basispunkte reduziert. An einigen Standorten Europas sind Logistikimmobilien heute sogar schon teurer als Büros.

Die daraus ablesbare wirtschaftliche Bedeutung von Logistik im Allgemeinen und Logistikimmobilien im Speziellen hat sich in der Wahrnehmung der Bevölkerung lange Zeit in diesem Ausmaß nicht widergespiegelt. Logistik wurde immer erst dann wahrgenommen, wenn etwas nicht funktionierte. Entsprechend haben erst der wachsende E-Commerce und dann besonders die COVID-Pandemie dazu beigetragen, dass der Wirtschaftszweig Logistik eine ganz neue Wertschätzung erfährt.

Denn wie stark eine moderne Volkswirtschaft von funktionierenden Lieferketten abhängt, haben wir alle hautnah erlebt, als nach Ausbruch der weltweiten Pandemie die Regale in den Supermärkten nicht mehr wie selbstverständlich mit Waren des täglichen Bedarfs gefüllt waren oder dringend benötigte Masken und Medikamente fehlten. Eine der wesentlichsten Erkenntnis hierbei ist, dass essenzieller Bestandteil der Supply Chain nicht nur Lkw, Schiffe, Flugzeuge oder Container sind, sondern eben auch Logistikimmobilien, in denen Waren gelagert oder weiterverarbeitet werden.

Insofern kann als Ausgangspunkt dieses Beitrags festgehalten werden: Logistikimmobilien sind heute sowohl als Investment am Kapitalmarkt als auch als fester Bestandteil funktionierender Lieferketten zur Versorgung von Industrie und Bevölkerung ein wesentlicher Grundstein für eine erfolgreiche Marktwirtschaft. Alles ist aber nichts, wenn die Immobilien nicht im Sinne ihres Nutzers, des Logistikunternehmens, oder ihres Eigentümers, dem Investor, bestmöglich gemanagt werden. Welche Anforderungen an ein modernes und erfolgreiches Asset Management von Logistikimmobilien heute gestellt werden, soll entsprechend im Nachfolgenden aufgezeigt werden.

Hierbei wird Asset Management (AM) definiert als „… *das verantwortliche strategische und operative Management sämtlicher rendite- und risikobeeinflussenden Maßnahmen auf Objekt,- Portfolio- und Gesellschaftsebene bezogen auf den gesamten Lebenszyklus der Immobilie(n)*" (RICS 2015).

22.2 Organisation des Immobilienmanagements

Das Immobilienmanagement hat seine Wurzeln im Facility Management, das vor etwa 50 Jahren in den USA als ein ganzheitliches strategisches Konzept zur Anlagebewirtschaftung entwickelt wurde (Diederichs 2006). Im Laufe der Zeit erforderte die Anlagebewirtschaftung und Gebäudeverwaltung eine zunehmende Professionalisierung und Diversifizierung der Managementaufgaben. Es stellte sich heraus, dass nicht nur das operative Denken in Bezug auf Gebäude wichtig ist (eine typische Facility-Management-Aufgabe), viel wichtiger noch sind die taktisch-strategischen Anlageüberlegungen (Immobilien Asset Management) im Hinblick auf Immobilienportfolios. Insofern erfordern ständig wachsende Portfolios eine zwischen das Strategische Asset und Facility Management geschaltete weitere Ebene, das Property Management. Dies führt zu folgendem generischen Organisationsmodell.

Eine enge Abgrenzung von Aufgaben und Verantwortlichkeiten, wie in Abb. 22.1 dargestellt, wird in der Praxis so starr nicht umgesetzt. Es besteht eine permanente Interaktion und Kooperation zwischen den verschiedenen Managementebenen, sodass die gemeinsamen Ziele der Managementorganisation erfolgreich realisiert werden können. Darüber hinaus ist die obige Aufgaben- und Zuständigkeitsverteilung abhängig von der Organisationsstruktur und Organisationsgröße des Real Estate Investment Managements (REIM). So können bei kleineren Unternehmen Managementebenen zusammengelegt werden oder eine horizontale Diversifizierung der Aktivitäten stattfinden. Denkbar ist z. B. auch, dass

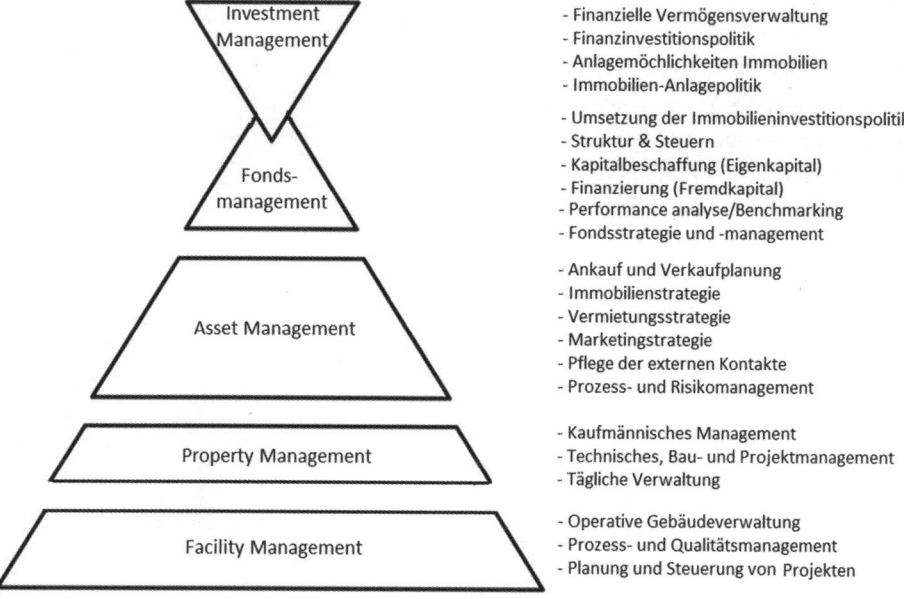

Abb. 22.1 Hierarchische Struktur der Immobilienverwaltungsorganisation. (Quelle: eigene Darstellung)

sich bei großen Investoren das Immobilien Asset Management in ein spezifisches objektorientiertes Verwaltungsmanagement und ein unterstützendes eigenes Vermietungsmanagement unterteilt.

22.3   Der Logistik Immobilien Asset Manager hat eine strategisch-beratende Funktion

Tesch (2013) hat ein ausführliches Diskussionspapier verfasst, in dem das Leistungsverzeichnis des Asset, Property and Facility Managements aus verschiedenen Blickwinkeln beschrieben wird. Die Schlussfolgerung aus dem Diskussionspapier ist, dass ein einheitliches Leistungsverständnis des Immobilien Asset Managements nicht definierbar ist. Aus den von Tesch (2013) gesammelten Informationen lässt sich jedoch eine Abgrenzung der Aktivitäten für den Logistikimmobilien Asset Manager (abgekürzt AM) ableiten (Abb. 22.2).

Auch hier gilt, dass es keine klare Abgrenzung für die verschiedenen Aufgabenbereiche der AM gibt. Klar ist allerdings, dass das Leistungsprofil des AM per definitionem kapitalorientiert ist. In vielen Fällen ist der AM der relevante Experte im Bereich des Logistikimmobilienmanagements. Sowohl die Fonds (oder Portfolio) Manager als auch die Property Manager müssen sich auf die Erkenntnisse und das Know-how verlassen können, die der AM in Bezug auf Logistikimmobilien und deren Nutzer hat.

Betrachtet man die komplette Immobilienverwaltungsorganisation, so ist der AM derjenige, welcher der Wertschöpfungskette den größten Mehrwert bringt. Durch seine Tätigkeit als Berater, sowohl für die Managementebene oberhalb als auch unterhalb des Asset Managements (siehe Abb. 22.1), hat der AM einen großen Einfluss auf die strategischen Entwicklungen in der gesamten Immobilieninvestitionskette.

Wichtige Beratungsaufgaben des Asset Managers im Bereich der Strategieentwicklung in der gesamten Immobilieninvestitionskette sind u. a.:

Abb. 22.2   Leistungen professionelles Immobilien Asset Management. (Quelle: eigene Darstellung)

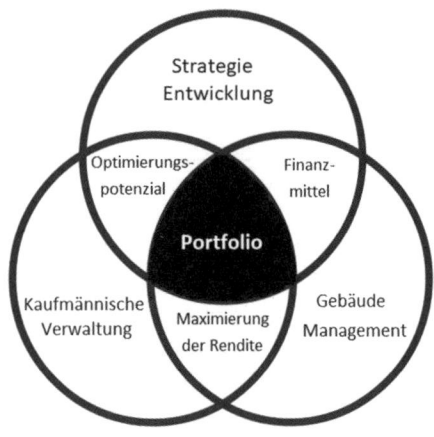

- Entwicklung und Umsetzung der Immobilienstrategie laut spezifischen Investmentkriterien aus der übergeordneten Portfoliostrategie
- Weiterentwicklung des betreuten Bestandes an Logistikimmobilien durch Optimierung der Investmentstrategie sowohl auf Objekt- als auch auf Portfolioebene
- Wertorientierte Steuerung und Anpassung der Vermietungsstrategien sowie strategische Steuerung und Monitoring der operativen (externen) Immobilienbewirtschaftung.

Nicht nur die interne Beratung gehört zu den Aufgaben des Asset Managers, letztlich muss der AM auch als Key Account Manager für die Mieter der Gebäude fungieren. Der Asset Manager muss in der Lage sein, die Lieferketten-Prozesse, die der Mieter im Gebäude durchführt, mitzudenken, den Mieter in gebäudeorientierten Ausbau- und Downsizing-Fragen zu beraten und dabei immer ein Auge auf die Sicherstellung des Anlageziels des Objekts zu behalten. Das Streben nach einer Win-Win-Situation für Investor und Mieter und die Möglichkeit, diese Ansätze intern in die Entscheidungsprozesse des Fondsmanagements integrieren zu können, ist ein wichtiger Erfolgsfaktor für ein optimales Renditebild. Später in diesem Kapitel wird das objektorientierte Management noch näher erläutert.

Der strategische Jahreszyklus zur Investmentstrategie des Asset Managements kann wie in Abb. 22.3 dargestellt definiert werden.

Um die Rolle des Beraters aus strategischer Sicht optimal auszufüllen, muss der AM fortlaufend einige gründliche Untersuchungen und Prüfungen in Bezug auf das Portfolio durchführen. Im Folgenden beschreiben wir eine Reihe maßgeblicher Aufgaben.

Investmentstrategie		
Aktuelles Portfolio	**Wunschportfolio**	**Erreichbares Portfolio**
- Jahresvergleich aktuelles vs. Wunschportfolio: Ist die strategie zufriedenstellend? - Verfügbarkeit (Mengen) - Erschwinglichkeit (Mietklasse) - Qualität (Gebäudezustand) - Managementaufwand - Nutzungs- und Lebensqualität - Mieterzufriedenheit	- Regelmäßige Aktualisierung der Portfoliostrategie und des gewünschten Portfolios - Definieren finanzieller und sozialer Rahmenbedingungen - Transformationsaufgabe	- Konfrontation des Wunschportfolios und der finanziellen und organisatorischen Stärke - Definieren bevorzugte Strategien pro Komplex - Definieren übergreifende Richtlinien und finanzielle Ansatzpunkte - Szenarioanalysen

Abb. 22.3 Grundsätze der Jahresplanung Immobilien Asset Management. (Quelle: eigene Darstellung)

22.3.1 Strategische Markt- und Standortanalysen.

Zur Optimierung des betreuten Bestandes und zur Beratung des Fondsmanagements ist es Aufgabe des AM:

- Markt- und Standortanalysen durchzuführen
- Investitions- und Veräußerungsopportunitäten zu prüfen (Hold-Sell-Buy-Analysen)
- Kostenoptimierungs- und Ertragspotenziale im Portfolio zu identifizieren
- Möglichkeiten zu erkunden, um die jeweils optimale Portfoliozusammensetzung zu erreichen.

Insbesondere im Bereich der Investitionen in Logistikgebäude sind Kenntnisse über folgende marktspezifische Gegebenheiten und Entwicklungen notwendig:

- Wie lauten die Mindestanforderungen eines (Kontrakt)Logistikers oder E-Commerce/ E-Fulfillment-Unternehmens an eine Logistikimmobilie (Büroanteil, Hallenhöhe, Bodentragfähigkeit, Brandabschnitte, Anzahl der Rampentore, potenzielle Erweiterbarkeit, Sicherheit usw.)?
- Wo befinden sich die Top-Logistikregionen in dem jeweiligen Investitionsmarkt, gibt es ausreichend Grundstücksreserven für Expansionsmöglichkeiten, wie ist die infrastrukturelle Anbindung heute und für die Zukunft geplant, verfügt die Region über ausreichend Arbeitskräftepotenziale?
- Welche bestimmte Art von Logistikgebäuden wird in einer Region besonders nachgefragt, sind dies überwiegend XXL-Hallen, spezifische Gebäude für Automobilbauer oder eher Gebäude für eine (leichte) industriebezogene Nutzung?

Ein Beispiel für letztgenannten Aspekt aus Deutschland: Nicht jede Logistikregion in Deutschland hat eindeutige Merkmale für eine bestimmte Logistikaufgabe. Logistische Hotspots finden sich vor allem dort, wo es vorrangiges Ziel ist, die Bevölkerung in Metropolregionen zu versorgen. Globale Gateways wie Hamburg oder Frankfurt, aber auch Leipzig/Halle, sind auf eine multimodale Infrastruktur (Autobahn, Wasser, Luft und Schiene) angewiesen. Auf der anderen Seite sind Regionen wie das Rhein/Main-Gebiet, das Ruhrgebiet und Stuttgart geprägt von produktionsorientierter Logistik (Nehm 2016).

Die unterschiedlichen Funktionsschwerpunkte in den verschiedenen Logistikregionen haben sich über Jahrzehnte entwickelt. Flächenknappheit, fehlendes Arbeitskräftepotenzial und immer weniger Baugenehmigungen für Logistikgebäude führen jedoch dazu, dass andere (neue) Logistikregionen oder neue (über)regionale Logistikcluster entstehen.

Sogenannte Logistikkorridore geben einen Hinweis auf zukünftige Investitions- und Vermietungschancen entlang bestehender Logistik- und Gewerbeparks. Ein Beispiel hierfür ist der Rhein-Donau-Korridor in Europa, der im Wirtschaftszentrum Straßburg beginnt, über den Frankfurter Raum, Süddeutschland, Wien, Bratislava und Budapest verläuft und schließlich am Schwarzen Meer endet. Der Gesamt-Korridor verfügt über

5700 km Schiene, 4870 km Straßennetz, 2 Seehäfen, 11 Kernnetz-Flughäfen und 14 trimodale Terminals (Bundesministerium für Digitales und Verkehr 2022). Ein Standort innerhalb dieses Korridors bietet damit sowohl heute als zukünftig hervorragende Investitions- und Renditemöglichkeiten.

Aufgabe des AM ist es, sein Wissen über die logistischen Regionen und länderübergreifenden Logistik-Korridore seinem Fondsmanagement als Grundlage für dessen Investitions- oder De-Investitionsentscheidungen zur Verfügung zu stellen. Wichtig ist es dabei, immer die Renditeziele des REIM im Auge zu behalten. Eine Aufgabe, die bei der sehr dynamischen Preisentwicklung von Logistikinvestments in den vergangenen Jahren sehr herausfordernd war und zukünftig auch bleiben wird.

22.3.2 Einfluss der Markttrends auf das Logistikimmobilien-Asset-Management

In Bezug auf die Logistikimmobilie als Kapitalanlage ist neben Kenntnissen zum optimalen Standort objektspezifisches Know-how gefragt. Noch vor Jahren war es üblich, die Gebäudekonfiguration einer Logistikimmobilie auf „quadratisch-praktisch-gut" zu reduzieren und demzufolge die Managementaufgabe im Vergleich zu anderen Assetklassen als doch eher überschaubar zu belächeln. Dass diese Sichtweise deutlich zu kurz greift, wissen Immobilieninvestoren spätestens seitdem sich die Anforderungen an die Logistikimmobilie in Zeiten des E-Commerce deutlich geändert haben.

Fiege und Alfermann (2016), Van den Hogen (2017) und Kille und Nehm (2017) identifizieren eine Reihe von Trends, die maßgeblich darüber entscheiden werden, wie Logistikimmobilien in den kommenden Jahren konfiguriert sein werden. Maßgeblich für die Ausgestaltung der Logistikimmobilie der Zukunft ist hiernach, welche Aufgaben innerhalb der Lieferkette in dem Gebäude ausgeführt werden sollen.

Die größten Änderungen für die Gebäudekonfiguration einer Logistikimmobilie haben in den vergangenen Jahren ohne Zweifel der wachsende E-Commerce und hiermit einhergehend das E-Fulfillment bewirkt. Verantwortlich hierfür ist die fundamentale Umkehrung der Lieferkette auf der letzten Meile von ursprünglich B-to-B (die Ware wird in die Läden des Stationärhandels geliefert) zu B-to-C (die Ware wird direkt an den Endverbrauchen geliefert). Als prägendstes Beispiel für den Einfluss, den dieser Wandel auf Logistikimmobilien hat, seien hier die inzwischen etablierten zwei- oder dreistöckigen XXL-Logistikimmobilien von Amazon oder Zalando genannt. In diesen werden auf Mezzaninenflächen heute die einzelnen Waren für den Endkunden kommissioniert anstatt auf Regalen oder Paletten in großen Stückzahlen gelagert und distribuiert zu werden. Neben diesen sehr großen und meist dezentral angesiedelten Logistikimmobilien hat sich ein feinmaschiges urbanes Verteilnetz mit sehr spezifischen Cross Dock-Immobilien der KEP-Dienstleister wie z. B. dem MechZB von DHL etabliert, die die kommissionierte Ware aus den XXL-Logistikimmobilien aufnehmen und auf der letzten Meile an den Endkunden verteilen.

Ein ganz anders gearteter Trend, der Einfluss auf die Gebäudekonfiguration von Logistikimmobilien hat, ist der Klimaschutz. Immobilien sind in der EU für 40 % des Energieverbrauchs und 36 % der Kohlenstoffemissionen verantwortlich (Poos 2020). Ziel der EU ist der nahezu klimaneutrale Immobilienbestand. Dieses politische Ziel setzt die Investoren (Entwickler) unter großen Druck, möglichst nachhaltig zu bauen. Zudem sind die Mieter/Nutzer aufgefordert, ihre Lieferketten so nachhaltig wie möglich aufzustellen. Einige dem AM zur Verfügung stehende Mittel, um diese Ziele zu unterstützen, sollen nachfolgend angesprochen werden.

Institutionelle Anleger sind aufgefordert, wenn nicht sogar dazu gezwungen, die staatlich vorgegebenen ESG-Kriterien kurzfristig in ihre Investmentpolitik als Grundlage für nachhaltige Investments zu implementieren. Ein gutes Beispiel für die Unterstützung ökologischer Ziele ist die zunehmende Realisierung von Brownfield-Entwicklungen. In absehbarer Zeit werden keine Grünen Wiesen mehr für die Entwicklung von Logistikimmobilien zur Verfügung stehen. Eine gute Alternative sind ehemals industriell genutzte Flächen, die einer neuen logistischen Nutzung zugeführt werden können. Hier ist aber auch Vorsicht geboten: Weder der Investor, noch der Mieter/Nutzer wollen auf kontaminiertem Boden bauen. Da dies bei Brownfields häufig der Fall ist, müssen solche Risiken im Vorfeld des Ankaufs oder einer Projektentwicklung identifiziert und behoben werden.

Daneben haben sich inzwischen diverse Instrumente etabliert, die es einem Investor ermöglichen, den ESG-Kriterien gerecht zu werden. Dies sind u. a.:

- Zertifizierungen von Gebäuden (LEED, BREEAM oder DGNB)
- Green Leases, Mietverträge mit ausführlichen gegenseitigen Nachhaltigkeitsvereinbarungen
- Nutzung neuer Technologien wie Fotovoltaik auf den Dächern, E-Ladestationen, Super Charger, E-Lkw, an der Außenfassade installierte Solarfolien, Tageslichtmaximierung durch große Oberlichter, energieeffiziente Beleuchtung, innovative Dämmung zur Effizienzsteigerung der Beheizung und Kühlung, vertikales oder mehrstöckiges Bauen usw.

Ein weiterer Trend, der sich in den vergangenen Jahren entwickelt hat, ist die Realisierung von BTS (Built-to-suit)-Projekten. Bei BTS wird eine Immobilie an die individuellen Bedürfnisse und Vorgaben des zukünftigen Nutzers/Mieters angelehnt. Der Entwickler oder spätere Investor hat hierbei meist nur noch einen sehr geringen Einfluss auf die erstellte Gebäudekonfiguration. Aufgrund der weiter zunehmenden Komplexität von Lieferketten, lager- und fördertechnischen Anforderungen, Anwendung von Picking Towers, Shuttle-Lagerung und anderen innovativen Transporttechniken ist damit zu rechnen, dass der Anteil von BTS-Immobilien weiter steigen wird. Aufgabe des AM ist es bei dieser Entwicklung, das Fondsmanagement auf hiermit verbundene Risiken in der Nachvermietung hinzuweisen und im Extremfall ein Investment abzulehnen.

Zunehmende Cyberkriminalität mit Exzessen wie Hackerangriffen und Datendiebstahl ist leider auch als Trend festzustellen und führt zu steigenden Kosten bei der Neuentwicklung hinsichtlich der Notwendigkeit von hochwertiger IT-Infrastruktur und Stromversorgung. Der AM muss auf diese Entwicklungen hinweisen und sowohl bei Neuinvestitionen als auch im Bestand z. B. das Risiko einer sehr schlechten Kabel-Infrastruktur einwerten.

Einige Trends, die noch vor einigen Jahren im Logistikmarkt als disruptiv galten, sind Industrie 4.0 und Internet of Things, der Einsatz von Lang-Lkw und die Rückkehr von Offshoring zu Nearshoring. Es hat sich jedoch herausgestellt, dass die Einflüsse dieser Trends begrenzt geblieben sind. Vielleicht wird Nearshoring in der Zukunft, ausgelöst durch Kriegsgewalt oder globale Handelsembargos zu einem wichtigeren Thema. Allerdings hat der Westen viel Geld in Länder mit geringeren Arbeitskosten investiert, sodass es praktisch unmöglich ist, sich ohne größeren wirtschaftlichen Schaden wieder aus diesen Ländern zurückzuziehen. Hier stehen wir erst am Anfang eines Veränderungsprozesses in den globalen Prozessketten. Das Ergebnis bleibt abzuwarten.

22.4 Die taktisch-strategische Beratungsaufgabe der Immobilien Asset Managers

Eine zweite wichtige Tätigkeit des AM ist das taktisch-strategische Portfoliomanagement. Die enge Zusammenarbeit mit dem Fonds- und Property Management ist notwendig und unabdingbar.

22.4.1 Lebenszyklus einer Logistikimmobilie

Der Lebenszyklus einer Logistikimmobilie hängt eng mit den Möglichkeiten einer sinnvollen wirtschaftlichen Nutzung der Gebäude zusammen. Die wirtschaftliche Bedeutung einer Gewerbeimmobilie besteht darin, zu vertretbaren Kosten einen Beitrag für die Geschäftsprozesse des Nutzers zu leisten.

Die Immobilien-bezogenen Kosten während der Nutzungsdauer der Immobilie werden als Lebenszykluskosten bezeichnet, wobei verschiedene Prozessphasen während der Nutzungsdauer einen bestimmten, dynamischen Einfluss auf die gesamten Lebenszykluskosten haben.

Im Grunde umfasst die Nutzungsdauer einer Gewerbeimmobilie alle Lebensphasen von der Markteinführung nach Abschluss des Baus bis zum Zeitpunkt des Abrisses, wenn keine weitere sinnvolle Nutzung möglich erscheint. Das Konzept der Nutzungsdauer hat einen engen Bezug zum Konzept der wirtschaftlichen und technischen Lebensdauer. Die wirtschaftliche Lebensdauer ist der Zeitraum, in dem die Immobilie ihre Funktion erfüllt (die Immobilie kann uneingeschränkt für seine Zwecke verwendet werden).

Die technische Lebensdauer ist der Zeitraum, in dem die Bau- und Installationselemente der Immobilie technisch, nach den funktionalen Standards, genutzt werden können. Diese Lebensdauer ist abhängig von einer großen Anzahl von Faktoren, wie zum Beispiel Entwurf, Sorgfältigkeit der Detaillierungen, Nachhaltigkeit der verwendeten Baumateria-

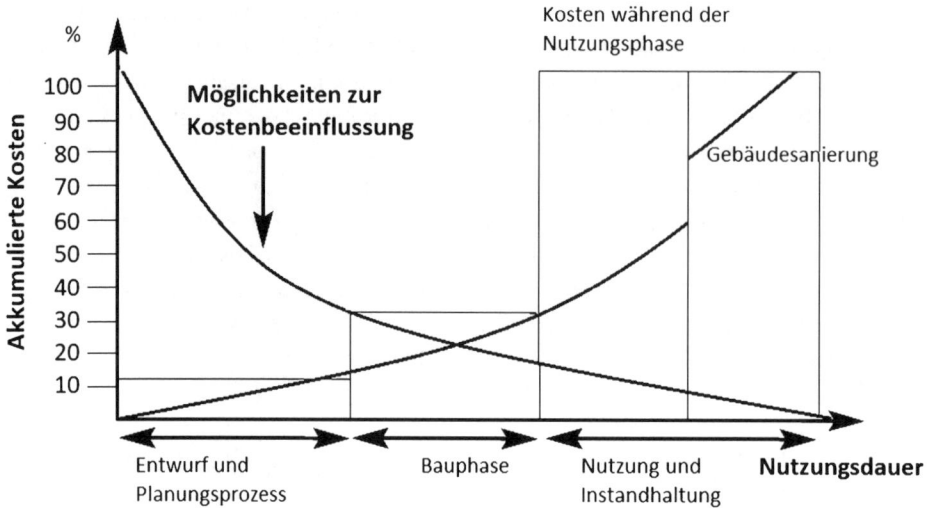

Abb. 22.4 Lebenszyklusmodell mit Kostenentwicklung in verschiedenen Phasen. (Quelle: eigene Darstellung)

lien, Qualität der Konstruktion, Nutzungsintensität, Instandhaltung und Wartung: Schutz, Reparatur, Austausch und Erneuerung von Elementen (Beukering 2008).

Unter Berücksichtigung der genannten Faktoren sind die technische Lebensdauer und die langfristigen Wartungskosten vorhersehbar. Es sollte klar sein, dass die wirtschaftliche Lebensdauer in den meisten Fällen von der technischen Lebensdauer übertroffen wird. Um die wirtschaftliche Lebensdauer zu verlängern, kann eine Gebäudesanierung oder eine anderweitige Gebäudemodifikation vorgenommen werden, damit das Gebäude wieder den Anforderungen des aktuellen Marktes entspricht (Abb. 22.4).

Ein zweites wichtiges Konzept im Lebenszyklus einer Gewerbeimmobilie sind neben der Lebensdauer die Lebenszykluskosten. Hierbei hängt ein Großteil der Kostendynamik im Immobilienlebenszyklus von der Funktion eines Gebäudes ab.

22.4.2 Aufgabenbereich auf taktisch-strategischer Ebene

Die zu Beginn dieses Kapitels gegebene Definition von Asset Management macht deutlich, dass es Kernaufgabe des Asset Managers ist, die Nutzungsdauer der von ihm verwalteten Gebäude so lange und so optimal wie möglich sicherzustellen. Diese langfristige Ausrichtung seiner Aufgabe erfordert ein breites Verständnis der Trends, die den Logistikmarkt in den kommenden Jahren dominieren werden (siehe Abschn. 22.3). Eine darüber hinaus gehende Definition seiner Aufgabenstellung ist aufgrund der bereits diskutierten Marktkomplexität und Vielfalt schwierig. Sowohl aus den oben beschriebenen strategischen Anlagezielen als auch aus der möglichst genauen Schätzung aller Kosten und Eventualitäten, die während des Immobilienlebenszyklus auftreten können, liegen die wichtigsten Aufgaben im taktisch-strategischen Entscheidungsprozess des AM bei der Evaluierung und Ausrichtung der Objektstrategie, der Überprüfung des Budgets nebst Vornahme notwendiger Anpassungen sowie bei der Umsetzung der daraus resultierenden Pläne.

Im Folgenden soll jede dieser taktisch-strategischen Aktivitäten des AM kurz erläutert werden.

Die Bewertung auf Objekt- und/oder Komplexebene betrifft im Wesentlichen die Aktualisierung des Marktwertes sowie die Analyse der finanziellen Performance, der Rendite, der Cashflows und der daraus resultierenden Wertentwicklung der Immobilie.

Auf Grundlage aller oben beschriebenen Trends und Marktanalysen muss beurteilt werden, wo im Portfolio Anpassungen erforderlich oder gewünscht sind und ob die finanziellen Rahmenbedingungen auf Objekt- oder komplexer Ebene noch mit der Anlagepolitik des Eigentümers übereinstimmen. In aller Regel werden diverse verschiedene Szenarios auf Basis von alternativen Hold-Sell-Invest-Analysen erstellt.

Im Hinblick auf die kurz-, mittel- und langfristige Planung (einschließlich mehrjähriges Budget) muss der AM eine Einschätzung dazu vornehmen, wie sich die Kostenentwicklung in der Nutzungsphase des Lebenszyklus weiterentwickelt und ob die im gesamten Lebenszyklus geplanten CAPEX (Capital Expenditures = Investitionen in großflächige Gebäudeumbauten oder -sanierungen) ausreichen, um die geplanten Renditeziele nachhaltig sicher zu stellen.

Darüber hinaus ist in enger Abstimmung mit dem Property Management eine Ausschreibung der in den kommenden Jahren geplanten Arbeiten durchzuführen, sowie bei deren Ausführung ein enges Monitoring der Bau- und Anpassungsprozesse in Bezug auf die Logistikimmobilie vorzunehmen.

22.5   Due-Diligence-Prozesse in der Ankaufphase der Logistikimmobilie

Zweck eines Due-Diligence-Prozesses beim Immobilienankauf ist es, alle Voraussetzungen und Annahmen bezüglich des zu erwerbenden Objekts zu prüfen, um die mit dem Ankauf verbundenen potenziellen Risiken zu identifizieren.

In der Regel besteht eine Due Diligence aus mehreren Teilprüfungen wie Commercial Due Diligence (CDD), Legal und Financial Due Diligence sowie Steuerliche Due Diligence. Sehr oft werden hierfür externe Berater (Anwälte, Wirtschaftsprüfer, Steuerberater) eingebunden. Hauptaufgabe des AM ist es, alle Due-Diligence-Teilprüfungen der CDD übergreifend zu leiten und die damit verbundenen Prozesse zu überwachen. Die operative Verantwortung der CDD fällt in aller Regel vollständig einer eigenständigen Einheit beispielsweise im Akquisitionsbereich zu. Die Commercial Due Diligence umfasst Marktanalysen, Mietanalysen, Risikobewertungen, die sich aus dem/den Mietvertrag/-verträgen ergeben, sowie Analysen der Zukunftstauglichkeit des Geschäftsmodells des zukünftigen Mieters.

Hierbei leistet der AM seinen großen Mehrwert in der Wertschöpfungskette. Basierend auf seiner Marktexpertise, seinem Know-how über die Entwicklungen in der Logistikbranche, seinem fundierten Wissen über die Trends, die die Nutzer der Immobilie in den kommenden Jahren beeinflussen werden, und einem Bewusstsein dafür, wie sich nationale und globale Lieferketten immer wieder neu erfinden, wird sichergestellt, dass Risiken, aber auch Chancen so transparent wie möglich dargestellt werden. Aufgrund der großen Bedeutung von ESG bei Investitionsentscheidungen ist ein weiterer wichtiger Teil der Commercial Due Diligence die Nachhaltigkeitsprüfung des Gebäudes. Obwohl das E von ESG damit abgedeckt ist, muss das AM auch die Unternehmenskultur, die Diversitätsprinzipien und den rechtlichen Status des zukünftigen Mieters in Bezug auf das S und G in ESG bewerten.

An dieser Stelle ist ein kurzer Exkurs zurück zu den Gesamtkosten während der Lebensdauer einer Logistikimmobilie (Abschn. 22.4.1) angebracht, denn schließlich sind die Betriebskosten einer der wichtigsten ausschlaggebenden Faktoren für die performanceabhängige Rendite einer Immobilie. Durch die Einflussmöglichkeiten eines erfahrenen AM während der Lebensdauer des Objekts ergibt sich ein erhebliches Einsparpotenzial, sofern er die beschriebenen Trends auch im wirtschaftlichen Sinne mit berücksichtigt. Das größte Einsparpotenzial bietet sich, wenn der AM bereits direkt in die Entwicklungs- und Bauphase einbezogen wird. Seine Beratungskompetenz bei der Umsetzung architektonischer und bautechnischer Maßnahmen gleich zu Baubeginn kann dazu beitragen, spätere operative Probleme zu vermeiden. Dies wird sich in der Regel sehr positiv auf die Cashflows auswirken.

Oft ist dies jedoch nicht möglich, da eine bereits bestehende und vermietete Immobilie gekauft wird. Aufgabe des AM ist es dann, sich kritisch mit den Ergebnissen der technischen Due Diligence und der Kostenverteilung zwischen Mieter und Vermieter auseinanderzusetzen und diese in seine Ankaufsempfehlung einzubauen.

Es gibt selbstverständlich viele Möglichkeiten, die während des Lebenszyklusses einer Immobilie anfallenden Kosten und die hiermit für die Investoren einhergehenden Renditerisiken beherrschbar zu machen. Das probateste Mittel sind sogenannte Triple-Net-Mietverträge nach angelsächsischem Vorbild. Der Mieter übernimmt hierbei neben allen Betriebskosten wie Strom, Heizung, Versicherung, Grundsteuern und laufenden Instandhaltungskosten auch die Instandsetzungskosten von „Dach und Fach". Oft muss der Vermieter dem Mieter bei dieser Art von Verträgen in der Nettomiete etwas entgegenkommen, hat dadurch aber das Kostenrisiko minimiert. Durch die Verlagerung der Kosten auf den Mieter können die Gesamtkosten während der Nutzungsdauer der Immobilie besser kalkuliert und meist niedrig gehalten werden.

Wenn ein Investor spekulativ kauft (z. B. Ankauf einer Projektentwicklung, bei der es noch keinen Mieter gibt), ist der Wissensinput des AM von entscheidender Bedeutung. Ohne eine gründliche und klare Kenntnis der Immobilienmärkte und Einblick in die Bedürfnisse der Logistikdienstleister entstehen beim spekulativen Ankauf kurz- und langfristig ernsthafte Risiken wie langer Leerstand oder hohe Vermietungs- und Umbaukosten. Diesen Risiken spekulativer Ankäufe stehen aber genau so große Chancen gegenüber, etwa die Möglichkeit, sich schon sehr frühzeitig ein Investment zu sichern und an einem Markt mit Nachfrageüberhang sehr attraktive Renditen zu erzielen.

22.6   Fazit

In den vergangenen Jahren hat sich die Erkenntnis durchgesetzt, dass Logistik und Logistikimmobilien eine enorme Bedeutung für eine moderne Volkswirtschaft haben. Entsprechend fristen Investitionen in Logistikimmobilien heute auch kein Nischendasein mehr, sondern stehen bei institutionellen Investoren inzwischen ganz weit oben auf deren Einkaufslisten. Um die hiermit einhergehenden Renditeerwartungen auch erfüllen zu können, bedarf es vor dem Ankauf, während der Haltedauer und am Ende eines Immobilienlebenszyklusses eines professionellen Managements der Immobilien, in dessen Mittelpunkt ein gut ausgebildeter Asset Manager steht. Dessen Know-how muss fundamental aufgebaut und fortlaufend auf die aktuellen Entwicklungen am Markt angepasst werden. Mehrstöckige Logistikimmobilien, multifunktionale Mischgebäude und Mikrodepots als Umschlagzentren für die Innenstadtbelieferung sind Beispiele für potenzielle Investitionschancen, die sich erst jüngst entwickelt haben und ein modernes Asset Management vor neue Herausforderungen stellen.

In diesem Beitrag wurden eine Reihe wichtiger strategischer Aufgabenstellungen beschrieben, die ein AM heute abdecken muss, um die Investitionspolitik eines Investors unterstützen zu können. Klar ist, dass nur auf die Assetklasse Logistikimmobilien spezialisierte Asset Manager in der Lage sind, die Brückenfunktion zwischen Fondsmanagement und Property Management zu erfüllen, um einen soliden Beitrag zu einer ungestörten und nachhaltigen Performance von Logistikimmobilien im Portfolio zu gewährleisten. Hierbei reicht es nicht, Aufträge an das Property und Facility Management zu delegieren. Wichtiger ist der strategisch kreative Denkprozess im Sinne des Mieters, unterstützt durch gründliche Kenntnisse sowohl des Logistiksektors mit all seinen Besonderheiten als auch der bautechnischen Grundlagen von Logistikimmobilien.

Literatur

Beukering, C. van: Vastgoedmanagement. SDU uitgevers BV, Den Haag (2008)

Bundesministerium für Digitales und Verkehr: Korridormanagement. https://www.bmvi.de/SharedDocs/DE/Artikel/G/transeuropaeische-verkehrsnetze-korridormanagement.html (2022). Zugegriffen 27. April 2022

Diederichs, C.J.: Immobilienmanagement im Lebenszyklus. Springer Verlag, Berlin Heidelberg (2006)

Fiege, J. und Alfermann, K.: Anforderungen eines Kontraktlogistikers an eine Logistikimmobilie. In Münchow, M-M. (Hrsg.) Kompendium der Logistikimmobilie – Entwicklung, Nutzung und Investment, S. 92–95. IZ Immobilien Zeitung Verlagsgesellschaft, Wiesbaden (2016).

Kille, C. und Nehm, A.: Zukunft der Logistikimmobilien und Standorte aus Nutzersicht. Initiative Logistikimmobilien Logix GmbH, Weiterstadt (2017)

Nehm, A.: Logistikgeografie – Typologisierung der Logistikstandortstrukturen in Deutschland, in: Münchow, M-M. (Hrsg.), Kompendium der Logistikimmobilie – Entwicklung, Nutzung und Investment, S. 92–95. IZ Immobilien Zeitung Verlagsgesellschaft, Wiesbaden (2016).

Poos, K.: ESG lässt Sanierungswelle von Logistikimmobilien erwarten. IPE D.A.CH. https://www.institutional-investment.de/content/real-assets/kommentar-esg-laesst-sanierungswelle-von-logistikimmobilien-erwarten.html (2020). Zugegriffen 29. April 2022

RICS (2015). RICS Leitfaden: Leistungsverzeichnis Asset Management in Deutschland. RICS Deutschland Ltd.: Frankfurt am Main

Tesch, S.: Entwicklung der Leistungsbilder Asset, Property und Facility Management. Discussion Paper des Fachbereichs Ingenieurswissenschaften 2 im Studiengang Facility Management Nr. 2013 ■ 7. https://ccpmre.de/wp-content/uploads/ftp-uploads/fachbuecher/CCPMRE_DP_2013_Leistungsbilder.pdf (2013). Zugegriffen: 25. April 2022

Van den Hogen, J.: Inquisitive Publication, No. 2: Future Logistics Accommodation. AP Consult Press, Arnhem (2017)

Jan van den Hogen absolvierte seinen Master of Science in International Real Estate Management an der University of Greenwich, London und der Saxion University of Applied Sciences. Darüber hinaus schloss er ein auf die Logistik zugeschnittenes spezialisiertes Post-Master-Studium an der Nyenrode Business University ab. Er arbeitet er als Logistikspezialist in der Abteilung Strategisches Mietermanagement (Spezialisten) bei der Deka Immobilien Investment GmbH. Zuvor war er ca. 20 Jahre bei verschiedenen Logistikinvestoren in den Niederlanden und Deutschland tätig.

Digitalisierung und Einsatz von KI in der Lagerlogistik am Beispiel von Videomanagementsystemen

23

Hendrik Reger

Zusammenfassung

Der Grad der Digitalisierung und Automatisierung von Prozessen entscheidet heute über die Wettbewerbsfähigkeit von Logistikdienstleistern. Deshalb wird eine breite Palette digitaler Lösungen zur Beschleunigung und Optimierung der Abläufe genutzt, darunter auch Videomanagementsysteme. Die Grundvoraussetzungen für das Training und die Integration künstlicher Intelligenz bringen solche Anwendungen bereits mit. Sie führen große digital erfasste Datenmengen (z. B. Video-, Scan- und Ortungsdaten) aus unterschiedlichen Quellen automatisch zusammen und können diese breite Datenbasis für verschiedenste Zwecke bereitstellen. Dieser Beitrag beschäftigt sich mit der Frage, wie digitalisiert die Lagerlogistik heute ist, wie viel künstliche Intelligenz in logistikspezialisierten IT-Systemen bereits steckt und wie der zunehmende Einsatz von KI in Zukunft auch die Weiterentwicklung von Videomanagementanwendungen mitgestalten wird.

H. Reger (✉)
Bordesholm, Deutschland
E-Mail: hendrik.reger@divis.eu

© Der/die Autor(en), exklusiv lizenziert an Springer Fachmedien Wiesbaden GmbH, ein Teil von Springer Nature 2023
P. H. Voß (Hrsg.), *Die Neuerfindung der Logistik*,
https://doi.org/10.1007/978-3-658-41084-1_23

23.1 Status quo: Wie digital ist Lagerlogistik heute und welche Rolle spielt KI?

23.1.1 Digitalisierungs- und Automatisierungsgrad der Lagerlogistik von heute

Logistikunternehmen haben die hohe Relevanz von Digitalisierung und Automatisierung für ihre Wettbewerbsfähigkeit erkannt. Noch 2018 glaubten in einer Befragung durch das Bundesministerium für Wirtschaft und Energie nur 23 % der Unternehmen aus dem Bereich Verkehr und Logistik daran, dass Digitalisierung für sie sehr oder gar äußerst wichtig sei. Der Digitalisierungsindex für diesen Bereich lag damals bei 43 von 100 Indexpunkten. 36 Monate später, im Jahr 2021, ist dieser Wert auf 70,1 Punkte angestiegen (BMWi 2018, S. 13, 17; 2021, S. 4).

Tablets, Smartwatches, Wearables und Software begleiten Mitarbeitende heute in der Logistikhalle und sorgen für die Optimierung und Straffung der Arbeitsabläufe. Drohnen erleichtern in einigen Hallen die Inventur. Dabei schweben die kleinen Luftfahrzeuge meist von Menschenhand ferngesteuert entlang der Waren und erfassen die Barcodes oder auch andere Codes auf den Etiketten. Datenbrillen zeigen Mitarbeitenden an, welche Waren oder Ersatzteile in welcher Stückzahl zu bearbeiten sind, und erinnern sogar, falls etwas vergessen werden sollte (BVL Service GmbH 2021, S. 4). Fahrerlose Transportsysteme, Regalbediengeräte und Fördergeräte übernehmen den Transport von Waren in der Logistikhalle und senken den Anteil körperlicher Arbeit. Leerfahrten oder unnötige Umwege durch menschlich gesteuerte Gabelstapler entfallen. In der Kommissionierung werden neben Verpackungsmaschinen Roboter mit menschenähnlichen Fähigkeiten eingesetzt, bspw. in Form von Roboterarmen, die eine ganze Abfolge von Handlungen übernehmen können (Mecalux GmbH 2019).

Viele Prozesse sind mittlerweile stark digital vernetzt. Ursprünglich unabhängige Systeme und Funktionen werden miteinander verknüpft und neue Funktionalitäten gewonnen. Videomanagementsysteme zur Sendungsverfolgung in der Logistikhalle nutzen die Digitalisierung ebenfalls umfangreich und führen Bewegtbild-, Scan-, Ortungs- sowie Volumenvermessungsdaten mit anderen Sendungsinformationen zusammen. Sie entlasten fehleranfällige Knotenpunkte in der Prozesskette, an denen heute der Mensch noch vielfach beteiligt ist, und liefern wertvolle Informationen zur Lokalisierung von verstellter Ware, für die Aufklärung von Schadens-, Diebstahl- und Haftungssituationen, bei Beschädigungen durch falsches Lagern, Laden und Stapeln, unzureichende Ladungssicherung und für die betriebliche Sicherheit (DIVIS 2022a).

Durch Datenverknüpfung kann das Videomanagementsystem nicht nur die Position einer Ware und ihren Weg durch das Umschlaglager visualisieren, sondern zudem Auskunft über Aussehen und Zustand der Sendung geben. Darüber hinaus stehen die Daten für weitere nützliche Automatisierungen in diversen Unternehmensbereichen bereit, wie z. B. für die Zufahrtskontrolle, statistische Auswertungen und die softwaregesteuerte Volumenkontrolle von Warensendungen, die zeitaufwendiges Vermessen von Hand ersetzt.

Das spart nicht nur Zeit und integriert sich nahtloser in die Abläufe im Gegensatz zum manuellen Vorgang, sondern ermöglicht auch Schritte, die sonst nicht machbar wären. Die Volumenbestimmung von Warensendungen kann in einem Videomanagementsystem auch dann noch durchgeführt werden, wenn die Ware bereits weiterverladen ist und das Umschlaglager wieder verlassen hat (DIVIS 2022b).

Es wird deutlich, dass digitale Anwendungen in der Lagerlogistik bereits weit verbreitet sind. Welchen Stellenwert dabei künstliche Intelligenz einnimmt, wird im nächsten Kapitel näher beleuchtet.

23.1.2 Der Einsatz von KI in der modernen Lagerlogistik

In einer Befragung der Bitkom zur Digitalisierung der Logistik im Jahr 2019 gingen 71 % der Unternehmen davon aus, dass künstliche Intelligenz bis 2030 etliche Aufgaben in der Logistik wie etwa die Planung von Routen oder die Bestellung von Waren übernehmen wird. Das Umfrageergebnis zeigt, dass viele Unternehmen KI als Zukunftstechnologie einstufen und darin die große Chance sehen, durch Innovation und noch mehr Effizienz Ressourcen und Kosten weiter einzusparen. Gleichzeitig wird aus der Bitkom-Erhebung deutlich, dass die Logistikbranche in puncto KI noch ganz am Anfang steht und ihr Potenzial bislang kaum ausgenutzt hat. Nur sechs Prozent der 514 Befragten gaben an, künstliche Intelligenz bereits in ihrem Unternehmen einzusetzen (Bitkom Research 2019, S. 5).

Doch so gering dieser prozentuale Anteil bisher auch sein mag, zeigt er dennoch, dass KI die Logistikbranche bereits mitgestaltet. Ein Beispiel ist der KI-gesteuerte Datenabgleich, um fehlerhafte Stammdateninformationen schnell und zuverlässig zu erkennen. Außerdem wird künstliche Intelligenz bei der Warensteuerung für die Wegeoptimierung im Lager, für die Bestandskontrolle und die Nachschubsteuerung genutzt. Über Datenbrillen erfasste Echtzeit-Daten werden durch KI für Verbesserungsvorschläge im Arbeitsablauf ausgewertet. Intelligente Chatbots helfen dabei, in der zeitkritischen Transportkette den Informationsfluss aufrecht zu erhalten. Auch im Hofmanagement sowie bei Be- und Entladeprozessen übernimmt KI in Logistikanwendungen schon jetzt erste Aufgaben (Arvato Systems GmbH 2021, S. 6 f.).

Im Bereich Robotik sind ebenfalls weiterentwickelte Systeme mit KI zu finden. So bietet z. B. Firma Knapp mit dem Pick-it-Easy Robot einen Kommissionier-Roboter an, der mit Hilfe künstlicher Intelligenz über umfangreiche Lernfähigkeiten bereits verfügt. Der Pick-it-Easy Robot geht mit dem heute im Online-Versandhandel üblichen, ständig wechselnden Warensortiment problemlos um und kann Gegenstände je nach ihrer Beschaffenheit korrekt greifen, ohne sie zu beschädigen oder fallen zu lassen (KNAPP AG 2021). Man kann sich gut vorstellen, dass in dieser Entwicklung noch sehr viel Automatisierungspotenzial für Versandlager steckt.

In Videomanagementanwendungen für die Lagerlogistik wird künstliche Intelligenz bislang nur punktuell eingesetzt. Doch die Möglichkeiten der Weiterentwicklung dieser Systeme mit KI sind vielfältig, und ihr hoher Digitalisierungsgrad stellt eine optimale Voraussetzung dafür dar. Ein Praxisbeispiel für KI in Videomanagementsystemen von heute ist die Zutrittskontrolle im Lager. Hier kann die Technologie bspw. erkennen, ob Personen die vorgeschriebene Warnweste und einen Schutzhelm tragen, und den Einlass entsprechend regeln (MM LOGISTIK ONLINE 2019). Während der Corona-Pandemie wurden diese Fähigkeiten auch zur Überprüfung der Einhaltung der Maskenpflicht beim Betreten eines Gebäudes und zur Körpertemperaturmessung eingesetzt (MM LOGISTIK ONLINE 2021).

Im Bereich Hardware für das Videomanagement bieten Kamerahersteller wie etwa Hanwha oder Panasonic Kameramodelle an, die mit Deep Learning KI-Videoanalyse ausgestattet sind. Damit wird mittels KI-Algorithmen eine hohe Erkennungsgenauigkeit von Objekten oder Personen bei gleichzeitiger Minimierung von Fehlalarmen erzielt. Die Attribute, wie bspw. Altersgruppe, Geschlecht oder Kleidungsfarbe, werden als Metadaten zusammen mit den von den KI-Kameras aufgenommenen Bildern gespeichert, sodass die Suche nach bestimmten Objekten oder Ereignissen vereinfacht und beschleunigt wird (Hanwha Techwin Europe 2022; sicherheit.info 2021).

Es lässt sich schlussfolgern, dass KI in IT-Anwendungen für die Lagerlogistik immer mehr zum Einsatz kommt und schon jetzt an vielen Stellen für Prozessoptimierungen und die Sicherheitserhöhung sorgt. Die Bedingungen verbessern sich stetig, sodass die notwendige Voraussetzung für den weiteren Einzug geschaffen wird.

23.2 Denkbare Anwendungsfälle für KI in der Lagerlogistik

KI-basierte Analyse ist nicht nur in Kameras bereits im Einsatz. Besonders in Videoanwendungen zur Unterhaltung und Kommunikation sind heute schon KI-Features verbreitet, mit denen die Leistungsfähigkeit von Videomanagementsystemen in der Lagerlogistik ebenfalls weiter erhöht werden kann. Mit solchen Bildverarbeitungsverfahren, wie z. B. Framerate Conversion oder Super Resolution, werden die Videodarstellung und Bildauflösung KI-gestützt optimiert (Topaz Labs 2021; VanceAI Technology 2022). In logistischen Videomanagementanwendungen kann das künftig für eine deutlich höhere Detailerkennbarkeit von Kennzeichen, Beschriftungen oder Beschädigungen genutzt werden.

Ein Baustein für die Zukunft der Datenanalyse stellt zweifelsohne Big Data dar. Kaufverhalten prognostizieren, die Vorratshaltung in Lagern steuern, intelligentes Cross- und Upselling – all das ist bereits Praxis. Während traditionelle Analysemethoden den Big Data Pool nicht mehr verarbeiten können, liefert er den Algorithmen künstlicher Intelligenz die notwendige Grundlage für deren Lernprozess. Die technologische Weiterentwicklung von Hardware (Speicher- und Input/Output-Medien) begünstigt die Nutzbarkeit von Big Data und dies wiederum die Entfaltung von KI. So sind in einem Videomanagementsystem auch Funktionen zur Ausgabe standortbezogener, personalisierter Informationen und Handlungsvorschläge eines KI-Algorithmus an Mitarbeitende in der Logistikhalle vorstellbar, bspw. bei erkannten Unregelmäßigkeiten im Verladeprozess, bei Beschädigungen oder Sicherheitsrisiken.

Weitergehende Automatisierungen mit KI-gestützten Videolösungen sind für Logistikanlagen in vielen Bereichen wertvoll, sei es für die Zufahrtskontrolle, die Torvergabe, die Stellplatzvergabe im Lager oder die Gefahrenanalyse (LOGISTIK HEUTE 2021). Im Rahmen der Ladungs- und Tourenoptimierung ist z. B. vorstellbar, dass Kamerasysteme mit künstlicher Intelligenz beim Be- und Entladevorgang nicht nur Pakete identifizieren, sondern zudem die Stapelfähigkeit und andere Eigenschaften einschätzen können. Den größten Wert für die Lagerlogistik würde jedoch die 100-prozentig automatisierte, KI-gestützte Sendungsverfolgung in der Logistikhalle stiften. Menschliche Recherchearbeit entfällt. Die Eingabe der Sendungs- oder Packstücknummer reicht aus, um vollautomatisch die passenden Bilder aus dem Videomaterial nebst sämtlicher relevanter Sendungsinformationen angezeigt zu bekommen. Die Volumenbestimmung von Sendungen kann durch eine entsprechend ausgereifte und trainierte KI vollständig übernommen werden und der Abgleich von Soll- und Ist-Maßen vollautomatisch erfolgen. Auch bei der Schadensbearbeitung kann KI künftig Prozesse straffen, denn sie arbeitet schneller und präziser als der Mensch.

Die Leistungsfähigkeit von IT-Anwendungen für die Logistik im Allgemeinen und von Videomanagementsystemen im Speziellen kann von Erweiterungen durch künstliche Intelligenz an vielen Stellen profitieren. KI-Integration wird die Relevanz dieser IT-Lösungen für eine wettbewerbsfähige Lagerlogistik künftig noch steigern.

23.3 Hürden, die es noch zu bewältigen gilt

KI ist schon jetzt tiefer in unserem Alltag verankert als es im Allgemeinen wahrgenommen wird. KI-gestützte Bild- und Spracherkennung, virtuelle Assistenten, Energieverbrauchssteuerung oder Navigation findet man in zahlreichen Produkten für Endverbraucher. All diese Anwendungen sind auch interessant für die Logistik. Aber noch beschränkt sich die Funktionalität von Anwendungen mit KI auf einen sehr begrenzten Bereich. Ein Grund dafür liegt in Komplexität und Umfang des notwendigen Trainingsprozesses. Um intelligente Entscheidungen zu treffen, ist sogenanntes Machine Learning notwendig. Dies benötigt immense Datenmengen und Zeit.

Der Begriff Machine Learning beschreibt das künstliche Generieren von Erfahrung durch Wissen. Das System wird z. B. mit unzähligen Bildern trainiert und kann darin Gemeinsamkeiten erkennen, aufgrund derer es anschließend in der Lage ist, eigenständig Entscheidungen zu treffen. Der immense Datenbedarf erfordert zum einen zwingend das weitere Fortschreiten der Digitalisierung. Zum anderen müssen sich die Verfahren und das Tempo beim Training der KI weiter verbessern (LOGISTIK HEUTE 2021). Bisher sind Aufnahme und Verarbeitung der Datenmengen sehr aufwendig und Versuche, den Lernprozess abzukürzen, gehen oft auf Kosten der Genauigkeit. Läuft der Lernprozess nicht ausreichend kontrolliert ab, können die resultierenden Aktionen der KI fehlerhaft sein oder zu unerwünschten Resultaten führen. So fanden bspw. Forscher mit Hilfe von Heatmapping heraus, dass eine künstliche Intelligenz Pferde auf Fotos nicht an ihrer Mähne

identifizierte, sondern anhand eines Copyright-Verweises, der auf vielen Pferdefotos gleichermaßen zu sehen war. Auf Flugzeuge im Bild schloss eine KI, wenn sich auch am unteren Bildrand Wolken befanden (c't 2020, S. 58 f.).

Neben technischen Hürden muss der juristische Rahmen vor allem in Deutschland und
der EU festgelegt werden. KI-gestützt erstellte Nachweise werden vor Gericht oder bei
Versicherungen häufig nicht anerkannt. Der Gesetzgeber muss den Umgang mit künstlicher Intelligenz eindeutig regeln, um Unsicherheiten und Missbrauch zu vermeiden. Aktuell existiert noch keine einheitliche KI-Gesetzgebung. Stattdessen finden sich Regelungen verstreut über das Haftungs-, Urheber- und Leistungsschutzrecht. Die Richtlinien zum
Datenschutz in der Datenschutz-Grundverordnung (DSGVO) spielen ebenfalls eine
zentrale Rolle, da Daten die Grundlage für das Training von KI sind (t3n digital pioneers
2021). Dabei geht es längst nicht nur um Datenerhebung, Speicherung und Gesetze, sondern auch darum, Vorbehalte in der Bevölkerung gegenüber der umfassenden Nutzung
ihrer eigenen Daten abzubauen und aufzuklären.

Es wird deutlich, dass es noch nicht zu unterschätzende Hürden und Herausforderungen gibt, die der hohen Verbreitung von KI im Wege stehen, und deshalb auch gezielt behandelt werden müssen.

23.4   Zukunftsausblick: Was noch zu erwarten ist

Die weitere Verbreitung von KI wird einerseits an vorhandenen Prozessen und Lösungen
ansetzen. Andererseits werden sicherlich auch ganz neue innovative Anwendungen entstehen, die man sich bisher noch nicht vorstellen kann. Der Kreativität sind hierbei keine
Grenzen gesetzt. Doch auch diese vielversprechende Zukunftstechnologie wird in der Logistikbranche nicht alle Probleme von heute und morgen lösen können. Die Implementierung wird weiterhin eine Kosten-Nutzen-Risiko-Abwägung bleiben. KI kann Prozesse nur
dann verbessern, wenn ihr Einsatz für das jeweilige Problem überhaupt geeignet ist und
die richtige KI-Methodik gewählt wird. Für eine sinnvolle Implementierung von KI in der
Lagerlogistik ist es daher essenziell, sich Prozesse genau anzusehen und sowohl Schwachstellen als auch Problemursachen präzise zu identifizieren. Aller Innovation zum Trotz
sollte immer die effektivste Lösung und damit die Frage im Mittelpunkt stehen: Welcher
Mehrwert lässt sich in der jeweiligen Anwendung mit KI wirklich stiften? Das Kernziel in
der Logistik bleibt die Erfüllung der Kundenbedürfnisse. Lässt sich ein Problem zur volls-
ten Zufriedenheit lösen, dann spielt es für den Zufriedenheitsgrad keine große Rolle, ob
dabei künstliche Intelligenz zum Einsatz kam oder nicht. Deshalb wird es auch in Zukunft
Lösungen ganz ohne KI geben und gleichzeitig Produkte, in denen der Einsatz von KI echten Mehrwert generiert.

Für die Lagerlogistik sind grundsätzlich viele weitergehende Automatisierungen und die
Ergänzung durch KI zu erwarten. Das betrifft die Kapazitätsplanung beim Lagern ebenso
wie die Beladezustandsanalyse für die gezielte Tourenoptimierung, das Erkennen von Stö-

rungen oder Warenbeschädigungen und die Optimierung der Sendungswege durch die Halle, aber auch die Unfallverhütung, Diebstahlprävention und Einhaltung von Qualitätsstandards. Videomanagementsysteme, die bereits an diesen Prozessen ansetzen, werden kombiniert mit KI für noch mehr Transparenz in der Logistikhalle sorgen und bei Uneinigkeiten über Beschädigungen oder Abweichungen von Ist- und Soll-Größen oder für die Einhaltung von Transportstandards (TAPA etc.) die notwendige Dokumentation und Nachweise liefern. Davon profitiert die Lagerlogistik umfassend – durch bessere Dienstleistungsqualität, mehr Sicherheit und Wettbewerbsfähigkeit.

23.5 Fazit

Wir befinden uns bereits mitten im momentan noch langsam ablaufenden Übergang zum verstärkten Einsatz von KI in vielen Branchen, auch in der Lagerlogistik. Sind die verschiedenartigen Hürden erst einmal bewältigt, so werden künftig sehr viele Prozesse in der Lagerlogistik verstärkt digitalisiert und mit Hilfe von KI in IT-Lösungen automatisiert werden.

KI wird nicht in allen, aber in vielen Logistikanwendungen zunehmend zum Einsatz kommen, um typischen Problemstellungen wie Sicherheit, Geschwindigkeit und Fehleranfälligkeit zu begegnen, auch in Videomanagementsystemen.

Getreu seiner bisherigen Funktionalität wird das Videomanagementsystem Informationen und Nachweise über die Prozesse in der Logistikhalle für die Kommunikation mit Kunden, Partnern, Mitarbeitenden oder Versicherern weiterhin bereitstellen – in Zukunft dann aber mit mehr KI.

Literatur

Arvato Systems GmbH: Künstliche Intelligenz in der Logistik – so erschließen Sie sich das Potenzial von KI für die Optimierung Ihrer Prozesse. https://www.arvato-systems.de/loesungen-technologien/loesungen/scm-logistik/kuenstliche-intelligenz-in-der-logistik/white-paper-ki-in-der-logistik (2021). Zugegriffen: 28. Juli 2022
Bitkom Research: Digitalisierung der Logistik. https://www.bitkom.org/sites/default/files/2019-06/bitkom-charts_digitalisierung_der_logistik_03_06_2019.pdf (2019). Zugegriffen: 28. Juli 2022
Bundesministerium für Wirtschaft und Energie (BMWi): Digitalisierung der Wirtschaft in Deutschland. https://www.de.digital/DIGITAL/Redaktion/DE/Digitalisierungsindex/Publikationen/publikation-download-zusammenfassung-ergebnisse-digitalisierungsindex-2021.pdf?__blob=publicationFile&v=5 (2021). Zugegriffen: 28. Juli 2022
Bundesministerium für Wirtschaft und Energie (BMWi): Monitoring-Report Wirtschaft DIGITAL 2018. Weidner.media. https://www.bmwk.de/Redaktion/DE/Publikationen/Digitale-Welt/monitoring-report-wirtschaft-digital-2018-langfassung.pdf%3F__blob%3DpublicationFile%26v%3D4 (2018). Zugegriffen: 28. Juli 2022
BVL Service GmbH: Die Logistik der Zukunft – Digitalisierung, Robotics und künstliche Intelligenz. Vom Gabel- zum Datenstapler? https://die-wirtschaftsmacher.de/themenhefte/die-logistik-der-zukunft-digitalisierung-robotics-und-kuenstliche-intelligenz/ (2021). Zugegriffen: 28. Juli 2022

c't Magazin für Computertechnik: Intelligenztest für KI: Wie sich KI-Entscheidungen überprüfen lassen. https://www.heise.de/ct/artikel/Wie-sich-KI-Entscheidungen-ueberpruefen-lassen-4665982.html (2020). Zugegriffen: 28. Juli 2022

Deutsche Industrie Video System GmbH (DIVIS): Palettierte Sendungen in Sekundenschnelle im Blick. https://www.divis.eu/cargovis-video-management-software-umschlagslager/ (2022a). Zugegriffen: 28. Juli 2022

Deutsche Industrie Video System GmbH (DIVIS): Softwaregesteuerte Volumenkontrolle. https://www.divis.eu/videoueberwachung-im-hallenumschlag-mit-loesungen-von-divis/#scaleplus (2022b). Zugegriffen: 28. Juli 2022

Hanwha Techwin Europe: Neue KI-Kameras der Wisenet P-Serie bieten Deep Learning KI-Videoanalyse auch für kostensensible Projekte. https://www.hanwha-security.eu/de/2mp-ki-kameras/ (2022). Zugegriffen: 28. Juli 2022

KNAPP AG: Drei Praxisbeispiele für künstliche Intelligenz in der Logistik. https://www.knapp.com/blogposts/kuenstliche-intelligenz-in-der-logistik/ (2021). Zugegriffen: 28. Juli 2022

LOGISTIK HEUTE: Vielzahl neuer Möglichkeiten. Durch den Einsatz von künstlicher Intelligenz bei Videolösungen kann ein großer Mehrwert erzielt werden. https://logistik-heute.de/fachmagazin/fachartikel/strategien-ki-vielzahl-neuer-moeglichkeiten-34738.html (2021). Zugegriffen: 28. Juli 2022

Mecalux GmbH: Roboter im Lager: Systeme im Zeitalter der Logistik 4.0. https://www.mecalux.de/blog/roboter-lager (2019). Zugegriffen: 28. Juli 2022

MM LOGISTIK ONLINE: Mundschutz und Körpertemperatur KI-basiert erkennen. https://www.mm-logistik.vogel.de/mundschutz-und-koerpertemperatur-ki-basiert-erkennen-a-1013438/ (2021). Zugegriffen: 28. Juli 2022

MM LOGISTIK ONLINE: KI-basierte, zuverlässige Erkennung von Objekten. https://www.mm-logistik.vogel.de/ki-basierte-zuverlaessige-erkennung-von-objekten-a-799541/ (2019). Zugegriffen: 28. Juli 2022

Sicherheit.info: Neues System nutzt KI-Kameras und Security-Apps. https://www.sicherheit.info/neues-system-nutzt-ki-kameras-und-security-apps (2021). Zugegriffen: 28. Juli 2022

t3n digital pioneers: Braucht künstliche Intelligenz ein eigenes Gesetz? https://t3n.de/news/vorschlag-eu-kommission-gesetz-ki-1388105/ (2021). Zugegriffen: 28. Juli 2022

Topaz Labs: Video Enhance AI v2.3: AI-driven frame rate conversion, realistic slow motion, and so much more! https://www.topazlabs.com/learn/introducing-video-enhance-ai-v2-3-frame-rate-conversion-and-slow-motion (2021). Zugegriffen: 04. August 2022

VanceAI Technology: AI Upscale Image Online. https://vanceai.com/image-enlarger/?source=ai_image_upscaler (2022). Zugegriffen: 04. August 2022

Hendrik Reger ist als Geschäftsführer der Deutsche Industrie Video System GmbH (www.divis.eu) Experte für Videomanagement in Logistikunternehmen. Zuvor leitete er bei DIVIS den Vertrieb. Neben tiefgehendem Fachwissen verfügt er über mehr als zehnjährige Erfahrung in den Bereichen Sales, Controlling sowie Umsatz- und Unternehmensplanung. Seine Vision ist es, den wachsenden Anforderungen in der Logistikbranche mit nachhaltigen Lösungen zu begegnen.

Eine selbstbewusstere Logistikindustrie verbessert die Resilienz der Versorgungssysteme

24

Peter Voß, Arnold Schroven und Volker Stich

Zusammenfassung

Volatilität ist auf unabsehbare Zeit das einzig verlässliche Merkmal für die Bedingungen, in denen Wirtschaft und Gesellschaft operieren müssen. Dies hat besonders kritische Bedeutung für die Logistikindustrie, in deren Händen die Versorgung der Bevölkerung liegt. Die Stärkung dieses Wirtschaftszweigs muss daher künftig eine weit höhere Priorität erhalten als dies bisher der Fall war. Es ist eine der wichtigsten Aufgaben für die Unternehmen der Logistik, auf Politik und Gesellschaft entsprechend einzuwirken, damit in den zu erwartenden rauen Zeiten die Leistungsfähigkeit des Versorgungssystems erhalten bleibt.

24.1 Einleitung

Unsere allgemeine Erfahrung aus den letzten Jahrzehnten fasst ein Graffitti an einer New Yorker U-Bahnstation (sinngemäß ins Deutsche übersetzt) treffend zusammen: „Alte Erkenntnis: Nichts bleibt wie es ist. Neue Erkenntnis: Nichts bleibt immer schneller wie

P. Voß (✉)
Dortmund, Deutschland
E-Mail: voss@club-of-logistics.de

A. Schroven
Iserlohn, Deutschland
E-Mail: arnold.schroven@t-online.de

V. Stich
Aachen, Deutschland
E-Mail: Volker.Stich@fir.rwth-aachen.de

es ist." In der Tat: Volatilität ist das Kennzeichen unserer Zeit und die Halbwertszeit von technologischen Lösungen, gesellschaftlichen Trends, politischen Zuständen und wissenschaftlichen Erkenntnissen reduziert sich ständig weiter.

Als der Club of Logistics im Jahr 2003 aus der Taufe gehoben wurde, dominierte neben dem Drucker und dem Telefon das Faxgerät den Gerätepark der Büros. Als technisches Wunder wurde „T-DSL" bestaunt, eine Technologie, die mit Datenübertragungsraten von einigen hundert Kilobit pro Sekunde an den Start ging, gegenüber dem behäbigen ISDN aber bereits bald eine Art Quantensprung darstellte. Die Globalisierung hatte enorm Fahrt aufgenommen und China stand – wie verschiedene andere Schwellenländer auch – am Anfang eines beispiellosen Aufstiegs, der mit dem Beitritt zur Welthandelsorganisation WTO die entscheidende Schubkraft erhalten hatte und das Land zur zweitstärksten Wirtschaftsmacht der Welt machen sollte. Die Einführung des Euro sorgte für manche Euphorie und einen erheblichen Wirtschaftsaufschwung in vielen Staaten der europäischen Union. Eine immer stärkere Integration der europäischen Nationen schien zu einem unaufhaltsamen Prozess geworden zu sein, der, so die geradezu selbstverständliche Erwartung in Politik, Wirtschaft und Gesellschaft, Frieden und Wohlstand auf dem Kontinent langfristig garantieren würde.

Heute ist die Technologiewelt gegenüber diesen Zeiten nicht mehr wiederzuerkennen. Smartphones, Cloud und jede Menge Hard- und Softwarelösungen für Business Intelligence, Assistenzsysteme in Fahrzeugen, automatisierte Produktion und zahllose andere Anwendungen haben alle Bereiche der Wirtschaft auf völlig neue Fundamente gestellt und die Lebensweise einer ganzen Generation verändert.

Gleichzeitig haben sich jedoch die politischen und gesellschaftlichen Rahmenbedingungen weltweit erheblich verändert. Die schrankenlose Globalisierung ist nach 20 stürmischen Jahren abgeflaut. Gegenströmungen, wie neue Regionalisierungstendenzen, Handelsstreitigkeiten und politische Spannungen in den verschiedensten Weltregionen, haben sich als feste Größen etabliert, die die eindeutige Rollenzuweisung von Handelspartnern als „Werkbänke" in Frage stellen. Lieferketten sind unterbrochen oder durch alternative Routen abgelöst worden. Der Überfall Russlands auf die Ukraine hat die verbreitete Sicht, dass die Zeit der Eroberungsfeldzüge der Vergangenheit angehört und Streitigkeiten immer durch Verhandlungen lösbar sind, als blauäugige Fehleinschätzung erwiesen. Und schließlich hat die Furcht vor einer Klimakatastrophe insbesondere in Europa zu einem immer dichteren Geflecht von Richtlinien, Beschränkungen und Verboten in Wirtschaft und Gesellschaft geführt, die insbesondere im Verbund mit den Auswirkungen des Kriegs in Osteuropa zu Energieversorgungskrisen und enormen wirtschaftlichen Verlusten beigetragen haben.

24.2   Unwägbarkeit, wohin man blickt

Die neue Selbstverständlichkeit ist – zwanzig Jahre nach Gründung des Clubs – die Erfahrungstatsache, dass es keinerlei verlässliche Vorhersagen geben kann, weil sich auf allen Ebenen schwarze Schwäne oder zumindest unvorhersagbare Ereignisse häufen. Planbarkeit war gestern, und die Hoffnung, die guten alten Zeiten einer einigermaßen ruhigen

Entwicklung in Richtung allgemein anerkannten Fortschritts könnten zurückkommen, sind wohl auf unabsehbare Zeit Illusion.

Die europäischen Unternehmen im Allgemeinen und die der Logistikindustrie im Besonderen haben nicht den Luxus einer freien Wahl, sondern müssen sich ohne Wenn und Aber dieser „schönen neuen Welt" stellen. Doch das ist leicht gesagt. Wie sollte diese Herausforderung konkret angegangen werden? Wie müssen Unternehmen der Logistik heute handeln, damit sie auch in zehn Jahren noch erfolgreich im Geschäft sind?

Dieses Buch trägt eine ganze Reihe von detaillierten Strategien und Maßnahmen zur Bewältigung der Zukunftsaufgaben zusammen. Viele davon sind technologischer Natur oder funktionieren nur auf der Basis von technologischer Innovation. Hinzu kommen neue Konzepte wie die teil- und phasenweise Kooperation ansonsten im Wettbewerb stehender Unternehmen. Auch eine vertiefte Integration von Logistikunternehmen und Kommunen, etwa bei der Ausgestaltung der Citylogistik und der Nutzung von Logistikflächen und -immobilien, kann zu einer anpassungsfähigeren Versorgungsinfrastruktur führen, wie sie Resilienzanforderungen in einem volatilen Umfeld erforderlich machen.

Dies alles sind Beispiele für funktionale Aspekte, die das Überleben in einem veränderlichen Umfeld unterstützen. Angesichts des Ausmaßes der Herausforderungen ist jedoch zu erwarten, dass diese nicht ausreichen, um den Logistikstandort Europa wirklich krisenfest zu erhalten. Darüber hinausgehend muss die Logistikindustrie für sich selbst bestimmte Hausaufgaben erledigen. Dazu gehört vor allem, ihre Stellung als entscheidende Kraft im Wirtschaftsgefüge Deutschlands und Europas zu festigen. Der drittstärkste deutsche Wirtschaftszweig hat in der Coronakrise überdeutlich demonstriert, dass ohne ihn „nichts geht". Die Bedeutung der Logistikindustrie für die Widerstandsfähigkeit der gesamten Gesellschaft gegenüber schweren Beeinträchtigungen ist auch dem letzten Zweifler klar geworden. Diesen „Moment der Wahrheit" müssen die Unternehmen nutzen, um sich als Motor des gesellschaftlichen Fortschritts zu präsentieren und entsprechend selbstbewusst eine adäquate Aufmerksamkeit und Unterstützung einzufordern.

24.3 Logistik als Stimme des Realismus

Eine entscheidende Einflussgröße, die den Erfolg der Logistik mitbestimmt, ist der gegenwärtige Politikbetrieb. Er dominiert die Wirtschaft auf eine Weise, die sich immer mehr einer flächendeckenden Planwirtschaft annähert. Immer neue Richtlinien und Weichenstellungen bringen die Logistikindustrie an die Grenzen ihrer Leistungsfähigkeit. Dabei ist es nicht so, dass die Unternehmen ihrer Aufgabe, der Versorgung der Bevölkerung mit Gütern, Waren und Informationen, prinzipiell nicht mehr nachkommen könnten. Im Gegenteil, sobald klare Verhältnisse geschaffen sind, ist die Logistik in der Lage, die Kunden zu beliefern. Sage mir, welchen Antrieb ich nutzen soll, und ich werde dich beliefern, könnte ein Schlagwort der Branche sein. Das Entscheidende dabei ist Klarheit und ein rationales Konzept, das sich ohne schwere Risiken und Nebenwirkungen umsetzen lässt. Und hier ist es die Aufgabe der Logistik, die oft fachfremd und ideologisch anmutenden Vorhaben der Politik zu hinterfragen. Wenn es denn Elektroantrieb sein soll, dann hat die Politik für ein entsprechendes Netz an Stromtankstellen und – das vielleicht größte Problem – für ausreichend Strom zu sorgen. Soll Wasserstoff als Antrieb dienen, muss auf diesem Sektor eine entsprechend leistungsfähige Betankungsinfrastruktur zur Verfügung stehen. Sehr oft entsteht für die deutschen Transportprofis der Eindruck, dass auf politischer Seite ein erheblicher Kompetenzmangel herrscht, was die verschiedenen Aspekte der Verkehrswende und der damit verflochtenen Energiewende betrifft. Es scheint regelrecht der Realitätssinn abhanden gekommen zu sein, was beispielsweise die „Gaskrise" im Gefolge des russischen Überfalls auf die Ukraine eindrucksvoll offenbart hat. Ausstieg aus Kohle und Kernkraft und einseitige Abhängigkeit von russischer Gasversorgung lässt sich wohl kaum als rationaler Weg in eine zuverlässige und zukunftsfähige Energieversorgung Deutschlands präsentieren.

Eines scheint sich eindeutig herauszukristallisieren: Mit den bisherigen Lösungsansätzen sind weder die Energiewende noch die Verkehrswende zum Nutzen von Wirtschaft und Gesellschaft umsetzbar. Durch Subventionen in den Markt getriebene Technologien und Konzepte werden sich auf Dauer nicht halten – es sei denn, der Weg in die zentrale Planwirtschaft soll im vollen Ernst eingeschlagen werden. Diesen Weg stur weiterzuverfolgen, führt zurück in das vorindustrielle Zeitalter.

Zu den Brennpunkten der bedenklichen flankierenden Maßnahmen im Zusammenhang mit den umwelt- und klimapolitischen Strategien gehört u. a. die stetige Verknappung des Bewegungsspielraums für die Logistik: Verengung der Straßen in den Städten, sodass kaum noch Halte- und Manövrierraum für Lieferfahrzeuge zur Verfügung steht; Verlangsamung der Belieferungsprozesse durch Geschwindigkeits- und Durchfahrtbegrenzungen; Be- und Verhinderung der Ansiedlung von Logistikimmobilien; Ablehnung des Baus neuer Schienenwege bei gleichzeitigem Propagieren einer verstärkten Verlagerung des Güterverkehrs von der Straße auf die Bahn; oder auch die Überlastung der Transportindustrie durch Regelungen wie einem kostenlosen Rücksenderecht. Angesichts einer allgemein transportfeindlichen Einstellung in der Bevölkerung setzen diese Rahmenbedingungen die Unternehmen unter einen enormen Druck. Es ist der Zeitpunkt abzusehen, zu dem eine optimale schnelle Belieferung nicht mehr möglich ist.

Die Logistikindustrie sollte ihre Einflussmöglichkeiten stark ausweiten, um als Korrektiv für derartige und weitere drohende Sackgassen und Irrwege fungieren zu können, bevor irreparabler Schaden am Wirtschaftsstandort Deutschland angerichtet ist. Sachverstand und Vernunft muss sich gegenüber Realitätsverlust und Ideologie durchsetzen – nicht nur zum Nutzen der Logistikindustrie, sondern zum Vorteil der Gesellschaft als Ganzes. Denn wenn schon im „Normalzustand" auf Kante genäht wird, wie soll dann die Versorgung der Bevölkerung in volatilen Zeiten gesichert werden?

24.4 Wirksames Lobbyinstrument gesucht

Es geht dabei keineswegs allein um die Logistikindustrie. Gemeinsam mit anderen Vertretungen der Unternehmen sollte die Transportindustrie all ihren Einfluss geltend machen, um bei der Umsetzung der verschiedenen „Wenden" auf marktwirtschaftliche Mechanismen zu pochen. Die bisherigen Erfahrungen nicht nur mit der Politik der Ampelkoalition sondern dem generellen Zeitgeist lassen befürchten, dass die als „Gestaltung" bezeichneten Maßnahmen zur Umsetzung der Umwelt- und Klimaziele nichts anderes sind als eine subventionsbasierte Lenkung, in klaren Worten: Planwirtschaft. Die historische Erfahrung zeigt, dass derartige Strategien langfristig ausnahmslos ruinöse Konsequenzen haben. Dagegen sollten alle marktwirtschaftlichen Kräfte mit einer Stimme angehen.

Doch auf welchen Wegen könnte das geschehen? Eine echte, wirksame Lobbyarbeit ist in der Logistikindustrie nicht zu erkennen. Anstatt regelmäßig nach der Pfeife aus Berlin und Brüssel zu tanzen und klaglos die Dominanz ideologiegetriebener – und oftmals in Sachen Logistik kompetenzarmer – Politik zu akzeptieren, ist es höchste Zeit, ein kraftvolles Instrument zu schaffen, das als Einflussgröße akzeptiert wird. Die Zeit dafür ist nicht nur reif, sondern auch günstig: Die Erfahrungen mit der Kompetenz und Bedeutung (ja: Macht!) der Logistik bei der Versorgung der Bevölkerung in einer Krisenlage haben die Aufmerksamkeit auf diesen Industriezweig gezogen. Lobbyarbeit auf dieser Basis muss zunächst einmal darin bestehen, die politisch Verantwortlichen eindringlich daran zu erinnern, dass logistikfreundliche Lösungen politischer Vorhaben ein unverzichtbares Element jeder Überlebensstrategie für den Standort Deutschland sein müssen. Anstatt dass die Logistik ständig die Regierungen fragt, wie sie besonders folgsam die geplanten Richtungsentscheidungen umsetzen kann, ist es an der Zeit, dass die Transportunternehmen mit einer Stimme sprechen und – beispielsweise nach Art des BDI – die Politik dazu bringen (Politsprech: „dazu ermuntern"), auch einmal umgekehrt zu fragen: „Logistikindustrie, was können wir für euch tun?" Da inzwischen die Unternehmen dieses Wirtschaftszweigs weitgehend international aufgestellt sind und daher über mehr Marktmacht und wirtschaftliches Gewicht verfügen, wären auch Druckmittel vorhanden, den Standort Deutschland als Argument ins Feld zu führen.

24.5 Engagement nicht nur im eigenen Interesse

Voraussetzung für den Erfolg einer neu belebten Lobbyarbeit für die Logistikindustrie sind Einigkeit (Sprechen mit einer Stimme) und aktives Engagement über gelegentliche Meinungsäußerungen hinaus. Eine kompetente Stimme mit Bereitschaft zum gemeinsamen Handeln ist der Club of Logistics. Doch als professionelles Einflusselement ist der Club nicht konzipiert, er nutzt seine Kompetenz für die Entwicklung von Strategien und Lösungskonzepten, die die Grundlage für einen Dialog mit Politik und Gesellschaft legen können.

Doch nicht nur bei der Interessenvertretung gegenüber den politischen Kräften ist Engagement gefragt. Vielmehr muss sich die Logistikindustrie auch selbst verändern und in Teilen neu definieren. Die eigene Bedeutung zu vermitteln gelingt beispielsweise dann am besten, wenn eine Branche nicht nur Gewicht hat, sondern auch als attraktiv angesehen wird. Und da gibt es im Transportgewerbe unstrittig viel Luft nach oben. Es sind Anstrengungen nötig, damit die Logistikunternehmen nicht nur als High-Tech-Firmen angesehen werden, sondern auch als attraktive Arbeitgeber. Das Motto „möglichst billig" gehört auf den Müllhaufen der Geschichte. Bessere Bezahlung und mehr persönlichen Respekt vor dem Personal sind Wege, das Image der Arbeitgeber im Logistikbereich in der Öffentlichkeit zu verbessern.

All das hat seinen Preis, und hier trifft sich das Engagement im eigenen Unternehmen mit der Lobbyarbeit gegenüber den politischen Entscheidungsträgern: Kostenloses Rücksenderecht und eine logistikignorante oder gar logistikfeindliche Städteplanung engen den Spielraum für eine optimale Versorgung der Bevölkerung finanziell und organisatorisch ein. Beim nächsten schwarzen Schwan werden die Menschen die Folgen einer solchen fortgesetzten Missachtung logistischer Belange und Interessen empfindlich zu spüren bekommen.

24.6   Fazit

Die Logistikindustrie hat in Zeiten dramatischer Ereignisse ihre Leistungsfähigkeit und ihre Bedeutung für die Versorgung der Bevölkerung unter Beweis gestellt. Doch dies ist kein Grund zum Ausruhen. Die Zeiten werden nicht ruhiger werden, die Unvorhersehbarkeit von Störungen der Belieferungsnetzwerke bleibt als Konstante bestehen. Um den Logistikstandort Deutschland und Europa gegenüber solchen Entwicklungen stabil zu halten, ist eine Stärkung der Rahmenbedingungen für die entsprechenden Unternehmen unerlässlich. Hierzu bedarf es nicht nur eines erhöhten Engagements der Logistikindustrie, sondern auch eines kompetenten Austauschs zwischen Wirtschaft, Gesellschaft und Politik.

Peter H. Voß ist seit mehreren Jahrzehnten als Kommunikationsexperte für Logistik-nahe Themen bekannt. Er begann seine Karriere 1988 als Pressesprecher und Leiter Unternehmenskommunikation bei der TNT Express GmbH. 1993 machte sich Peter Voß selbstständig und arbeitet seither als Geschäftsführer eigener Unternehmen der Kommunikationsbranche. Wichtige Stationen seiner Laufbahn: zwischen 1994 und 2013 Vorstand und Geschäftsführer der FOKUS Gruppe; seit April 2013 geschäftsführender Gesellschafter der Denkmanufactur GmbH. Seit 2003 ist Peter Voß Geschäftsführer des von ihm konzipierten und mit gegründeten Club of Logistics. Als Honorarkonsul vertritt er derzeit die Republik Slowenien in Nordrhein-Westfalen.

Arnold Schroven studierte Mathematik und Wirtschaftswissenschaften an der Bergischen Universität Wuppertal. Als Diplommathematiker begann er seine berufliche Laufbahn in der freien Wirtschaft auf dem Sektor IT. Sein Weg führte ihn zum Unternehmen DPD GeoPost (Deutschland) GmbH, wo er 1992 die Position des Arbeitsgebietsleiters EDV übernahm. 1994 wurde er Geschäftsführer und 2002 CEO des Unternehmens. Von 2014 bis 2018 war Arnold Schroven als Executive Vice President bei GeoPost S.A. in Paris verantwotlich für die Bereiche Strategische Projekte und Partnerschaften. Seit 2018 arbeitet er als Beiratsmitglied und Consultant für verschiedene Unternehmen der Logistikindustrie im In- und Ausland. Er ist zudem Managing Director seines eigenen Unternehmens Schroven Consulting GmbH in Iserlohn. 2014 wurde er in den Rat der Logistikweisen berufen. Arnold Schroven ist Mitgründer und Vorstand des Club of Logistics.

Prof. Dr.-Ing. Volker Stich studierte Hüttenwesen an der RWTH Aachen. Seit 1997 ist er Geschäftsführer des Forschungsinstituts für Rationalisierung (FIR) an der RWTH Aachen. Als gemeinnützige, branchenübergreifende Forschungs- und Ausbildungseinrichtung vereint das Forschungsinstitut unter der Leitung von Volker Stich vielfältige Projekte auf dem Gebiet der Betriebsorganisation und Unternehmens-IT. Das Ziel ist es hierbei, die organisationalen Grundlagen für das digital vernetzte industrielle Unternehmen der Zukunft zu schaffen. Weiterhin leitet er das Cluster Smart Logistik auf dem RWTH Aachen Campus und ist im Vorstand verschiedener Verbände, darunter auch der Club of Logistics e. V., tätig.

Printed by Wilco bv, the Netherlands